高等学校通用教材

液压传动与控制

（第 2 版）

张利平　张　津　编著

西北工业大学出版社

【内容简介】 本书是高等学校机械工程类专业通用教材。

全书共十章:第一章概述了液压传动与控制的研究对象及课程目标、基本原理与特点等;第二章介绍了液压工作介质及液压流体力学基础;第三~六章介绍了液压元件;第七章介绍了液压基本回路;第八章讲述了典型液压系统;第九章讲述了液压传动系统设计计算;第十章讲述了液压控制系统(含电液伺服阀、比例阀和数字阀,系统应用实例及其设计要点,计算机模拟仿真方法等)。各章末附有思考题与习题及其参考答案。附录摘有最新国标 GB/T 786.1—2009 中的常用液压气动图形符号以及液压技术常用物理量单位及其换算。

本书可作为普通高等学校机械工程类专业各专业方向(如机械设计制造及其自动化、液压传动与控制、机械电子工程、材料成形及控制工程、过程装备与控制工程、机车车辆、工程机械、冶金机械、农林机械、轻纺机械等)的通用教材(讲授 40~60 学时),也可作为高等职业教育、成人教育、技术培训、自学考试的基础教材,同时可供工矿企业及科研院所相关工程技术人员、现场工作人员和液压爱好者参阅。

图书在版编目(CIP)数据

液压传动与控制/张利平,张津编著 . —2 版. —西安:西北工业大学出版社,2014.4
(2021.8 重印)
ISBN 978 - 7 - 5612 - 3959 - 9

Ⅰ.①液… Ⅱ.①张…②张… Ⅲ.①液压传动②液压控制 Ⅳ.①TH137

中国版本图书馆 CIP 数据核字(2014)第 080145 号

出版发行:西北工业大学出版社

通信地址:西安市友谊西路 127 号 邮编:710072

电 话:(029)88493844 88491757

网 址:www. nwpup. com

印 刷 者:兴平市博闻印务有限公司

开 本:787 mm×1 092 mm 1/16

印 张:20

字 数:487 千字

版 次:2014 年 4 月第 2 版 2021 年 8 月第 2 次印刷

定 价:40.00 元

前　　言

《液压传动与控制》(第 1 版)自 2005 年出版以来,得到全国各地广大读者的关注、认可与欢迎,包括笔者所供职的单位在内,很多院校及培训机构的专家、教师和学生将本书选作液压技术相关课程的基础教材或教学参考书,因而被多次重印,对液压技术的教学、科研、生产及普及工作发挥了良好的作用。

为了能及时反映近年来液压传动与控制在基础理论、液压元件及系统、分析研究方法和相关标准等多方面的新发展和新成就,促进液压技术相关课程的改革和创新人才的培养,笔者在总结 30 多年,特别是近年来液压气动技术教学培训、科研论著和现场为企业解决难题过程中的经验,以及认真学习同行专家相关教材编写经验的基础上,利用旅居国外所见所闻及在国内多个省市及大中企业讲学之便所收集的一些国内外信息材料,对本书第 1 版进行了精心修订。修订的主导思想是保持体系结构与风格稳定,力求内容精炼与推陈出新。修订的目标:使教师在较少的教学时数内,更加便捷地组织课堂教学;使学生初次接触液压技术便对之产生浓厚兴趣,获得更多实用技术内容与信息,培养和提升动手能力和分析解决液压工程实际问题及创新能力。

围绕上述主导思想和目标,第 2 版对全书内容进行了以下几个方面的修改与更新:

(1)液压元件及回路与系统的图形符号均采用最新国标 GB/786.1—2009《流体传动系统及元件图形符号和回路图 第 1 部分:用于常规用途和数据处理的图形符号》,对原有及新增的液压回路及系统图全部采用此标准进行绘制,并在书后以附录形式给出本标准摘要,以便于读者查阅使用。

(2)对所有液压元件均侧重于基本概念、原理的描述而不过多涉及与追究其具体结构。

(3)精选基本回路与典型系统,以代表性及典型性为准则,通过增、删,力求内容少而精。

(4)在相关章节增写了部分新内容:液压系统中主要液压元件的图形符号意义等(第一章);难燃液压液的选用、污染度测定方法与污染度等级标准等(第二章);螺杆泵(第三章);耳环式液压缸、液压缸内径及活塞杆外径系列等、常用液压马达的类型与特性(第四章);液压阀性能比较与应用场合(第五章);自清洁油箱、油/风冷却器及橡胶组合密封等国内外新元件及新结构(第六章);采用液压泵或液压马达的同步动作回路(第七章);液压传动系统的分类、评价与分析内容及方法要点(第八章);液压控制系统计算机模拟仿真及其两个实用软件 MAT-LAB 和 AMESim(第十章)。

(5)更正了第 1 版中的一些漏误,重新整理和绘制了绝大多数图表。

(6)对全部思考题与习题重新进行组织和编写,并给出了参考答案,以便学生复习巩固课堂内容和教师布置及批阅作业。

　　本书由张利平和张津编著。张秀敏参与了本书的资料搜集、文稿整理和录入工作。笔者的学生向其兴、李震、顾敬伟、窦赵明、朱林丽、赵丽娜、王健、田贺、冯德兵、岳玉晓、耿卫晓等参与了本书部分插图的绘制。

　　向在本书编写出版过程中，曾提出宝贵建议、给予大力支持与帮助的个人和液压元件生产、供货商等以及参考文献的各位作者一并表示衷心感谢。

　　欢迎使用本书的广大师生和读者对书中所存在的错漏和不当之处，给予批评指正。

编著者

2013 年 5 月于天津

目　　录

第一章　液压技术绪论

第一节　液压传动的定义及本课程的教学目标

传动机构是设置在机器中原动机和工作机之间的部分,用于实现动力的传递、转换与控制,以满足工作机对力、工作速度及位置的不同要求。机械传动、电气传动、流体传动等是目前常见的传动类型,其主要差别在于所采用的传动件(或工作介质)不同。液压传动属于流体传动范畴,它是以受压液体(油或油水混合物)作为工作介质,来进行动力的传递、转换与控制的一种传动方式。

作为高等学校机械类专业所开设的一门重要技术基础课程,液压传动与控制的主要教学目标为在向学生介绍传动介质的基本物理性质及其力学(静力学、运动学和动力学)特性基础上,了解组成系统的各类液压元件的基本结构、工作原理和性能,以及由这些元件所组成的各种控制回路的性能和特点,进而进行液压系统的分析及设计。

第二节　液压传动与控制的工作原理、组成部分及其表示

液压传动的应用相当广泛。现以液压千斤顶为例,说明液压传动的工作原理及其主要特征,然后介绍液压系统的组成部分及其系统的表示方法。

一、工作原理

如图 1-1 所示,油箱 8 中装有液压油。小缸体 1、小活塞 2 与单向阀(只允许油液向一个方向流过) 3,5 构成手动液压泵,完成吸油与排油;大缸体 10 和大活塞 11 构成举升液压缸,完成重物的升降。当抬起杠杆使小活塞向上运动时,小缸体的容腔 a 的容积增大形成局部真空,致使吸油单向阀 3 打开,经吸油管 4 从油箱 8 中吸油。当小活塞受力 F_1 作用向下运动时,a 腔的容积减小,油液因受挤压,压力升高,故被挤出的液体将吸油单向阀 3 关闭,而将排油单向阀 5 顶开,经油管 6 进入大缸体 10 的 b 腔,迫使大活塞 11 上移顶起重物(重力 F_2)。当再次提起杠

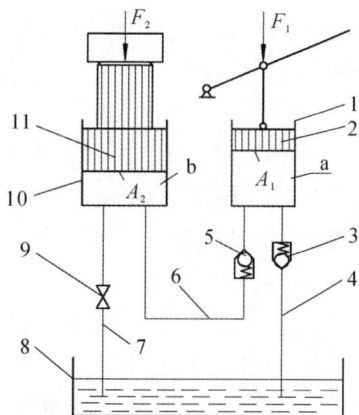

图 1-1　液压千斤顶工作原理图

1—小缸体;2—小活塞;　3—吸油单向阀;

4,6,7—油管;　5—排油单向阀;　8—油箱;

9—截止阀;10—大缸体;11—大活塞

杆吸油时,单向阀 5 自动关闭,保证举升缸 b 腔的压力油不致倒流回手动泵内,从而保证了重物不会自行下落。通过不断扳动杠杆使小活塞不断上下往复运动,就能不断把油液压入举升缸 b 腔而使重物逐渐升起。在重物上升到所需高度后,停止扳动杠杆及小活塞的运动,举升缸的 b 腔内油液由排油单向阀 5 封死,大活塞 11 连同重物一起被闭锁不动。此时,截止阀 9 关闭。如要打开截止阀 9,则举升缸 b 腔内液体便经截止阀和油管 7 排回油箱 8,于是大活塞将在重物和自重作用下,下移回复到原始位置。

二、工作特征

上述液压千斤顶中的手动液压泵和举升液压缸组成了最简单的液压传动系统。其中,手动液压泵将杠杆的机械能转换为油液的压力能输出,完成吸油与排油;举升液压缸将油液的压力能转换为机械能输出,举起重物,从而实现了动力的传递与转换。其工作特征如下:

(1) 力的传递靠液体压力实现,系统工作压力取决于负载。现以 F_2 表示作用在大活塞 11 上的负载力(其大小与输出力相等),A_2 表示大活塞的面积,p_2 表示力 F_2 在 b 腔中产生的液体压力(即物理学中的压强);以 F_1 表示作用在活塞 2 上的输入力,A_1 表示活塞 2 的面积,p_1 表示力 F_1 在 a 腔中产生的液体压力(液压泵的排油压力),则大活塞 11 与小活塞 2 的静力平衡方程分别为

$$\left.\begin{array}{l} F_2 = p_2 A_2 \\ F_1 = p_1 A_1 \end{array}\right\} \tag{1-1}$$

若不计管路的压力损失,则液压泵的排油压力(即油腔 a 内的液体压力)p_1 与油腔 b 内的液体压力 p_2 相等,即

$$p_2 = p_1 = p \tag{1-2}$$

于是,系统的输出力(即所能克服的负载)为

$$F_2 = p_2 A_2 = p_1 A_2 = pA_2 \tag{1-3}$$

由式(1-2)可引出液压与气动的第一个工作特征:在系统结构参数(此处为活塞面积 A_1 和 A_2)一定的情况下,系统工作压力 p 取决于负载 F,负载越大,压力越大,而与流入的液体多少无关。

(2) 运动速度的传递靠容积变化相等原则实现,运动速度取决于流量。如果不计液体的压缩性和泄漏等因素,则液压泵排出的液体体积必然等于进入举升液压缸的液体体积,即容积变化相等,可表示为

$$A_1 x_1 = A_2 x_2 \tag{1-4}$$

式中　x_1——液压泵活塞的位移(mm);

　　　x_2——举升液压缸活塞的位移(mm)。

式(1-4)两边同除以运动时间 t,得

$$A_1 \frac{x_1}{t} = A_2 \frac{x_2}{t} \tag{1-5}$$

即

$$A_1 v_1 = A_2 v_2 \tag{1-6}$$

或

$$\frac{v_2}{v_1} = \frac{A_1}{A_2} \qquad (1-7)$$

式中　　v_1—— 液压泵活塞的平均运动速度(m/s)；

　　　　v_2—— 举升液压缸活塞的平均运动速度(m/s)。

由式(1-7)可以看出,活塞的运动速度与活塞的作用面积成反比。

$A\dfrac{x}{t}$ 的意义是单位时间内液体流过截面积 A_1 和 A_2 的体积,称为流量 q,即

$$q = Av \qquad (1-8)$$

若已知进入液压缸的流量 q,则活塞的运动速度为

$$v = q/A \qquad (1-9)$$

综上所述,可引出液压传动的第二个工作特征:在系统结构参数一定的情况下,运动速度的传递是靠工作容积变化相等的原则实现的。活塞的运动速度取决于输入液压缸流量的大小,而与外负载无关。调节进入液压缸的流量 q,即可调节活塞的运动速度 v。

(3) 系统的动力传递符合能量守恒定律,压力与流量的乘积等于功率。如果不计任何损失,则系统的输入功率 P_1 与输出功率 P_2 相等,即有

$$P_1 = F_1 v_1 = P_2 = F_2 v_2 \qquad (1-10)$$

考虑式(1-1)和式(1-9),则式(1-10)可表示为

$$P = P_1 = F_1 v_1 = pA\frac{q_1}{A_1} = P_2 = F_2 v_2 = pA_2\frac{q_2}{A_2} = pq \qquad (1-11)$$

由式(1-11)可引出液压与气动的第三个工作特征:液压传动是以液体的压力能来传递动力的,并且符合能量守恒定律,压力与流量的乘积等于功率。

综上所述可以看出四点:①由于液压传动中的工作介质是在调节和控制下工作的,因此液压传动不仅能作为"传动"之用,而且还能作为"控制"之用,两者很难截然分开。②与外负载力相对应的液体参数是压力,与运动速度相对应的液体参数是流量,故压力和流量是液压传动中两个最基本的参数。③如果忽略各种损失,液压传动传递的力与速度彼此无关,故液压传动既可实现与负载无关的任何运动规律,也可借助各种控制机构实现与负载有关的各种运动规律。④液压传动可以省力但不省功。

三、液压传动的组成部分

工程实际中的液压传动装置,在液压泵、液压缸的基础上尚需设置控制液压缸的运动方向、速度和最大推力的装置,下面以图1-2所示驱动机床工作台的液压系统为例,说明液压系统的组成部分。

当液压泵3由原动机驱动旋转时,从油箱1经过滤器2吸油。换向阀7有 P,T (T_1),A,B 四个油口和三个工作位置,当其阀芯处于图示工作位置时,压力油经管路14、流量控制阀5、换向阀7(P→A)和管路11进入液压缸9的左腔,推动活塞(杆)及工作台10向右运动。液压缸9右腔的油液经管路8、换向阀7(B→T)和管路6,4排回油箱;当通过扳动换向手柄12使换向阀7的阀芯切换至左端工作位置时(见图1-2(b)),液压缸活塞反向运动;当使换向阀7的阀芯处于中间位置(见图1-2(c))时,液压缸9在任意位置停止运动。

调节和改变流量控制阀5的开口大小,可以调节进入液压缸9的流量,从而控制液压缸活塞及工作台的运动速度。流量控制阀5的开口大,工作台速度快;反之,流量控制阀5的开口

小,工作台速度慢。在满足工作台速度要求之后,液压泵3排出的多余油液经管路15、溢流阀16和管路17流回油箱。溢流阀16用来调节液压泵3的压力。因为要使工作台运动,必须克服切削力、摩擦力和回油背压力等阻力(统称负载),而且这些阻力是变化的,所以调节压力应根据最大负载来调整。这样,当系统压力低于这一调节压力时,溢流阀16关闭;当负载大,压力升高到调节压力时,溢流阀打开,对系统起到超载保护作用。如将图1-2所示的液压缸9垂直安装,用于驱动压力机即可实现上下往复运动控制;如将液压缸换为液压马达,即可实现回转运动的控制。

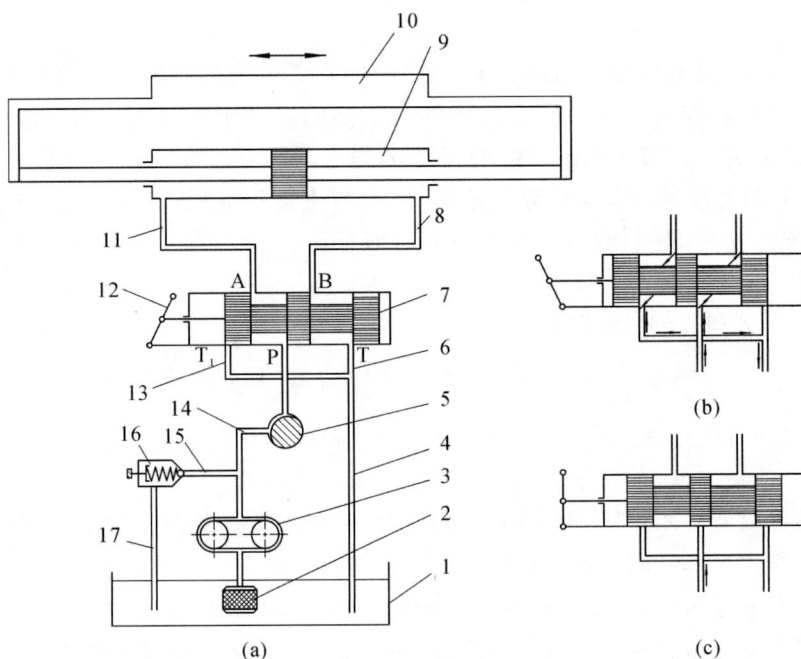

图1-2　机床工作台液压系统结构原理示意图
(a)换向阀芯处于右端位置;(b)换向阀芯切换至左端位置;(c)换向阀芯处于中间位置
1—油箱;2—过滤器;3—液压泵;4,6,8,11,13,14,15,17—管路;
5—流量控制阀;7—换向阀;9—液压缸;10—工作台;
12—换向手柄;16—溢流阀

　　由上所述可以看出,液压传动是以受压液体为工作介质,通过液压泵将驱动泵的原动机的机械能转换成液体的压力能,然后经过封闭管路及液压控制阀,进入液压缸或液压马达,转换为机械能去推动工作机构实现所需的直线或旋转运动的传动装置。液压传动装置一般都是由能源元件、执行元件、控制元件、辅助元件(这四部分统称为液压元件)和工作介质等五个部分组成的,各部分的功用如表1-1所列。一般而言,能够实现某种特定功能的液压元件的组合,称为液压回路;将若干特定的基本功能回路按一定方式连接或复合而成的总体称为液压系统。

表 1－1　液压传动装置的组成部分及功用

组成部分			功　用
液压元件	能源元件	液压泵及其原动机	将原动机(电动机或内燃机)供给的机械能转变为流体的压力能,输出具有一定压力的油液
	执行元件	液压缸、液压马达和摆动液压马达	将工作介质(液体)的压力能转变为机械能,用以驱动工作机构的负载做功,实现往复直线运动、连续回转运动或摆动
	控制元件	各种压力、流量、方向控制阀及其他控制元件	控制调节系统中从动力源到执行元件的液体压力、流量和方向,从而控制执行元件输出的力、速度和方向,以保证执行元件驱动的主机工作机构完成预定的运动规律
	辅助元件	油箱、过滤器、管件、热交换器、蓄能器及指示仪表等	用来存放、提供和回收工作介质(油液);滤除介质中的杂质、保持系统正常工作所需的介质清洁度;实现元件之间的连接及传输载能介质;显示系统压力、温度等
工作介质		油或油水混合物	传递能量和工作及故障信号,对管路和元件进行润滑、冷却及防锈等

四、液压系统的表示——原理图及图形符号

　　描述液压系统的基本组成、工作原理、功能、工作循环及控制方式的说明性原理图称为液压系统原理图。系统原理图有多种表示方法,但为了便于绘制和技术交流,一般采用标准图形符号绘制系统原理图,而不采用图 1－2 所示的半结构形式绘制。由于图形符号仅表示液压元件的功能、操作(控制)方法及外部连接口,并不表示液压元件的具体结构、性能参数、连接口的实际位置及元件的安装位置,因此,用其表达系统中各类元件的作用和整个系统的组成、油路联系和工作原理,简单明了,便于绘制。利用专门开发的计算机图形库软件,还可大大提高液压与气动系统原理图的设计、绘制效率及质量。

　　我国迄今先后于 1965 年、1976 年、1993 年和 2009 年颁布了液压与气动图形符号标准。现行标准为 GB/T 786.1—2009《流体传动系统及元件图形符号和回路图第 1 部分:用于常规用途和数据处理的图形符号》,故本书按该标准进行叙述(该标准规定的常用液压气动元件图形符号在附录一列出备查)。图 1－3 所示即为按 GB/T 786.1—2009 规定的图形符号绘制的图 1－2 所示的液压系统原理图,其中的主要液压元件图形符号意义见表 1－2。

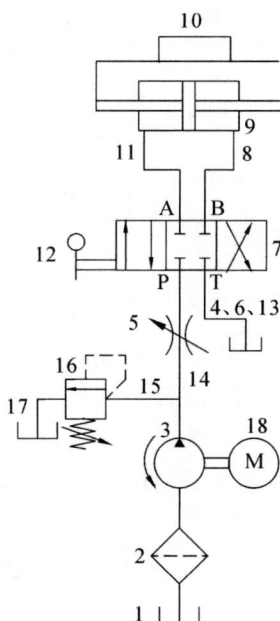

图 1-3　用标准图形符号绘制的机床工作台液压系统原理图

1—油箱；2—过滤器；3—液压泵；4,6,8,11,13,14,15,17—管路；5—节流阀；7—换向阀；

9—液压缸；10—工作台；12—换向手柄；16—溢流阀；18—电动机

表 1-2　机床工作台液压系统中主要液压元件的图形符号意义

元件名称	图形符号及其意义	图 1-3 所示对应元件
油箱	用半矩形表示	元件 1 为油箱
过滤器	由等边菱形加上内部的虚线表示	元件 2 为过滤器
液压泵	由一个圆加上一个实心正三角形或两个实心正三角形来表示，正三角形箭头向外，表示压力油液的方向。用一个实心正三角形表示的为单向泵；用两个实心正三角形表示的为双向泵。圆上、下两垂直线段分别表示排油和吸油管路（油口）。图中无箭头的为定量泵，有箭头的为变量泵。圆侧面的双线和弧线箭头表示泵传动轴所作的旋转运动	元件 3 为液压泵
换向阀	为改变油液的流动方向，换向阀的阀芯位置要变换，它通常可变动 2~3 个位置，而且阀体上的通路数（主油口数）也不同。根据阀芯可变动的位置数和阀体上的通路数，可组成×位×通阀。其图形意义：①换向阀的工作位置用方格表示，有几个方格即表示几位阀；②方格内的箭头符号表示油流的连通情况（有时与油液流动方向一致），"┬"或"┴"表示油液被阀芯封闭的符号，这些符号在一个方格内和方格的交点数即表示阀的通路数；③方格外的符号为操纵阀的控制符号，控制形式有手动、机动、电动和液动等	元件 7 为三位四通手动换向阀

续 表

元件名称	图形符号及其意义	图1-3所示对应元件
压力阀	方格相当于阀芯,方格中的箭头表示油流的通道,两侧的直线代表进出油管(口)。图中的虚线表示控制油路,压力阀就是利用控制油路的液压力与另一侧弹簧力相平衡的原理进行工作的。弹簧上的箭头代表压力可通过调整弹簧预调力进行调节	元件16为溢流阀
节流阀	两圆弧所形成的缝隙即节流孔道,油液通过节流孔使流量减少,图中的箭头表示节流孔的大小可以改变,也即通过该阀的流量是可以调节的	元件5为节流阀
液压缸	用一个长方形加上内部的两条相互垂直的双直线段表示,双垂直线段表示活塞,活塞一侧带双水平线段表示为单活塞杆缸,活塞两侧带双水平线段表示为双活塞杆缸。图中有小长方形和箭头的表示缸带可调节缓冲器,无小长方形的则表示缸不带缓冲器	元件9为不带缓冲器的双活塞杆液压缸

用图形符号绘制系统原理图时的注意事项:①可根据图纸幅面大小和需要,按适当比例改变元件图形符号的大小,以清晰美观为原则;②元件和回路图一般以未受激励的非工作状态(例如电磁换向阀应为断电后的工作位置)画出;③在不改变标准定义的初始状态含义的前提下,元件的方向可视具体情况水平翻转或90°旋转进行绘制,但液压油箱必须水平绘制且开口向上。

第三节　液压系统的类型

液压回路及液压系统类型繁多,其形式随主机类型及工艺目的不同而异。但按工作特征和控制方式的不同,液压系统可分为液压传动系统和液压控制系统两种主要类型。液压传动系统通常为开环控制,以传递动力为主,以信息传递为次,追求传动特性的完善,系统的工作特性由各组成液压元件的特性和它们的相互作用来确定,其控制质量受工作条件变化的影响较大,严重时甚至无法达到既定的目标。图1-3所示系统即为开环控制的液压传动系统,其原理方块图如图1-4所示,系统中的流量控制阀的开度是事先调整好的,通常无法在工作过程中进行更改。

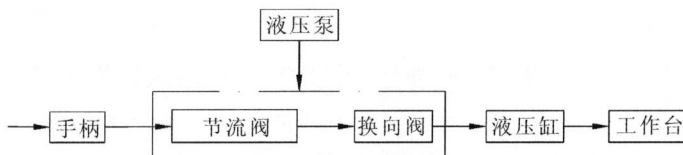

图1-4　开环控制的液压传动系统原理方块图

液压控制系统通常要采用伺服阀等控制阀且多为闭环控制(见图1-5),以传递信息为主,以传递动力为次,追求控制特性的完善。由于加入了检测反馈,因此系统可用一般元件组成精确的控制系统,其控制质量受工作条件变化的影响较小。

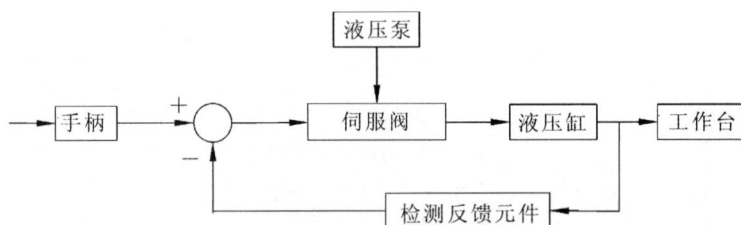

图 1-5 闭环控制的液压系统原理方块图

但应当指出,随着科学技术的飞速发展和现代机械设备技术性能要求的不断提高,军用装备、航空航天设备和数控机床等机械的动力传递和控制指标都很重要,因此,其液压传动系统和液压控制系统在具体结构上往往融为一体(例如,在一台数控滚压机床的液压系统中,有的回路由普通液压阀组成,有的回路则由电液比例阀构成),这时就很难界定此系统是传动系统还是控制系统,故上述分类方法并非绝对。

第四节 液压传动与控制技术的特点、应用及其发展

一、特点

1. 优点

(1)单位质量的功率大(能以较小的设备质量获得很大的输出力和转矩)。据统计资料表明,在典型情况下,液压泵和液压马达的单位质量的功率高达 1 650W/kg,而同等功率的发电机和电动机则约为 165 W/kg,液压泵和液压马达单位质量的功率是发电机和电动机的 10 倍。至于尺寸,前者约为后者的(12~13)%。就输出力而言,用泵很容易得到极高压力(高达几十兆帕甚至上百兆帕)的液压油液,将此油液传送至液压执行元件后即可产生很大的输出力和转矩。因此,液压技术具有质量小、体积小和出力大的突出特点,有利于机械设备及其控制系统的微型化、小型化并进行大功率作业。

(2)布局灵活方便。液压元件的布置不受严格的空间位置限制,容易按照机器的需要通过管道实现系统中各部分的连接,布局安装具有很大的柔性,能构成用其他方法难以组成的复杂系统。

(3)调速范围大。通过控制阀,液压系统可以在运行过程中实现执行元件大范围的无级调速,调速范围可达 2 000。

(4)工作平稳、快速性好。油液具有弹性,可吸收冲击,故液压传动传递运动均匀平稳;易于实现快速启动、制动和频繁换向。往复回转运动的换向频率可达 500 次/min,往复直线运动的换向频率高达 1 000 次/min。

(5)易于操纵控制并实现过载保护。液压系统操纵控制方便,易于实现自动控制、远距离遥控和过载保护;运转时可自行润滑,有利于散热和延长使用寿命。

(6)易于自动化和机电液一体化。液压技术容易与电气、电子控制技术相整合,组成机电液一体化的复合系统,实现自动工作循环。

(7)易于实现直线运动。用液压传动实现直线运动比机械传动简便。

(8)系统设计、制造和使用维护方便。液压元件属于机械工业基础件,已实现了标准化、系列化和通用化,因此,便于液压系统的设计、制造和使用维护,有利于缩短机器设备的设计制造周期并降低制造成本。

2.缺点

(1)不能保证定比传动。由于液体的可压缩性和泄漏等因素的影响,液压技术不能严格保证定比传动。

(2)传动效率偏低。在传动过程中,需经两次能量转换,常有较多的能量损失,因此传动效率偏低。

(3)工作稳定性易受温度影响。液压系统的性能对温度较为敏感,不宜在过高或过低温度下工作,当采用石油基液压油作传动介质时还需注意防火问题。

(4)造价较高。液压元件制造精度要求较高,为防止和减少泄漏,造价相应地也就较高。

(5)故障诊断困难。液压元件与系统容易因液压油液污染等原因造成系统故障,且发生故障时不易诊断排除。

二、应用

由于液压传动与控制的技术优势,使其成为现代机械工程的基本技术构成和现代控制工程的基本技术要素,其应用领域遍及国民经济各行业,例如机械制造工业,能源与冶金工业,铁路和公路交通,建材、建筑、工程机械及农林牧机械,家用电器与五金制造,轻工、纺织及化工,航空航天工程、河海工程及武器装备,计量、质检、装置、特种设备及公共设施等。

各行业和部门应用液压技术的出发点是不同的。例如,加工机械(如机床、橡塑机械)主要应用液压技术便于无级调速,易于实现自动化及易实现换向频繁的往复运动的优点;压力加工机械和工程机械主要应用液压技术输出力大的优点,航空航天工业则主要应用液压技术体积小、质量小、便于提高承载能力的优点,等等。

三、发展概况

公元前,希腊人发明的螺旋提水工具、埃及人用热空气-水力驱动的寺庙大门和中国的水轮等,可谓液压传动与控制技术最古老的应用。

现代液压技术源于1648年法国人帕斯卡(B. Pascal)提出的静压传递原理。1795年,英国人约瑟夫·布瑞玛(Joseph Bramah)登记了世界上第一台水压机专利。1906年,美国人在弗吉尼亚号战舰上采用液压装置代替电控装置对火炮实施控制,并以油代替水作为液压系统工作介质。Harry Vickers于1936年发明的先导控制压力阀首先应用于机床并一直沿用至今。第二次世界大战期间,由于军事的需要,出现了以电液伺服系统为代表的响应快、精度高的液压元件和控制系统,使液压技术得到了迅猛发展。战后液压技术很快转入民用工业,在机械制造、起重运输机械及各类施工机械、船舶、航空等领域得到了广泛发展和应用。20世纪60年代以来,随着原子能、航空航天技术、微电子技术的发展,液压技术在更深、更广阔领域得到了发展。近年来,与微电子、计算机技术相结合,液压技术进入了一个崭新的发展时期。尽管目前液压技术面临着来自电气传动及控制技术的新竞争和绿色环保的新挑战,但因其独特的技术优势,在国民经济发展中仍将发挥无可替代的重大作用。

液压传动与控制技术及产品的研发、设计和应用的发展趋势为节能化(如功率传感技术、轻型油路块等)、智能化(如液压故障诊断的专家系统和计算机诊断查询系统)、电子化(如电液伺服阀、比例阀和数字阀以及阀岛控制技术)、高压化(超高压液压技术)、小型集成化(微型液压阀技术)、复合化、长寿命、高可靠性、绿色化(如低污染的水液压传动、低噪声、低振动、无泄漏技术)、设计方法现代化(如基于有限元方法的液压产品模块化、参数化设计,利用 Pro/E 和 UG 等计算机软件进行油路块三维设计,用 Fluid Sim 等软件对液压系统油路设计进行仿真模拟、用 AMESim 软件对液压系统的动静态性能及故障进行仿真分析研究等),以满足和适应各类液压主机产品节能、环保、高效、自动、安全、可靠等要求。总之,创新与发展,为装备制造业提供动力传动与控制技术全面解决方案,已成为近代液压传动与控制技术的重要主题。

　　新中国建立前,我国几乎无液压技术可言。建国后,随着国民经济的发展、需求增加以及综合国力的增强,我国的液压技术得到了很大发展。1952 年,试制出我国第一只齿轮式液压泵;1959 年,国内建立了首家专业化液压元件厂;1964 年,引进了国外的一些液压元件产品及生产技术和装备,同时自行设计液压元件产品;20 世纪 80 年代以后,陆续引进了美国和德国等工业发达国家的先进液压产品及生产技术和设备。经过 60 多年的发展,我国液压行业已形成了一个门类比较齐全,有一定生产能力和技术水平的工业体系,现有数以百计的各类液压元件厂(公司),形成了国内自行开发、引进技术制造、合资生产、仿制消化的多元化格局。通过采用新的国家标准,不断研制开发国产液压元件新产品,逐步淘汰性能差的老旧产品。目前,我国的液压元件制造业已能为国民经济多种部门提供较为齐全的液压元件产品,已基本能适应各类主机产品的一般需要。在标准化方面,截至 2013 年 1 月,国内共有液压气动标准 173 项(国家标准 108 项,行业标准 65 项)。这些标准多数与国际标准化组织(ISO)所颁布的同类标准相一致,从而为提高我国液压气动元件的标准化、系列化、通用化程度,组织专业化生产,提高产品的性能,发展新品种和互换性,以及国际间的技术交流及机电产品配套出口贸易提供了有利条件。在教育、科研和学术交流及技术合作方面,全国有百余所科研院所和大学在进行着普及教育和产品研发;全国通过《液压与气动》《液压气动与密封》和《流体传动与控制》等专业期刊,中国液压气动密封工业网等网站,以及各级学术团体、学术会议、展览会,与国内外学术界和制造业界进行着广泛的学术交流及技术合作。我们相信,随着科学技术的发展和制造装备的进步,液压传动与控制技术将得到更大发展,并进一步拓展其应用范围。

思考题与习题

1-1　试述液压传动与控制的定义及其主要优点。

1-2　液压系统通常由哪几部分组成?各组成部分的功用是什么?

1-3　试用框图说明液压系统的能量传递及转换过程。

1-4　试述液压传动与控制有何工作特征。

第二章　液压工作介质与液压流体力学基础

　　本章是液压传动与控制的理论基础,将在介绍液压工作介质的主要物理性质及要求、种类和选用基础上,着重叙述液压流体力学的基本内容,其中包括液体静力学、液体动力学及液体流经管道及孔口缝隙时的力学特性等。

第一节　液压工作介质

　　液压工作介质(液压油或合成液体等)是液压系统的"血液",它在系统中的主要功用是传递能量和信号,对元件进行润滑、防锈,冲洗系统污染物质及带走热量,提供和传递元件及系统失效的诊断信息等。液压系统运转的可靠性、准确性和灵活性,在很大程度上取决于所使用的工作介质。

一、液体的物理性质

　　1. 密度

　　单位体积液体的质量称为密度,用 ρ 表示,即

$$\rho = m/V \tag{2-1}$$

式中　　m——液体的质量(kg);

　　　　V——液体体积(mm^3)。

　　液体的密度会随着温度的增加而略有减小,随着压力的增加略有增大,从工程使用角度可认为液压工作液体不受温度和压力变化的影响。我国采用 20℃ 时的密度作为油液的标准密度,用 ρ_{20} 表示,通常矿物型液压油的标准密度为 $\rho_{20} = 850 \sim 900 \text{ kg/m}^3$。

　　2. 可压缩性

　　在温度不变条件下,液体受压力(压强)作用而使自身体积减小的性质称为液体的可压缩性。可压缩性用体积压缩系数(单位压力变化下引起的体积相对变化量)k 或体积弹性模量 K(液体产生单位体积相对量所需的压力增量)表示,即

$$k = -\frac{1}{\Delta p}\frac{\Delta V}{V} \tag{2-2}$$

$$K = 1/k \tag{2-3}$$

式中　　Δp——压力的增量(MPa);

　　　　V——液体体积(mm^3);

　　　　ΔV——体积的减少量(mm^3)。

　　由于压力增加时液体体积减小,故式(2-2)须加一负号,以使 k 为正值。

　　k 值越小(即 K 值越大),则液体的可压缩性越小。在常温下,液压油液的体积弹性模量为 $K = (1.4 \sim 2.0) \times 10^3 \text{ MPa}$,数值很大,故对于一般液压系统,可认为液体是不可压缩的。但

若在液体中混入空气,其抗压缩能力会显著下降,从而影响液压系统的工作性能。因此,在考虑液体的可压缩性时(如高压系统和动态特性要求高的系统),除了要考虑工作介质本身的可压缩性外,还要考虑混入液体中空气的可压缩性以及盛放液体的封闭容器(含管道)的容积变形等因素的影响。

液压介质可压缩性的作用极像一个弹簧:当外力 F 增大使压力增大时,液体体积减小;反之,液体体积增大,故称液压弹簧。在液体受压面积 A 不变时(见图 2-1),可通过压力变化 $\Delta p = \Delta F/A$、体积变化 $\Delta V = A\Delta l$(Δl 为液柱长度的改变量)和式(2-2)求出液压弹簧的刚度 k_h 为

$$k_h = -\frac{\Delta F}{\Delta l} = \frac{A^2}{V}K \tag{2-4}$$

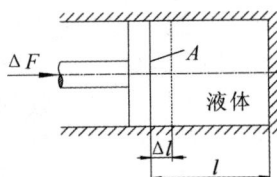

图 2-1　液压弹簧刚度计算

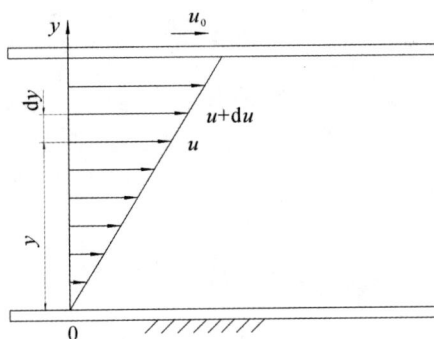

图 2-2　油液黏性平板实验

3. 黏性

(1) 黏性的定义。液体在外力作用下流动(或有流动趋势)时,液体分子间内聚力会阻碍分子相对运动而产生一种内摩擦力,这种特性称为液体的黏性。显然,静止液体不呈现黏性。

现观察图 2-2 所示的黏性平板实验。设在两个平行平板之间充满液体,当上平板以速度 u_0 相对于静止的下平板向右移动时,在附着力的作用下,紧贴于下平板的液体层速度为 0,上平板的液体层速度为 u_0,而中间各层液体的速度则从下到上近似呈线性递增的规律分布,这是因为在相邻两液体层间存在有内摩擦力的缘故,该力对上层液体起阻滞作用,而对下层液体则起拖曳作用。实验结果表明,液体流动时相邻液层间的内摩擦力 F,与两液层接触面积 A、液层间的速度梯度 du/dy 成正比,此即为牛顿液体内摩擦定律。即

$$F = \eta A \frac{du}{dy} \tag{2-5}$$

式中,η 为液体的动力黏度。

用 τ 表示液层间单位面积上的内摩擦力(简称摩擦应力),则式(2-5)可写为

$$\tau = \frac{F}{A} = \eta \frac{du}{dy} \tag{2-6}$$

(2) 黏性的表示。液体的黏性大小用黏度表示,常用的黏度有三种,即动力黏度、运动黏度和相对黏度。

1) 动力黏度 η。它是表征液体黏度的内摩擦因数,由式(2-6)可知,其物理意义:单位速度梯度下单位面积上产生的内摩擦力。动力黏度又称绝对黏度。η 值越大,液体的黏性越大。

η 之所以称为动力黏度,是因其单位中含有动力学量纲(力、长度和时间)。动力黏度 η 的法定计量单位是 Pa·s(帕·秒)或用 N·s/m²(牛·秒／米²)表示。以前沿用的 CGS(厘米克秒)单位制中,η 的单位为 dgn·s/cm²(达因·秒／厘米²),又称为 P(泊)。P 的百分之一称为 cP(厘泊)。两种单位制的换算关系为

$$1Pa \cdot s = 10P = 10^3 cP$$

2)运动黏度 ν。动力黏度 η 和该液体密度 ρ 的比值,称为运动黏度。即

$$\nu = \eta/\rho \qquad (2-7)$$

运动黏度 ν 无明确的物理意义,但因在其单位中只含运动学量纲(长度和时间),故称为运动黏度。运动黏度的法定计量单位是 m²/s(米／秒)。在 CGS 制中,ν 的单位是 cm²/s(厘米²／秒),通常称为 St(斯)。1St(斯)＝100cSt(厘斯)。两种单位制的换算关系为

$$1m^2/s = 10^4 St = 10^6 cSt$$

液压工程中常用 ν 来标志液体的黏度。例如,液压油的牌号就是这种油液在 40℃ 时的运动黏度（mm²/s）的平均值。

3)相对黏度。相对黏度又称条件黏度,它是采用特定的黏度计在规定的条件下测得的液体黏度。按照测量条件的不同,世界各国采用的相对黏度的单位也不同。例如,我国、俄罗斯和德国等国采用恩氏黏度,而美国则用赛氏黏度,英国用雷氏黏度,等等。

恩氏黏度由恩氏黏度计测定。恩氏黏度计(见图 2-3)的底部带有锥管 3(出口小孔直径为 $\phi 2.8$ mm)的贮液器 1 放置在水槽 2 中,被测液体自贮液器小孔引出。在某一特定温度 $t(℃)$ 下,200cm³ 的被测液体在自重作用下流过小孔所需的时间 t_1,与同体积的蒸馏水在 20℃ 时流过上述小孔所需的时间 t_2 之比值,便是该液体在 $t(℃)$ 时的恩氏黏度。恩氏黏度用符号 °E 表示,它是一个无量纲数。

$$°E = t_1/t_2 \qquad (2-8)$$

恩氏黏度 °E 和运动黏度 ν 可用下面的经验公式进行换算:

$$\nu = \left(7.31°E - \frac{6.31}{°E}6.31\right) \times 10^{-6} \quad (m^2/s) \qquad (2-9)$$

一般以 20℃,50℃,100℃ 作为测定恩氏黏度的标准温度,由此而得来的恩氏黏度分别用 °E$_{20}$,°E$_{50}$ 和 °E$_{100}$ 表示。

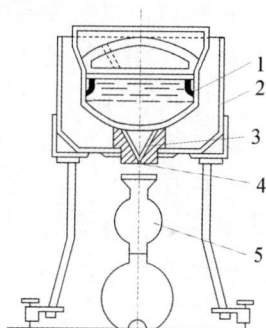

图 2-3 恩氏黏度计
1—贮液器;2—水槽;3—锥管;
4—出口小孔;5—量筒

4)调和油液的黏度。当某种液压油的黏度不合要求时,常将两种不同的液压油液按适当比例混合起来使用,此即为调和油。调和油的黏度可用如下经验公式计算:

$$°E = \frac{a°E_1 + b°E_2 - c(°E_1 - °E_2)}{100} \qquad (2-10)$$

式中 　°E—— 混合后的调和油的黏度;

　°E$_1$,°E$_2$—— 混合前两种油液的黏度,取 °E$_1$ > °E$_2$;

　a,b—— 两种油液所占百分数($a+b=1$);

　c—— 实验系数,见表 2-1。

(3)黏度与压力及温度的关系。通常,压力不高时,压力对黏度的影响很小,而高压时液体黏度会随压力增大而增大,但增大数值很小,可以忽略不计。

表 2 - 1　实验系数 c 的取值

$a/(\%)$	10	20	30	40	50	60	70	80	90
$b/(\%)$	90	80	70	60	50	40	30	20	10
c	6.7	13.1	17.9	22.1	25.5	27.9	28.2	25	27

温度对液体的黏度影响很大,温度升高,黏度降低,液体的流动性增高。液压油液的黏度随温度变化的性质称为黏温特性,它可用黏度指数 VI 来表示,VI 值越大,表示液压油液黏度随温度的变化率越小,即黏温特性越好。不同种类的液压介质有不同的黏温特性。一般液压油液要求 VI 值在 90 以上。

4. 其他性质

工作介质还有诸如抗燃性、抗氧化性、抗凝性、抗泡沫性、抗乳化性、防锈性、润滑性、导热性、稳定性以及相容性(主要指对密封材料、软管等不侵蚀、不溶胀的性质)等其他一些物理化学性质,都对液压系统的工作性能有重要影响。这些特质,需要在精炼的矿物油中加入各种添加剂来获得,其含义较为明显,其指标具体在应用时可查阅相关手册。

二、对液压工作介质的要求

不同的液压机械及系统,对工作介质的要求不同。通常,对液压工作介质有如下要求:

(1) 合适的黏度,受温度的变化影响小。

(2) 良好的润滑性。即油液润滑时产生的油膜强度高,以免产生干摩擦。

(3) 质地纯净,不含有腐蚀性物质等杂质。

(4) 良好的化学稳定性。油液不易氧化、不易变质,以防产生黏质沉淀物影响系统工作,防止氧化后油液变为酸性,对金属表面起腐蚀作用。

(5) 抗泡沫性和抗乳化性好,对金属和密封件有良好的相容性。

(6) 体积膨胀系数低,比热容和传热系数高;流动点和凝固点低,闪点和燃点高。

(7) 对人体无害,价廉。

(8) 可滤性好。即工作介质中的颗粒污染物等,容易通过滤网过滤,以保证较高的清洁度。

(9) 与液压机械所生产的产品和机械的生产作业环境相容。液压系统的泄漏不应对产品造成污染和损坏,泄漏后不会对环境造成污染。

三、工作介质的种类及特性

我国的液压工作介质品种繁多,按照 GB/T 7631.2—2003 润滑剂和有关产品(L 类)的规定,通用液压油(液)分为矿物油型液压油、环境可接受液压液(含合成烃型液压油)及难燃液压液等三大组,表 2 - 2 列出了其产品组成、特性和主要应用场合。

液压油(液)的代号含义及命名表示方法如下:

符号意义:

L-　HL　32
　　　　　└── 牌号:黏度等级VC32(40℃时的运动黏度为32mm²/s)
　　　└── 品种:H:液压油(液)组;L:防锈抗氧型
　└── 类别:润滑剂类

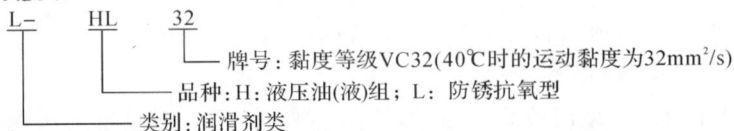

命名:32号防锈抗氧型液压油。

表 2-2　通用液压液的产品组成、特性和主要应用场合

(摘自 GB 11118.1-1994 和 GB/T 7631.2-2003)

分　类		名　称	产品代号	密度 ρ /(kg·m^{-3})	黏度等级 /(mm^2·s^{-1})	组成、特性和适用场合
通用液压油(液)	矿物型液压油	精制矿物油	L—HH	860~920	15,22,32,46,68,100,150	本产品无抑制剂。适用于一般循环润滑系统、低压液压系统等
		精制矿物油	L—HL		15,22,32,46,68,100	本产品为 L-HH 油并改善其防锈和抗氧化性的液压油,适用于低压液压系统
		抗磨液压油	L—HM		15,22,32,46,68,100,150	本产品为在 L-HL 油基础上改善其抗磨性的液压油,适用于低、中、高压液压系统
		低温液压油	L—HV		15,22,32,46,68,100,150	本产品为在 L-HM 油基础上改善其黏-温性的液压油。适用于野外和在恶劣环境下工作的液压设备及低、中、高压液压系统
		高黏度指数液压油	L—HR		15,32,46	本产品为在 L-HL 油基础上改善其黏-温性的液压油。适用于数控机床液压系统和伺服系统
		液压导轨油	L—HG		32,68	本产品为在 L-HM 油基础上改善其黏-滑性的液压油。适用于液压和导轨润滑系统合用的机床,也适用于其他要求有良好黏附性的机械润滑部位
	使用环境可接受液压油(液)	天然脂肪液压油	L—HETG	910~1 040	32,46,68	本产品基础液为植物油(甘油酸三脂),不溶于水,适用于一般液压系统
		合成脂液压油	L—HEES			本产品基础液为合成脂类油,不溶于水,适用于一般液压系统
		聚乙二醇液压油	L—HEPG			本产品基础液为聚乙二醇(聚醚),不溶于水,适用于一般液压系统
		合成烃液压油	L—HEPR			聚 α 烯烃和相关烃类产品(碳氢化合物),不溶于水,适用于一般液压系统
难燃液压液	乳化型	水包油型(O/W)乳化液	L—HFAE	1 000	7,10,15,22,32	本产品为水包油型高水基液,通常含水 80% 以上,难燃性好,价格便宜。适用于煤矿液压支架静式液压系统和其他不要求回收废液和不要求拥有良好润滑性,但要求有良好难燃性液体的其他液压系统
		油包水型(W/O))乳化液	L—HFB	800~940	22,32,46,68,100	常含油 60% 以上,其余为水和添加剂。适用于冶金、煤矿等行业的中压高压、高温和易燃场合的液压系统
	水-乙二醇型	水-乙二醇液	L—HFC	1 000~1 100	15,22,32,46,68,100	本产品通常为水-乙二醇或含其他聚合物的水溶液,其难燃性好,适用于冶金、煤矿等行业的低压和中压液压系统
	合成型	磷酸酯液	L—HFDR	1 100~1 400	15,22,32,46,68,100	本产品通常为无水的各种磷酸酯作基础油加入各种添加剂而制得,难燃性较好。适用于冶金、火力发电、燃气轮机等高温高压下操作的液压系统

续 表

分 类	名 称	产品代号	密度 ρ /(kg·m^{-3})	黏度等级 /(mm^2·s^{-1})	组成、特性和适用场合
备 注					旧版标准还有专用液压油(液),包括航空液压油、航空难燃液压液、舰用液压油、炮用液压油、汽车制动液等品种,主要针对一些专门领域的工作条件,经过添加一些添加剂制得。专用液压油(液)适用于各种特定工作条件,其品种和性能等请见有关手册

注:使用环境可接受液压液属于环保型液压液,每个品种的基础液最小含量应不少于70%。

四、液压工作介质的选用

正确选用液压油(液),对于液压系统适应各种工作环境条件和工作状况的能力、延长系统和元件的寿命、提高主机设备的可靠性、防止事故发生等方面,都有重要意义。液压工作介质的选用原则见表2-3。

表2-3 液压工作介质选用原则

选用原则	考虑因素
液压系统的环境条件	室内、露天、水上、地下;热带、寒区、严寒区;固定式、移动式;高温热源、火源、旺火等
液压系统的工作条件	使用压力范围(润滑性、承载能力);使用温度范围(黏度、黏温特性、热氧化安定性、低温流动性);液压泵类型(抗磨性、防腐蚀性);水、空气进入状态(水解安定性、抗乳化性、抗泡性、空气释放性);转速(气蚀、对轴承面浸润力)
工作液体的质量	物理化学指标;对金属和密封件的适应性;防锈、防腐蚀能力;抗氧化安定性;剪切安定性
技术经济性	价格及使用寿命;维护保养的难易程度

1. 品种的选择

目前,各类液压设备使用的液压介质中,液压油达85%,具体选用时可从以下三方面入手:

(1)按工作环境和使用工况(液压系统的工作压力及温度)选择液压油(见表2-4)。

表2-4 根据工作环境和使用工况选择液压油(液)的品种

工况 环境	压力7MPa以下 温度50℃以下	压力7~14MPa 温度50℃以下	压力7~14MPa 温度50~80℃	压力14MPa以上 温度80~100℃
室内固定液压设备	HL或HM	HL或HM	HM	HM
寒天寒区或严寒区	HV或HR	HV或HS	HV或HS	HV或HS
地下水上	HL或HM	HL或HM	HM	HM
高温热源	HFAS	HFB	HFDR	HFDR
明火附近	HFAM	HFC		

(2)按泵的结构类型选择液压油。液压泵对抗磨性要求的高低顺序为叶片泵＞柱塞泵＞齿轮泵。对于以叶片泵为主泵的液压系统,无论压力高低,都应选用HM油;对于以柱塞泵为主泵的液压系统,一般应选用HM油,低压时可选用HL油。

(3)检查液压油液与材料的相容性(见表2-5)。初选液压油品种后,应仔细检查所选油液及其中的添加剂对液压元件中的所有金属材料、非金属材料、密封材料、过滤材料及涂料的相容性。如发现有与油液不相容的材料，则应该改变材料或改选油液品种。例如，HM 抗磨液压油除了与青铜、天然橡胶、丁基橡胶、乙丙橡胶不相容外，与大多数材料都相容。

表 2-5　液压工作介质与常用材料的相容性

材料名称		石油基液压油	高水基液压油	油包水乳化液	水-乙二醇液压油	磷酸酯液压油
金属	铁	相容	相容	相容	相容	相容
	铜、黄铜	相容	相容	相容	相容	相容
	青铜	不相容	相容	相容	勉强	相容
	铝	相容	不相容	相容	不相容	相容
	锌、镉	相容	不相容	相容	不相容	相容
	镍、锡	相容	相容	相容	相容	相容
	铅	相容	相容	不相容	不相容	相容
	镁	相容	不相容	不相容	不相容	相容
橡胶	天然橡胶(NR)	不相容	相容	不相容	相容	不相容
	氯丁橡胶(CR)	相容	相容	相容	相容	不相容
	丁腈橡胶(NBR)	相容	相容	相容	相容	不相容
	丁基橡胶(HR)	不相容	不相容	不相容	相容	相容
	乙丙橡胶(EPM)	不相容	相容	不相容	相容	相容
	聚氨酯橡胶(AU)(EU)	相容	不相容	不相容	不相容	不相容
	硅橡胶(SL)	相容	相容	相容	相容	相容
	氟橡胶(FBM)	相容	相容	相容	相容	相容
	丁苯橡胶(SBR)	不相容	不相容	不相容	相容	不相容
	聚硫橡胶(TR)	相容	勉强	勉强	相容	勉强
	聚丙烯酸酯橡胶(ANM)(ACM)	勉强	不相容	不相容	不相容	不相容
	氯磺化聚乙烯橡胶(CSM)	勉强	勉强	勉强	相容	不相容
塑料	丙烯酸塑料(包括有机玻璃)	相容	相容	相容	相容	不相容
	苯乙烯塑料	相容	相容	相容	相容	不相容
	环氧塑料	相容	相容	相容	相容	相容
	酚醛塑料	相容	相容	相容	相容	相容
	硅酮塑料	相容	相容	相容	相容	相容
	聚氯乙烯塑料	相容	相容	相容	相容	不相容
	尼龙	相容	相容	相容	相容	相容
	聚丙烯	相容	相容	相容	相容	相容
	聚四氯乙烯	相容	相容	相容	相容	相容

续　表

材料名称		石油基液压油	高水基液压油	油包水乳化液	水-乙二醇液压油	磷酸酯液压油
涂料和漆	普通耐油工业涂料	相容	不相容	不相容	不相容	不相容
	环氧型	相容	相容	相容	相容	相容
	酚醛	相容	相容	相容	相容	相容
	搪瓷	相容	相容	相容	相容	相容
其他材料	皮革	相容	不相容	不相容	不相容	不相容
	纸、软木	相容	不相容	不相容	不相容	—
	合成纤维	—	不相容	不相容	不相容	—

2. 黏度等级(牌号)的选择

黏度等级(牌号)是液压油液选用中最重要的考虑因素,因黏度过大,将增大液压系统的压力损失和发热,降低系统效率;反之,将会使泄漏增大,也使系统效率下降。尽管各种液压元件产品都指定了应使用的液压油(液)牌号,但考虑到液压泵是整个系统中工作条件最严峻的部分,故通常可根据泵的要求(类型、额定压力和系统工作温度范围)确定液压油(液)黏度等级(牌号)(见表2-6)。按照泵的要求选择的油液黏度,一般对液压阀和其他元件也适用(伺服阀除外)。

表 2-6　按液压泵选用液压工作介质的黏度等级

液压泵类型	压力/MPa	40℃运动黏度 $\nu/(mm^2 \cdot s^{-1})$		适用品种
		液压系统温度 5~40℃	液压系统温度 40~80℃	
齿轮泵		30~70	65~165	HL 油
叶片泵	<7	30~50	40~75	HM 油
	≥7	50~70	55~90	
径向柱塞泵		30~50	65~240	HL 油或HM 油
轴向柱塞泵		40	70~150	

3. 难燃液压液的选用

对于高温或明火附近及煤矿井下的液压设备,不能用矿物油,而应采用难燃液,以保证人身、设备安全。一般而言,可按表2-4进行初选,然后再从环境条件、工作条件、使用成本及废液处理几方面进行综合分析,最终得出最佳选择。

(1)液压设备的环境条件。若环境温度低(达 0℃以下),用水-乙二醇较好,磷酸酯也可用。若环境温度高,则用磷酸酯较好。对于工作环境较为恶劣的液压设备,最好选用价廉、污染小的液压介质(如一部分牌号的高水基液体),以免因管道爆裂等原因导致外漏或排放时对环境造成污染。

(2)液压设备的工作条件。除了考虑液压介质与各类材料的相容性外,最主要考虑液压泵的适应性与介质的润滑性。例如,阀配流卧式柱塞泵与所有水基难燃液均适应,但对于齿轮泵、叶片泵和轴向柱塞泵,因水基难燃液的润滑性较差,对泵的轴承寿命及摩擦副的磨损均有很大影响。从减少磨损、延长使用寿命考虑,对高压系统采用磷酸酯(其润滑性能接近矿物油)较好;对中高压及低压系统,采用油包水、水-乙二醇及高水基液体(其润滑性次于磷酸酯)为宜。通常,原有液压泵改用耐燃液压液时,应降低使用压力及转速。

(3)使用成本。使用成本主要应考虑设备改造、介质成本、维护监测及系统效率等因素。因油包水、水-乙二醇及磷酸酯的黏度较大,原有油压设备改用这些介质时,除了要更换不相容的材料及轴承外,其他变化不大。但对于高水基介质,则因黏度低,可能导致泄漏增大,原有元件应降压使用。关于介质的价格:磷酸酯价格最贵,其次是水-乙二醇、油包水,高水基介质最便宜(是油包水的1/20)。关于系统的维护与检测:油包水要求最严,其次是磷酸酯和高水基介质,相对而言,水-乙二醇要求要低些。关于系统效率,高水基介质因其黏性阻力很小,系统效率最高;其他几种介质基本接近。

(4)废液处理。难燃液污染性强烈,不经处理不能排放。水-乙二醇对水中生物危害很大,故其废液须单独收集并进行氧化或分解处理后才能排放。磷酸酯(比水重)或油包水(比水轻)可轻易地从废液池底部或顶部分离出来进行处理。高水基液较易处理,有可能直接排放而不会造成污染。

五、工作介质的使用要点和污染控制

1.使用要点

工作介质选定之后,若使用不当,将会因液体的性质变化导致液压系统工作失常。另外,国内外统计资料表明,液压系统的故障大约有 70% 是由于工作介质的污染所引起的。因此,在液压工作介质使用中,一方面,要注意工作条件的变化对其性能的影响;另一方面,要特别注意防止液体被污染。一定要克服新油没有污染的观念,因为新油也往往含有许多污染物颗粒,比高性能液压系统所允许的要多 10 倍,故在工作介质贮藏、搬运及加注过程中,以及在液压系统设计和制造中,应采取一定的防护、过滤措施防止油液被污染,使油液的清洁度符合相关标准的规定;对使用中的油液,应按有关规定定期抽样检验和换油。

2.污染控制

(1)污染物种类、来源。在液压工作介质中,凡是油液成分以外的任何物质都认为是污染物。污染物主要有固体颗粒物、水和空气等,微生物和各种化学物质;系统中以能量形式存在的静电、热能、放射能及磁场等。

污染物来源有三个途径:系统内部残留(如液压元件、油路块、管道加工和液压系统组装过程中未清除干净而残留的型砂、金属切屑、焊渣、尘埃、锈蚀物和清洗溶剂等);系统外界侵入(如通过液压缸活塞杆侵入的固体颗粒物和水分,以及注油和维修过程中带入的污染物等);系统内部生成(如各类元件磨损产生的磨粒和油液氧化及分解产生的有害化学物质等)。

(2)油液污染对液压系统的危害。颗粒污物会堵塞和淤积引起元件故障;加剧磨损,导致元件泄漏、性能衰降;加速油液性能劣化变质等。空气侵入会降低油液体积弹性模量,使系统刚性和响应特性变差,压缩过程消耗能量而使油温升高;导致气蚀,加剧元件损坏,引起振动噪声;加速油液氧化变质,降低油液的润滑性;气穴破坏摩擦副耦合件之间的油膜,加剧磨损。油液中侵入的水与油液中某些添加剂的金属硫化物(或氯化物)作用产生酸性物质而腐蚀元件;

水与油液中某些添加剂作用产生沉淀物和胶质等有害污染物,加速油液劣化变质;水会使油液乳化而降低油液的润滑性;低温下油液中的微小水珠可能结成冰粒,堵塞元件间隙或小孔,导致元件或系统故障。

(3)污染度及其测量。污染度是评定介质污染程度的一项重要指标,它是指在单位容积油液中固体颗粒物的含量,即油液中固体颗粒污染物的浓度;对于其他污染物(如水和空气),则用水含量和空气含量表述。固体颗粒污染度主要采用两种表示方法:一是质量污染度(mg/L);二是颗粒污染度,即单位体积油液中所含各种尺寸范围的固体颗粒污染物数量,颗粒尺寸范围可用区间(如 $5\sim15\mu m$,$15\sim25\mu m$)表示,或用大于某一尺寸(如大于 $5\mu m$,大于 $15\mu m$ 等)表示。由于颗粒污染物对元件和系统的危害作用与其颗粒尺寸分布及数量密切相关,因而被普遍采用。

污染度测定方法有质量分析法、显微镜计数法和自动颗粒计数器法等,其中后两种方法应用较多。

1)显微镜计数法。使用微孔滤膜(滤膜直径为 47mm,孔径为 $0.8\mu m$ 或 $1.2\mu m$)过滤一定体积的样液,将样液中的颗粒污染物全部收集在滤膜表面,然后在显微镜下利用其测微尺测定颗粒大小,并按要求的尺寸范围计数。此法采用普通光学显微镜,设备简单,容易操作,能直接观察到污染物的形貌和大小,并能大致判断污染颗粒的种类,但计数准确性受到操作者经验和主观性的影响,精度较差。

2)自动颗粒计数器法。采用的自动颗粒计数器有遮光型、光散射型和电阻型等,遮光型应用较多,其工作原理如图 2-4(a)所示,主要特点是采用遮光型传感器(见图 2-4(b))。从光源发出的平行光束通过传感区的窗口射向一光电二极管。传感区部分由透明的光学材料制成,被测试样液沿垂直方向从中通过,在流经窗口时被来自光源的平行光束照射。光电二极管将接收的光转换为电压信号,经前置放大器放大后传输到计数器。当流经传感区的油液中没有任何颗粒时,前置放大器的输出电压为一定值。当油液中有一个颗粒进入传感区时,一部分光被颗粒遮挡,光电二极管接收的光量减弱,于是输出电压产生一个脉冲(见图 2-4(c)),其幅值与颗粒的投影面积成正比,由此可确定颗粒的尺寸。传感器的输出电压信号传输到计数器的模拟比较器后,与预先设置的阈值电压相比较,当电压脉冲幅值大于阈值电压时,计数器即为计数。通过累计脉冲的次数,即可得出颗粒的数目。计数器设有若干个比较电路(或通道),如 6 个或 8 个。预先将各个通道的阈值电压设置在与要测定的颗粒尺寸相对应的值上。这样,每一个通道对大于该通道阈值电压的脉冲进行计数,因而计数器就可以同时测定各种尺寸范围的颗粒数。此法测量速度快,精确度高,操作简便,但设备投资较大。目前,自动颗粒计数器已广泛应用于各工业部门,作为油液污染分析的主要方法。

(4)污染度等级标准。为便于液压油液污染度的描述、评定和控制,须对油液污染度等级进行规定。常用油液污染度等级标准如下:

1)NAS1638 污染度等级标准(见表 2-7)。这是美国宇航学会标准,它是按照 $5\sim10\mu m$,$10\sim25\mu m$,$25\sim50\mu m$,$50\sim100\mu m$ 和大于 $100\mu m$ 等 5 个尺寸范围的颗粒浓度划分等级(14 个等级),适应范围更广。可以看出,相邻两个等级颗粒浓度的比为 2,因此,当油液污染度超过表中 12 级,可用外推法确定其污染度等级。英国液压研究协会(HBRA)将 NAS1638 的最高污染度等级扩大到 16 级。

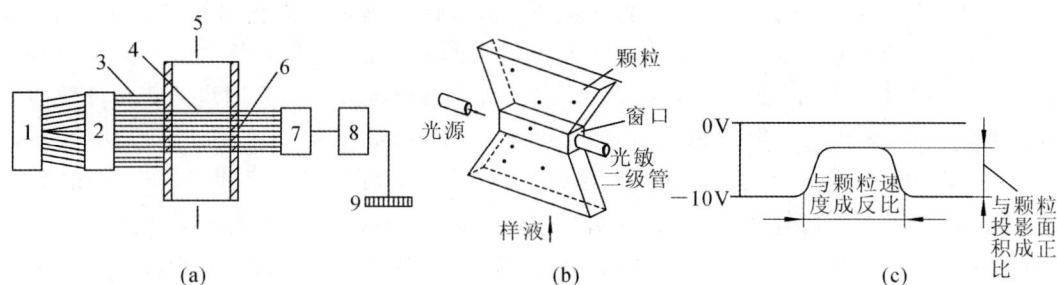

图 2-4　遮光型颗粒计数器

(a)遮光型颗粒计数器工作原理示意图；(b)遮光型传感器原理图；(c)传感器输出脉冲电压

1—光源；2—平行光管；3—平行光束；4—传感区；5—样液；6—透明窗口；

7—光电二极管；8—前置放大器；9—计数器

实际液压系统中颗粒尺寸分布与标准中的尺寸分布并不一致，标准中的小尺寸颗粒数相对较少，这可能由于当时制定该标准时，颗粒分析技术不够完善，小颗粒计数结果偏少。故在使用过程中，NAS 标准均有局限性，往往是大、小尺寸颗粒间的等级可能相差 1～2 级以上，故无法仅用一个污染度等级数码来描述油液实际污染度。

使用该标准时(以自动颗粒计数器测量油液污染颗粒为例)，根据实测结果，查出相应的大于 $2\mu m$，$5\mu m$ 和 $15\mu m$ 颗粒数的等级数码，即可确定油液的污染度等级。

表 2-7　NAS1638 污染度等级(100mL 中的颗粒数)

污染度等级	颗粒尺寸范围/μm				
	5～10	10～25	25～50	50～100	＞100
00	125	22	4	1	0
0	250	44	8	2	0
1	500	89	16	3	1
2	1 000	178	32	6	1
3	2 000	356	63	11	2
4	4 000	712	126	22	4
5	8 000	1 425	253	45	8
6	16 000	2 850	506	90	16
7	32 000	5 700	1 012	180	32
8	64 000	11 400	2 025	360	64
9	12 800	22 800	4 050	720	128
10	25 600	45 600	8 100	1 440	256
11	51 200	91 200	16 200	2 880	512
12	1 024 000	182 400	32 400	5 760	1 024

2)ISO 4406：1999 污染度等级标准（见表 2-8）。这是国际标准化组织（ISO）标准,它由 ISO 4406：1987 修订而来。该标准按每 1mL 油液中的颗粒数,将颗粒污染划分为 30 个等级,每个等级用一个数码表示,颗粒浓度越大,代表等级的数码越大。当采用自动颗粒计数器测量油液污染颗粒时,采用三个数码表示油液的污染度,三个数码采用一斜线分割,其中第一个数码表示每 mL 油液中尺寸大于 $2\mu m$ 的颗粒数等级,第二个数码表示尺寸大于 $5\mu m$ 的颗粒数等级,第三个数码表示尺寸大于 $15\mu m$ 的颗粒数等级,例如：污染度等级 18/16/13 表示：油液中大于 $2\mu m$ 的颗粒数等级数码为 18,每 1mL 油液中的颗粒数在 1 300～2 500 之间；油液中大于 $5\mu m$ 的颗粒数等级数码为 16,每 1mL 油液中的颗粒数在 320～640 之间；油液中大于 $15\mu m$ 的颗粒数等级数码为 13,每 1mL 油液中的颗粒数在 40～80 之间。如果采用显微镜测量油液污染颗粒,仍用两个代码表示油液污染等级,为了与前述表达方式保持形式上的一致,缺少的一个代码以"－"表示。例如－/16/13。

表 2-8　ISO 4406：1999 污染度等级数码

1mL 油液中的颗粒数		标号	1mL 油液中的颗粒数		标号	1mL 油液中的颗粒数		标号
大于	小于等于		大于	小于等于		大于	小于等于	
2 500 000		＞28	2 500	5 000	19	2.5	5	9
1 300 000	2 500 000	28	1 300	2 500	18	1.3	2.5	8
640 000	1 300 000	27	640	1 300	17	0.64	1.3	7
320 000	640 000	26	320	640	16	0.32	0.64	6
160 000	320 000	25	160	320	15	0.16	0.32	5
80 000	160 000	24	80	160	14	0.08	0.16	4
40 000	80 000	23	40	80	13	0.04	0.08	3
20 000	40 000	22	20	40	12	0.02	0.04	2
10 000	20 000	21	10	20	11	0.01	0.02	1
5 000	10 000	20	5	10	10	0.005	0.01	0

说明：a. ISO 4406：1987 标准选择 $5\mu m$ 和 $15\mu m$ 这两个特征尺寸（两个等级数码）代表油液污染度等级。这是因为 $5\mu m$ 左右微小颗粒是引起淤积和堵塞故障的主要因素,而大于 $15\mu m$ 的颗粒对元件的污染磨损起着主导作用。因此,选择这两个尺寸的颗粒浓度作为划分等级的依据,能比较全面地反映不同尺寸的颗粒对元件的影响。

b. 由于现代液压和润滑元件的精密程度的提高,摩擦副间隙变小,对微细颗粒更敏感,因而对油液清洁度的要求也越来越高。绝对精度为 $1～3\mu m$ 的高精度过滤器早已应用于对油液清洁度要求高的液压系统。ISO 4406：1987 标准已不能满足对油液高清洁度的要求,因此,ISO 4406：1999 提出了修改意见,增加了一个反映大于 $2\mu m$ 颗粒污染等级的数码（即将等级标准的最小计数颗粒尺寸均规定为 $2\mu m$）,采用三个数码表示油液的污染度。

c. 目前 ISO 4406 标准已被世界各国普遍采用,我国制定的标准 GB/T 14039-2002,也采用这一国际标准。

3)GB/T 14039-2002（见表 2-8）。这是我国《液压传动-油液-固体颗粒污染等级代号》国家标准,该标准采用 ISO 4406：1999 对 GB/T 14039-1993 修订而来。GB/T 14039-2002 规定,当采用自动颗粒计数器测量油液污染颗粒时,采用大于等于 $4\mu m$,$6\mu m$ 和 $14\mu m$ 三个尺寸范围的颗粒浓度代码表示油液污染度等级,每个代码间用一条斜线分割,代码总数为 30 个,例如,污染度等级为 18/16/13：第一个数码 18 表示每 1mL 油液中尺寸大于 $4\mu m$ 的颗粒数等级;第二个数码16表示每1mL油液中尺寸大于$6\mu m$的颗粒数等级;第三个数码13表示每1mL油液中尺寸大于$14\mu m$的颗粒数等级。当采用显微镜测量油液颗粒时,按照ISO 4406:1999进行计数:第一部分用"—"表示,第一个代码用大于等于$5\mu m$的颗粒数确定,第二个代码用大于等于$15\mu m$的颗粒数确定,例如—/16/13。

(5)液压系统与液压元件清洁度等级(指标)及液压系统(元件)清洁度试验。典型液压系统清洁度等级见表2-9,各液压元件清洁度指标可参见JB/T 7858—2006。一个新制造的液压系统(元件)在运行前和已正在运转的旧系统中都需要按有关规定进行清洁度试验,试验的目的是对液压系统中的油液取样,确定油液的清洁度等级是否合格。试验时,一般先测定污染度等级,然后与典型液压系统的清洁度等级或液压元件清洁度指标进行比对,如果污染度等级在典型液压系统的清洁度等级或液压元件清洁度指标范围内,即认为合格,否则认为不合格。

表 2-9 典型液压系统清洁度等级

清洁度等级②　　级别① 系统类型	4 12/9	5 13/10	6 14/11	7 15/12	8 16/13	9 17/14	10 18/15	11 19/16	12 20/17	13 21/18	14 22/19
污染极敏感系统	█	█	█	█	█						
伺服系统		█	█	█	█	█					
高压系统			█	█	█	█	█				
中压系统				█	█	█	█	█			
低压系统						█	█	█	█		
低敏感系统							█	█	█	█	█
数控机床液压系统		█	█	█	█	█					
机床液压系统				█	█	█	█				
一般机器液压系统				█	█	█	█	█			
行走机械液压系统						█	█	█	█		
重型设备液压系统						█	█	█	█		
重型和行走设备传动系统						█	█	█	█	█	
冶金轧钢设备液压系统				█	█	█	█	█			

注:①指NAS1638;②相当于ISO 4406:1987。

(6)污染控制措施(见表2-10)。

表 2-10 污染控制的具体措施

控制项目	具体措施
系统残留污染物的控制	制造液压元辅件及油路块要加强工序之间的清洗、去毛刺,防止零件落地、磕碰;装配液压元件及油路块前要认真清洗零件,加强出厂试验和包装环节的污染控制;保证元件出厂清洁度并防止在运输和储存中被污染;装配液压系统之前要对油箱、油管及管接头等彻底清理和清洗,未能及时装配的管要加护盖;在清洁的环境中用清洁的方法装配系统;启动之前冲洗新的和大修后的系统,暂时拆掉执行器及伺服阀之类的精密元件而代之以冲洗板;与系统连接之前要保证执行器内部清洁等

续 表

控制项目	具体措施
系统外界侵入污染物的控制	存放油液的器具要放置在凉爽干燥处;向油桶或油罐注油或从中放油时都要经过便携式过滤装置(如过滤机或滤油车等);保证油桶或油罐的封盖或阀的有效密封;从油桶取油之前先清除封盖周围的污染物;注入油箱的油液要按规定过滤;注油所用器具要先行清理;系统漏油未经过沉淀不得返回油箱;与大气相通的油箱必须装有通气过滤器,通气器要与机器的工作环境及系统温度相适应,要保证通气器始终安装正确和固定紧密,特别污染的环境可考虑采用加压油箱或呼吸袋;注意密封油箱的所有开口及油管穿过处防止空气进入系统,尤其是经液压泵的吸油管进入系统。应保证处于负压区或泵吸油管的接头气密性。要保证所有管子的管端都低于油箱中的最低液面;液压泵吸油管应该足够低,以防止在低液面时空气经旋涡进入泵;制止来自冷却器或其他水源的水漏进系统。进行止漏维修时严格执行清洁操作规程
系统内部生成污染物的控制	要在系统的适当部位设置具有一定过滤精度和一定容量的过滤器,并在使用中经常检查与维护,及时清理或更换滤芯,使液压系统远离或隔绝高温热源(如炉子),将油温设计并保持于最佳值,需要时设置冷却器。发现系统污染度超过规定时,要查明原因,及时消除引起异常污染的原因;当仅靠系统的在线过滤器无法净化过分污染的系统油液时,可用便携式过滤装置进行体外(离线)循环过滤净化;定期取油样分析,以确定颗粒性污染物、热量、水分和空气的影响,表明需要加强控制的因素,还是更换油液;每当油箱放空时,都应彻底清理油箱中的所有残留污染物。如果需要,重涂保护漆或进行喷塑等其他表面处理。完成后系统立即加油,否则要封盖好所有开口
其他	除了在液压动力源装置设计中,在有关管路或元件前设置过滤器、在油箱顶盖设置通气过滤器外,还应在各连接面间采取适当的密封措施。对于工作在高粉尘环境下的液压装置,建议在液压站上加设防尘器(罩);对于大型冶金设备的中央型液压装置,建议将液压站安放在专门的地下室内,以防止污物侵入

第二节　液体静力学

液体静力学研究静止液体平衡规律以及这些规律的应用,主要内容包括液体静压力的概念、液体静压力的产生、分布(液体静压力基本方程)、传播及对固体壁面的作用力。此处所谓静止液体,是指液体内部质点之间没有相对运动而言,至于液体整体,完全可以像刚体一样作各种运动。

一、液体静压力及其特性

静止液体单位面积上所受的法向力称为静压力,简称压力 p(即物理学中的压强)。

当液体面积 ΔA 上作用有法向力 ΔF 时,液体内某点处的压力为

$$p = \lim_{\Delta A \to 0} \frac{\Delta F}{\Delta A} \tag{2-11}$$

如果法向力 F 均匀作用于液体面积 A 上,则压力可表示为

$$p = F/A \tag{2-12}$$

压力具有以下两个特性：

(1) 液体压力垂直于其承压面,其方向和该面的内法线方向一致。

(2) 静止液体内任一点所受到的压力在各个方向上都相等。

二、静压力分布

1. 静压力基本方程

在重力场作用下的静止液体所受的力,除了液体重力,还有液面上的压力和固壁作用在液体上的压力,其受力情况如图 2-5(a) 所示。如要计算离液面深度为 h 的某一点压力,可以从液体内取出一个底面包含该点的微小垂直液柱作为研究分离体,如图 2-5(b) 所示,设液柱横截面积为 ΔA,高为 h,其体积为 ΔAh,则液柱的重力为 $\rho gh\Delta A$,并作用于液柱的重心上,由于液柱处于平衡状态,故液柱在垂直方向上所受各力存在如下关系：

$$p\Delta A = p_0 \Delta A + \rho gh \Delta A$$

上式两边同除以 ΔA,即可得到液体静压力基本方程式为

$$p = p_0 + \rho gh \tag{2-13}$$

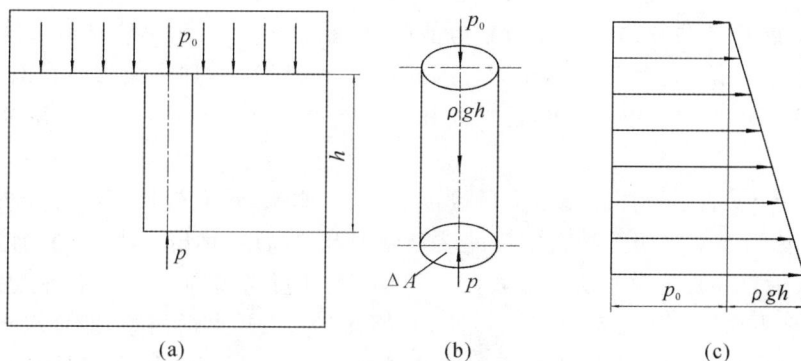

图 2-5　重力场作用下的液体静压力分布规律
(a) 受力情况；(b) 微小液柱；(c) 压力分布

由式(2-13)可知,重力作用下的静止液体,其压力分布有如下特征：

(1) 静止液体内任一点处的压力由两部分组成：一部分是液面上的压力 p_0,另一部分是该点以上液体自重所形成的压力,即 ρg 与该点离液面深度 h 的乘积。当液面上只受大气压 p_a 作用时,则液体内任一点处的压力为

$$p = p_a + \rho gh \tag{2-14}$$

(2) 静止液体内的压力大小随液体深度按线性规律递增(见图 2-5(c))。

(3) 离液面深度相同处各点的压力均相等；压力相等的所有点组成的面叫做等压面。可以证明：重力场作用下的静止液体中的等压面为水平面,而与大气接触的自由表面也是等压面；两种密度不同且不相掺混的静止液体的分界面必然是等压面。

2. 静压力基本方程的物理意义及几何意义

将盛有静止液体的密闭容器置于水平基准面 $0x$ 与 y 轴构成的坐标系中(见图 2-6),液面与基准面间的距离为 z_0,液面压力为 p_0。根据静压力基本方程可确定距液面深度 h 处点 A(与

基准面间的距离为 z）的压力 p 为

$$p = p_0 + \rho g h = p_0 + \rho g (z_0 - z)$$

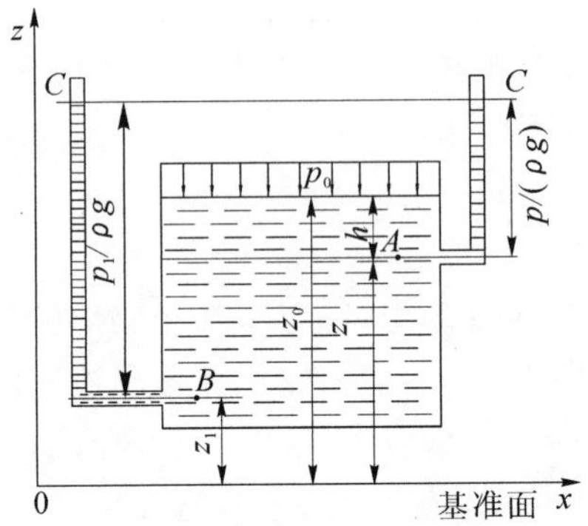

图 2-6 静压力基本方程的物理意义与几何意义

整理后得静压力基本方程的另一种形式

$$z + \frac{p}{\rho g} = z_0 + \frac{p_0}{\rho g} = \text{const} \tag{2-15}$$

其中，z 表示点 A 单位质量液体的位置势能（比位能），$p/\rho g$ 表示单位质量液体的压力能（比压能），比位能与比压能之和称为总比能。因此，式（2-15）的物理意义为静止液体中一切点相对于选定的基准面总比能为一常数，比位能和比压能可以互相转换，但其总和保持不变，即能量守恒。

另外，由于 z 表示液体距基准面的高度（称位置水头，量纲为长度），$p/\rho g$ 表示液体在压力 p 作用下液体沿上端封闭并抽去空气的玻璃管上升的高度（称压力水头，量纲为长度），位置水头和压力水头之和称为总水头。故式（2-15）的几何意义为静止液体中各点相对于选定的基准面，位置水头和压力水头可以互相转换，但各点总水头却永远相等，即总水头线为水平线（如图 2-6 所示的 C—C 线）。以上关系对静止液体中一切点均相同（例如点 B）。

式（2-13）与式（2-14）的不同之处在于液体高度，前者是以相对坐标表示，后者则是以绝对坐标表示。

三、压力的表示方法、单位与分级

根据压力度量起点的不同，液体压力有绝对压力和相对压力之分（见图 2-7）。当压力以绝对真空为基准度量时，称为绝对压力。超过大气压力的那部分压力叫做相对压力或表压力，其值以大气压为基准进行度量。因大气中的物体受大气压的作用是自相平衡的，故用液压系统中压力表（见第六章）测得的压力数值是相对压力。在液压技术中所提到的压力，如不特别指明，一般均为相对压力。

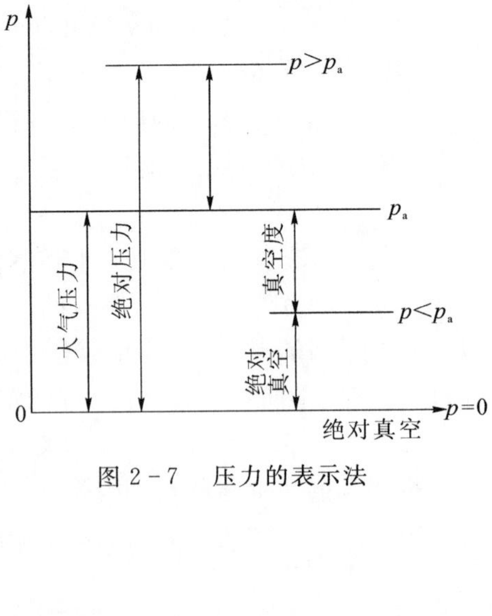

当绝对压力低于大气压力时，绝对压力不足于大气压力的那部分压力值，称为真空度。此时相对压力

图 2-7 压力的表示法

为负值。由图 2-7 所示可知,当以大气压力为基准计算压力时,基准以上的正值是表压力,基准以下的负值就是真空度。

压力的法定计量单位是 Pa(帕,N/m^2),也可用 MPa 表示。

$$1MPa = 10^6 Pa$$

我国曾用的压力单位有工程大气压(a),单位为 kgf/cm^2、水柱高或汞柱高等;美国则一直采用 lb/in^2(磅力 / 英寸^2),各种压力单位之间的换算关系详见本书附录二。

液压系统所需的压力因用途不同而异。为了便于液压元件的设计、生产及使用,液压工程中通常将压力分为低压($\leqslant 2.5MPa$)、中压($2.5 \sim 8MPa$)、中高压($8 \sim 16MPa$)、高压($16 \sim 32MPa$)和超高压($> 32MPa$)等几个等级。

例 2-1　图 2-8 所示的容器内充满密度 $\rho = 900 \ kg/m^3$ 的液压油液,活塞上的作用力 $F = 1\ 000N$,活塞面积 $A = 1 \times 10^{-3} \ m^2$,忽略活塞的质量。试计算活塞下方深度为 $h = 0.5m$ 处的静压力 p。

解　根据式(2-13),活塞与油液接触面上的压力为

$$p_0 = F/A = 1\ 000/(1 \times 10^{-3}) \ N/m^2 = 10^6 \ Pa$$

则深度为 $h = 0.5m$ 处的液体压力为

$$p = p_0 + \rho g h = (10^6 + 900 \times 9.8 \times 0.5) N/m^2 =$$
$$1.004\ 4 \times 10^6 N/m^2 \approx 10^6 N/m^2 = 1MPa$$

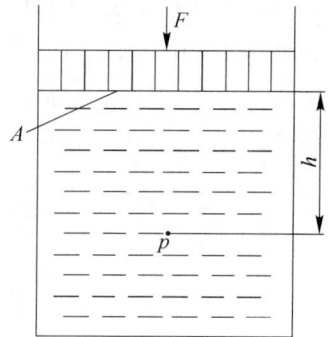

图 2-8　液体压力计算

这一问题也可采用式(2-15)进行分析计算,即以活塞与油液接触面为基准水平面,列出绝对坐标形式的静压力基本方程为

$$z_0 + \frac{p_0}{\rho g} = z + \frac{p}{\rho g}$$

因活塞与油液接触面为基准水平面,故 $z_0 = 0$,$z = -0.5$,代入绝对坐标系形式的静压力基本方程,整理后得

$$p = p_0 + \rho g\ (z_0 - z) = F/A + \rho g(0 - h) = F/A - \rho g h =$$
$$1\ 000/(1 \times 10^{-3}) - 900 \times 9.8 \times (-0.5) =$$
$$(10^6 + 900 \times 9.8 \times 0.5) N/m^2 =$$
$$1.004\ 4 \times 10^6 N/m^2 \approx 10^6 N/m^2 = 1MPa$$

由此例可看出,液体在外界力作用下,液体自重所产生的静压力 $\rho g h$ 与液压系统几个、几十个乃至上百个兆帕的工作压力相比很小,计算中可忽略不计,因而可认为整个静止液体内部的压力近乎相等。在以后的有关章节中分析计算压力时,都将采用这一结论。

四、液体静压力的传递

液压系统中静压力的传递服从帕斯卡原理(Pascal's law):密闭容器内的静止液体的压力等值地向液体中各点传递。

现以图 2-9 所示为例来说明这一原理。图中作为输出装置的垂直液压缸(活塞面积为 A_2,负载为 F_2)和作为输入装置的水平液压缸(活塞面积为 A_1,负载为 F_1),由连通管相连构成密闭容积系统。由帕斯卡原理知,密闭容积内压力处处相等,$p_2 = p_1$,即

$$p_2 = \frac{F_2}{A_2} = \frac{F_1}{A_1} = p_1 \tag{2-16}$$

或改写为

$$F_2 = F_1 \frac{A_2}{A_1} \qquad (2-17)$$

由式（2-17）可知：

(1) 由于 $A_2/A_1 > 1$，故用一个很小的输入力 F_1，即可推动一个比较大的负载 F_2。因此，液压系统可视为一个力的放大机构，当利用这个放大了的力 F_2 举升重物时，就做成了液压千斤顶；当用来进行压力加工时，就做成了液压机；当用于车辆刹车时，就做成了液压制动闸；等等。

(2) 当负载 $F_2 = 0$ 时，不计活塞自重及其他阻力，不论怎样推动水平液压缸的活塞，也不能在液体中产生压力，这说明液压系统中的压力是由外界负载决定的（即负载越大，压力越高；而负载越小，压力越低）；反之，如果只有外界负载 F_2 的作用，而没有小活塞的输入力 F_1，则液体中也不会产生压力。总之，液压系统中的压力是在所谓"前阻后推"条件下产生的。

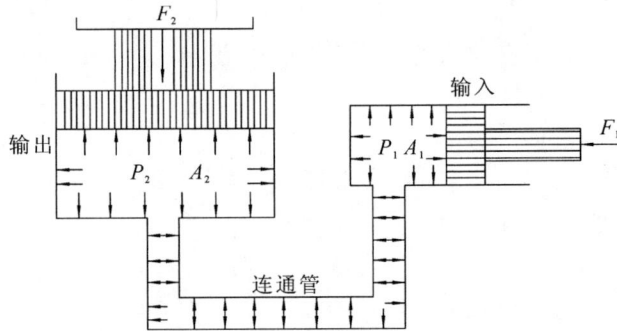

图 2-9　帕斯卡原理应用

五、静压力对固体壁面的作用力

当静止液体和固体壁面接触时，固体壁面上各点在某一方向上受到的液体静压作用力的总和，即为液体在该方向上作用于固体壁面上的力。

当固体壁面为一平面时，不计重力作用，则平面上各点的静压力大小相等，静压力在该平面上的总作用力 F 等于液体压力 p 与该平面面积 A 的乘积，其作用方向与该平面垂直，即

$$F = pA \qquad (2-18)$$

当固体壁面为一曲面时，液体压力在该曲面某 x 方向上的分力 F_x，等于液体静压力 p 与曲面在该方向投影面积 A_x 的乘积，即

$$F_x = pA_x \qquad (2-19)$$

式（2-19）适用于任何曲面。

例 2-2　试求液压力 p 对图 2-10 所示的液压缸活塞上的力，以及对球阀部分球面和锥面上的作用力。液压缸的活塞直径为 D，球阀和锥阀的进口直径为 d。

解　图 2-10(a) 所示的液压缸活塞属于平面固壁，故可按式（2-18）求出压力作用在活塞上的总作用力，即

$$F = pA = p\frac{\pi}{4}D^2$$

图 2-10(b)(c)所示的球阀和锥阀,属于曲面固壁,因为曲面对垂直轴是对称的,故压力对曲面的总作用力的水平分力为零,总作用力等于垂直方向的分力。按式(2-19)其大小等于压力与承压部分曲面在垂直方向的投影面积 $A = \pi d^2/4$ 的乘积,即

$$F = pA = p\,\frac{\pi}{4}d^2$$

该力的作用点通过投影圆的圆心,方向垂直向上。

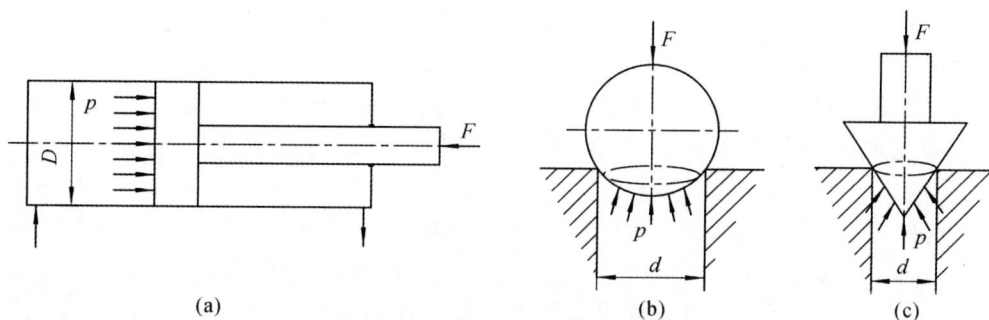

图 2-10　液压力作用在固体壁面上的力
(a)液压缸活塞;(b)球阀;(c)锥阀

第三节　液体动力学

液体动力学是研究液体流动时流速和压力的变化规律。流动液体的连续性方程、伯努利方程和动量方程是描述流动液体力学规律的三个基本方程。前两个方程反映压力、流速与流量之间的关系,而动量方程用来解决流动液体与固体壁面间的作用力问题。这些内容是液压技术中分析问题和设计计算的理论依据。

一、基本概念

1.实际液体和理想液体

实际液体具有黏性和可压缩性。因液体中的黏性问题非常复杂,为了便于分析和计算问题,在液体动力学中开始分析时可假设液体没有黏性,建立流体整体平均参数间的基本规律,然后再考虑黏性的影响,并通过实验验证等办法对已得出的结果予以补充或修正,以得出实际液体流动的基本规律。对于液体的可压缩性问题,也可采用同样方法来处理。通常把假设的既无黏性又不可压缩的液体称为理想液体。

2.定常流动和非定常流动

液体流动时,流动空间(简称流场)中每一点上液体的全部运动参数(如压力 p、速度 u、密度 ρ)都不随时间而变化,即 $p = p(x,y,z)$,$u = u(x,y,z)$,$\rho = \rho(x,y,z)$,这样的流动称为定常流动。这些参数中只要有一个是时间 t 的函数,如 $p = (x,y,z,t)$,则这样的流动就称为非定常流动。非定常流动情况复杂,本节主要讨论定等温条件下的定常流动问题。

3.流线、流管、流束、通流截面、流量和平均流速

流线是指某瞬时流场中不同液体质点组成的一条光滑曲线(见图2-11),曲线上各点的切

线方向即为该点的速度方向,并指向液体流动的方向。流线的形状与液体的流动状态有关:定常流动时,流线的形状不随时间变化;由于任一瞬时液体质点的方向只有一个,因此,流线既不能相交又不能转折。

在流场中任画一封闭的非流线之曲线 C,经过曲线上每一点作出流线,这些流线组成的管状表面称为流管(见图 2-12(a))。流管内许多流线组成的一束液体称为流束。当封闭曲线的面积趋于无限小时,即面积为 dA 的流束称为微小流束。

与流束中所有流线正交的截面称为通流截面(过流断面)。通流截面可能是平面,也可能是曲面。由于微小流束的通流截面很小,故可认为该通流截面上各点的运动参数(压力 p、速度 u、密度 ρ 等)相同。

图 2-11　流线

单位时间内流过通流截面的流体的体积称为流量,用 q 表示,其单位是 m^3/s 或 L/min。

由于液体具有黏性,在通流截面上各点的流速 u 一般互不相同,如图 2-12(b)所示。当计算整个通流截面的流量时,可从通流截面上取一微小面积 dA,通过该微小断面 dA 的流量为 udA,则流过整个通流截面的流量 q 为

$$q = \int_A u\,dA \tag{2-20}$$

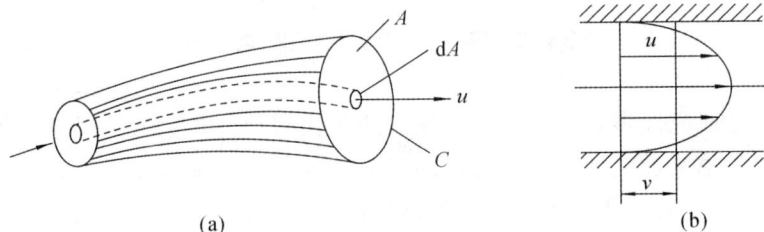

(a)　　　　　　　　　　　　(b)

图 2-12　流管、流束、通流截面、流量和平均流速

对于实际液体流动,其速度 u 的分布规律很复杂(见图 2-12(b)),故按式(2-20)计算流量 q 比较困难,为此提出平均流速的概念。即假设通流截面上各点的流速均匀分布,液体以此均布流速 v 流过通流截面的流量等于以实际流速流过的流量,即

$$q = \int_A u\,dA = vA \tag{2-21}$$

由此可得出通流截面上的平均流速为

$$v = q/A \tag{2-22}$$

在工程计算中,平均流速才具有应用价值。若未加声明,v 一般指平均流速。

流量也可以用液体质量表示,质量流量 $q_m = \int_A \rho u\,dA$。

二、连续性方程(The Continuity Equation)

连续性方程是质量守恒定律在流体力学中的一种表达形式。

图 2-13所示的非等截面管中液体作定常流动,若两任意通流截面的面积、平均流速、液体密度分别为 A_1, v_1, ρ_1 及 A_2, v_2, ρ_2(设 $A_1 > A_2$),则根据质量守恒定律,流过两个截面的液体质

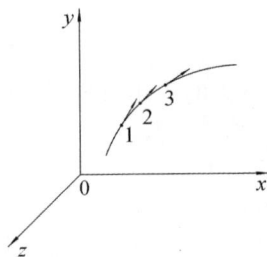

量流量相等,即

$$\rho_1 v_1 A_1 = \rho_2 v_2 A_2 \qquad (2-23)$$

式(2-23)即为可压缩性液体定常流动时的连续性方程。

当不考虑液体的可压缩性时,$\rho_1 = \rho_2$,则得不可压缩液体定常流动的连续性方程

$$v_1 A_1 = v_2 A_2 \qquad (2-24)$$

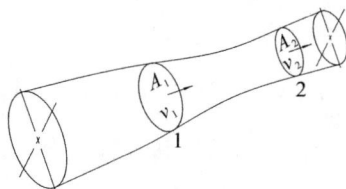

图 2-13　管中液体连续流动

或写为

$$q = vA = 常数 \qquad (2-25)$$

它说明当不可压缩液体定常流动时,所有通流截面上流量相同;当流量一定时,流速与通流截面面积成反比,即面积越小,速度越大。

三、伯努利方程(Bernoulli's Equation)

伯努利方程是能量守恒定律在流体力学中的一种表达形式。

1. 理想液体的伯努利方程

理想液体既无黏性又不可压缩,故在管内作定常流动时没有能量损失。根据能量守恒定律,同一管道每一截面的总能量都是相等的。

对于静止液体,由式(2-15)可知,单位质量液体的总能量为单位质量液体的位能 z(比位能)与压能 $p/(\rho g)$(比压能)之和。显然,对于流动液体,除以上两种能量外,还有因液体流动产生的动能,即单位质量液体的动能 $u^2/(2g)$(比动能)。

根据能量守恒定律即可得到理想液体定常流动的伯努利方程

$$z + \frac{p}{\rho g} + \frac{v^2}{2g} = \mathrm{const}(常数) \qquad (2-26(a))$$

或从管路中任取两个通流截面 A_1 和 A_2(见图 2-14),它们距基准水平面的距离分别为 z_1 和 z_2。截面平均流速分别为 v_1 和 v_2,压力分别为 p_1 和 p_2,可得

$$z_1 + \frac{p_1}{\rho g} + \frac{v_1^2}{2g} = z_2 + \frac{p_2}{\rho g} + \frac{v_2^2}{2g} \qquad (2-26(b))$$

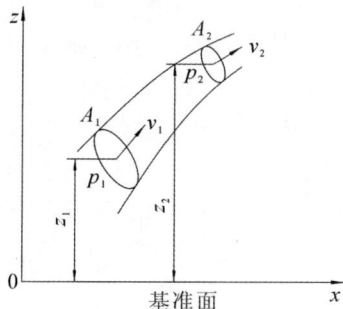

图 2-14　伯努利方程稚导简图

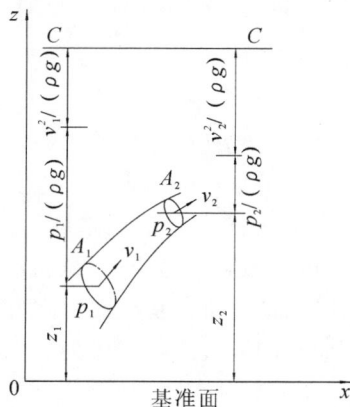

图 2-15　伯努利方程的几何意义

理想液体的伯努利方程的物理意义:管内定常流动的理想液体的总比能(单位质量液体的

总能量)由比位能 z、比压能 $\frac{p}{\rho g}$ 和比动能 $\frac{v^2}{2g}$ 三种形式的能量组成,在任一通流截面上三者之和为一定值,但三者可以相互转换,即能量守恒。

上述伯努利方程中,z,$\frac{p}{\rho g}$ 和 $\frac{v^2}{2g}$ 都具有长度的量纲。因此,方程的几何意义为定常流动的理想液体,液流中任意截面处的总水头,由位置水头 z、压力水头 $\frac{p}{\rho g}$ 和速度水头 $\frac{v^2}{2g}$ 所组成,三者之间可以互相转化,但总和为一定值。总水头线为水平线,如图 2-15 中的 C—C 线。

如果流动处于同一水平面内,或者流场中坐标的变化与其他流动参数相比可忽略不计,则式(2-26(b))可写成

$$\frac{p_1}{\rho g}+\frac{v_1^2}{2g}=\frac{p_2}{\rho g}+\frac{v_2^2}{2g} \tag{2-27}$$

此式表明,液流沿流向压力愈低,速度愈高。

2. 实际液体的伯努利方程

实际液体在管道内流动时,因液体黏性,会使液体与固壁间及液体质点间产生摩擦力而损耗能量;管道形状和尺寸的变化会对液流产生扰动而消耗能量。因此,可设单位质量液体在管路两截面之间流动的能量损失为 h_ω。如果用平均流速 v 代替实际流速 u 来计算动能将产生误差。为此,引入动能修正系数 α,它等于单位时间内某截面处的实际动能与按平均流速计算的动能之比,其数值与管路中液体的流态(层流或紊流)有关,液体在圆管中层流时 $\alpha=2$,紊流时 $\alpha=1$。

根据能量守恒定律,在考虑能量损失 h_ω 并引进动能修正系数 α 后,实际液体的伯努利方程为

$$z_1+\frac{p_1}{\rho g}+\frac{\alpha_1 v_1^2}{2g}=z_2+\frac{p_2}{\rho g}+\frac{\alpha_2 v_2^2}{2g}+h_\omega \tag{2-28}$$

对式(2-28)的说明:

(1) 通流截面 1,2 应顺流向选取,且选在流动平缓变化的截面上,但两截面之间不一定要求平缓流动。

(2) 由于在管路缓变截面上各点的比位能与比压能之和 $(z+\frac{p}{\rho g})$ 等于常数,故在工程计算中一般将截面几何中心处的 z 和 p 作为计算参数。

(3) 利用式(2-28)进行计算时,可选取与大气相通的截面为基准面,以便于简化计算;两个截面的压力表示方法应一致(如果截面 1 的压力采用绝对压力表示,则截面 2 也应采用绝对压力表示,而不能用相对压力表示),以免引起混乱和错误。

例 2-3 图 2-16 所示液压泵从油箱中吸油,油箱液面与大气接触(即压力为大气压 p_a),泵吸油口至油箱液面高度为 H_s。试用伯努利方程分析计算液压泵正常吸油的条件。

解 选取油箱液面为基准面,油箱液面 1-1 和泵的吸油口处截面 2-2 为所研究通流截面,并设两截面间的液流能量损失为 h_ω,且以绝对压力表示两截面的压力 p_1 和 p_2。

列出两截面伯努利方程(动能修正系数取 $\alpha_1=\alpha_2=1$)

$$z_1+\frac{p_1}{\rho g}+\frac{v_1^2}{2g}=z_2+\frac{p_2}{\rho g}+\frac{v_2^2}{2g}+h_\omega$$

由于油箱液面面积比液压泵吸油管截面积大得多,故油箱液面流速 $v_1\ll v_2$(液压泵吸油

口处流速),可视 v_1 为零。又由于 $z_1=0$,$z_2-z_1=H_s$,$p_1=p_a$,代入上式经整理可以得到液压泵吸油口处的真空度为

$$p_a - p_2 = \rho g\left(H_s + \frac{v_2^2}{2g} + h_\omega\right) = \rho g H_s + \frac{\rho v_2^2}{2} + \Delta p$$

由此可以看出,液压泵吸油口产生的真空度是由把油液提升到高度 H_s 所需的压力、产生一定流速 v_2 所需的压力和吸油管的压力损失 Δp 三部分组成的。

为保证液压泵正常工作,液压泵吸油口的真空度

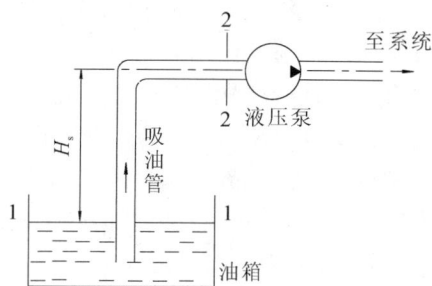

图 2-16　液压泵吸油装置

不能太大,否则在绝对压力低于油液的空气分离压 p_g 时,将使溶于油液中的空气分离析出形成气泡,产生气穴现象,引起振动和噪声。因此,必须限制液压泵吸油口的真空度,使其小于 0.03MPa。限制液压泵吸油口真空度的措施除增大吸油管直径、缩短吸油管长度、减少局部阻力,使 $\frac{\rho v_2^2}{2}$ 和 Δp 两项降低外,还要对液压泵的吸油高度 H_s 进行限制,各类液压泵的吸油高度不同,通常取 $H_s \leqslant 0.5\mathrm{m}$。若将液压泵安装在油箱液面以下形成倒灌(此时 H_s 为负值),对降低液压泵吸油口的真空度更为有利。

四、动量方程

动量方程(The Momentum Equation)是刚体力学动量定理在流体力学中的具体应用及其表达形式,可以用来分析和计算液流作用于限制其流动的固体壁面上的作用力。

刚体力学动量定理指出,作用在物体上外力的矢量和等于物体在力的作用方向上的动量的变化率,即

$$\boldsymbol{F} = \frac{\mathrm{d}(mv)}{\mathrm{d}t} \tag{2-29}$$

对于定常流动的液体,如图 2-17 所示,任取通流截面 1,2 间被管壁限制的液体体积(称为控制体积),截面 1,2 的通流面积分别为 A_1,A_2,平均流速分别为 v_1,v_2。设该段液体在时刻 t 的动量为 $(mv)_{1-2}$。经 Δt 时间后,该段液体移动到 $1'$,$2'$ 截面间,此时液体的动量为 $(mv)_{1'-2'}$。在 Δt 时间内液体动量的变化为

$$\Delta(mv) = (mv)_{1'-2'} - (mv)_{1-2} \tag{2-30}$$

由于液体作定常流动,因此 $1'$-2 截面间液体的动量没有发生变化,式(2-30)可改写为

$$\Delta(mv) = (mv)_{2-2'} - (mv)_{1-1'} = \beta_2 \rho q \Delta t v_2 - \beta_1 \rho q \Delta t v_1$$

于是有

$$\boldsymbol{F} = \frac{\mathrm{d}(mv)}{\mathrm{d}t} = \rho q(\beta_2 v_2 - \beta_1 v_1) \tag{2-31}$$

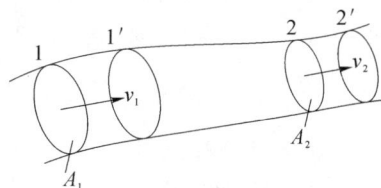

图 2-17　动量方程推导简图

式中,q 为流量;β_1,β_2 分别为修正以平均流速代替实际流速计算动量带来的误差而引入的系数,称为动量修正系数,它与液体在管路中的流动状态(层流或紊流)有关,液体在圆管中层流时 $\beta=4/3$,紊流时 $\beta=1$,为简化计算通常均取 $\beta=1$。

式(2-31)为液体作定常流动时的动量方程,它表明作用在液体控制体积上的全部外力之和 F 等于单位时间内流出控制表面与流入控制表面的液体的动量之差。应当强调的是式(2-

31) 为矢量表达式,在使用时应根据具体情况及要求,向指定方向投影,求得该方向的分量。根据作用力与反作用力相等、方向向反原理,经常利用动量方程计算流动液体对固体壁面的作用力,即动量方程中 F 的反作用力 F',称为稳态液动力。

例 2-4　图 2-18 所示为液压工程中一种常见的圆柱滑阀(阀芯可在阀体孔中滑动而处于不同位置),液体流入阀口的流速为 v_1,方向角为 θ,流量为 q,流出阀口的流速为 v_2。试计算液流通过滑阀时,液流对阀芯的轴向稳态作用力。

解　取阀进出口之间的液体为控制体积和动量修正系数 $\beta_1=\beta_2=1$,并按式(2-31)列出滑阀轴向的动量方程

$$F = \rho q(v_2 - v_1) = \rho q(v_2\cos 90^\circ - v_1\cos\theta) = \rho q(0 - v_1\cos\theta) = -\rho q\, v_1\cos\theta$$

式中,F 为阀芯对控制体液流的轴向作用力,负号表示该力的方向与速度的投影方向相反,即该力方向向左。

液流对阀芯的轴向稳态作用力 F' 与力 F 大小相等,方向相反(即 F' 的方向向右),即

$$F' = -F = \rho q\, v_1\cos\theta \tag{2-32}$$

可见 F' 是一个力图使滑阀阀口关闭的力。

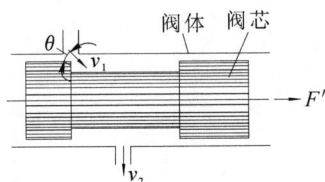

图 2-18　圆柱滑阀的稳态液动力

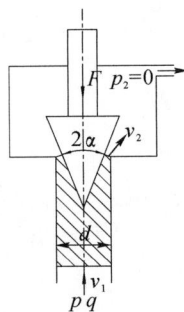

图 2-19　锥阀的稳态液动力

例 2-5　图 2-19 所示为常见的外流式锥阀,其锥角为 2α,阀座孔直径为 d。液体在压力 p 的作用下以流量 q 流经锥阀,流入、流出速度为 v_1,v_2,设流出压力 $p_2=0$。试求液流对锥阀阀芯上的轴向稳态作用力。

解　将控制体取在阀口下方(图中阴影部分),设阀芯对控制体的作用力为 F,取动量修正系数 $\beta_1=\beta_2=1$。按式(2-31)列出垂直方向的动量方程

$$p\frac{\pi d^2}{4} - F = \rho q(v_2\cos\theta_2 - v_1\cos\theta_1)$$

通常锥阀开口很小,$v_2\gg v_1$,故可略去 v_1,而 $\theta_2=\alpha$,$\theta_1=0$,则代入上式,整理后得锥阀阀芯对液体的轴向作用力为

$$F = p\frac{\pi d^2}{4} - \rho q v_2\cos\alpha$$

液流对锥阀阀芯的轴向作用力 F' 与 F 等值反向,即方向向上。稳态 $\rho q v_2\cos\alpha$ 项是负值,故这部分力有使阀芯关闭的趋势,与液压力 $p\dfrac{\pi d^2}{4}$ 反向。

第四节 定常管流的压力损失

当应用伯努利方程进行液压系统的工程计算时,首先要解决由于流动液体的黏性及液流经过突然转弯和通过阀口因相互撞击和出现漩涡等所产生的能量损失项 $h_ω$(见式 2−28)的计算问题。将该能量损失折算成压力损失,可表示为 $\Delta p = \rho g h_ω$。压力损失包括沿程压力损失和局部压力损失两部分,它们与液流的流态有关。本节首先介绍液流的两种流态,然后分析沿程压力损失和局部压力损失的计算问题。

一、液体的两种流态及雷诺判据

19 世纪,英国物理学家雷诺(Reynolds)通过大量实验发现,液体在管道中流动时存在层流和紊流(湍流)两种流动状态。层流时,液体质点沿管轴呈线状或层状流动(见图 2−20(a)),而没有横向运动、互不掺混和干扰;紊流时,液体质点除了沿管轴流动外还有横向运动,强烈搅混,质点之间相互碰撞,作混杂紊乱状态的流动(见图 2−20(b))。液体的这两种流态可用雷诺数来判别。

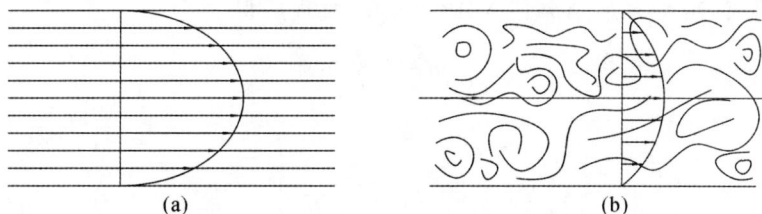

图 2−20 液体的层流和紊流

实验结果证明,液体在圆管中的流动状态与管内的平均流速 v 有关,还和管道(或流道)的直径 d、液体的运动黏度 ν 有关。即决定流动状态的是由这三个参数所组成的一个无量纲数 —— 雷诺数 Re:

$$Re = vd/\nu \tag{2−33}$$

如果液流的雷诺数相同,则流动状态亦相同。

实验还表明:Re 小时,黏性力起主导作用,液体质点受黏性的约束,不能随意运动,只能沿着流层作层次分明的轴向运动而呈层流状态;Re 大时,惯性力起主导作用,液体高速流动时液体质点间的黏性不能再约束质点,液体质点具有速度脉动,能冲出流层而呈紊流。液体由层流转变为紊流时的雷诺数和由紊流转变为层流时的雷诺数是不相同的,前者大,后者小,所以一般都用后者作为判别液流状态的依据,称为临界雷诺数,记作 Re_c。当 $Re \leqslant Re_c$ 时,流态为层流;当 $Re > Re_c$ 时,流态为紊流。光滑金属圆管的临界雷诺数 $Re_c = 2\,000 \sim 2\,300$,橡胶软管的临界雷诺数 $Re_c = 1\,600 \sim 2\,000$。

对于非圆截面管道,Re 可用下式计算:

$$Re = v d_H / \nu \tag{2−34}$$

式中,d_H 为水力直径,其计算式为

$$d_H = 4A/x \tag{2−35}$$

式中　　A——液体通流截面面积；

　　　　x——通流截面的湿周长度。

例如，边长为 a 的正方形截面管道（满管流动），其水力直径 $d_H = 4a^2/(4a)$。水力直径的大小反映了管道或流道的通流能力，水力直径大，意味着液流和管壁的接触面积小，阻力小，通流能力大，不易阻塞，摩擦损失和发热小。在通流截面面积相同但形状各异的所有流道中，圆形截面管道的水力直径最大。

二、等直径圆管中的沿程压力损失

液体在等直径圆管中流动一段距离，因黏性摩擦而产生的压力损失称为沿程压力损失。

1. 等直径圆管中层流的沿程压力损失

如图 2-21 所示，假设液体在半径为 R（直径为 d）的等直径圆管中作定常层流流动，在图中取一与管子同轴、半径为 r 的微小液柱，柱长 l，作用在两端面的压力分别为 p_1 和 p_2，在液柱侧面作用的黏性摩擦应力为 τ，液体在作匀速运动时，作用在液柱上的力平衡方程为

$$(p_1 - p_2)\pi r^2 - \tau 2\pi rl = 0 \qquad (2-36)$$

根据内摩擦定律（式(2-5)），$\tau 2\pi rl = -2\pi rl\eta \mathrm{d}u/\mathrm{d}r$（因流速 u 随 r 增大而减小，故速度梯度 $\mathrm{d}u/\mathrm{d}r$ 为负值）。令 $p_1 - p_2 = \Delta p$，代入式(2-36)整理后得

$$\mathrm{d}u = \frac{\Delta p}{2\eta l}r\,\mathrm{d}r \qquad (2-37)$$

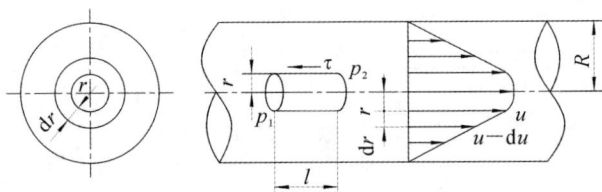

图 2-21　等直径圆管中的层流

对式(2-37)积分并借助边界条件 $u|_{r=R} = 0$ 确定积分常数，得液流在圆管截面上的速度分布表达式

$$u = \frac{\Delta p}{4\eta l}(R^2 - r^2) \qquad (2-38)$$

由式(2-38)可见，在通流截面上，速度分布曲线呈抛物线分布规律。当管轴 $r=0$ 时，有最大流速

$$u_{max} = \Delta p R^2/(4\eta l) = \Delta p d^2/(16\eta l) \qquad (2-39)$$

流经等径管的流量

$$q = \int_A u\,\mathrm{d}A = \int_0^R u2\pi r\,\mathrm{d}r = \frac{\pi \Delta p}{2\eta l}\int_0^R (R^2 - r^2)r\,\mathrm{d}r = \frac{\pi R^4}{8\eta l}\Delta p = \frac{\pi d^4}{128\eta l}\Delta p \qquad (2-40)$$

此即著名的哈根-泊肃叶（Hagen-Poseulle）公式。它表明：圆管层流流量 q 与管径 d 的 4 次方成正比。引入平均速度 v，即

$$v = q/A = \frac{q}{(\pi d^2/4)} = \frac{\Delta p d^2}{32\eta l} = \frac{1}{2}\frac{\Delta p d^2}{16\eta l} = u_{max}/2 \qquad (2-41)$$

即平均速度是最大流速的一半。变换式(2-41)，并将 Δp 加下脚标 λ 可得沿程压力损失为

$$\Delta p_\lambda = \frac{32\eta l v}{d^2} = \frac{64}{Re}\frac{l}{d}\frac{\rho v^2}{2} = \lambda\frac{l}{d}\frac{\rho v^2}{2} \qquad (2-42)$$

式中，λ 为沿程阻力系数，$\lambda = 64/Re$，实际计算中考虑温度变化不匀、管道变形等，对光滑金属管常取 $\lambda = 75/Re$；对橡胶软管取 $\lambda = (80\sim108)/Re$（较大的值对应于曲率较大的软管）。

式(2-42)即为著名的达西(Darcy)公式。它表明液体在等径管中作层流流动时的沿程压力损失与管长 l、平均流速 v、液体密度 ρ、动力黏度 η 成正比，而与管径 d 的平方成反比。这是一个普遍性结论，对于不同边界条件下的层流也是符合的。

2. 等直径圆管中紊流的沿程压力损失

液体在等直径圆管中紊流时的沿程压力损失公式在形式上与层流相同，即

$$\Delta p = \lambda\frac{l}{d}\frac{\rho v^2}{2}$$

但式中的沿程阻力系数 λ 除与雷诺数 Re 有关外，还与管壁的相对粗糙度 Δ/d 有关（Δ 为管内壁的绝对粗糙度，Δ 的数值与管道材质有关，见表2-11），即 $\lambda = \lambda(Re,\Delta/d)$。$\lambda$ 的数值可以根据 Re 值及 Δ/d 值按表2-12相应的公式进行计算，也可以从液压手册的线图中查得。

表2-11　不同材料管子(新管)的内壁绝对粗糙度 Δ

材料	钢管	铸铁	铜管	铝管	塑料管	带钢丝层的橡胶管
绝对粗糙度 Δ/mm	0.04	0.25	$0.0015\sim0.01$	$0.0015\sim0.06$	$0.0015\sim0.01$	$0.3\sim0.4$

表2-12　圆管紊流时的沿程阻力系数 λ 的计算公式

Re	λ 的计算公式
$4\,000 < Re \ll 10^5$	$\lambda = 0.3164Re^{-0.25}$
$10^5 < Re < 3\times10^6$	$\lambda = 0.032 + 0.221Re^{-0.237}$
$Re > 900\Delta/d$	$\lambda = [2\lg(\Delta/d)+1.74]^{-2}$

三、局部压力损失

液体在流经局部阻力装置(管道的弯头、管接头、突然扩大或缩小的截面以及阀口等的统称)时，流速的大小和方向将急剧发生变化，因此会使局部形成旋涡，质点间相互碰撞，造成以动能为主的压力损失，称为局部压力损失。

由于液流流过上述局部装置时的流动状态很复杂，影响的因素也很多，局部压力损失值除少数情况(如液体流经突然扩大截面)能从理论上分析和计算外，一般都依靠实验测得各类局部阻力装置的阻力系数，然后进行计算。

局部压力损失 Δp_ζ 一般按下式进行计算：

$$\Delta p_\zeta = \zeta\frac{\rho v^2}{2} \qquad (2-43)$$

式中　ζ—— 局部阻力系数，其具体数值可根据局部阻力装置的类型从有关手册查得；

ρ—— 液体密度(kg/m^3)；

v—— 液体的平均流速(m/s)。

液体流经液压系统中各种标准控制阀的局部压力损失为

$$\Delta p_{\mathrm{v}} = \Delta p_{\mathrm{s}}(q/q_{\mathrm{s}})^2 \qquad (2-44)$$

式中　　q——阀的实际流量（$\mathrm{m^3/s}$）；

　　　　q_{s}——阀的额定流量（从产品样本或手册中查得）；

　　　　Δp_{v}——阀在额定流量 q_{s} 下的压力损失（从产品样本或手册中查得）。

四、管路系统总的压力损失

整个管路系统总的压力损失应为所有沿程压力损失和所有局部压力损失之和，即

$$\Delta p = \sum \Delta p_{\lambda} + \sum \Delta p_{\zeta} = \sum \lambda \frac{l}{d}\frac{\rho v^2}{2} + \sum \zeta \frac{\rho v^2}{2} \qquad (2-45)$$

式（2-45）适用于两相邻局部阻力装置间的距离大于管道内径 10～20 倍的场合，否则计算出来的压力损失值比实际数值小。其原因是若局部障碍距离太小，通过第一个局部阻力装置后的液体尚未稳定，就进入第二个局部阻力装置，这时的液流扰动更强烈，阻力系数要高于正常值的 2～3 倍。

由于压力损失的存在，故在确定液压泵的供油压力 p_{p} 时，其数值应比执行元件（液压缸或液压马达）的工作压力 p_1 高 Δp，即

$$p_{\mathrm{p}} = p_1 + \Delta p$$

液压系统中的压力损失不仅耗费功率，还将使系统油温增高，泄漏增大，工况恶化。因此，在设计和使用液压系统时，在满足负载工作及系统调节要求前提下，应尽量减小压力损失，其措施包括采用合适黏度的液体及流速，力求管子内壁光滑，尽量减少连接管的长度和局部阻力装置，选用压降小的控制阀等。

第五节　孔口和缝隙液流特性

孔口及缝隙是液压元件和系统中的常见结构，可用来实现流量调节等功能，但有时又会造成泄漏而降低系统效率。本节所介绍的液体流经孔口及缝隙的流量公式，是研究节流调速和分析计算液压元件泄漏的重要理论基础。

一、孔口液流特性

薄壁小孔、细长孔和短孔是常见的三种孔口形式。

1. 薄壁小孔

当小孔通流长度与直径之比 $l/d \leqslant 0.5$ 时，称为薄壁小孔（见图 2-22），其孔口边缘都做成刃口形式。

为了建立薄壁小孔的流量方程，现列出小孔前、后通道断面 1—1 和 2—2 的伯努利方程，并取动能修正系数 $\alpha=1$，则有

$$\frac{p_1}{\rho g} + \frac{v_1^2}{2g} = \frac{p_2}{\rho g} + \frac{v_2^2}{2g} + \sum h_{\zeta}$$

式中，$\sum h_{\zeta}$ 为液体流径小孔的局部能量损失，它由液体流

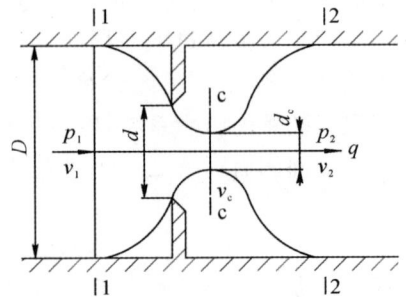

图 2-22　薄壁小孔

经截面突然缩小时的 $h_{\zeta 1}$ 和突然扩大时的 $h_{\zeta 2}$ 组成，即 $h_{\zeta 1}=\zeta v_c^2/(2g)$，查液压手册得 $h_{\zeta 2}=(1-A_c/A_2)^2 v_c^2/(2g)$。因 $A_c \ll A_2$，故 $\sum h_{\zeta}=h_{\zeta 1}+h_{\zeta 2}=(\zeta+1) v_c^2/(2g)$。同时注意到 $A_1=A_2$ 时，$v_1=v_2$，则得

$$v_c=\frac{1}{\sqrt{\zeta+1}}\sqrt{\frac{2}{\rho}(p_1-p_2)}=C_v\sqrt{\frac{2\Delta p}{\rho}} \qquad (2-46)$$

式中　　C_v—— 流速系数，$C_v=\dfrac{1}{\sqrt{\zeta+1}}$；

　　　　Δp—— 小孔前、后压力差（MPa），$\Delta p=p_1-p_2$。

由此得液体流经薄壁小孔的流量为

$$q=A_c v_c=C_c C_v A\sqrt{\frac{2\Delta P}{\rho}}=C_d A\sqrt{\frac{2\Delta P}{\rho}} \qquad (2-47)$$

式中　　A—— 小孔截面积，m^2，$A=\pi d^2/4$；

　　　　C_c—— 截面收缩系数，$C_c=A_c/A$；

　　　　C_d—— 流量系数，$C_d=C_c C_v$。

说明：

（1）流量系数 C_d 通常由实验确定，当管道直径与小孔直径比 $D/d \geqslant 7$ 时，液流收缩作用不受孔前内壁影响，称为完全收缩，当 $Re \leqslant 10^5$ 时，C_d 可由下式计算：

$$C_d=-0.964Re^{-0.05} \qquad (2-48)$$

当 $Re>10^5$ 时，可以认为 C_d 为常数，$C_d=0.60\sim 0.61$。

在管道直径与小孔直径比 $D/d<7$ 时，孔前通道对液流进入小孔起导向作用，液流为不完全收缩，C_d 可按表 2-13 查取。此时，C_d 可增大到 $0.7\sim 0.8$。

表 2-13　液流不完全收缩时流量系数 C_d 的值

A_0/A	0.1	0.2	0.3	0.4	0.5	0.6	0.7
C_d	0.602	0.615	0.634	0.661	0.696	0.742	0.804

（2）薄壁小孔因其沿程压力损失很小，通过小孔的流量对油温的变化不敏感，因此，薄壁小孔常用来作为液压元件及系统的节流器使用。

（3）液体在流经常见的滑阀、锥阀等阀口时的流量也可用薄壁小孔流量式（2-47）计算，只是流量系数 C_d 及阀口通流截面面积因孔口不同而异。

对于图 2-23(a)所示的圆柱滑阀阀口，其流量系数可以根据雷诺数 Re 由图 2-23(b)所示查得（图中，虚线 1、虚线 2 分别表示 $x_v=c_r$，$x_v \geqslant c_r$ 时的理论曲线，实线表示实验曲线）。从图 2-23 可看出，当雷诺数 $Re>10^3$，阀口为尖锐棱边时，$C_d=0.67\sim 0.74$；阀口为棱边圆滑或有小圆角时，$C_d=0.8\sim 0.9$。

对于图 2-24(a)所示的锥阀阀口，其流量系数可以根据雷诺数 Re 由图 2-24(b)查得。从图 2-24 所示可以看出，当雷诺数 $Re>10^3$ 时，$C_d=0.77\sim 0.82$。

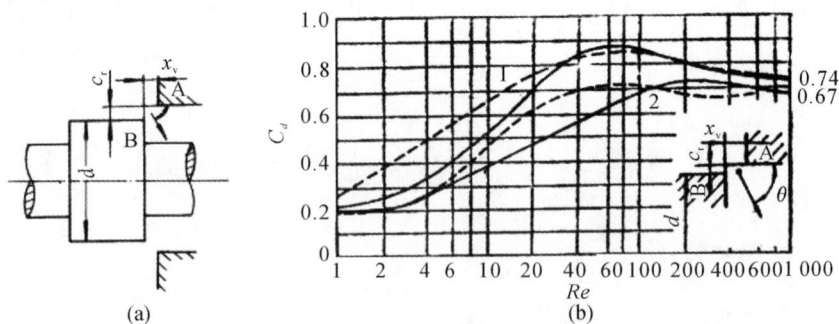

图 2-23　圆柱滑阀阀口结构及其流量系数

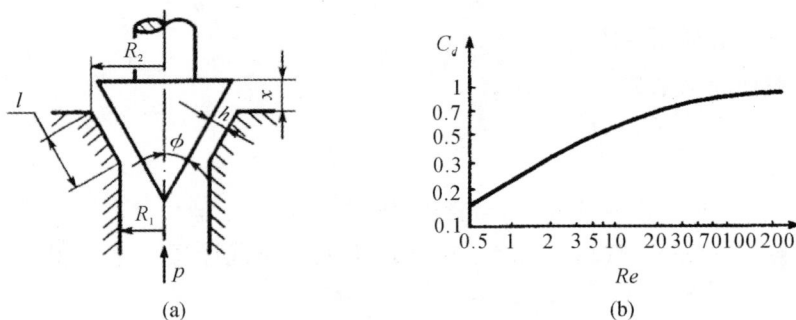

图 2-24　锥阀阀口的结构及其流量系数

2. 细长孔

当孔口的长径比 $l/d > 4$ 时,称为细长孔。通过细长孔液流通常为层流,故细长孔的流量的计算可用前述哈根-泊肃叶公式(2-40),$q = \dfrac{\pi d^4}{128\eta l}\Delta p$ 来计算,考虑到孔口通流面积 $A = \dfrac{\pi d^4}{4}$,故式(2-40)又可写成

$$q = \frac{d^2}{32\eta l}A\Delta p \tag{2-49}$$

可见,液体流经细长孔的流量与小孔前、后的压差 Δp 成正比,并受油液动力黏度 η 变化的影响。当油温升高时,油液的黏度下降,在相同压差作用下,流经小孔的流量增加。

3. 短孔

当孔口长径比 $0.5 \leqslant l/d \leqslant 4$ 时,称为短孔。其流量公式与薄壁孔口的流量式(2-47)相同,即

$$q = C_d A\sqrt{\frac{2\Delta P}{\rho}}$$

但流量系数 C_d 不同,C_d 可按图 2-25 所示曲线查取。由图可知,当 $Re > 10^5$ 时,C_d 基本稳定在 0.8 左右。

由于短孔较薄壁孔加工容易得多,所以短孔常用做固定节流器。

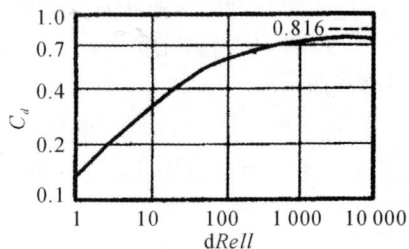

图 2-25　短孔的流量系数

4.孔口流量特性通用公式

纵观各孔口的流量公式可知,液体流经各种孔口的流量 q 都与孔口面积 A,孔口前、后的压力差 Δp 及孔口形状决定的特性系数有关。为了今后分析问题便利起见,可归纳出一个孔口流量特性通用公式

$$q = CA(p_1 - p_2)^\varphi = CA\Delta p^\varphi \tag{2-50}$$

式中　C——孔口形状系数,对于薄壁孔和短孔,$C = C_d\sqrt{\dfrac{2}{\rho}}$,对于细长孔有 $C = \dfrac{d^2}{32\eta l}$;

A——孔口通流面积(mm^2);

Δp——孔口前、后压力差(MPa),$\Delta p = p_1 - p_2$;

φ——由节流口形状决定的节流阀指数,其值在 $0.5 \leqslant \varphi \leqslant 1.0$,薄壁小孔 $\varphi = 0.5$,细长孔 $\varphi = 1$。

孔口流量通用式(2-50)经常用于孔口及流量阀的流量压力特性的定性分析。

二、缝隙液流特性

液压技术中常见的缝隙有平行平板缝隙及环形缝隙两种,且缝隙高度(间隙)相对其长度和宽度(或直径)要小得多。液体在缝隙中的流动常属于层流。

1.平行平板缝隙

(1)联合流动。图 2-26 所示为液体流经平行平板缝隙的最一般情况,即两平行平板缝隙高度为 h,缝隙宽度和长度分别为 b 和 l(一般 b 和 l 都远大于 h),缝隙间充满液体,缝隙两端受到压差 $\Delta p = p_1 - p_2$ 及两平行平板相对运动(上平板运动,下平板固定,相对运动速度为 v)的剪切联合作用而在平行平板间隙中作定常流动,简称联合流动。

在缝隙中取长为 $\mathrm{d}x$、宽为 b、高为 $\mathrm{d}y$ 的六面微元液体。不计质量,只考虑表面力即压力 p 和切应力 τ 的作用,列出微元液体在 x 方向的力平衡方程

$$pb\mathrm{d}y + (\tau + \mathrm{d}\tau)b\mathrm{d}x - \tau b\mathrm{d}x - (p + \mathrm{d}p)b\mathrm{d}y = 0$$

整理上式得

$$\frac{\mathrm{d}\tau}{\mathrm{d}y} = \frac{\mathrm{d}p}{\mathrm{d}x}$$

图 2-26　平行平板缝隙流动

利用液体内摩擦定律 $\tau = \eta\mathrm{d}u/\mathrm{d}y$,上式可变为

$$\frac{\mathrm{d}^2 u}{\mathrm{d}y^2} = \frac{1}{\eta}\frac{\mathrm{d}p}{\mathrm{d}x}$$

上式对 y 进行两次积分并利用边界条件 $u\,|_{y=0} = 0$ 和 $u\,|_{y=h} = v$ 定出积分常数,同时考虑到层流时 p 仅是 x 的线性函数,即 $\mathrm{d}p/\mathrm{d}x = -\Delta p/l$,则可得平行平板缝隙中的液流速度分布规律为

$$u = \frac{y(h-y)}{2\eta l}\Delta p + \frac{v}{h}y \tag{2-51}$$

由此可得平行平板缝隙的流量为

$$q = \int_0^h ub\mathrm{d}y = \int_0^h \left[\frac{y(h-y)}{2\eta l}\Delta p + \frac{v}{h}y\right]b\mathrm{d}y = \frac{bh^3}{12\eta l}\Delta p + \frac{bh}{2}v \tag{2-52}$$

(2)压差流动。如果平行板间无相对运动,即 $v=0$,通过的液流纯由压差 $\Delta p = p_1 - p_2$ 作

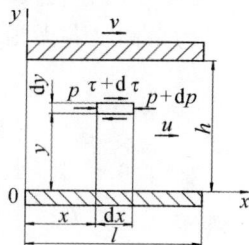

用引起,则称为压差流动,其流量公式为

$$q = \frac{bh^3}{12\eta l}\Delta p \tag{2-53}$$

(3) 剪切流动。如果两平板之间两端无压差 Δp 存在,通过的液流纯由平行平板的相对运动作用引起,则称为剪切流动,其流量公式为

$$q = \frac{bh}{2}v \tag{2-54}$$

由式(2-52)和式(2-53)可看出,在压差作用下,流经平行平板缝隙的流量与缝隙高度的三次方成正比。如果视上述流量 q 为泄漏量,可见液压元件内零件间缝隙(间隙)大小对泄漏量的影响相当之大。

2. 环形缝隙

液压元件中存在着大量的环形缝隙,例如:柱塞泵的柱塞与柱塞孔的配合间隙、圆柱滑阀阀芯与阀体孔的配合间隙、液压缸的活塞与缸筒的配合间隙等。环形缝隙有圆柱环形缝隙、圆锥环形缝隙等。根据相对运动的两个耦合件是否同心将环形缝隙又分为同心环形缝隙和偏心环形缝隙两种情况。

(1) 圆柱环形缝隙流动。

1) 同心环形缝隙。图 2-27 所示为同心环形缝隙流动。设缝隙长度为 l,当缝隙高 h 与圆柱体直径 d 之比 h/d 远小于 1 时,可将同心环形缝隙视作平行平板缝隙流动,即将环形缝隙沿圆周方向展开,并使缝隙宽度 $b = \pi d$ 代入式(2-52),即可得同心圆环缝隙的流量公式

$$q = \frac{\pi dh^3}{12\eta l}\Delta p \pm \frac{\pi dh}{2}v \tag{2-55}$$

式中,v 为两柱面轴向相对运动速度。当圆柱体移动方向与压差 Δp 方向相同时,取"+",反之则取"-"。两圆柱若无相对运动,$v=0$,则流量为

$$q = \frac{\pi dh^3}{12\eta l}\Delta p \tag{2-56}$$

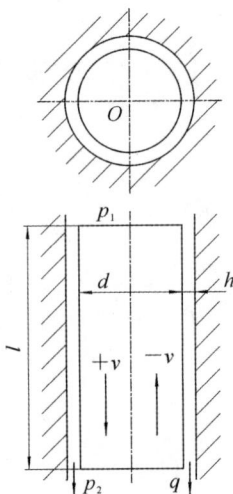

图 2-27　同心环形缝隙流动

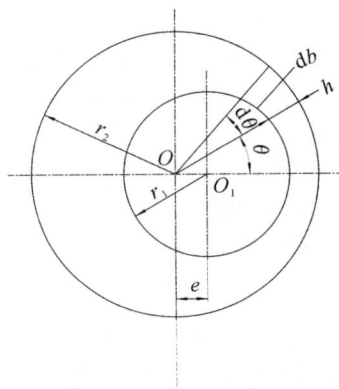

图 2-28　偏心环形缝隙流动

2) 偏心环形缝隙。偏心环形缝隙如图 2-28 所示。设内外圆柱的偏心量为 e,在任意角度

θ 处的缝隙为 h，因缝隙很小，$r_1 \approx r_2 = r_3$，可将微小圆弧 db 所对应的环形缝隙流动视为平行平板缝隙流动。将 $b = rd\theta$ 代入式(2-52)得微分流量

$$dq = \frac{rd\theta h^3}{12\eta l}\Delta p \pm \frac{\pi d\theta h}{2}v$$

由图中几何关系可知

$$h \approx h_0 - e\cos\theta \approx h_0(1 - \varepsilon\cos\theta)$$

式中　　h_0—— 内外圆柱同心时半径方向的缝隙值(mm)；

　　　　ε—— 相对偏心率，$\varepsilon = e/h_0$，其最大值 $\varepsilon_{max} = 1$。

将 h 值代入上式积分，可得偏心圆柱环形缝隙的流量公式为

$$q = \frac{\pi dh_0^3}{12\eta l}\Delta p(1 + 1.5\varepsilon^2) \pm \frac{\pi dh_0}{2}v \qquad (2-57)$$

式中，"$\pm$" 取法同前。若两圆柱无相对运动，$v = 0$，则流量为

$$q = \frac{\pi dh_0^3}{12\eta l}\Delta p(1 + 1.5\varepsilon^2) \qquad (2-58)$$

比较式(2-55)与式(2-58)可看到，当相对偏心率为最大值 $\varepsilon_{max} = 1$(即 $e = h_0$)时，通过偏心圆柱环形缝隙的流量(不考虑相对运动时)是通过同心环形缝隙时的 2.5 倍。因此，为了减少泄漏量，应尽量保证圆柱配合副处于同心配合状态。

(2) 圆锥环形缝隙流动及液压卡紧现象。当圆柱配合副因加工误差带有一定锥度时，两相对运动零件间的间隙为圆锥环形间隙，其间隙大小沿轴线方向变化。

1) 同心圆锥环形缝隙。如图 2-29 所示，阀芯与内孔轴线同心，图 2-29(a) 所示的阀芯锥部大端为高压腔，液体由大端流向小端(倒锥)；图 2-29(b) 所示的阀芯锥部小端为高压腔，液体由小端流向大端(顺锥)。

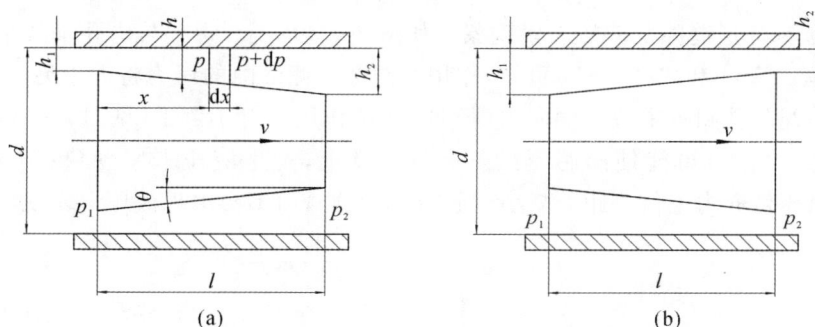

图 2-29　液体在同心圆锥形缝隙中的流动

设圆锥半角为 θ，进出口处的缝隙高度和压力分别为 h_1，p_1 和 h_2，p_2，阀芯的轴向相对速度为 v，距入口端面为 x 处的缝隙高度和压力分别为 h 和 p，则在微小单元 dx 处的流动，因 dx 很小可视 dx 段内的缝隙高度不变。

对于倒锥流动(见图 2-29(a))，将 $-\Delta p/l = dp/dx$ 代入同心圆环缝隙流量式(2-55)可得

$$q = \frac{\pi dh^3}{12\eta}\frac{dp}{dx} + \frac{\pi dh}{2}v$$

由图可知，$h = h_1 + x\tan\theta$，$dx = dh/\tan\theta$，代入前式整理后可得

$$\mathrm{d}p = -\frac{12\eta q}{\pi d \tan\theta}\frac{\mathrm{d}h}{h^3} + \frac{6\eta v}{\tan\theta} + \frac{\mathrm{d}h}{h^2} \tag{2-59}$$

积分,并代入

$$\tan\theta = (h_2 - h_1)/l \tag{2-60}$$

$$\Delta p = p_1 - p_2 = \frac{6\eta l(h_1 + h_2)}{\pi d(h_1 h_2)^2}q - \frac{6\eta l}{h\,h_2}v$$

移项整理得通过圆锥环形缝隙的流量公式为

$$q = \frac{\pi d}{6\eta l}\frac{(h_1 h_2)^2}{(h_1 + h_2)^2}\Delta p + \frac{\pi d h_1 h_2}{h + h}v \tag{2-61}$$

如果阀芯未运动,$v=0$,则流量公式为

$$q = \frac{\pi d}{6\eta l}\frac{(h_1 h_2)^2}{(h_1 + h_2)^2}\Delta p \tag{2-62}$$

对式(2-59)积分并将边界条件 $p\,|_{h=h_1} = p_1$ 及式(2-60)和式(2-61)一并代入,可得环形圆锥缝隙中的压力分布公式

$$p = p_1 - \frac{1-(h_1/h)^2}{1-(h_1/h_2)^2}\Delta p - \frac{6\eta v(h_2 - h)}{h_2(h_1 + h_2)}x \tag{2-63}$$

如果阀芯未运动,$v=0$,则压力分布为

$$p = p_1 - \frac{1-(h_1/h)^2}{1-(h_1/h_2)^2}\Delta p \tag{2-64}$$

对于顺锥流动(见图2-29(b)),其流量公式与倒锥流动的相同,当阀芯没有相对运动时的压力分布为

$$p = p_1 - \frac{(h_1/h)^2-1}{(h_1/h_2)^2-1}\Delta p \tag{2-65}$$

2)偏心圆锥环形缝隙及液压卡紧现象。如图2-30所示,阀芯与内孔轴线平行但出现偏心距 e。由式(2-64)和式(2-65)可知,作用在阀芯一侧缝隙的压力将大于另一侧的压力,压力不平衡致使阀芯受到一个液压侧向力(径向力)的作用。对于倒锥(见图2-30(a)),液压侧向力使偏心距 e 增大,可能使阀芯紧贴于孔的内壁上,产生液压卡紧现象;对于顺锥(见图2-30(b)),液压侧向力使偏心距 e 减小,阀芯自动定心,而不会出现液压卡紧现象。

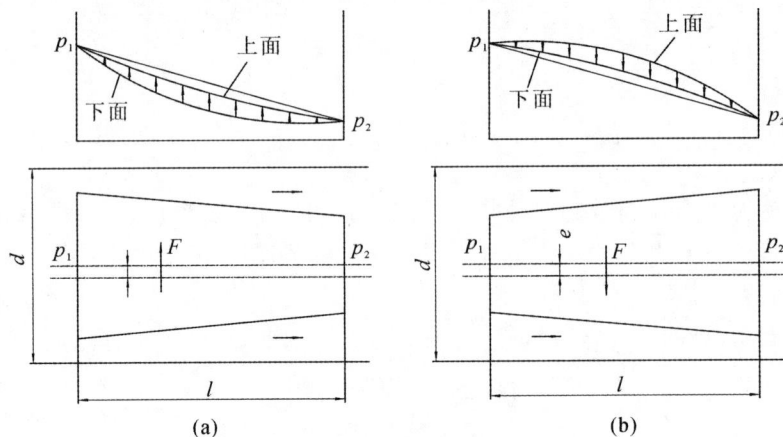

图2-30　液体在偏心圆锥形缝隙中的流动

(a)倒锥;(b)顺锥

液压侧向力引起阀芯移动时的轴向摩擦阻力称为液压卡紧力,即

$$F = 0.27ld\Delta pf \qquad (2-66)$$

式中　l——间隙配合长度(mm);

　　　d——配合副名义直径(mm);

　　　Δp——配合副两端压差(MPa);

　　　f——摩擦因数,一般可取 $f = 0.02 \sim 0.08$。

液压卡紧的原因主要是由于圆柱或圆锥配合副几何形状误差、同心度变化引起的卡紧力。此外,污物进入缝隙使移动困难或由温度过高致使阀芯膨胀等也会导致液压卡紧。液压卡紧现象将增大移动件的驱动力引起动作失常故障,加大滑动副的磨损,降低元件的使用寿命。

减小液压卡紧力的一般措施:① 提高阀的加工和装配精度。② 在阀芯台肩上开出径向均压槽(见图 2-31),使槽内液体压力在圆周方向处处相等。均压槽位置尽可能靠近高压端,均压槽的宽度和深度一般为(0.3 ~ 1.0)mm,槽距为(1 ~ 5)mm。实践表明,开 3 个等距离的均压槽可使液压卡紧力减小到无均压槽时的 6%。③ 给阀芯或阀套在轴向或圆周方向上施加高频小振幅的振动或摆动信号。④ 精细过滤油液。

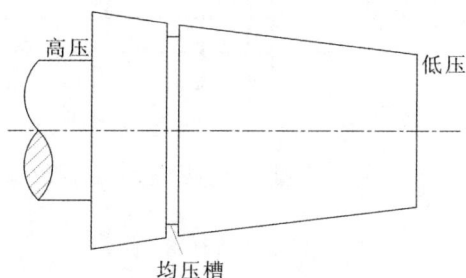

图 2-31　均压槽

第六节　液压冲击及气穴现象

一、液压冲击

在液压系统中,由于某种原因引起的系统压力在瞬间骤然急剧上升,形成很高的压力峰值,此种现象称为液压冲击。液压冲击时产生的压力峰值往往比正常工作压力高出几倍(见图 2-32),常使液压元件、管道及密封装置损坏失效,引起系统振动和噪声,还会使顺序阀、压力继电器等压力控制元件产生误动作,造成人身及设备事故。

1.液压冲击的类型

按产生的原因,液压冲击的类型有三种类型:

(1)阀门骤然关闭或开启,液流惯性引起的液压冲击。当液体在管道中流动时,如果阀门骤然关闭,液体流速将随之骤然降低到零,在这一瞬间,液体的动能转化为压力能,使液体压力突然升高,并形成压力冲击波;反之,当阀门骤然开启时,则会出现压力降低。

(2)运动部件的惯性力引起的液压冲击。高速运动的液压执行元件等运动部件的惯性力也会引起系统中的液压冲击。例如,工业机械手、液压挖掘机转台的回转马达在制动和换向时,因排油管突然关闭,而回转机构由于惯性还在继续转动,所以将会引起压力急剧升高的液压冲击。

(3)液压元件反应动作不灵敏引起的液压冲击。如限压式变量液压泵,当压力升高时不能及时减小排量而造成压力冲击;溢流阀不能迅速开启而造成过大压力超调等。

上述三种类型液压冲击中,前两种较为常见。

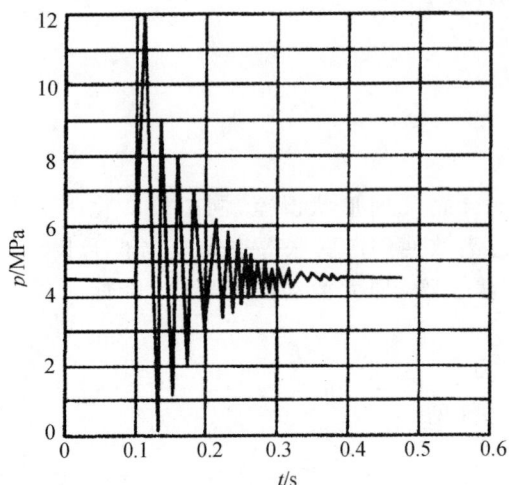

图 2-32　液压冲击波形图

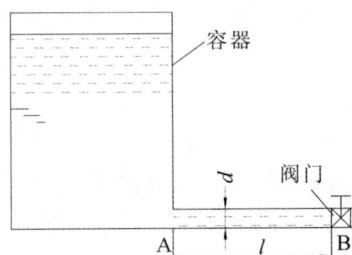

图 2-33　管道中阀门开关的液压冲击

2.液压冲击值的计算公式

液压冲击属于管道中液体非定常流动问题,是一种动态过程。由于其影响因素甚多,故很难准确计算。一般是采用估算或通过试验确定。

(1) 管流阀门突然关闭产生的液压冲击。如图 2-33 所示,具有一定容积的容器(蓄能器或液压缸),液体沿内径为 d、长度为 l 的管道经阀门以速度 v_0 流出。若阀门突然关闭,则靠近阀门处点 B 的液体首先立即停止运动,液体的动能转换成压力能,点 B 的压力升高 Δp(即冲击压力),接着后面相邻的液体逐层依次停止运动,动能也依次转换成压力能,压力升高形成压力波。这个压力波以速度 c 由 B 向 A 传递,到点 A 后,又反向传递至点 B。于是,压力波以速度 c 在管道内的 A,B 间往复传递,在系统中形成压力振荡。由于液体黏性摩擦及管道变形消耗能量,故上述压力波动是一个衰减振荡过程,直至趋于稳定。阀门迅速关闭引起的液压冲击的计算方法如下:

完全冲击,即 $t \leqslant T = 2l/c$ 时,管道内最大压力增大值

$$\Delta p = c\rho v_0 \quad \text{或} \quad \Delta p = c\rho(v_0 - v_1) \tag{2-67}$$

前者用于完全关闭,后者用于不完全关闭。

非完全冲击,即 $t > T = 2l/c$ 时,管道内压力的增大值为

$$\Delta p = c\rho v T/t \quad \text{或} \quad \Delta p = c\rho(T/t)(v_0 - v_1) = c\rho(T/t)\Delta v \tag{2-68}$$

前者用于完全关闭,后者用于不完全关闭。

式中　　　ρ——油液密度(kg/m^3);

　　　v_0,v_1——阀门关闭前、后管道内液流速度(m/s);

　　　　t——压力冲击波从点 B 传递到点 A 的时间(s);

　　　　T——当管道长度为 l 时,冲击波往返所需时间(s),$T = 2l/c$;

　　　　c——压力冲击波在管道内的传播速度(m/s)。

若忽略黏性及管径变化的影响,冲击波在管道内的传播速度为

$$c = \frac{\sqrt{\dfrac{K}{\rho}}}{\sqrt{1 + \dfrac{Kd}{E\delta}}} \qquad\qquad (2-69)$$

式中　　K—— 液压油液的体积弹性模量(MPa);

　　　　δ, d—— 管道的壁厚、内径(mm);

　　　　E—— 管道材料的弹性模量(MPa)。

出现液压冲击时,管道中的最大压力等于稳态工作压力 p 与最大压力增大值之和,即

$$p_{\max} = p + \Delta p \qquad\qquad (2-70)$$

显然,通过延长时间 t 和缩短冲击波传播反射的时间 T,或降低冲击波的传播速度 c 等措施均可避免或减小因液流通道迅速启闭引起的液压冲击。

(2) 运动部件被制动时产生的冲击压力。根据动量定理,可求得液压缸驱动的运动部件在制动时的冲击压力近似值为

$$\Delta p = \frac{m \Delta v}{A \Delta t} \qquad\qquad (2-71)$$

式中　　m—— 被制动部件的质量(kg);

　　　　Δv—— 运动部件速度的变化量(减小值)(m/s);

　　　　A—— 液压缸有效作用面积(mm^2);

　　　　Δt—— 运动部件制动所需时间(减速时间)(s)。

由上式可以看出,为了减小运动部件制动时产生的液压冲击,应延长制动时所需的时间 Δt,或减小运动部件速度的变化量 Δv。

3. 减小液压冲击的措施

(1) 通过采用换向时间可调的换向阀延长阀门或运动部件的换向制动时间。

(2) 限制管道中的液流速度。

(3) 在冲击源近旁附设蓄能器、消声器或安全阀等。

(4) 在液压元件(如液压缸)中设置缓冲装置。

(5) 采用橡胶软管吸收液压冲击能量。

二、气穴现象

1. 气穴现象产生的原因及危害

在液压系统中,由于绝对压力降低至油液所在温度下的空气分离压 p_g($<1\,\text{atm}$) 时,使原溶入液体中的空气分离出来形成气泡的现象,称为气穴现象(或称空穴现象)。

气穴现象的产生破坏了液流的连续状态,造成流量和压力的不稳定。当带有气泡的液体进入高压区时,气穴将急速缩小或溃灭,从而在瞬间产生局部液压冲击和温度,并引起强烈的振动及噪声。过高的温度将加速工作液的氧化变质。如果这个局部液压冲击作用在金属表面上,金属壁面将在反复液压冲击、高温及游离出来的空气中氧的侵蚀下产生剥蚀,这种现象通常称作气蚀。有时,气蚀现象中分离出来的气泡还会随着液流聚集在管道的最高处或流道狭窄处而形成气塞,破坏系统的正常工作。

2. 气穴及气蚀的预防措施

气穴现象多发生在压力和流速变化剧烈的液压泵吸油口和液压阀的阀口处。气穴及气蚀

的预防措施如下。

（1）减小孔口或缝隙前、后压力差，使孔口或缝隙前、后压力差之比 $p_1/p_2 < 3.5$。

（2）限制液压泵吸油口至油箱油面的安装高度，适当加大吸油管内径，尽量减少吸油管道中的压力损失；必要时将液压泵浸入油箱的油液中或采用倒灌吸油（泵置于油箱下方）法，以改善吸油条件。

（3）提高各元件接合处管道的密封性，防止空气侵入。

（4）对于易产生气蚀的零件采用抗腐蚀性强的材料，增加零件的机械强度，并提高零件表面加工质量。

思考题与习题

2-1　液体黏性的物理实质是什么？可以采用哪些方法来量度液体的黏性？

2-2　选用液压油液应考虑哪些因素？

2-2　在液压系统使用中，为何要特别注意防止液压工作介质被污染？应如何控制工作介质的污染？按 GB/T14039—2002《液压传动—油液—固体颗粒污染等级代号》，采用自动颗粒计数器测量的某液压油液污染度等级为 18/16/13，问各代码分别代表什么含义？

2-3　何谓绝对压力、相对压力和真空度？它们的关系如何？设液体中某处的表压力为 10MPa，其绝对压力为多少？某处绝对压力为 0.03MPa，其真空度为多少？（答：10.1MPa；0.07MPa）

2-4　液压系统的工作压力与外负载的关系如何？液压工程中通常将液压系统的压力分成几级？

2-5　当应用液体静压力基本方程时，等压面应如何选取？

2-6　解释下列概念：理想液体、定常流动、流线、通流截面、流量、平均流速。流速与流量及液压缸作用面积是什么关系？

2-7　说明伯努利方程的物理意义并指出理想液体伯努利方程和实际液体伯努利方程的区别。在应用伯努利方程时，压力取绝对压力还是相对压力，为什么？

2-8　动量方程主要用途是什么？

2-9　如何判别液体的层流和紊流？

2-10　何谓气穴现象？它有哪些危害？通常采取哪些措施防止气穴及气蚀？

2-11　何谓液压冲击？可采取哪些措施来减小液压冲击？

2-12　20℃时 200mL 的蒸馏水从恩氏黏度计中流尽的时间为 51s，如果密度为 $\rho = 900$ kg/m³ 的 200mL 液压油液在 50℃时从恩氏黏度计中流尽的时间为 229.5s，试求液压油液的 °E、ν 及 η 的值。（答：°E = 4.5；$\nu = 31.5 \times 10^{-6}$ m²/s；$\eta = 0.028$Pa·s）

2-13　图 2-34 所示油箱通大气，油液（密度为 900kg/m³）中插入一玻璃管，管中气体的绝对压力为 0.06MPa。求玻璃管中的液面上升的高度 h 为多少？（答：h = 4.31m）

2-14　图 2-35 所示容器 A，B 中液体的密度分别为 $\rho_A = 900$kg/m³，$\rho_B = 1\,200$kg/m³。$Z_A = 20$cm，$Z_B = 18$cm，$h = 6$cm，U 形计测压介质的密度为 $\rho_C = 13\,600$kg/m³，试计算 A，B 之间的压差。（答：取重力加速度 $g = 10$m/s²，有 $p_A - p_B = 8\,520$Pa）

2-15　图 2-36 所示水平截面为圆形的容器（内装水）。①上端开口，求作用在容器底部的作用力。② 若在开口端加一活塞,作用力为 30kN(含活塞质量),问容器底部的总作用力是多少?(答:①15 394N;②135 394N)

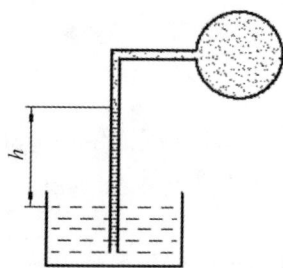

图 2-34　题 2-13 图

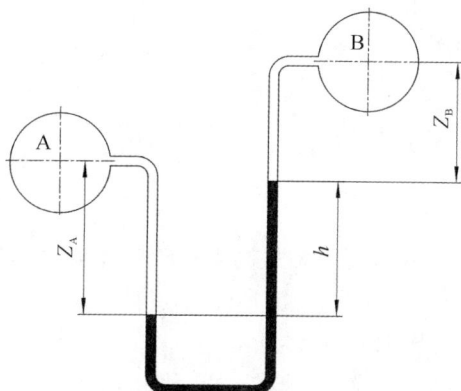

图 2-35　题 2-14 图

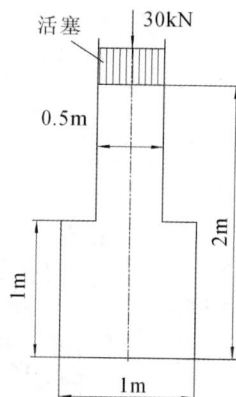

题 2-36　题 2-15 图

2-16　如图 2-37 所示,直径为 d、质量为 m 的活塞浸在密度为 ρ 的液体中,并在力 F 的作用下处于静止状态。若活塞浸入深度为 h,试确定液体在测压管内的上升高度 x。(答:$x = \dfrac{4(F+mg)}{\rho g \pi d^2} - h$)

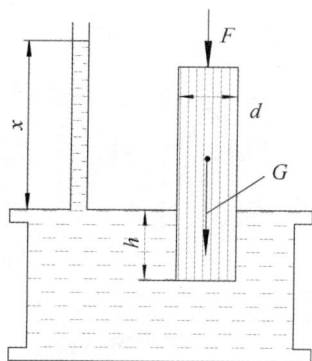

图 2-37　题 2-16 图

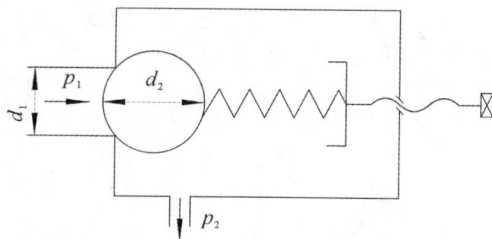

图 2-38　题 2-17 图

2-17　图 2-38 中所示的压力阀,当 $p_1 = 6$ MPa 时,液压阀动作。若 $d_1 = 10\,\text{mm}$,$d_2 = 15\,\text{mm}$,$p_2 = 0.5\,\text{MPa}$。试求:① 弹簧的预紧力 F_s;② 当弹簧刚度 $k = 10\,\text{N/mm}$ 时的弹簧预压缩量 x_0。(答:$F_s = 431.97\text{N}$;$x_0 = 43.2\,\text{mm}$)

2-18　如图 2-39 所示,已知水深 $H = 10\text{m}$,截面 $A_1 = 0.02\,\text{m}^2$,$A_2 = 0.04\,\text{m}^2$,求孔口的出流流量以及点 2 处的表压力(取动能修正系数 $\alpha = 1$,$\rho = 1\,000\,\text{kg/m}^3$,不计损失)。(答:$0.28\,\text{m}^3/\text{s}$;73 500Pa)

2-19　已知管道直径 $d = 50\,\text{mm}$,油液的运动黏度为 $\nu = 0.2\,\text{cm}^2/\text{s}$,若液流处于层流状态,问通过截面的最大流量 q 是多少?(答:$q = 109.3\,\text{L/min}$)

2-20　流量为 $q = 25\,\text{L/min}$ 的液压泵(置于油箱上方),泵吸油口距油箱液面高度为 $h = 400\,\text{mm}$,吸油管内径 $d = 25\,\text{mm}$,油液密度 $\rho = 900\,\text{kg/m}^3$,黏度为 $\nu = 30 \times 10^{-2}\,\text{cm}^2/\text{s}$。若只计吸油管中的沿程压力损失,问液压泵吸油口处的真空度为多少?(答:4 279Pa)

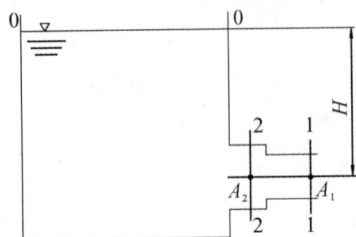

图 2-39　题 2-18 图　　　　图 2-40　题 2-21 图　　　　图 2-41　题 2-22 图

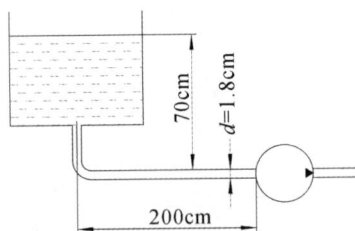

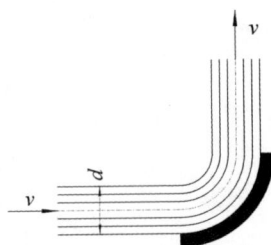

2-21　流量 $q=16\text{L}/\min$ 的液压泵从高架式油箱中吸油，油液的密度 $\rho=900\text{kg}/\text{m}^3$，运动黏度 $\nu=20\times10^{-6}\text{m}^2$，其余尺寸如图 2-40 所示，不计局部压力损失，试计算液压泵入口处的绝对压力。（答：0.1MPa，大气压取 0.098MPa）

2-22　图 2-41 所示水平放置的固定导板，将直径 $d=0.1\text{m}$、流速为 $v=20\text{m/s}$ 的水射流转过 90° 角。试求导板作用于液体的合力大小及方向（$\rho=1\,000\text{kg}/\text{m}^3$）。（答：4 442.9N，与 x 轴夹角 135°）

2-23　如图 2-42 所示，已知液压源的供油压力 $p=3.2\text{MPa}$，薄壁小孔型节流阀 1 和 2 的面积分别为 $A_1=0.02\text{cm}^2$ 和 $A_2=0.01\text{cm}^2$，阀口的流量系数 $C_d=0.6$；液压缸活塞面积 $A=100\text{cm}^2$，负载 $F=16\text{kN}$，油液密度 $\rho=900\text{kg}/\text{m}^3$，试求活塞向右运动的速度 v。（答：$v=0.358\text{cm/s}$）

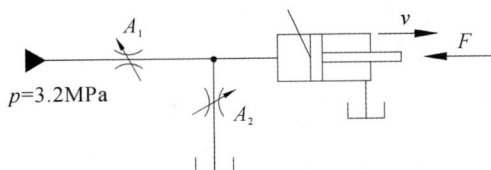

图 2-42　题 2-23 图　　　　　　　　　图 2-43　题 2-43 图

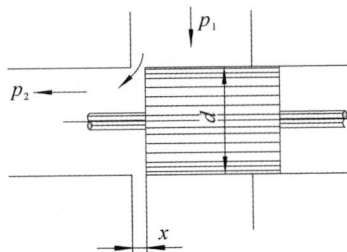

2-24　圆柱形滑阀如图 2-43 所示，已知阀芯直径 $d=2\text{cm}$，进口处油液压力 $p_1=9.8\text{MPa}$，出口处压力 $p_2=9.5\text{MPa}$，油液密度 $\rho=900\text{kg}/\text{m}^3$，阀口的流量系数 $C_d=0.65$；阀口开度 $x=0.2\text{cm}$，计算通过阀口的流量 q。（答：$q=1.96\text{L/s}$）

2-25　液压缸的活塞直径 $d=50\text{mm}$，长 $l=40\text{mm}$，半径缝隙 $h=0.05\text{mm}$，油液动力黏度 $\eta=45\times10^{-3}\text{Pa·s}$，缸两腔压力差 $\Delta p=10\text{MPa}$，求：活塞与缸筒同心，活塞以速度 $v=10\text{cm/s}$ 向右运动时的泄漏流量。① 活塞静止，缸筒与活塞同心；② 活塞静止，缸筒与活塞有偏心 $e=0.03\text{mm}$；③ 缸筒固定。（答：$9.1\times10^{-6}\text{m}^3/\text{s}$；$14\times10^{-6}\text{m}^3/\text{s}$；$9.49\times10^{-6}\text{m}^3/\text{s}$）

第三章　　液压能源元件

液压系统的能源元件指各类液压泵,其功用是将原动机(电动机或内燃发动机)的机械能转变为液体的压力能,输出具有一定压力的流量。

第一节　　液压泵的基本结构原理及类型

一、基本结构原理

液压系统中使用的液压泵都是容积式的。现以图3-1所示的单柱塞泵说明容积式液压泵的基本结构原理,图中点画线内为泵的组成部分。具有偏心 e 的传动轴1(转子)由原动机带动旋转时,柱塞2(挤子)受传动轴和弹簧4的联合作用在缸体3(定子)中往复移动。图示转动方向,当传动轴转角在 $0 \sim \pi$ 范围内时,柱塞右移,缸体中的密封工作容腔5的容积变大,产生真空,油箱8中的油液在大气压作用下顶开吸油阀7进入工作容腔,为吸油过程;当传动轴转角在 $\pi \sim 2\pi$ 范围内时,柱塞被压缩左移,工作容腔的容积减小,腔内已有的油液受压缩而压力增大,通过压油阀6输出到系统,为压油过程。传动轴转动一周,泵吸、压油各一次。原动机驱动传动轴不断旋转,液压泵就不断吸油和压油。

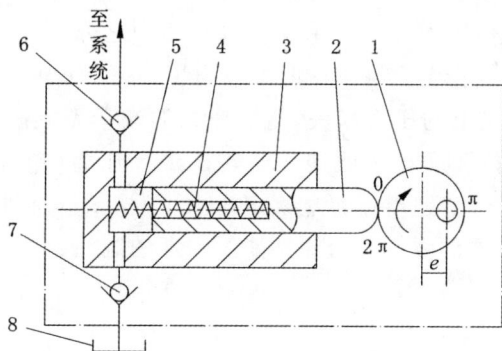

图3-1　液压泵的基本工作原理

1—传动轴;2—柱塞;3—缸体;4—弹簧;5—密封工作腔;
6—压油阀;7—吸油阀;8—油箱

上述单柱塞液压泵具有容积式液压泵的基本结构原理特征:

(1)具有定子、转子和挤子,它们因液压泵的结构不同而异。

(2)具有若干个密封且又可周期性变化的空间;泵的排油量与此空间的容积变化量和单位时间内变化的次数成正比,而与其他因素无关。

(3)具有相应的配油机构,将吸油腔和压油腔隔开,保证泵有规律地吸排液体。配油机构也因液压泵的结构不同而异。图示单柱塞液压泵中的配油机构为吸油阀 7 和压油阀 6。

（4）油箱内液体的绝对压力必须恒等于或大于大气压力。为保证泵正常吸油，油箱必须与大气相通或采用密闭的充气油箱。

二、类型及图形符号

按挤子结构的不同，液压泵有齿轮式、叶片式和柱塞式等类型；按其每转一周，由其密封容腔几何尺寸变化所算得的排出液体的体积（排量）可否调节分为定量泵和变量泵两类；按可以输出油液的方向，又有单向泵和双向泵之分。此外，还有为了满足系统对流量的不同需求的双联泵甚至多联泵，它们是由两个或多个单级泵安装在一个泵体内，在油路上并联而成的液压泵。表 3 - 1 为常用的液压泵图形符号。

表 3 - 1　液压泵图形符号

名　称	单向定量泵	双向定量泵	单向变量泵	双向变量泵	双联液压泵
图形符号					

第二节　液压泵的主要性能参数

一、压力

液压泵的压力有工作压力、额定压力和最高允许压力之分。

液压泵的工作压力 p，是指泵实际工作时的输出压力（单位为 MPa），工作压力的大小取决于外负载的大小和压油管路上的压力损失，与液压泵的流量无关。液压泵额定压力 p_n，是指泵在正常工作条件下按试验标准规定能连续运转的最高压力（单位 MPa），超过此值就是过载。液压泵最高允许压力 p_{max} 是指在超过额定压力下，按试验标准规定，允许液压泵短暂运转的最高压力，它受泵本身构件强度和密封性能等因素的制约。

二、排量和流量

液压泵的排量 V 是指泵的传动轴每转一周，由其密封容腔几何尺寸变化所算得的排出液体的体积，亦即在无泄漏的情况下，泵传动轴每转一周所能排出的液体体积，单位为 m^3/r 或 mL/r。

液压泵的理论流量 q_t 是指泵在单位时间内由其密封容腔几何尺寸变化计算而得的排出的液体体积，亦即在无泄漏的情况下单位时间内所能排出的液体体积。泵的转速为 n 时，泵的理论流量为

$$q_t = Vn \tag{3-1}$$

液压泵的实际流量 q 指泵工作时的输出流量，单位为 m^3/s 或 L/min。

液压泵的额定流量 q_n 指在正常工作条件下，按试验标准规定必须保证的流量，亦即在额

定转速和额定压力下由泵输出的流量，单位为 m^3/s 或 L/min。因泵存在内泄漏，所以额定流量和实际流量的值都小于理论流量。实际流量为

$$q = q_t - q_1 = Vn - k_1 p \qquad (3-2)$$

式中　q_1——液压泵的泄漏流量（m^3/s）；

　　　k_1——泵的泄漏系数。

由式（3-2）可知，q_1 和 q 都与泵的工作压力 p 有关，工作压力增大时，泄漏量 q_1 增大，而实际输出的流量 q 减小。

三、功率及效率

1. 液压泵的功率

液压泵由原动机驱动，输入的是机械能，表现为输入转矩 T_i 和转速 n（角速度 ω），即液压泵输入功率 P_i 为

$$P_i = T\omega = T \times 2\pi n \qquad (3-3)$$

液压泵输出的是压力能，表现为液体的压力 p 和流量 q，即液压泵输出功率 P_o 为

$$P_o = pq \qquad (3-4)$$

在液压工程实际计算中，若油箱不通大气，液压泵的压力 p 要用泵的吸、压油口的压力差 Δp 代替。

液压泵的输入功率与输出功率之差即为功率损失，功率损失表现为流量损失（泄漏所致）和转矩损失（机械摩擦所致）两部分。功率损失的大小可用效率来表示。

2. 液压泵的效率

液压泵的实际流量与理论流量之比称为泵的容积效率，用 η_V 来表示：

$$\eta_V = \frac{q}{q_t} \qquad (3-5)$$

将式（3-2）代入式（3-5）有

$$\eta_V = \frac{q_t - q_1}{q_t} = 1 - \frac{k_1 p}{q_t} = 1 - \frac{k_1 p}{Vn} \qquad (3-6)$$

式（3-6）表明，液压泵的容积效率与泵的排量、转速成正比，而与输出压力、泄漏系数成反比。

由于摩擦损失的存在，故驱动泵的实际输入转矩总是大于其理论上需要的转矩，理论转矩 T_t 与实际输入转矩 T 之比称为机械效率，用 η_m 表示：

$$\eta_m = \frac{T_t}{T} = \frac{1}{1 + \dfrac{T_1}{T_t}} \qquad (3-7)$$

式中，T_1 为转矩损失。

液压泵的输出功率 P_o 与输入功率 P_i 之比为泵的总效率，用 η 表示，即

$$\eta = \frac{P_o}{P_i} = \frac{pq}{T\omega} = \frac{pq_t \eta_V}{\dfrac{T_t \omega}{\eta_m}} = \frac{pq_t}{T_t \omega} \eta_V \eta_m = \eta_V \eta_m \qquad (3-8)$$

即液压泵的总效率等于容积效率与机械效率的乘积。所以液压泵的输入功率（驱动功率）也可写成

$$P_i = \frac{pq}{\eta} \qquad (3-9)$$

采用液压工程常用单位的计算公式为

$$P_i = \frac{\Delta pq}{60\eta} \qquad (3-10)$$

式中,输入功率 P_i 的单位为 kW;输出压力 p 的单位为 MPa;输出流量 q 的单位为 L/min。

通过实验得出的液压泵的性能参数与工作压力之间的关系如图 3-2 所示,在不同的工作压力下液压泵的这些参数值都是不同的。液压泵应工作在总效率的最大值附近。

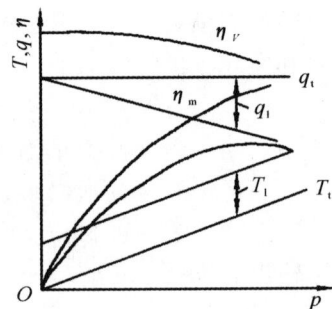

图 3-2　液压泵特性曲线

四、自吸能力

液压泵的自吸能力是指泵在额定转速下,从低于泵以下的通大气的开式油箱自行吸油的能力,自吸能力的大小常用吸油高度或吸油真空度表示。液压泵吸油腔的真空度越大,则吸油高度越高,但真空度数值受到气穴气蚀条件限制。泵的自吸能力因结构类型不同而异,一般泵所允许的吸油高度小于等于 500mm 或自吸真空度小于等于 0.03MPa。对于自吸能力较差的液压泵,改善吸油条件的措施有 ① 使油箱液面高于液压泵(液压泵安装在油箱液面以下);② 采用加压(0.05～0.25MPa)的闭式油箱,增加油箱表面压力;③ 采用补油泵供油,一般补油压力为 0.3～0.7MPa 等。

第三节　齿　轮　泵

齿轮泵是以成对齿轮啮合运动完成吸、压油动作的一种定量液压泵,是液压系统中广泛采用的一种液压泵。在结构上可分为外啮合式和内啮合式两类,前者应用最广。

一、外啮合齿轮泵

1.工作原理

外啮合齿轮泵通常为泵体及前、后端盖组成的分离三片式结构,图 3-3 所示为其剖面图。泵体 1 的内孔装有一对宽度与泵体相等、齿数相同、互相啮合的渐开线齿轮 2。传动轴 3 通过键 4 与齿轮相连接。泵体、端盖和齿轮的各个齿间槽组成了许多密封工作腔 A,同时轮齿的啮合线又将左、右两腔隔开,形成了吸油腔和压油腔。当传动轴带动主动齿轮按图示方向旋转时,右侧吸油腔内的轮齿逐渐脱开啮合,密封工作腔容积逐渐增大,形成真空,油箱中的油液在大气压作用下经吸油管进入泵内,补充增大的容积以将齿间槽充满,并随着泵轴及齿轮的旋转,把油液携带到左侧压油腔去。在压油区一侧,由于轮齿逐渐进入啮合,密封工作

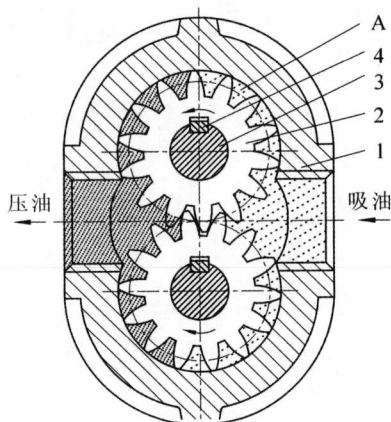

图 3-3　外啮合齿轮泵的工作原理
1—泵体;2—齿轮;3—传动轴;4—键

腔容积不断减小,油液便被挤压,经压油口输出到系统中去。泵轴旋转一周,每个工作腔吸、压油各一次。

2.排量与流量计算

外啮合齿轮泵的排量可近似为两个齿轮的齿间槽容积之和。假设齿间槽的容积等于轮齿的体积,则当一个齿轮的齿数为z、节圆直径为D、齿高为h、模数为m、齿宽为b时,泵的排量为

$$V = \pi D h b = 2\pi z m^2 b \tag{3-11}$$

考虑到近似计算的误差(实际上齿间槽容积比轮齿的体积稍大),通常以3.33代替π,则

$$V = 6.66 z m^2 b \tag{3-12}$$

齿轮泵的实际输出流量为

$$q = V n \eta_V = 6.66 z m^2 b n \eta_V \tag{3-13}$$

式(3-13)表示齿轮泵的平均流量。由于齿轮啮合过程中压油腔的容积变化率是不均匀的,故齿轮泵的瞬时流量是脉动的。设q_{max},q_{min}为最大、最小瞬时流量,则流量脉动率σ为

$$\sigma = \frac{q_{max} - q_{min}}{q} \tag{3-14}$$

流量脉动引起压力脉动,随之产生振动和噪声,故精度要求高的液压系统不宜采用齿轮泵。

3.结构要点与性能特点

(1)结构要点。

1)困油问题。外啮合齿轮泵要连续平稳工作,齿轮啮合的重叠系数就必须大于1,即同时至少要有两对轮齿啮合。因此,就有一部分油液被围困在两对轮齿所形成的封闭腔之间,该封闭腔又称困油区,它与泵的高、低压油腔均不相通,且随齿轮的转动而变化,如图3-4所示。从图3-4(a)到图3-4(b)所示,困油区容积逐渐减小;从图3-4(b)到图3-4(c)所示,困油区容积逐渐增大。困油区容积的减小会使被困油液受挤压经缝隙溢出,这不仅产生很高压力,使泵的轴承受到额外的周期性负载,且导致油液发热;而困油区容积由小变大时,又因无油液补充而形成局部真空和气穴,引起气蚀及强烈振动和噪声。上述即为齿轮泵的困油问题。

解决困油问题的常用办法,是在泵的前、后两端盖内表面上铣削与困油区相对应的两条卸荷槽。卸荷槽有双矩形、双圆形、双斜切等结构形式,其特点各异,但卸荷原理均相同,即在保证高低压腔互不串通前提下,设法使困油区与高压腔或低压腔相通。如图3-4所示为双矩形卸荷槽,当困油区容积减小时通过左边的卸荷槽与压油腔相通(见图3-4(a)),容积增大时通过右边的卸荷槽与吸油腔相通(见图3-4(c))。一般齿轮泵的卸荷槽非对称开设,通常向吸油腔偏移,卸荷槽的尺寸可参阅有关资料。

2)泄漏问题。齿轮泵高压化的主要障碍是泄漏途径较多,且不易通过密封措施解决。外啮合齿轮泵工作时有三个主要泄漏途径:齿轮两侧面与端盖间的轴向间隙、泵体内孔和齿轮外圆间的径向间隙以及两个齿轮的齿面啮合间隙。其中,对泄漏量影响最大的是轴向间隙,因为这里泄漏面积大,泄漏途径短,其泄漏量可占总泄漏量的75%~80%。轴向间隙越大,泄漏量越大,会使容积效率过低;轴向间隙过小,齿轮端面与泵的端盖间的机械摩擦损失增大,会使泵的机械效率降低。

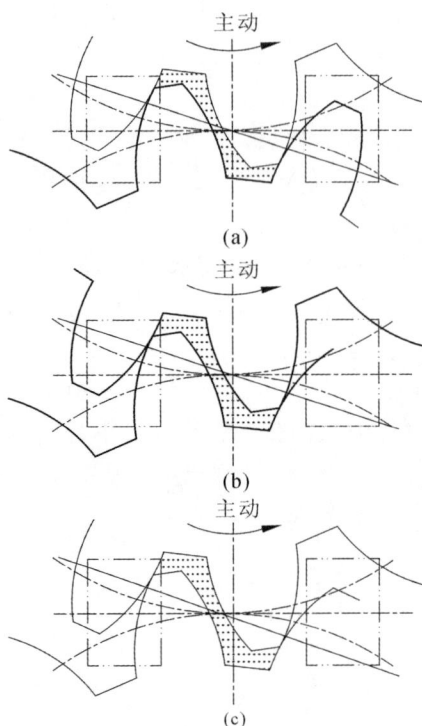

图 3-4 齿轮泵的困油

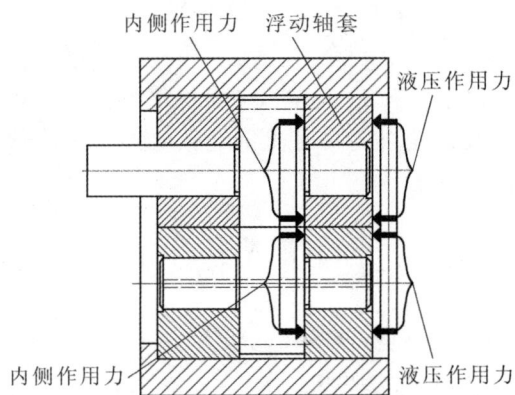

图 3-5 齿轮泵轴向间隙的自动补偿原理

解决泄漏问题的对策是选用适当的间隙进行控制:通常轴向间隙控制在 $0.03 \sim 0.04$ mm 之间;径向间隙控制在 $0.13 \sim 0.16$ mm 之间。高压齿轮泵往往还通过在泵的前、后端盖间增设浮动轴套或浮动侧板的结构措施,以实现轴向间隙的自动补偿。如图 3-5 所示为轴向间隙的自动补偿原理:它利用特制的通道把泵内压油腔的压力油引到浮动轴套的外侧,产生液压作用力(此力必须大于齿轮端面作用在轴套内侧的作用力),使轴套始终自动贴紧齿轮端面,从而减小泵内通过端面的泄漏,达到提高压力之目的。而浮动轴套磨损后可随时更换。

3)径向不平衡力问题。齿轮泵工作时,在齿轮和泵体内孔的径向间隙中,从吸油腔到压油腔的液体压力分布是逐渐分级增大的(见图 3-6),从而使两个齿轮和传动轴及轴承都受到一个径向不平衡力(图中 F_1,F_2)的作用。工作压力越大,径向不平衡力越大。严重时,能使齿轮轴变形,泵体的吸油口一侧被轮齿刮伤,同时增大轴承的磨损,降低泵的寿命。为了减小径向不平衡力,除了在盖板上开设平衡槽外,常用通过缩小泵的压油口方法,使高压油液仅作用在一个齿到两个齿的范围内。

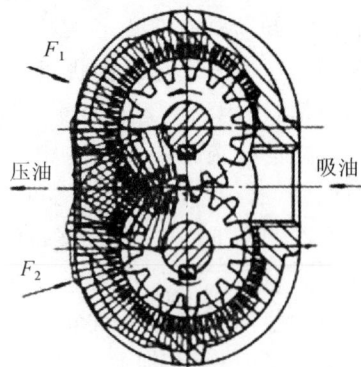

图 3-6 径向不平衡力

(2)性能特点。外啮合齿轮泵的优点是结构简单,制造方便,价格低廉,体积小,质量小,自吸能力强(容许的吸油真空度大),对油液污染不敏感,工作可靠,维护方便;有单联、双联和多联等多种可选结构,以满足液压系统对不同流量的需求,因此,这是一种常用的液压泵。其缺点是传动轴及轴承受径向不平衡力,磨损严重,使容积效率低,工作压力的提高受到限制。此外,还存在流量脉动大、噪声较大等不足。

二、内啮合齿轮泵

按齿形不同,内啮合齿轮泵分为渐开线齿轮泵和摆线齿轮泵(又名转子泵)两种。它们的工作原理与外啮合齿轮泵完全相同,也是利用齿间的密闭容积的变化来实现吸油和压油的。

在渐开线齿形的内啮合齿轮泵(见图3-7(a))中,一个主动齿轮1与一个较大的从动齿轮(内齿环)2构成啮合副,两者同向旋转,月牙板3将吸油腔4与压油腔5相隔开。当吸油腔正在脱离啮合的齿间容积增大时,形成真空而吸入油液;而当压油腔两齿轮进入啮合时将油液压出。

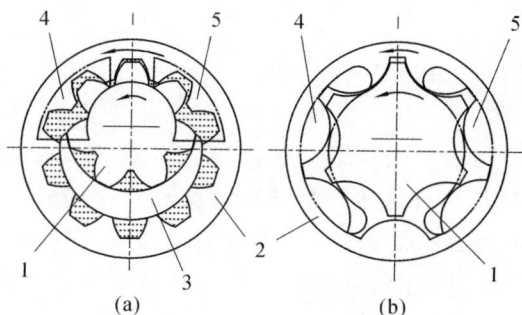

图3-7　内啮合齿轮泵工作原理图
(a)渐开线齿轮泵;(b)摆线齿轮泵
1—内齿轮;2—外齿轮;3—隔板;4—吸油腔;5—压油腔

三、螺杆泵

螺杆泵实质上是一种外啮合的摆线齿轮泵,按其螺杆根数有双螺杆泵、三螺杆泵乃至四螺杆泵和五螺杆泵等。图3-8所示为三螺杆泵的工作原理图。三根相互啮合的双头螺杆平行安装在壳体内,由原动机驱动的主动螺杆2为凸螺杆,从动螺杆1和3是凹螺杆。三根螺杆的外圆与壳体的对应弧面保持着良好的配合。在横截面内,它们的齿廓由几对摆线共轭曲线组成。螺杆的啮合线把主动螺杆和从动螺杆的螺旋槽分割成多个相互隔离的密封工作腔。随着螺杆的旋转,这些密封工作腔一个接一个地在左端形成,不断地从左向右移动(主动螺杆每转一周,每个密封工作腔移动一个螺旋导程),并在右端消失。密封工作腔形成时,其容积逐渐增大,进行吸油;消失时容积逐渐缩小,将油压出,螺杆泵的螺杆直径越大,螺旋槽越深,泵的排量越大;吸油口和压油口之间的密封层次越多,密封性越好,泵的额定压力就越高。

与其他容积式液压泵相比,螺杆泵的优点是体积小、质量小、运转平稳、流量无脉动、噪声小、容许采用高转速、容积效率较高(达90%～95%)、工作寿命长、对油液污染不敏感等,目前常用于精密机床液压系统中。螺杆泵的主要缺点是螺杆形状复杂,加工精度要求高,故其应用受到一定限制。

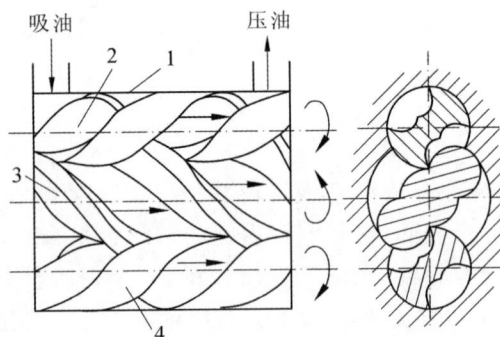

图 3-8　螺杆泵工作原理图

1— 壳体；2,4— 从动螺杆；3— 主动螺杆

第四节　叶　片　泵

叶片泵是靠叶片、定子和转子间构成的密闭工作腔容积变化而实现吸压油的一类液压泵。按每转吸排油次数，叶片泵分为单作用式叶片泵和双作用式叶片泵，前者通常制成变量泵，后者通常为定量泵并可制成双联泵。叶片泵具有结构紧凑、运转平稳、流量脉动小、噪声低的优点，在机床及塑料机械等机械设备的中高压系统中得到了广泛的应用。其缺点是结构较复杂，抗污染能力差。

一、单作用叶片泵及限压式变量叶片泵

1. 单作用叶片泵

(1) 工作原理。如图 3-9 所示，单作用叶片泵由传动轴 1、转子 2、定子 3、叶片 4、配油盘 6、泵体 5 和端盖(图中未画出)等组成。定子的内表面为圆柱形，转子和定子之间具有偏心距。转子上开有均匀分布的径向槽，叶片装在转子的槽内并可灵活滑动。在转子转动时的离心力以及通入叶片根部压力油的作用下，叶片顶部贴紧在定子内表面上，于是两相邻叶片、配油盘、定子和转子间，便形成了与叶片的数量 z 相同的 z 个密封工作腔。当转子按图示方向旋转时，右侧的叶片向外伸出，工作腔容积逐渐增大，通过右侧的吸油口和配油盘上的腰形窗口吸油。而图中左侧的叶片向里缩进，工作腔容积逐渐缩小，通过左侧配油盘的窗口和压油口排油。转子每转一转，吸、压油各一次，故称单作用叶片泵。

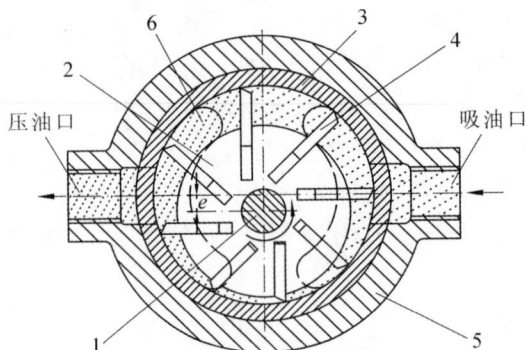

图 3-9　单作用叶片泵工作原理图

1— 传动轴；2— 转子；3— 定子；4— 叶片；5— 泵体；6— 配油盘

由图3-9可知,单作用叶片泵的转子上受有径向不平衡液压力作用,故又称非平衡式叶片泵。由于存在径向不平衡液压力,传动轴及轴承负载较大,容易磨损,影响了泵的高压化。

(2)流量计算。单作用叶片泵的实际流量为

$$q = Vn\eta_V = 2\pi beDn\eta_V \tag{3-15}$$

式中　　b—— 叶片宽度(mm);

　　　　e—— 转子与定子间的偏心距(mm);

　　　　D—— 定子内径(mm);其余符号意义同前。

单作用叶片泵的流量也有一定脉动,但叶片数为奇数时脉动率相对小些。一般叶片数为$z=13$或$z=15$。

(3)结构要点。

1)定子和转子之间偏心安装。当偏心距e不可调时为定量泵,反之为变量泵;偏心反向布置,则吸、压油方向也相反。

2)转子、传动轴及轴承等机件承受径向不平衡作用力,因此,单作用叶片泵一般不宜用于高压(额定压力通常在16MPa以下)。

3)叶片槽后倾。为使叶片顶部可靠地和定子内表面相接触,压油腔一侧的叶片底部和压油腔相通,吸油腔一侧的叶片底部和吸油腔相通。吸油腔一侧的叶片仅靠离心力的作用顶在定子内表面上。为使叶片能顺利向外甩出并始终紧贴定子,必须使叶片所受的切向惯性力与离心力等的合力尽量与叶片槽的方向一致(见图3-10),以免侧向力的分力使叶片与定子间产生的摩擦力影响叶片的伸出,为此转子上的叶片槽应倾斜(倾斜方向与转向相反)一定角度θ开出,后倾角θ一般为24°。

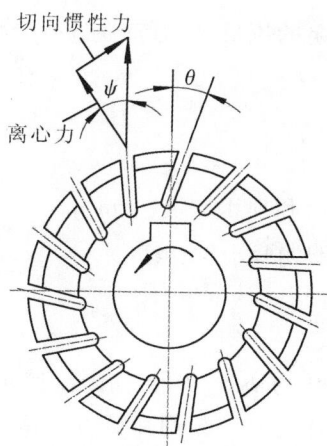

图3-10　单作用叶片泵转子叶片槽的后倾

2.限压式变量叶片泵

变量叶片泵一般为单作用式结构,且有限压式、稳流量式等多种控制方式。其中限压式变量叶片泵的技术较成熟、应用较普遍。

(1)工作原理。限压式变量叶片泵能够借助输出压力的大小自动改变转子与定子间的偏心距e的大小来改变泵的输出流量,其工作原理如图3-11所示。图中,转子1的中心O固定不动,以O_1为中心的定子4可左右移动。转子下部为吸油腔,上部为压油腔。压油腔向系统

排油的同时,经流道 5 与定子右侧的变量反馈柱塞缸(其柱塞 6 的受压面积为 A)相通。调压螺钉 3 用于调节作用在定子上的弹簧力 F_s,即调节泵的限定压力。流量调节螺钉 7 用于调节定子和转子的偏心距 e_0,而 e_0 决定了泵的最大流量 q_{max},所以这种泵是利用压油口压力油在柱塞缸上产生的作用力与限压弹簧 2 的弹簧力的平衡关系进行工作的。

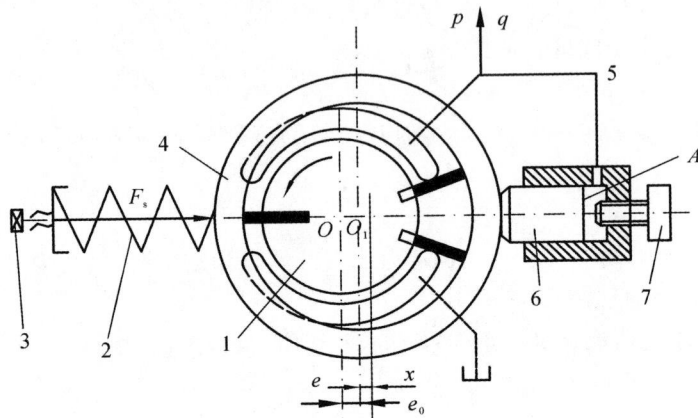

图 3-11 限压式变量叶片泵工作原理图

1— 转子;2— 限压弹簧;3— 调压螺钉;4— 定子;5— 流道;6— 反馈柱塞;7— 流量调节螺钉

压力愈高,偏心距就愈小,输出流量也愈小。当压力大到泵内偏心所产生的流量全部用于补偿泄漏时,泵的输出流量为零,不论外负载再怎样加大,泵的输出压力不会再升高,故这种泵称为限压式变量叶片泵。

(2)流量-压力特性。为了对泵的流量-压力特性进行分析,现设预调弹簧力 F_s 为

$$F_s = k_s x_0 \tag{3-16}$$

泵的输出流量为

$$q = k_q e - k_1 p \tag{3-17}$$

式中 k_s, x_0 —— 限压弹簧的刚度和预压缩量(mm);

e —— 转子与定子间的偏心距(mm);

k_q —— 泵的流量系数,$k_q = 2\pi bDn$;

k_1 —— 泵的泄漏系数。

当泵的压力 $p=0$ 时,反馈液压力 $pA=0$,则输出流量 $q=k_q e_0$。

当泵的压力 $p>0$ 时,反馈液压力小于预调弹簧力,即 $pA<k_s x_0$ 时,则输出流量由于泄漏而减少到 $q=k_q e_0 - k_1 p$。

当泵的压力 $p>0$,且 $p=p_b$(p_b 称为拐点压力)时,反馈液压力与预调弹簧力平衡,即 $p_b A=k_s x_0$,泵处在拐点(临界变量点),输出流量为 $q=k_q e_0 - k_1 p_b$。

当泵的压力 $p>0$,且 $p>p_b$ 时,反馈液压力大于预调弹簧力,即 $pA>k_s x_0$,定子左移 x,偏心距减小为 $e=e_0-x$。x 的值由力平衡关系 $pA=k_s(x_0+x)$ 求得:

$$x = \frac{pA - k_s x_0}{k_s} \tag{3-18}$$

此时,泵的输出流量为

$$q = k_q e - k_1 p = k_q (e_0 - x) - k_1 p = k_q \left(e_0 - \frac{pA - k_s x_0}{k_s} \right) - k_1 p$$

整理后即得限压式变量叶片泵的流量-压力特性方程

$$q = k_q (e_0 + x_0) - \frac{k_q}{k_s} \left(A + \frac{k_s k_1}{k_q} \right) p \tag{3-19}$$

当外负载为 ∞ 时,泵的输出压力达最大值 $p = p_{max}$,定子在变量柱塞推动下快速左移,定子与转子同心,使泵的输出流量 $q = 0$,故又称 p_{max} 为截止压力。令式(3-19)中 $q = 0$,可得

$$p_{max} = \frac{k_s (e_0 + x_0)}{A + \frac{k_s k_1}{k_q}} \tag{3-20}$$

由式(3-19)画出的特性曲线如图 3-12 所示,曲线 q-p 反映了泵工作时流量 q 随压力 p 变化的关系,P-p 曲线反映了功率 P 随压力变化的关系。图中一些特征点和线段的意义及调节使用方法如下:

1)点 A 流量 q_A 为泵的空载流量,亦即由流量调节螺钉限定的最大流量。

2)点 B 流量为泵的拐点(临界变量点)流量,即负载压力达到 p_b 时,泵欲变量但还未变量的临界点流量。

3)点 C 流量是负载压力达到最大值 p_{max}(截止压力)时对应的流量(截止流量),点 C 流量为零。

4)线段 AB 为泵的定量段,即泵工作在 AB 线段时不变量,但泵的输出流量随压力增大而内泄漏增大,实际输出流量成线性减小。

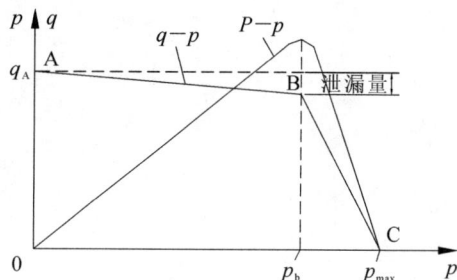

图 3-12　限压式变量叶片泵的特性曲线

5)线段 BC 是变量段,泵工作在此段时,输出的流量随压力增大而自动减小,以适应大负载对小流量的要求。

6)调节流量螺钉可使线段 AB 上下平移,即改变空载流量;调节调压螺钉可使线段 BC 左右平移,即可改变弹簧预紧力,从而改变 p_b 和 p_{max} 的值。更换不同刚度的弹簧,线段 BC 的斜率将发生变化,k_s 越小,线段 BC 越陡,p_{max} 越接近拐点压力 p_b 值。

7)泵的驱动功率一般按拐点处的压力和流量进行计算。限压式变量叶片泵适宜作为执行元件需要有快慢速交替工作的液压系统的油源。快速行程时需要大的流量,负载压力较低,正好使用特性曲线的 AB 线段;工作进给时负载压力升高,需要流量减少,正好使用特性曲线的 BC 线段。此外,在实现节能的同时,避免了由于采用定量泵而使油路系统复杂化。

二、双作用叶片泵

1. 工作原理

双作用叶片泵的工作原理如图 3-13 所示,它由定子 1、转子 2、叶片 3、配油盘 4、泵体 5 和传动轴 6 等组成,定子和转子同心安装。定子内表面形似椭圆形,由 4 段圆弧和 4 段过渡曲线共 8 个部分所组成。定子、转子、可滑动叶片、配油盘构成多个容积可变的密封工作腔。配油盘上开设的 4 个配油窗口分别与吸、压油口相通。传动轴 6 带动转子顺时针方向旋转,密封工作腔的容积在左上角和右下角处逐渐增大,为吸油区,在左下角和右上角处逐渐减小,为压油

区;吸油区和压油区之间有一段封油区把它们隔开。转子每转一转,每一叶片往复滑动两次,每个密封工作腔完成吸油和压油动作各两次,故称这种泵为双作用叶片泵。泵的两个吸、压油区是径向对称的,不存在径向不平衡力,故又称为平衡式叶片泵。

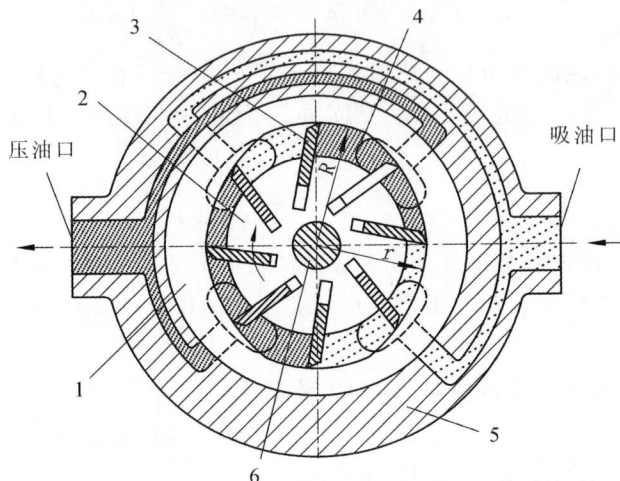

图 3-13　双作用叶片泵工作原理图
1— 定子;2— 转子;3— 叶片;4— 配油盘;5— 泵体;6— 传动轴

2.流量计算

由图 3-13 所示可看出,当叶片每伸缩一次,每相邻叶片间油液的排出量等于长半径圆弧段的容积与短半径圆弧段的容积之差。若叶片数为 z,则每转排油量应等于上述容积差的 $2z$ 倍。双作用叶片泵的实际输出流量公式为

$$q = Vn\eta_V = 2b\left[\pi(R^2 - r^2) - \frac{R-r}{\cos\theta}sz\right]n\eta_V \qquad (3-21)$$

式中　　b—— 叶片宽度(mm);

R,r—— 定子圆弧部分的长、短半径(mm);

θ—— 叶片的安放角(°);

s—— 叶片厚度(mm);

z—— 叶片数;其余符号意义同前。

双作用叶片泵的流量脉动较小。流量脉动率在叶片数为 4 的倍数且大于 8 时最小,故双作用叶片泵一般叶片数为 $z=12$ 或 $z=16$。

3.结构要点

(1)定子内表面过渡曲线。双作用叶片泵的定子内表面是由两段长半径圆弧、两段短半径圆弧和四段过渡曲线所组成的。关键是过渡曲线。理想的过渡曲线不仅应使叶片在槽中滑动时的径向速度和加速度变化均匀,而且应使叶片转到过渡曲线和圆弧连接处无死点,以减小冲击和噪声。双作用叶片泵一般都使用综合性能较好的等加速和等减速曲线作为过渡曲线。有些高性能泵的过渡曲线则采用高次曲线。

(2)叶片槽前倾。当叶片在压油区沿定子曲线滑动时,定子内表面对叶片的法向接触反力 F_n 可分解为沿叶片槽方向的分力 F_p 和横向分力 F_t,由于叶片的外伸部分是悬臂梁结构形式,故横向分力会在叶片与槽侧壁的接触处产生较大的摩擦力,叶片与定子曲线的接触压力角

α(定子曲线接触点处的法线方向与叶片方向的夹角)越小,横向分力 $F_t = F_n \sin \alpha$ 越小,越有利于叶片在其槽内自如滑动,并减小摩擦力从而减少叶片与槽之间的磨损。故叶片槽不径向开设,而是顺时针转向前倾一个角度 θ(通常 $\theta = 10° \sim 14°$)开设,使 $\alpha < \psi$,即 $\alpha = \psi - \theta$(见图 3-14(a))。否则,压力角 $\alpha = \psi$ 将较大,F_t 也较大。但这样做的结论并不适用于吸油区(见图 3-14(b)),一方面在吸油区叶片槽前倾反而使压力角 α 增大,变为 $\alpha = \psi + \theta$,使叶片的受力情况更加恶化;另一方面,叶片沿定子曲线滑动时,其顶部实际上除了受到定子内表面反作用力外,还受到与滑动方向相反的摩擦力 F_f 作用,二者的合力 F 才是计算有害横向分力 F_t 的依据,故上述仅以法向接触反力 F_n 作为依据,势必得出压力角越小越好的错误结论。新观点认为取 $\theta = 0$ 更为合理,目前,国外一些双作用叶片泵的叶片槽是径向开设的,所以关于叶片安防角问题仍值得进行深入探讨。

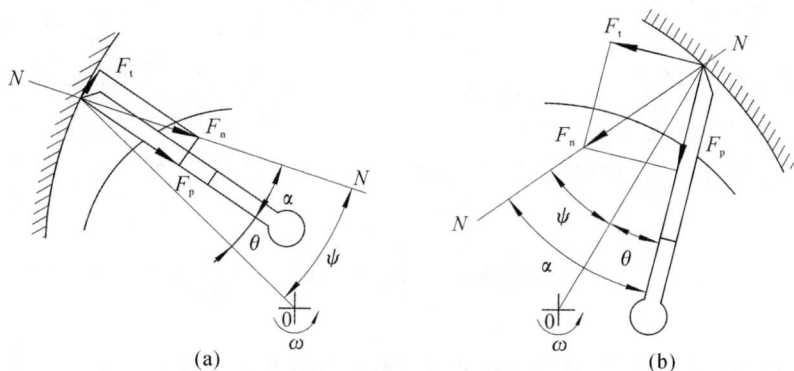

图 3-14　双作用叶片泵的叶片槽倾斜角
(a)排油区;　(b)吸油区

(3)高压化措施。如前所述,为保证叶片和定子内表面紧密接触,叶片底部都是通压油腔的。当叶片处在吸油腔时,叶片底、顶部就出现了吸、压油腔的压力差,这一压力差使叶片以很大的力压向定子内表面,加速了定子内表面的磨损,严重影响泵的寿命,使进一步提高叶片泵压力受到了限制。当叶片处于吸油区时,叶片根部压力油作用力 F 的大小为

$$F = psB \qquad (3-22)$$

式中　p—— 叶片根部的油液压力(MPa);

　　　s—— 叶片厚度(mm);

　　　B—— 叶片根部承受压力油作用的宽度(mm)。

要提高双作用叶片泵的压力就必须减小叶片对定子的作用力 F,即必须减小 p,s,B 中的任一值。常用的措施有:

1)通过自身减压阀降低供给叶片底部的油液压力。

2)采用特殊的叶片结构以减小吸油区叶片根部的有效作用面积。例如,图 3-15 所示为双叶片结构,在转子 1 的槽中安装两个叶片 3,它们之间可以相对自由滑动,利用双叶片之间的油槽,将叶片底部压力油引至叶片顶部,使作用在叶片底部和顶部的液压力保持平衡。图 3-16 所示为子母叶片结构,母叶片 3 和子叶片 4 能相对滑动,它们之间的油室 f 始终经槽 e,d,a 和压力油相通,而母叶片的底腔 g 则经转子 2 上的孔 b 和所在油腔相通。这样叶片处于吸油腔时,母叶片只有在油室 f 的高压油作用下压向定子 1 内表面,减小了宽度 B,从而使作用力不致

过大。

双作用叶片泵在结构上也有双联泵,两泵的排量可以相等或不相等,两泵输出的流量可以单独使用,也可以合并使用。双联叶片泵常用于快慢速交替动作的工况类型:快速轻载时,两泵同时供给低压油;慢速重载时,通过控制阀使大流量泵卸荷,小流量泵单独供油。因此,可节省功率消耗,减少油液发热。双联叶片泵也常应用于液压系统需要有两个互不干扰的独立油路中。

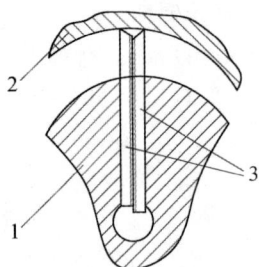

图 3-15　双叶片结构
1—转子；2—定子；3—双叶片

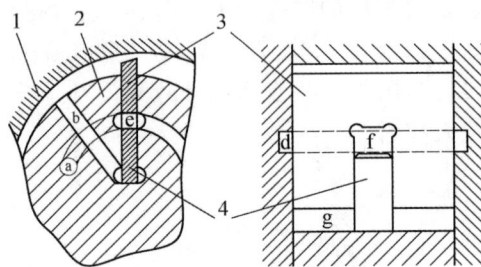

图 3-16　子母叶片结构
1—定子；2—转子；3—母叶片；4—子叶片

第五节　柱　塞　泵

柱塞泵是依靠柱塞在缸体中往复运动进行吸油和压油的一类液压泵。由于其密封工作腔的构件为圆柱形的柱塞和缸体,故加工方便,配合精度较高,泄漏小,容积效率高,工作压力高。它适用于重型机床、液压机和工程机械等设备的高压、大流量液压系统。柱塞泵的缺点是结构比较复杂、价昂、抗污染能力较差。

按柱塞与传动轴的位置关系,柱塞泵分为轴向柱塞式和径向柱塞式两大类,并都有定量泵和变量泵之分。

一、轴向柱塞泵

轴向柱塞泵的柱塞中心线平行于缸体轴线,有斜盘式和斜轴式两类。斜盘式泵的传动轴中心线与缸体中心线重合,斜盘与传动轴倾斜一定角度。斜轴式泵的传动轴相对于缸体中心线倾斜一个角度。

1. 斜盘式轴向柱塞泵

(1) 工作原理。如图 3-17 所示,在斜盘式轴向柱塞泵中,柱塞 3 安装在缸体 4 内均匀分布的柱塞孔中,柱塞 3 的头部安装有滑靴 2,由于回程机构(图中未画出)的作用,迫使滑靴底部始终贴着斜盘 1 的表面运动。斜盘表面相对于缸体平面(A—A 面)有一倾斜角 γ,当传动轴 6 通过缸体带动柱塞旋转时,柱塞在柱塞孔内作直线往复运动。为了使柱塞的运动和吸油路、压油路的切换实现准确的配合,在缸体的配流端面和泵的吸油通道、压油通道之间安放了一个固定不动的配流盘 5。配流盘上开有两个弧形通道(腰形配流窗口)。配流盘的正面和缸体配流端面紧密贴合,并且相对滑动;而在配流盘的背面,应使两腰形配流窗口分别和泵的吸油路、压油路相通。

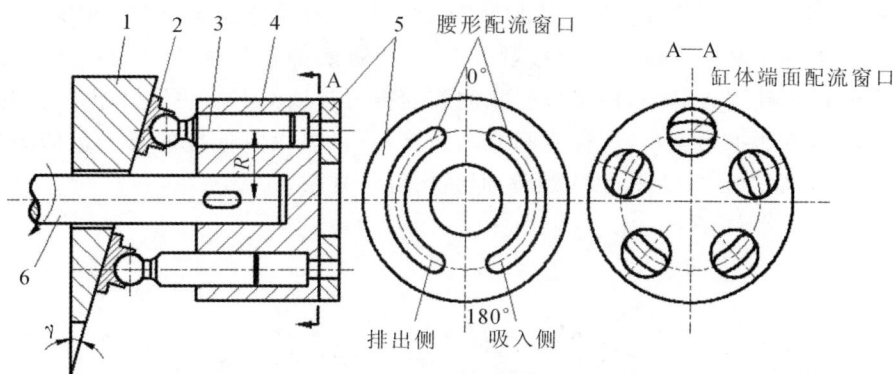

图 3-17　流斜盘式轴向柱塞泵工作原理图
1—斜盘；2—滑靴；3—柱塞；4—缸体；5—配流盘；6—传动轴

当缸体按图示方向旋转，在 0°～180° 范围内，柱塞由上死点(对应 0° 位置)开始伸出，柱塞腔容积不断增大，直至下死点(对应 180° 位置)为止，在此过程中，柱塞腔刚好与配流盘 5 的吸油窗口相通，油液被不断地吸入到柱塞腔内，这就是吸油过程。随着缸体的继续旋转，在 180°～360° 范围内，柱塞在斜盘的约束下由下死点开始缩回腔内，柱塞腔容积不断减小，直至上死点为止，在此过程中，柱塞腔刚好与配流盘 5 的压油窗口相通，油液通过压油窗口排出，这就是压油过程。由此可见，缸体每转一周，每个柱塞进行半周吸油和半周压油。如果柱塞泵由原动机驱动不断旋转，便可连续不断地吸油和压油。泵的排量与斜盘倾角 γ 有关，当 γ 不可调时为定量泵；当 γ 可调时，就能改变柱塞行程的长度 s，即为变量泵。

(2) 流量计算。斜盘式轴向柱塞泵的实际输出流量公式为

$$q = V n \eta_V = \frac{\pi}{4} d^2 D \tan\gamma z n \eta_V \tag{3-23}$$

式中　z——柱塞数；
　　　d——柱塞直径(mm)；
　　　D——柱塞分布圆直径(mm)；
　　　γ——斜盘轴线与缸体轴线间的夹角(°)；其余符号意义同前。

由式(3-23)可知，当斜盘倾角 γ 不可调时为定量泵，当 γ 可调时，就能改变柱塞行程的长度 $s(s=D\tan\gamma)$，即为变量泵。改变 γ 的方向，就能改变吸油和压油的方向，即成为双向变量泵。

斜盘式轴向柱塞泵的输出流量也具有一定脉动，奇数柱塞时脉动较小，通常柱塞数取 $z=7\sim9$。

(3) 结构要点。

1) 摩擦副。斜盘式轴向柱塞泵有三对典型摩擦副：柱塞-斜盘；缸体孔-柱塞；配油盘-缸体端面。由于组成这些摩擦副的关键零件均处于高相对速度、高接触比压的摩擦工况，其摩擦、磨损情况直接影响泵的容积效率、机械效率、工作压力高低以及使用寿命。

a.柱塞-斜盘摩擦副。斜盘式轴向柱塞泵的柱塞头部与斜盘有球头型点接触和滑靴型面接触两种摩擦副形式。球头点接触摩擦副结构简单，但泵工作时柱塞头部与斜盘接触点受到很大接触应力，故不适用于高压场合。对于高压斜盘式轴向柱塞泵，一般采用滑靴型面接触摩

擦副(见图 3-18),它是在柱塞 6 的球头加装滑靴 2(球窝滑靴与柱塞球头多用滚压包球工艺铰接而成),为了进一步减小滑靴底部的接触应力,在滑靴底部开有油室,将缸孔中的压力油经柱塞和滑靴中间的小孔引入其中,使来自柱塞油腔的推力与该油室的油压力相平衡(称为液压平衡),形成一液体静压推力支承,这种有润滑的面接触,可大大降低柱塞与斜盘的磨损,使泵的工作压力大幅提高(可达 32MPa 及以上),但结构也较复杂。

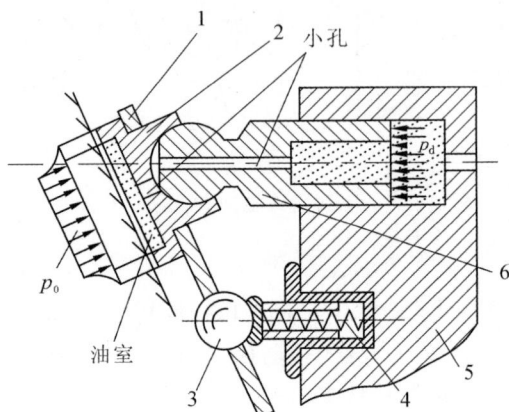

图 3-18　球窝滑靴柱塞组件和非通轴泵的弹簧回程机构
1—回程盘;2—滑靴;3—钢球;4—弹簧;5—缸体;6—柱塞

b.缸体孔-柱塞摩擦副。为了延长缸体的使用寿命,柱塞缸孔有时装入耐磨合金缸套,有的则用烧结或其他方法覆以耐磨层。为了减轻质量,改善泵的特性,一般柱塞内部都做成空心形式(见图 3-18)。为了减小柱塞与缸体孔之间的环形缝隙泄漏,柱塞孔间隙一般控制在 0.02～0.04mm。

c.配油盘-缸体端面摩擦副。配油盘在分配油液进出的同时,会承受缸体由于加工误差和运转中的倾斜力矩作用产生的偏心载荷。配流盘与缸体端面的间隙过大会加大内泄漏而降低容积效率;反之,则配流盘磨损加剧,降低泵的寿命。缸体悬浮在配油盘之间的油膜上是两者的理想接触状态。为了控制不均匀间隙,在配流盘或缸体的结构上采取浮动配油盘、浮动缸体、浮动过渡板等措施,以相对浮动进行间隙自动补偿。

2) 柱塞的回程(外伸)机构。斜盘式轴向柱塞泵的压油过程可借助斜盘推动柱塞强制缩回,但在吸油过程中必须依靠其他回程机构使柱塞外伸,以保证滑靴在任何时候都紧贴斜盘斜面而不脱离。轴向柱塞泵通常采用图 3-18 和图 3-19 所示的中心弹簧回程机构。中心弹簧的弹簧力通过套筒、钢球或球铰、回程盘带动滑靴和柱塞回程,而靠斜盘强迫缩回,吸油能力较强,其中的弹簧承受静载荷,其压缩量不随泵主动轴的转动而变,弹簧不会产生疲劳破坏,故此种结构被广泛采用。

3) 配油盘减振三角槽。为了保证柱塞泵的密封,如图 3-20(a) 所示,柱塞泵的密封工作容腔也会在既不和配油盘的吸油窗口 p_1 相通,也不和压油窗口 p_2 相通的过渡区(虚线腰形孔)产生困油现象及压力冲击。为此,通常在配油盘的吸、压油窗口的端部开设有减振三角槽(见图 3-20(b))。这样可使柱塞工作容腔离开吸油窗口后并不立即与压油窗口相通,利用困油现象对工作容腔中的油液进行一定的预压缩,然后再与压油窗口相通。同样,可使柱塞工作容腔从压油窗口过渡到吸油窗口的过程中进行预卸压。设置三角槽后可大大改善液压冲击

（见图 3 - 20(b)）。

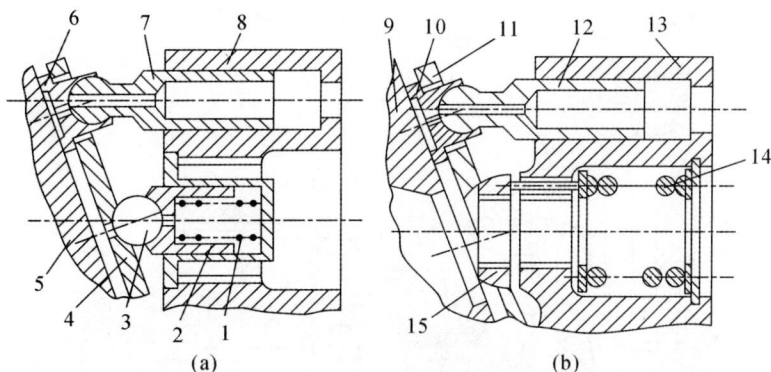

图 3 - 19　柱塞的中心弹簧回程机构

(a) 非通轴泵的弹簧回程结构；(b) 通轴泵的弹簧回程结构

1,14—中心弹簧；2—套筒；3—钢球；4,11—回程盘；5,9—斜盘；6,10—滑履；

7,12—柱塞；8,13—缸体；15—球铰

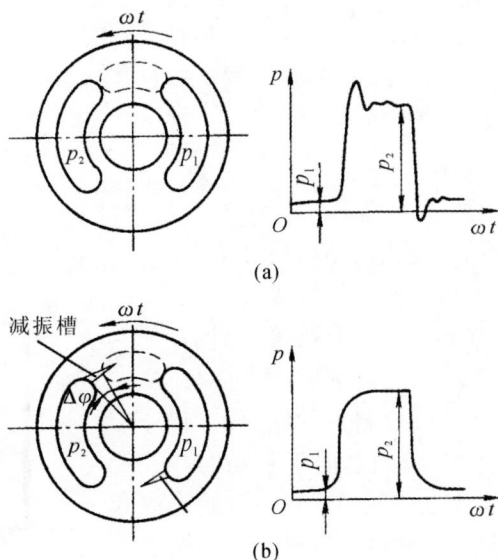

图 3 - 20　配油盘减振三角槽

4）变量控制机构。变量控制机构是调节变量柱塞泵斜盘倾角的机构。由外力或外部指令信号调节的变量控制机构，有手动控制、液压控制、电气控制等多种类型，由泵的输出参数为指令信号实现自动调节的变量机构有恒压变量、恒功率变量、恒流量变量和功率适应控制变量等多种形式。主体结构相同的柱塞泵，只要更换不同的变量头，即可构成另一种变量泵。

图 3 - 21 所示为手动变量轴向柱塞泵。其变量头由变量活塞 17、丝杆 18 和手轮 19 等组成。变量时，人力转动手轮使丝杆旋转，带动作为螺母的变量活塞 17 作上、下轴向移动（由导向键 16 防止转动）。通过销轴 15 使斜盘 14 绕钢球 A 的中心转动，从而改变了斜盘的倾角，也就改变了泵的排量和流量。这种变量机构结构较为简单，但操纵不轻便，且不能在工作过程中

变量。

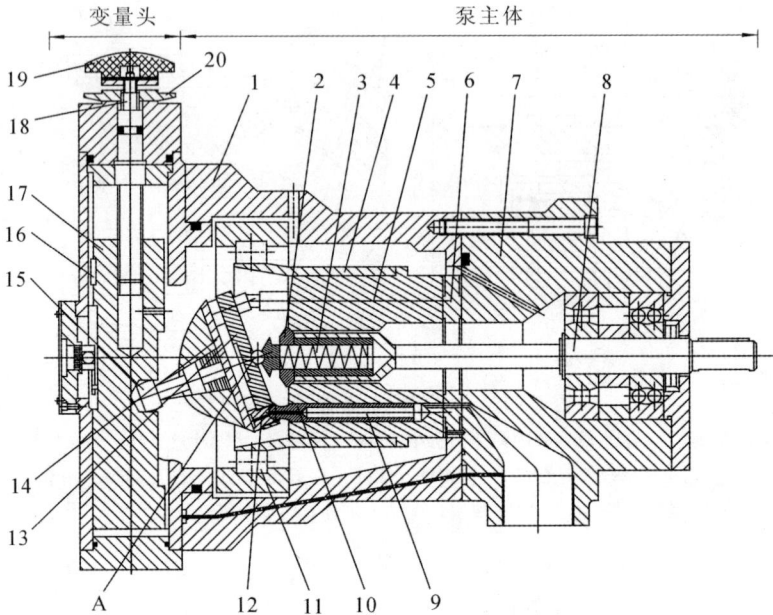

图 3-21 手动变量斜盘式轴向柱塞泵

1— 中间泵体；2— 内套；3— 弹簧；4— 缸套；5— 缸体；6— 配油盘；7— 前泵体；8— 传动轴；9— 柱塞；

10— 外套；11— 滚子轴承；12— 滑履；13— 回程盘；14— 斜盘；15— 轴销；16— 导向键；17— 变量活塞；

18— 丝杆；19— 手轮；20— 锁紧螺钉

图 3-22 所示为伺服控制变量头的结构原理图。它由缸筒 1、活塞 2、伺服阀 3 和斜盘 4 等组成。活塞内腔构成伺服阀的阀体，并有 c,d,e 三个孔道分别沟通缸筒下腔 a、上腔 b 和油箱。泵的斜盘通过锥销与活塞下端相连，活塞上下移动可改变斜盘的倾角。当用手动、机械或电动方式使伺服阀阀芯向下移动时，上面的阀口打开，a 腔中的压力油经孔道 c 通向 b 腔，活塞因上腔有效作用面积大于下腔而向下移动，活塞移动时又使伺服阀上的阀口关闭，最终使活塞自身停止运动。同理，当使伺服阀阀芯向上移动时，下面的阀口打开，b 腔经孔道 d 和 e 接通油箱，活塞在 a 腔压力油的作用下向上移动，并在该阀口关闭时自动停下来。该变量头是通过操纵液压伺服阀动作利用泵输出的压力油推动变量活塞来实现变量的。因此，加在拉杆上的力很小，控制灵敏，并可在工作过程中实现变量。

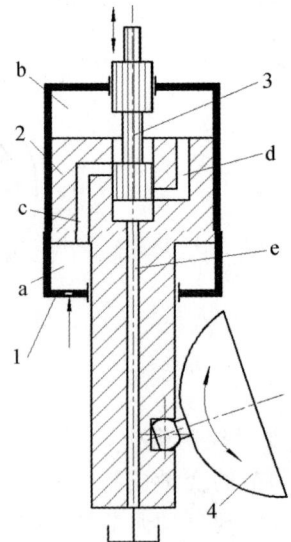

图 3-22 伺服控制变量头结构原理图
1— 缸筒；2— 活塞；3— 伺服阀；4— 斜盘；
a— 缸筒下腔；b— 缸筒上腔；c,d,e— 孔道

2. 斜轴式轴向柱塞泵

图 3-23 所示为斜轴式轴向柱塞泵的工作原理图。泵由传动主轴 1、连杆 2、柱塞 3、缸体 4、中心轴（芯轴）5、球面配流盘 6、圆形驱动盘 7 及壳体和后盖（图中未画出）等组成。其传动主轴 1、轴线与缸体 4 相对成一倾斜角 γ，柱塞 2 通过连杆 4 与传动轴的圆盘相连。当原动机带动泵的传动主轴旋转时，由连杆-柱塞副交替"拨动"缸体，在具有腰形窗口的配流盘 6 上绕缸体中心作滑动旋转，柱塞同时在缸体孔中作往复运动，使缸体孔中的密封腔容积不断发生变化。当柱塞由下止点向上上止点方向运动时，便获得一个吸油行程，通过吸油口及配流盘的腰形吸油窗口将油液吸入缸体；当柱塞由上止点向下止点运动时，产生压油行程，将充满缸体孔里的油液经配流盘和出油口排出。改变传动轴和缸体间的夹角 γ，就可改变泵的排量。

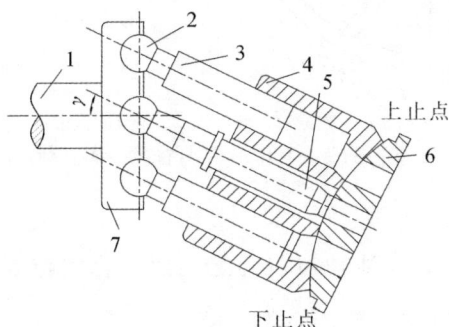

图 3-23　斜轴式轴向柱塞泵的工作原理图
1—传动主轴；2—连杆；3—柱塞；4—缸体；5—中心轴；6—球面配流盘；7—圆形驱动盘

斜轴式轴向柱塞泵压力高，变量范围大，但外形尺寸较大，结构也较复杂，适用于要求排量大的场合。

二、径向柱塞泵

（1）工作原理。径向柱塞泵的柱塞与传动轴相互垂直。轴配油式径向柱塞泵的工作原理如图 3-24 所示，泵的定子 2 与缸体（转子）3 间偏心安装，柱塞 1 径向安置于缸体 3 中。与缸体内孔紧配的衬套 4 套装在固定不动的配油轴 5 上。当缸体 3 在原动机带动下顺时针方向旋转时，柱塞 1 在离心力（或低压油）作用下压紧在定子 2 的内壁上。由于偏心 e 的存在，处于上半周的各柱塞底部的密封腔容积将逐渐增大，于是通过配油轴上的窗口 a 吸油。而处于下半周的各柱塞底部的密封腔容积将逐渐减小，通过配油轴上的窗口 b 压油。缸体每转一周，每个柱塞腔各吸、压油一次。配油轴内钻有轴向油孔，通过窗口 a 和 b，引至液压泵的吸、压油口。

（2）流量计算。径向柱塞泵的实际输出流量为

$$q = V n \eta_v = \frac{\pi}{4} d^2 \times 2 e z n \eta_v = \frac{\pi}{2} d^2 e z n \eta_v \qquad (3-24)$$

式中符号意义同前。由式（3-24）可知，当偏心距 e 不可调时为定量泵，当 e 可调时，即为变量泵。通过移动定子改变偏心 e 的方向，则吸压油也变向。

由于柱塞在缸体中移动的速度不均匀，故径向柱塞泵的流量也是脉动的。柱塞数为奇数时流量脉动较小。

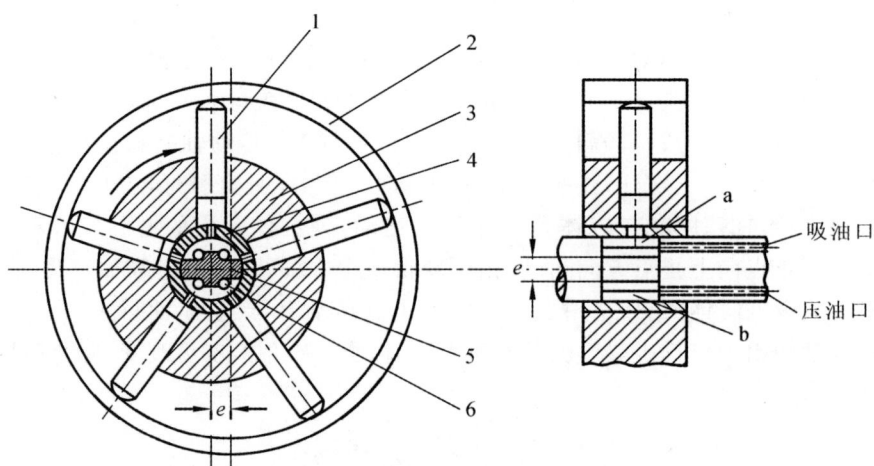

图 3-24　径向柱塞泵结构原理图

1—柱塞；2—定子；3—缸体；4—衬套；5—配油轴；6—输油孔

（3）结构要点。

1）轴配油式径向柱塞泵的配油轴与衬套之间的配合间隙要适当，过小易造成咬死或损伤，过大会引起严重泄漏。

2）轴配油式径向柱塞泵径向尺寸大、结构较复杂、自吸能力差，且配油轴受有径向不平衡力，故工作压力不高。

3）采用单向阀担当配油机构可构成阀配油径向柱塞泵。图 3-1 所示即为阀配油单柱塞径向柱塞泵。实际上阀配油径向柱塞泵是由 3～5 个柱塞径向均布而成的。密封性能良好的单向阀组成的阀配油径向柱塞泵，容积效率和压力很高，最高压力可达 100MPa 以上，但由于原动机功率的限制，这种泵的流量较小。

4）径向柱塞泵上也可以安装各种变量控制机构，其情况与轴向柱塞泵类似。

第六节　　常用液压泵性能比较与选择

液压泵产品及种类繁多，按目前技术水平及统计资料，常用液压泵的主要性能比较及应用场合如表 3-2 所列。

当设计液压系统时，应根据所要求的工作情况合理地选择液压泵。通常首先是根据主机工况、功率大小和系统对其性能的要求来确定泵的形式：一般工作压力 $p \leqslant 21\text{MPa}$ 时，选用齿轮泵和叶片泵；当工作压力 $p > 21\text{MPa}$ 时，宜选柱塞泵。若主机为行走机械，原动机为内燃机，宜选择外啮合齿轮泵和双作用叶片泵。若系统采用节流调速回路或通过改变原动机转速调节流量，或系统对速度无调节要求，可选定量泵或手动变量泵，此时手动变量泵一旦调定就相当于定量泵。若系统要求高效节能，则应选择变量泵。在多执行元件系统中，由于各工作循环所需流量相差较大，因此应选择多联泵供油。在室内和对环境噪声有要求的主机，应选用对噪声有控制结构的产品：例如内啮合齿轮泵和双作用叶片泵，然后根据系统计算出的最大工作压力和最大流量等确定其具体规格，同时还要考虑定量或变量、原动机类型、转速、容积效率、总效率、自吸特性、噪声等因素。这些因素通常在产品样本或手册中均有反映，应逐一仔细研究,不明之处应向货源单位或制造厂咨询。液压泵的最大工作压力和最大流量的计算方法详见第九章。液压泵产品样本中,标明了额定压力值和最高压力值,应按额定压力值来选择液压泵。只有在使用中有短暂超载场合,或样本中特殊说明的范围,才允许按最高压力值选取液压泵,否则将影响液压泵的效率和寿命。在液压泵产品样本中,标明了每种泵的额定流量(或排量)的数值。选择液压泵时,必须保证该泵对应于额定流量的规定转速,否则将得不到所需的流量。要尽量避免通过任意改变转速来实现液压泵输油量的增减,否则保证不了足够的容积效率,还会加快泵的磨损。

表 3-2　常用液压泵的主要性能比较与应用范围

类型 性能参数	齿轮泵			单作用	双作用	轴向			径向 轴配油	卧式 轴配油
	外啮合	内啮合				直轴端 面配油	斜轴端 面配油	阀配油		
		渐开 线式	摆线 转子式							
压力范围 / MPa	≤ 25.0	≤ 30.0	1.6 ~ 16.0	≤ 6.3	6.3 ~ 32	≤ 10.0	≤ 40.0	≤ 70.0	10.0 ~ 20.0	≤ 40.0
排量范围 / $(mL \cdot r^{-1})$	0.3 ~ 650	0.8 ~ 300	2.5 ~ 150	1 ~ 320	0.5 ~ 480	0.2 ~ 560	0.2 ~ 3 600	≤ 420	20 ~ 720	1 ~ 250
转速范围 / $(r \cdot min^{-1})$	300 ~ 7 000	1 500 ~ 2 000	1 000 ~ 4 500	500 ~ 2 000	500 ~ 4 000	600 ~ 2 200	600 ~ 1 800	≤ 1 800	700 ~ 1 800	200 ~ 2 200
最大功率 / kW	120	350	120	30	320	730	2 660	750	250	260
容积效率 / (%)	70 ~ 95	≤ 96	80 ~ 90	85 ~ 92	80 ~ 94	88 ~ 93	88 ~ 93	90 ~ 95	80 ~ 90	90 ~ 95
总效率 /(%)	63 ~ 87	≤ 90	65 ~ 80	64 ~ 81	65 ~ 82	81 ~ 88	81 ~ 88	83 ~ 88	81 ~ 83	83 ~ 88
功率质量比 / $(kW \cdot kg^{-1})$	中	大	中	小	中	大	中			
最高自吸 能力 /kPa	50	40	40	33.5	33.5	16.5	16.5	16.5	16.5	16.5
流量脉动 / (%)	11 ~ 27	1 ~ 3	≤ 3	≤ 1	≤ 1	1 ~ 5	1 ~ 5	< 14	< 2	≤ 14
噪声	中	小		中		大			中	
污染敏感度	小	中	中	中	中	大	中大	小	中	小
流量调节	不能			能	不能	能				
价格	最低	中	低	中	中低	高				
应用范围	机床、工程机械、农业机械、航空、船舶、一般机械			机床、注塑机、液压机、起重运输机械、工程机械、飞机		工程机械、锻压机械、运输机械、矿山机械、冶金机械、船舶、飞机等				

思考题与习题

3-1 容积式液压泵有哪些基本结构原理特征？

3-2 一个运行中的液压泵，其工作压力是否与铭牌上的压力相同？为什么？

3-3 如何计算液压泵的输出功率和输入功率？液压泵在工作过程中会产生哪些能量损失？产生损失的原因何在？

3-4 何谓困油现象？齿轮泵的困油现象是怎样形成的？如何消除？叶片泵和轴向柱塞泵有无困油现象？

3-5 外啮合齿轮泵工作时有哪3个泄漏途径？

3-6 齿轮泵高压化主要受哪些因素的影响？可以采取哪些措施来提高齿轮泵的压力？

3-7 说明叶片泵的工作原理。说明单作用叶片泵和双作用叶片泵各有什么优缺点。

3-8 限压式变量叶片泵的拐点压力和最大流量如何调节？调节时泵的流量-压力特性曲线如何变化？

3-9 试分析双作用叶片泵转子叶片槽前倾之利弊。

3-10 斜盘式轴向柱塞泵有哪3对典型摩擦副，简要分析它们对泵的工作性能的影响。

3-11 斜轴式轴向柱塞泵与斜盘式轴向柱塞泵的配油盘结构有何区别？

3-11 从能量利用角度，双联泵和变量泵为何比单定量泵节能？在实际中应如何选用液压泵，并分析在液压泵选型中如何具体协调和处理流量、排量及转速三者间的关系。

3-13 外啮合齿轮泵和双作用叶片泵可否设计成变量泵？

3-14 某液压泵的输出油压 $p=10\text{MPa}$，转速 $n=1\,450\text{r/min}$，排量 $V=100\text{mL/r}$，容积效率 $\eta_V=0.95$，总效率 $\eta=0.9$，试求泵的输出功率和电动机的驱动功率。（答：22.96kW；25.51kW）

3-15 设计理论流量为 $q_t=0.67\times10^{-3}\text{m}^3/\text{s}$ 的外啮合齿轮泵。齿轮宽度 $b=20\text{mm}$，齿数 $z=17$，转速 $n=1\,450\text{r/min}$，求齿轮模数 m。（答：3.5mm）

3-16 设液压泵转速为950r/min，排量为168mL/r，在额定压力29.5MPa和同样转速下，测得的实际流量为150L/min，额定工况下的总效率为0.87，求：① 泵的理论流量 q_t；② 泵的容积效率 η_V；③ 泵的机械效率 η_m；④ 泵在额定工况下，所需电机驱动功率 P；⑤ 驱动泵的转矩 T。（答：①$q_t=159.6\text{L/min}$；②$\eta_V=0.94$；③$\eta_m=0.925$；④$P=84.771\text{kW}$；$T=852.1\text{N·m}$）

3-17 某动力滑台液压系统如图3-25所示，采用双联叶片泵YB40/6供油（大泵流量为40L/min，小泵流量为6L/min）。快速进给时两泵同时供油，工作压力为1MPa；慢速工作进给时，大泵卸荷，其卸荷压力为0.3MPa，此时小流量泵单独向系统供油，其供油压力为4.5MPa。设泵的总效率为 $\eta=0.8$，试求驱动双联泵的电动机功率 P。（答：$P_{快进}=0.961\text{kW}$；$P_{工作}=0.812\text{kW}$；圆整后为1kW的电动机）

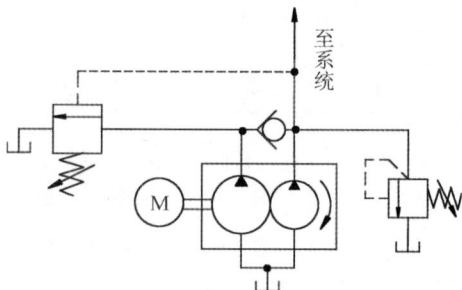

图3-25 题3-17图

第四章　液压执行元件

液压缸与液压马达是液压系统的执行元件,其功用是将液压介质的压力能转换为机械能,依靠压力油液驱动与其外伸杆或传动轴相联的工作机构(装置)运动而做功。其中,液压缸将液压能转换为往复直线运动机械能;液压马达将液压能转换为连续回转运动机械能;摆动液压马达将液压能转换为往复摆动机械能。

第一节　液　压　缸

一、类型及工作参数

液压缸种类繁多,一般按其结构特点分为活塞式、柱塞式和组合式三类,按作用方式又可分为单作用式和双作用式。常用液压缸的图形符号见表 4-1。

表 4-1　常用液压缸的图形符号

类　型	活塞缸		柱塞缸	组合缸	
	双杆活塞缸	单杆活塞缸		增压缸	双作用伸缩缸
图形符号					

1. 活塞式液压缸

活塞式液压缸有双杆和单杆两种形式。

(1) 双杆活塞缸。双杆活塞缸属于双作用缸,活塞两侧各有一根直径为 d 的活塞杆伸出,其固定方式有缸筒固定和活塞杆固定两种。图 4-1(a) 所示为缸筒固定的双杆活塞缸,直径为 D 的活塞将缸分为左、右两个工作腔,其进、出油口布置在缸筒的两端,向左、右腔交替输入压力油时,液压缸可左、右往复移动。这种固定方式使工作台的移动范围约为活塞有效行程 L 的 3 倍,占地面积大,宜用于小型设备中。

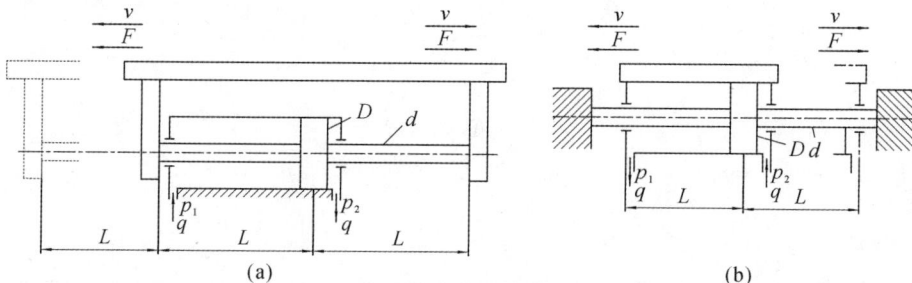

图 4-1　双杆活塞缸

(a) 缸筒固定；(b) 活塞杆固定

图 4-1(b) 所示为活塞杆固定的双杆活塞缸,使用软管连接时,进、出油口可布置在缸筒两端;使用硬管连接时,其进、出油口可布置在活塞杆两端,油液经活塞杆内的通道输入液压缸;这种固定方式使工作台的移动范围为缸筒有效行程 L 的 2 倍,故可用于较大型的设备中。

通常,双杆活塞缸左、右两腔有效作用面积相等,若输入油液的压力和流量不变,则往复运动的推力和速度相等。其值为

$$F = (p_1 - p_2)A = (p_1 - p_2)\frac{\pi}{4}(D^2 - d^2) \qquad (4-1)$$

$$v = \frac{q}{A} = \frac{4q}{\pi(D^2 - d^2)} \qquad (4-2)$$

式中　A—— 活塞的有效工作面积(m²);

　　　D,d—— 活塞、活塞杆直径(m);

　　　q—— 液压缸的输入流量(m³/s);

　　　p_1—— 缸的进口压力(MPa);

　　　p_2—— 缸的出口压力(背压力)(MPa)。

双杆活塞缸常用于要求往返运动速度相同的场合。

(2)单杆活塞缸。单杆活塞缸只有一端带活塞杆,既可单作用也可双作用。单杆缸结构简单,应用相当广泛。

双作用式单杆活塞缸如图 4-2 所示,也有缸筒固定和活塞杆固定两种方式,其工作台的移动范围都是活塞(或缸筒)有效行程 L 的 2 倍,其进、出油口的布置视安装方式而定。

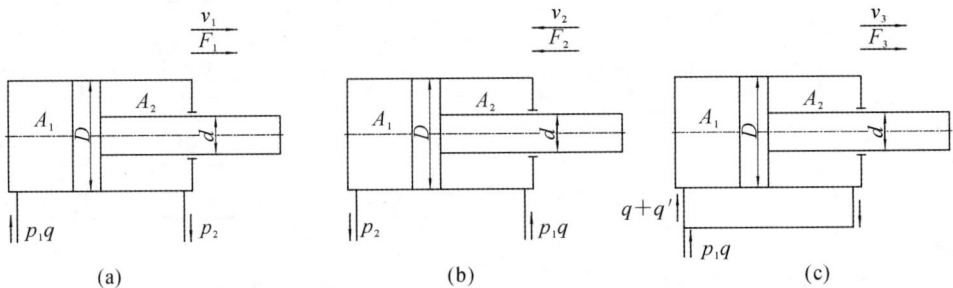

图 4-2　单杆活塞缸
(a)无杆腔进油;(b)有杆腔进油;(c)差动连接

单杆活塞缸因无杆腔和有杆腔的有效面积不相等,所以当以相同流量的压力油分别供入两腔时,缸在两个方向的运动速度和推力都不相等。

无杆腔进油时(见图 4-2(a)),活塞的推力 F_1 和运动速度 v_1 分别为

$$F_1 = (p_1A_1 - p_2A_2) = \frac{\pi}{4}\left[(p_1 - p_2)D^2 + p_2d^2\right] \qquad (4-3)$$

$$v_1 = \frac{q}{A_1} = \frac{4q}{\pi D^2} \qquad (4-4)$$

有杆腔进油时(见图 4-2(b)),活塞的推力 F_2 和运动速度 v_2 分别为

$$F_2 = (p_1A_2 - p_2A_1) = \frac{\pi}{4}\left[(p_1 - p_2)D^2 - p_1d^2\right] \qquad (4-5)$$

$$v_2 = \frac{q}{A_2} = \frac{4q}{\pi(D^2 - d^2)} \qquad (4-6)$$

式中，A_1，A_2 为液压缸无杆腔和有杆腔的有效工作面积，其余符号意义同前。

由于 $A_1 > A_2$，所以 $v_1 < v_2$，$F_1 > F_2$。

两个方向上的速度比 λ_v 为

$$\lambda_v = \frac{v_2}{v_1} = \frac{1}{1 - \left(\dfrac{d}{D}\right)^2} \qquad (4-7)$$

于是有

$$d = D\sqrt{\frac{(\lambda_v - 1)}{\lambda_v}} \qquad (4-8)$$

在已知 D 和 λ_v 时，即可由此式确定 d 值。

如果单杆活塞缸的左、右两腔同时接通压力油（见图 4-2(c)）称为差动连接，此时液压缸称为差动缸。忽略连接差动缸两腔间管段的压力损失，差动缸两腔压力相同，但由于无杆腔的有效工作面积大于有杆腔的有效工作面积，故活塞杆向右伸出，并将有杆腔的油液挤出（流量为 q'），反馈流入无杆腔，加大了进入无杆腔的流量（$q + q'$），从而加快了活塞的运动速度。差动缸输出的推力 F_3 和速度 v_3 为

$$F_3 = p_1(A_1 - A_2) = p_1 \frac{\pi}{4}d^2 \qquad (4-9)$$

$$v_3 = (q + q')/A_1 = \frac{q + \dfrac{\pi}{4}(D^2 - d^2)v_3}{\dfrac{\pi}{4}D^2}$$

即

$$v_3 = \frac{q}{\dfrac{\pi d^2}{4}} = \frac{q}{A_1 - A_2} = \frac{4q}{\pi d^2} \qquad (4-10)$$

综上所述可知：① 在不加大油源流量的前提下，单杆缸可获得两种不同的伸出速度 v_1，v_2 和一种快速退回速度 v_3，比较式(4-3)、式(4-9)和式(4-4)、式(4-10)可知，差动伸出时液压缸的推力比非差动伸出时的推力比小，而速度比非差动时的大，显然快速是在降低推力基础上得到的。② 若要求缸的快速往复运动速度相等，即 $v_2 = v_3$，则由式(4-6)、式(4-10)可得 $D = \sqrt{2}\,d$。 ③ 单杆缸的非差动与差动连接方式的变换，通常是利用换向阀（参见第五章）工作位置的切换来实现的。

2. 柱塞缸

柱塞缸属于单作用缸。图 4-3(a)所示为柱塞缸的工作原理，缸筒固定在主机上，柱塞与工作机构相连。当压力油进入缸筒时，推动柱塞带动工作机构向右运动，但反向退回时要靠外力（如弹簧力）或自重等驱动。为了得到双向运动，柱塞缸通常成对反向布置使用（如大型磨床、仿形刨床的工作台驱动等），如图 4-3(b)所示。

柱塞缸输出的推力 F 和速度 v 为

$$F = pA = p\,\frac{\pi}{4}d^2 \qquad (4-11)$$

$$v = \frac{q}{A} = \frac{4q}{\pi d^2} \qquad (4-12)$$

式中　　p,q——分别为油液的压力（MPa）、流量（m^3/s）；

　　　　A,d——分别为柱塞有效作用面积（m^2）、直径（m）。

柱塞缸中的柱塞和缸筒不接触，运动时由缸盖上的导向套来导向，故缸筒内壁不须精加工，特别适用于行程较长的场合。

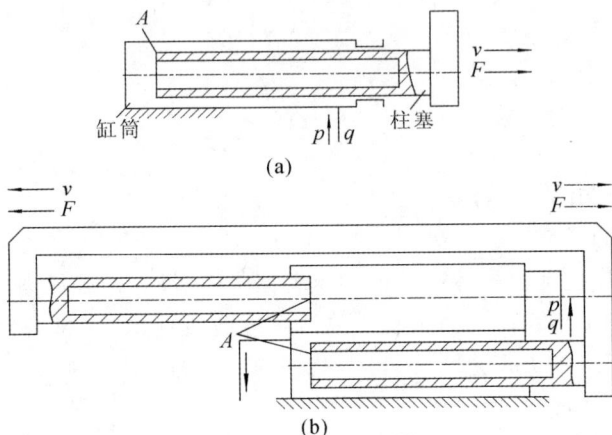

图 4 – 3　柱塞缸

（a）单柱塞；（b）双柱塞

3. 组合式液压缸

增压缸能将输入的低压油转变为高压油供液压系统中的高压支路使用。如图 4 – 4 所示，增压缸由活塞缸和柱塞缸串联组合而成，利用活塞和柱塞有效作用面积的不同使液压系统中的局部区域获得高压。当活塞直径为 D、柱塞直径为 d，输入活塞缸的液体压力为 p_1 时，柱塞缸输出的液体压力为需要的高压 p_3。列出力的平衡方程为

$$\frac{\pi}{4}d^2 p_3 = \frac{\pi}{4}D^2 p_1 \tag{4-13}$$

整理得

$$p_3 = p_1\left(\frac{D}{d}\right)^2 = p_1 K \tag{4-14}$$

式中，$K = \left(\dfrac{D}{d}\right)^2$ 为增压比，它代表缸的增压能力。

应当指出，增压缸在增大输出压力的同时，降低了有效流量，故增压缸不能增大输出的能量。此外，上述单增压缸是单作用的，即只能在一次行程中输出高压液体，如需连续向系统提供高压油，则可采用双作用增压缸（参见第七章第一节）。

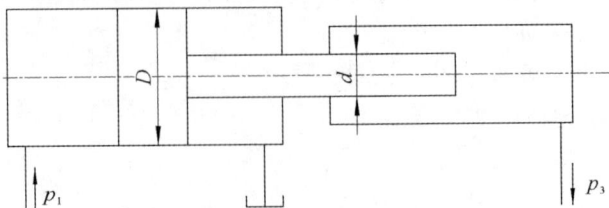

图 4 – 4　增压缸

4.伸缩缸(多级液压缸)

伸缩液压缸由两级或多级活塞缸套装而成,前一级活塞缸的活塞是后一级活塞缸的缸筒,伸出时可获得很长的工作行程,缩回时可保持很小的结构尺寸。图4-5所示为双作用伸缩液压缸,通入压力油伸出时,各级活塞按有效面积大小逐级动作,输出推力逐级减小,速度逐级加大;退回时情况相反。 因此,应逐级计算其推力和速度。例如,通入压力油时各级活塞按有效面积大小依次先后动作,输出推力和速度为

$$F_i = p_1 \frac{\pi}{4} D_i^2 \tag{4-15}$$

$$v_i = \frac{4q}{\pi D_i^2} \tag{4-16}$$

式中,i 为第 i 级活塞缸。

伸缩缸结构紧凑,占用空间小,常用于工程机械、行走机械及自动生产线步进式输送装置的伸缩驱动或举升驱动。

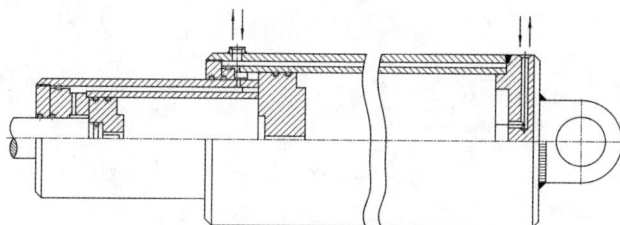

图4-5   双作用伸缩液压缸

二、结构及组成

1.典型结构

图4-6所示为一耳环式双作用单杆活塞液压缸(多用于车辆和工程机械)的结构图。此缸主要零件是缸底2、活塞8、缸筒11、活塞杆12、导向套13和端盖15等。此缸的结构特点是活塞和活塞杆用卡环连接,拆装方便;活塞上的支承环9由聚四氟乙烯等耐磨材料制成,摩擦力也较小;导向套可使活塞杆在轴向运动中不致歪斜,从而保护了密封件;缸的两端均有缝隙式缓冲装置,可减少活塞在运动到端部时的冲击和噪声。

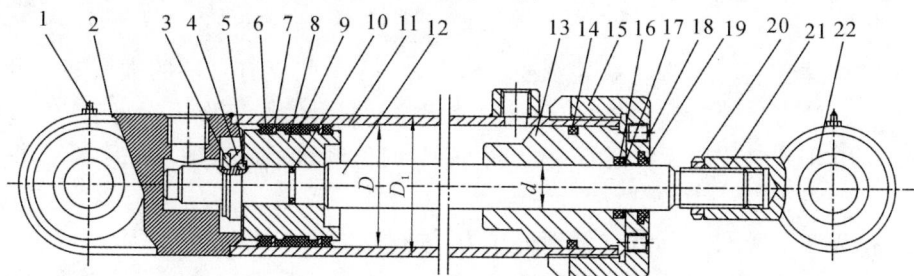

图4-6   耳环式双作用单杆活塞缸结构

1—螺钉;2—缸底;3—弹簧卡圈;4—挡环;5—卡环(由2个半圆组成);6—密封圈;7—挡圈;8—活塞;
9—支承环;10—活塞与活塞杆之间的密封圈;11—缸筒;12—活塞杆;13—导向套;
14—导向套和缸筒之间的密封圈;15—端盖;16—导向套和活塞杆之间的密封圈;17—挡圈;18—锁紧螺钉;
19—防尘圈;20—锁紧螺母;21—耳环;22—耳环衬套圈

图 4-7 所示为一空心双杆活塞式液压缸(驱动机床工作台用)的结构。它由缸筒 10、活塞 8、两空心活塞杆 1 和 15、缸盖 18 和 24、托架 3、导向套 6 和 19、压盖 16 和 25,以及密封圈 4,7,17 等零件组成。由图可见,活塞杆固定在机床床身上,缸筒固定在工作台上。两缸盖通过螺钉(图中未画出)与压板相连,并经钢丝环 12 和 21 固定在缸筒上。由于液压缸工作中要发热伸长,它只以右缸盖与工作台固定相连,左缸盖空套在托架的孔内,使之可以自由伸缩。活塞杆的一端用堵头 2 堵死,并通过锥销 9 和 22 与活塞相连。活塞与缸筒之间、缸盖与活塞杆之间以及缸盖与缸筒之间分别用"O"形圈、"Y"形圈及纸垫 13 和 23 进行密封,以防止油液的内、外泄漏。液压缸的左、右两腔是通过油口 b 和 d 经活塞杆中心孔与左、右径向孔 a 和 c 相通的。当径向孔 c 接通压力油,径向孔 a 接通回油时,液压缸并带动工作台向右移动;反之则向左移动。缸筒在接近行程的左、右终端时,径向孔 a 和 c 的开口逐渐减小,对移动部件起制动缓冲作用。为了排除液压缸中剩余的空气,缸盖上设置有排气孔 5 和 14,经导向套环槽的侧面孔道(图中未画出)连通排气阀排出。

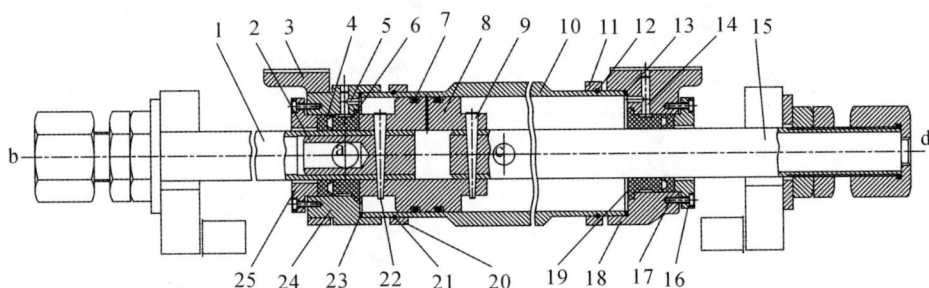

图 4-7 双杆活塞式液压缸的典型结构

1— 空心活塞杆;2— 堵头;3— 托架;4— 密封圈;5,14— 排气孔;6,19— 导向套;7— 密封圈;8— 活塞;
9— 锥销;10— 缸筒;11— 压板;12— 钢丝环;13— 纸垫;15— 空心活塞杆;16— 压盖;17— 密封圈;
18— 右缸盖;20— 压板;21— 钢丝环;22— 锥销;23— 纸垫;24— 左缸盖;25— 压盖

2.液压缸的组成

从上述两种液压缸的典型结构可以看到,任何类型的液压缸基本上是由缸筒-缸盖组件、活塞-活塞杆组件、密封装置、缓冲装置和排气装置等部分组成。缓冲装置和排气装置视具体应用场合而定,其他装置则是必不可少的。密封装置将在第六章单独介绍,其他部分叙述如下。

(1)缸筒-缸盖组件。缸筒和缸盖承受油液的压力,因此要有足够的强度和刚性、较高的表面精度和可靠的密封性,其具体结构形式和使用的材料有关。工作压力小于 10MPa 时可使用铸铁;小于 20MPa 时使用无缝钢管;大于 20MPa 时使用铸钢或锻钢。缸筒和缸盖的常见连接形式及特点如表 4-2 所示。

(2)活塞-活塞杆组件。活塞受油液的压力,并在缸筒内往复运动,因此,活塞要有一定的强度和良好的耐磨性。活塞一般用耐磨铸铁制造。活塞杆是连接活塞和工作部件的传力零件,要求有足够的强度和刚度,其外圆表面与导向套接触,需要时可作耐磨和防锈处理。活塞杆不论空心与否,通常都用钢料制造。

表 4 - 2　液压缸的缸筒和缸盖的常见连接形式及特点

连接形式	简　图	零件名称	特　点
法兰式			连接结构简单,加工方便,装拆容易,连接可靠,但要求缸筒端部有足够的壁厚,外形尺寸和质量都较大,常用于铸铁材料的缸筒上
半环式			缸筒壁部因开了环形槽而削弱了强度,为此有时要加厚缸壁,它连接可靠,工艺性好,质量小,结构紧凑,应用非常普遍,常用于无缝钢管或锻钢制的缸筒与缸盖的连接中
螺纹式		1—缸盖; 2—缸筒; 3—压板; 4—半环; 5—防松螺帽; 6—拉杆	有外螺纹连接和内螺纹连接两种,它的缸筒端部结构复杂,外径加工时要求保证内、外径同心,装拆要使用专用工具,其外形尺寸和质量都较小,常用于无缝钢管或铸钢制的缸筒上
拉杆式			结构简单,工艺性好,通用性大,但外形尺寸和质量都较大,且拉杆受力后会拉伸变长,影响密封效果,只适用于长度不大的中低压缸
焊接式			结构简单,尺寸小,强度高,制造方便,但缸底处内径不易加工,且可能引起缸筒的变形,清洗维护也不太方便

按工作压力、安装方式和工作条件的不同,活塞-活塞杆组件有整体式、焊接式、锥销式(见图 4-7)、螺纹式(见图 4-8(a))和半环式(见图 4-8(b))等多种结构形式。整体式和焊接式连接结构简单,轴向尺寸紧凑,但损坏后需要整体更换,只适用于尺寸较小的场合。锥销式连接工艺性好,但承载能力小。螺纹式连接结构简单,拆装方便,但在高压大负载下须备有螺母防松装置。半环式连接结构较复杂,拆装不便,但工作较可靠,适用于高压和振动较大的场合。

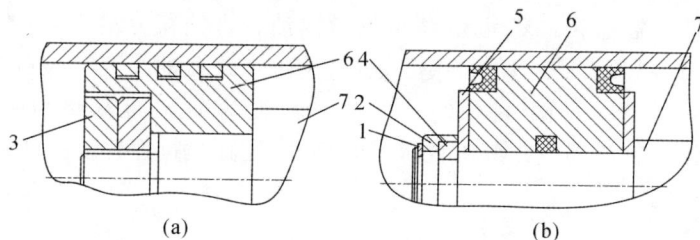

图 4 - 8　活塞-活塞杆组件的结构

(a)螺纹式;(b)半环式

1—弹簧卡圈;2—轴套;3—螺母;4—半环;5—压板;6—活塞;7—活塞杆

(3)缓冲装置。液压缸的缓冲装置用于防止活塞行程中了时,活塞与缸盖发生撞击,引起破坏性事故或严重影响机械精度。

高速($>0.2\text{m/s}$)液压缸必须设置缓冲装置。缓冲装置的工作原理是使缸内低压腔中油液(全部或部分)通过小孔或缝隙节流把动能转换为热能,热能则由循环的油液带到缸外,即通过增大液压缸回油阻力,逐渐减慢运动速度,防止撞击。缓冲装置有可调式和不可调式两类。

图 4-9(a) 所示为圆柱形环隙式缓冲装置,当缓冲柱塞进入缸盖上的内孔时,缸盖和活塞间形成的油腔封住一部分油液,并使其从环形缝隙中排出,实现减速缓冲。这种装置节流面积不变,为不可调式缓冲装置,其结构简单、价格便宜,多用于液压缸系列产品中,其缺点是缓冲开始时产生的制动力很大,但很快就降低了,故缓冲效果较差。图 4-9(b) 所示为圆锥形环隙式缓冲装置,缓冲柱塞为圆锥形,所以环形间隙的通流面积随位移量而改变,即节流面积随缓冲行程的增大而减小,使机械能的吸收较均匀,缓冲效果较好。图 4-9(c) 所示为节流口变化式缓冲装置,被封在活塞和缸盖间的油液经柱塞上的轴向三角节流槽流出,在缓冲过程中节流口的通流面积随着缓冲行程的增大而逐渐减小,缓冲腔压力变化小,制动位置精度高。图 4-9(d) 所示为节流口可调式缓冲装置,被封在活塞和缸盖间的油液经可调节流阀的小孔排出,调节节流孔的大小,可控制缓冲腔内缓冲压力的大小,以适应液压缸不同的负载和速度时对缓冲的不同要求。图中的单向阀用于反向时快速启动。

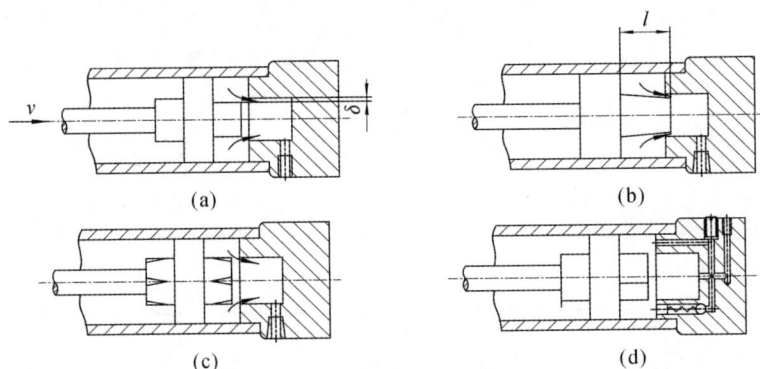

图 4-9　液压缸的缓冲装置
(a) 圆柱形环隙式;(b) 圆锥形环隙式;(c) 节流口变化式;(d) 节流口可调式

(4) 排气装置。在设计和使用液压缸时应考虑能及时排出积留的空气,以免空气进入液压缸影响工作部件运动的平稳性甚至导致其无法正常工作。一般要求的液压缸不设专门的排气装置,而是通过液压缸空载往复运动,将空气随回油带入油箱分离出来,直至运动平稳。对于特殊设备的液压缸,常需设专门的排气装置:一种是在缸盖的最高部位处开排气孔,用长管道接向远处排气阀排气 (见图 4-10(a));另一种是在缸盖最高部位安放排气塞(见图 4-10(b))。两种排气装置都是在液压缸排气时打开,使缸全行程往复移动数次直至可见油液排出,排气完毕后关闭。

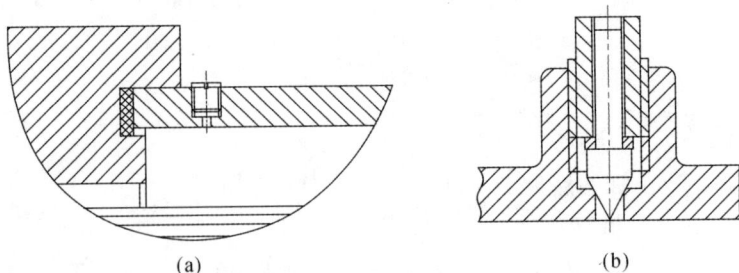

图 4-10　排气装置
(a) 排气阀;(b) 排气塞

三、选型与设计要点

1.液压缸的选型

液压缸现有轻型拉杆系列、工程系列、车辆用系列、冶金机械用系列、重载系列等多种标准系列产品(见表 4-3)。一般应根据使用条件优先从这些现有标准系列产品中进行选型,仅当现有系列产品不能满足使用要求时,才按使用场合与条件进行液压缸的非标准设计。

表 4-3　部分国产液压缸标准系列产品及其主要结构性能参数

标准系列		轻型拉杆	工程	车辆用	冶金机械用	重载	备注
结构性能参数	缸筒内径 /mm	40～250	40～320	40～320	40～400	40～320	缸的详细结构及安装连接尺寸可从相关手册查得
	额定压力 /MPa	～21	16	～16	～25	～35	
	推力 /kN	26.46～1 010.22	20.1～1 286.8	17.6～1 125.95	31.42～3141.6	44～2 814.8	

2.液压缸的设计

在液压缸设计之前,必须对其进行动力和运动分析并编制负载图及速度图,选定系统设计压力(详见第九章),然后确定液压缸的结构类型及与其驱动的工作部件的安装连接方式,按负载情况和运动要求、最大行程及选定的工作压力,决定缸筒的内径、活塞杆的直径及长度等主要尺寸,最后再进行结构设计。此处仅对主要尺寸的确定作简要介绍,详细设计计算可参阅相关设计手册。

(1)主要尺寸的确定。

1)缸筒内径 D。如果液压缸以驱动负载为主要目的,则液压缸的缸筒内径 D 应根据最大负载力 F 和选取的设计压力 p_1 及背压力 p_2 进行计算;如果强调速度,则缸筒内径 D 应根据运动速度 v 和已知流量 q 进行计算。

例如单杆活塞缸,其无杆腔进油,有杆腔回油,当回油背压 $p_2=0$ 时,其缸筒内径 D 的计算公式为

$$D=\sqrt{\frac{4F}{\pi p_1}} \tag{4-17}$$

$$D=\sqrt{\frac{4q}{\pi v_1}} \tag{4-18}$$

2)活塞杆直径 d。活塞杆的直径 d 可按设计压力和设备类型选取。活塞杆受拉时,可取 $d=(0.3～0.5)D$;活塞杆受压时,按表 4-4 选取;对于单杆液压缸,当往复速度比 λ_v 有要求时,可由 D 和 λ_v 来决定,见式(4-8)。

表 4-4　液压缸活塞杆受压时的直径 d 的推荐值

设计压力 p_1/MPa	≤5	5～7	＞7
活塞杆直径 d/mm	(0.5～0.55)D	(0.6～0.7)D	0.7D

计算得到的 D,d,应按 GB/T 2348-1993《液压缸、气缸内径及活塞杆外径系列》(见表 4-5)圆整为标准值。

表 4 - 5   缸的内径和活塞杆外径尺寸系列(GB/T 2348 — 1993)　　mm

内径尺寸系列				活塞杆外径尺寸系列				
8	40	125	(280)	4	16	36	90	220
10	50	(140)	320	5	18	45	110	280
12	63	160	(360)	6	20	50	125	320
16	80	(180)	400	8	22	56	140	360
20	(90)	200	(450)	10	25	63	160	
25	100	(220)	500	12	28	70	180	
32	(110)	250		14	32	80	200	

注:括号内的尺寸为非优先采用值。

3)缸筒长度 L。缸筒长度 L 由最大工作行程决定。从制造工艺考虑,缸筒的长度 L 最好不超过其内径的 20 倍。

4)活塞宽度 B。一般取 $B=(0.6 \sim 1.0)D$。

(2)强度校核。

1)缸筒壁厚 δ。中低压系统中的液压缸,其缸筒壁厚 δ 可根据结构工艺要求来确定,其强度通常不必校核。但在高压系统中必须对缸筒壁厚进行强度校核。强度验算分薄壁和厚壁两种情况。

当 $D/\delta \geqslant 10$ 时,可按薄壁筒公式进行验算:

$$\delta \geqslant \frac{p_y D}{2[\sigma]} \qquad (4-19)$$

式中　　D——缸筒内径(mm);

p_y——缸筒试验压力(MPa),当缸的额定压力 $P_n \leqslant 16$MPa 时,取 $p_y=1.5p_n$,而当 $p_y \geqslant 16$MPa 时,取 $p_y=1.25p_n$;

$[\sigma]$——缸筒材料的许用应力,$[\sigma]=\sigma_b/n$,σ_b 为材料抗拉强度,n 为安全因数,一般取 $n=5$。

当 $D/\delta < 10$ 时,应按如下厚壁筒公式进行校核:

$$\delta \geqslant \frac{D}{2}\left(\sqrt{\frac{[\sigma]+0.4p_y}{[\sigma]-1.3p_y}}-1\right) \qquad (4-20)$$

2)活塞杆直径 d。活塞杆主要承受拉、压作用力,其校核公式为

$$d \geqslant \sqrt{\frac{4F}{\pi[\sigma]}} \qquad (4-21)$$

式中　　F——活塞杆上的作用力(N);

$[\sigma]$——活塞杆材料的许用应力,$[\sigma]=\sigma_b/n$,σ_b 为活塞杆材料的抗拉强度,n 为安全因数,一般取 $n \geqslant 1.4$。

对于活塞杆受压且计算长度 $l \geqslant 10d$ 的情况,为避免因活塞杆受到的压缩负载力 F 超过某一临界负载值而失去稳定性,须按材料力学中的有关公式并区别液压缸固定方式进行稳定性验算。

(3)缓冲计算。若液压缸须设缓冲装置,则应进行缓冲计算。缓冲计算主要是估计缓冲

时液压缸内出现的最大冲击压力,以便用于校核缸筒强度、制动距离是否符合要求。缓冲计算中当发现工作腔中的液压能和工作部件的动能不能全部被缓冲腔所吸收时,制动中就可能产生活塞和缸盖相碰现象。

液压缸在缓冲时,缓冲腔内产生的液压能 E_p 和工作部件产生的机械能 E_m 分别为

$$E_p = p_c A_c l_c \tag{4-22}$$

$$E_m = p_p A_p l_c + (mv^2/2) - F_f l_c \tag{4-23}$$

式中　　p_c——高压腔中油液压力(N);

A_c, A_p——缓冲腔、高压腔的有效工作面积(m^2);

l_c——缓冲长度(m);

p_p——缓冲腔中的平均缓冲压力(N);

m——工作部件总质量(kg);

v——工作部件运动速度(m/s);

F_f——摩擦力(N)。

式(4-23)中右端第一至三项分别依次为高压腔中的液压能、工作部件的动能和摩擦能。当 $E_p = E_m$ 时,工作部件的机械能全部被缓冲腔液体所吸收,由式(4-22)和式(4-23)得

$$p_c = E_m/(A_c l_c) \tag{4-24}$$

若缓冲装置为节流口可调式缓冲装置,在缓冲过程中的缓冲压力逐渐降低,假定缓冲压力线性地降低,则最大的缓冲压力即冲击压力为

$$p_{cmax} = p_c + [mv^2/(2A_c l_c)] \tag{4-25}$$

若缓冲装置为节流口变化式缓冲装置,则由于缓冲压力 p_c 始终不变,最大缓冲压力的值即如式(4-24)所示。

第二节　　液　压　马　达

液压马达与液压泵在结构上基本相同,就工作原理而言,都是依靠密封工作腔容积的变化而工作的,故二者是互逆的,但由于二者的任务和要求有所不同,故在实际结构上存在某些差异,使之不能通用,只有少数泵能作为液压马达使用。

一、基本工作原理

此处以图 4-11 所示斜盘式轴向柱塞式液压马达为例说明液压马达的工作原理。其主要工作部件与斜盘式轴向柱塞泵基本相同。当进油口输入压力油液时,与配油盘 4 的进油窗口相对应的工作柱塞就被液压力推出而压在斜盘 1 上。斜盘对柱塞产生一个法向反力 F,其水平分力为 $F_x = \Delta p \frac{\pi}{4} d^2$,垂直分力为 $F_y = F_x \tan\gamma = \Delta p \frac{\pi}{4} d^2 \tan\gamma$。$F_x$ 与作用在柱塞底部的液压力相平衡;而 F_y 通过柱塞传至缸体 2 上,对传动轴 5 产生转矩,任一个工作柱塞产生的转矩为

$$T_i = F_y R \sin\theta = \Delta p \frac{\pi d^2}{4} \tan\gamma \cdot R \sin\theta \tag{4-26}$$

式中　　γ——斜盘倾角(°);

R—— 工作柱塞在缸体中的分布圆半径(mm);

d—— 工作柱塞直径(mm);

θ—— 工作柱塞的轴线与传动轴垂直平分线的瞬时夹角(°);

Δp—— 马达的进、出口压力差(MPa)。

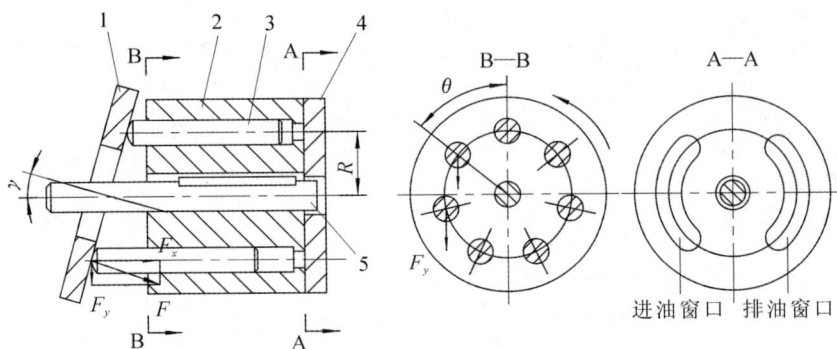

图 4-11　轴向柱塞式液压马达工作原理

1—斜盘；2—缸体；3—柱塞；4—配油盘；5—传动轴

由式(4-26)可知,每个工作柱塞产生的转矩大小因所处的位置不同而异,液压马达的输出转矩为同时处于进油窗口的柱塞瞬时对传动轴产生的转矩之和,即

$$T = \sum T_i = \sum \Delta p \frac{\pi d^2}{4} \tan\gamma \cdot R\sin\theta \tag{4-27}$$

二、类型及图形符号

按额定转速的不同,液压马达可分为高速(转速高于 500r/min)小转矩(仅几十至几百牛·米)和低速(转速低于 500r/min)大转矩(可达几千至几万牛·米)两类。

高速液压马达的基本形式有齿轮式、螺杆式、叶片式和轴向柱塞式等,其结构与同类型的液压泵类同,工作原理可逆,但因两者使用目的不同,结构上存在许多差异,一般不能直接互逆通用。高速液压马达具有转速高、转动惯量小、便于启动与制动、调节灵敏度高等优点,但输出转矩较小,拖动低速负载时需加设减速装置。

低速液压马达的基本形式一般为径向柱塞式,有单作用连杆型和多作用内曲线型等。低速液压马达具有排量大、转速低,输出转矩大,可直接与其拖动的工作机构连接而不需要减速装置,但其体积较大。

按排量是否可以调节液压马达还可分为单向定量、双向定量、单向变量、双向变量等类型,其图形符号如表 4-6 所列。

表 4-6　常用液压马达图形符号

液压马达类型	单向定量	双向定量	单向变量	双向变量
图形符号				

三、主要性能参数

（1）工作压力、工作压差和额定压力 p_n。液压马达的工作压力 p，指马达工作时输入油液的实际压力，与液压泵一样，工作压力取决于负载。

液压马达的工作压差 Δp 指液压马达进口压力与出口压力之差。当液压马达出口直接通油箱时，马达的工作压力就近似等于工作压差 Δp。

额定压力 p_n 是指液压马达在正常工作条件下，按试验标准规定连续运转的最高压力。

（2）排量、转速和流量及容积效率。液压马达的排量 V 是指在无泄漏情况下，使液压马达轴转一转所需要的液体体积，排量取决于密封工作腔的几何尺寸，而与转速 n 无关。

液压马达入口处的流量称为马达的实际流量 q。由于马达内部存在泄漏，因此，实际输入马达的流量 q 大于理论流量 q_t，实际流量 q 与理论流量 q_t 之差即为马达的泄漏量 Δq。液压马达理论流量与实际流量之比称为液压马达的容积效率 η_V，即

$$\eta_V = \frac{q_t}{q} = \frac{q - \Delta q}{q} = 1 - \frac{\Delta q}{q} \qquad (4-28)$$

液压马达的转速 n、排量 V、流量（理论流量 q_t 及实际流量 q）及容积效率 η_V 之间的关系式为

$$n = \frac{q_t}{V} = \frac{q \eta_V}{V} \qquad (4-29)$$

（3）转矩与机械效率。液压马达输出转矩称为实际输出转矩 T，由于马达内部存在各种摩擦损失，使实际输出的转矩 T 小于理论转矩 T_t，理论转矩 T_t 与实际输出转矩 T 之差即为损失转矩 ΔT。实际输出转矩 T 与理论转矩 T_t 之比称为液压马达的机械效率 η_m，即

$$\eta_m = \frac{T}{T_t} \qquad (4-30)$$

（4）功率与总效率。液压马达的实际输入功率 P_i 为

$$P_i = \Delta p q \qquad (4-31)$$

液压马达的输出功率 P_o 为

$$P_o = T \times 2\pi n \qquad (4-32)$$

马达的输出功率与输入功率之比即为液压马达的总效率，考虑式（4-31）与式（4-32），则总效率 η 的表达式为

$$\eta = \frac{P_o}{P_i} = \frac{2\pi n T}{\Delta p q} = \frac{2\pi n T_t \eta_m}{\Delta p \dfrac{q_t}{\eta_V}} = \frac{2\pi n T_t}{\Delta p q_t} \eta_V \eta_m = \eta_V \eta_m \qquad (4-33)$$

即液压马达的总效率 η 等于容积效率 η_V 与机械效率 η_m 的乘积，这与液压泵相同。图 4-12 所示是液压马达的特性曲线。

液压马达的输出功率、转矩可用以下两式计算：

$$P_o = \Delta p q \eta \qquad (4-34)$$

$$T = \frac{\Delta p q}{2\pi n} \eta = \frac{\Delta p V}{2\pi} \eta_m \qquad (4-35)$$

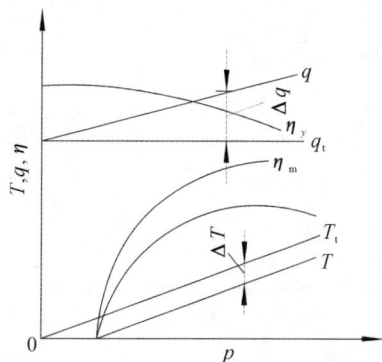

图 4-12　液压马达的特性曲线

由式(4-29)和式(4-35)可知,对于定量液压马达,V 为定值,在 q 和 Δp 不变的情况下,输出转速 n 和转矩 T 皆不可变;而对于变量液压马达,V 的大小可以调节,因此其输出转速 n 和转矩 T 是可以改变的,在 q 和 Δp 不变的情况下,若使 V 增大,则 n 减小、T 增大。

四、常用液压马达性能比较及选择

液压马达形式多样,特性各异(见表4-7)。通常按已确定的液压马达结构性能参数(如排量、转速、转矩、工作压力等),从中挑选转速范围、总效率、容积效率等符合系统要求,并从占用空间、安装条件及工作机构布置等方面综合考虑后,择优选定。液压技术的一般用户,通常不自行设计液压马达。

表 4-7　常用液压马达的类型与特性

类　　型		排量范围 / (mL·r⁻¹)	压力 / MPa	转速范围 / (r·min⁻¹)	容积效率 / (%)	总效率 / (%)	起动转矩效率 / (%)	噪声	抗污染敏感度	价格
齿轮式	外啮合	5.2～160	20～25	150～2 500	85～94	77～85	75～80	较大	较好	最低
	内啮合摆线	80～1 250	14～20	10～800	94	76	76	较小	较好	低
叶片式	单作用	10～200	16～20	100～2 000	90	75	80	中	差	较低
	双作用	50～220	16～25	100～2 000	90	75	80	较小	差	低
	多作用	298～9 300	21～28	10～400	90	76	80～85	小	差	高
轴向柱塞式	斜盘式	2.5～3 600	31.5～40	100～3 000	95	90	85～90	大	中	较高
	斜轴式	2.5～3 600	31.5～40	100～4 000	95	90	90	较大	中	高
	双斜盘式	36～3 150	25～31.5	10～600	95	90	90	较小	中	高
	钢球柱塞式	250～600	16～25	10～300	95	90	85	较小	较差	中
径向柱塞式	单作用 柱销连杆	126～5 275	25～31.5	5～800	＞95	90	＞90	较小	较好	高
	单作用 静力平衡	360～5 500	17.5～28.5	3～750	95	90	90	较小	较好	较高
	单作用 滚柱式	250～4 000	21～30	3～1 150	95	90	90	较小	较好	较高
	多作用 滚柱柱塞传力	215～12 500	30～40	1～310	95	90	90	较小	好	高
	多作用 钢球柱塞传力	64～100 000	16～25	3～1 000	93	85	95	较小	中	较高

注:各类液压马达产品的具体型号、技术规格及其安装连接尺寸可从产品样本或设计手册中查得。

第三节　摆动液压马达

一、基本原理

摆动液压马达(又称摆动液压缸)是实现往复旋转运动的一种执行元件,其输入为压力和流量,输出为转矩和角速度。摆动液压马达的结构比连续旋转型液压马达的结构简单。摆动液压马达的突出优点是输出轴直接驱动负载回转摆动,其间不需任何变速机构,故已广泛用于船舶舵机驱动、雷达天线平台操纵、声呐基体摆动、汽车与冰箱生产线、各类机械手及机床和矿山石油机械中的回转摆动。随着技术的进步及结构、材料和密封的改进,摆动液压马达的使用压力已达 25MPa,输出转矩可达数万牛·米,最低稳定转速达 0.001rad/s。摆动液压马达通常分为叶片式和活塞式两大类,而叶片式摆动液压马达使用居多。

图 4-13(a)所示为单叶片式摆动液压马达,其摆动角度较大,可达300°。图 4-13(b)所示为双叶片式摆动液压马达,其摆动角度较小,可达 150°。

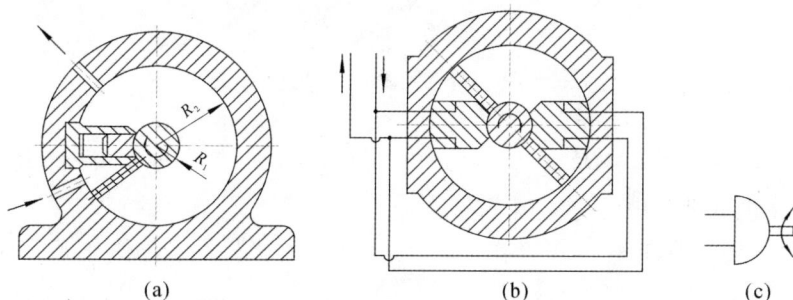

图 4-13　摆动液压马达
(a)单叶片式;(b)双叶片式;(c)图形符号

叶片马达的输出转矩 T 和角速度 ω 分别为

$$T=\frac{zb}{2}(R_2^2-R_1^2)(p_1-p_2) \tag{4-36}$$

$$\omega=2\pi n=\frac{2q}{zb(R_2^2-R_1^2)} \tag{4-37}$$

式中　z——叶片数;

b——叶片宽度(mm);

R_1——摆动轴半径(mm);

R_2——缸筒半径(mm);其余符号意义同前。

由上述公式可知,双叶片式摆动液压马达的输出转矩是单叶片式的两倍,而角速度则是单叶片式的一半。

摆动液压马达的图形符号如图 4-13(c)所示。

摆动液压马达最重要的结构要素是密封装置,用以保持压力、保证动力的传递。

二、常用摆动液压马达性能比较及选用

常用摆动液压马达的性能比较见表 4-8。应根据系统工作压力、可供流量及对摆动马达的功能要求,选择其类型及转角、转矩及转速。在液压工程实际中,叶片式摆动马达应用较多。但当所需转角大于 310° 时,只能选择活塞式;动态品质要求较高的液压系统,可选用叶片式摆动马达。使用摆动液压马达时应注意其总效率在高压下会因泄漏增加而明显降低。

表 4-8　常用摆动液压马达特性

类　型	排量 / (mL·r⁻¹)	活塞直径 / mm	额定压力 / MPa	转角 / (°)	输出转矩 / N·m	说　明
叶片式	30 ～ 7 000	—	～ 16	单叶片 0° ～ 270° 双叶片 90°	27 ～ 20 000	各类摆动液压马达产品的具体型号、技术规格及其安装连接尺寸,可从产品样本或手册中查得
活塞式（齿条齿轮式）	32 ～ 125	16 ～ 250	～ 10	0° ～ 720°	52 ～ 294 520	

思考题与习题

4-1　液压执行元件有哪些类型? 其功用分别是什么? 试分别举出你曾经看到过的这些液压执行元件在机械设备中的应用例子。

4-2　液压泵和液压马达在工作原理上是可逆的,那么是否任何泵都可以作为马达使用?

4-3　设计液压缸时,为何要对计算出的缸筒内径和活塞杆直径进行圆整,如何圆整?

4-4　两单柱塞液压缸结构尺寸完全相同,其中一只为缸筒固定,另一只为柱塞固定。若向两者供油,压力和流量均相同,试比较运动部分的速度和推动的负载大小。

4-5　如双杆活塞缸,两侧的活塞杆直径不相等,当两腔同时通入压力油时,活塞能否运动? 如左、右侧杆径为 d_1, d_2($d_1 > d_2$),且杆固定,当输入压力油的压力为 p,流量为 q 时,问缸向哪个方向运动? 试画出缸的简图并导出其速度 v、推力 F 的表达式。（答:向右;$v = \dfrac{4q}{\pi(d_1^2 - d_2^2)}$;$F = p\dfrac{\pi}{4}(d_1^2 - d_2^2)$）

4-6　已知单杆活塞缸缸筒内径 $D = 50\text{mm}$,活塞杆直径 $d = 35\text{mm}$,供油流量为 $q = 0.13 \times 10^{-3}\,\text{m}^3/\text{s}$,供油压力为 2MPa,试求液压缸差动连接时的运动速度 v 和推力 F。（答:$v = 0.14\text{m/s}$;$F = 2\,404.1\text{N}$）

4-7　设计一单杆活塞液压缸,已知外负载 $F = 20\text{kN}$,活塞和活塞杆处的摩擦力 $F_f = 1.2\text{kN}$,进入液压缸的油液压力为 5MPa,计算缸的内径并圆整。若活塞最大速度 $v_{\max} = 4\text{cm/s}$,系统的泄漏损失为 10%,应选多大流量的泵?（注:结果圆整。）若泵的总效率为 0.85,电机的驱动功率应多大?（答:80mm;16L/min;1.6kW）

4-8　一单杆液压缸快进时采用差动连接,快退时油液输入缸的有杆腔,设缸快进、快退的速度均为 0.1m/s,工进时杆受压,推力为 25kN。已知缸的输入流量为 25L/min,背压为

0.2MPa，求：①缸和活塞直径 D, d；②缸筒材料为 45 号钢，缸筒的壁厚。（答：①D 取 100mm，d 取 70mm；② 算得缸筒壁厚为 1.89mm，取 2.5mm）

4-9　图 4-14 所示的两个单杆活塞缸串联连接，无杆腔和有杆腔的有效作用面积分别为 $A_1 = 0.01\text{m}^2$ 和 $A_2 = 0.008\text{m}^2$，缸 1 输入流量为 $q_1 = 0.2 \times 10^{-3}\text{m}^3/\text{s}$，压力为 $p_1 = 0.9\text{MPa}$。不计任何损失时：① 两缸所承受负载相同（$F_l = F_2$）时，速度 v_1, v_2 和负载 F_1, F_2 各为多少？ ② 缸 1 不承受负载（$F_l = 0$）时，缸 2 承受负载 F_2 为多少？ ③ 缸 2 不承受负载（$F_2 = 0$）时，缸 F_1 承受负载为多少？ （答：①$v_1 = 0.02\text{m/s}$；$v_2 = 0.016\text{m/s}$；$F_1 = F_2 = 5\,000\text{N}$；②$F_2 = 11\,250\text{N}$；③$F_1 = 9\,000\text{N}$）

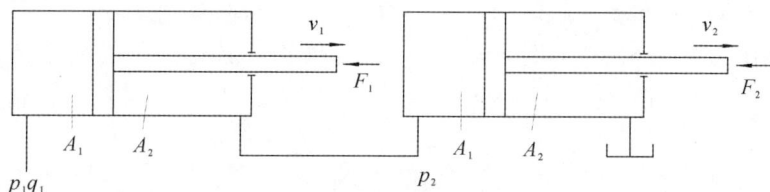

图 4-14　题 4-9 图

4-10　图 4-15 所示液压系统，三个液压缸活塞的面积分别为 $A_1 = A_2 = A_3 = 20 \times 10^{-4}\text{m}^2$，所受的负载分别为 $F_1 = 4\,000\text{N}$，$F_2 = 6\,000\text{N}$，$F_3 = 8\,000\text{N}$，液压泵的流量为 q，试分析：① 三个缸是如何动作的？ ② 液压泵的工作压力有何变化？ ③ 各液压缸的运动速度为多少？（答：① 计算得各缸工作压力依次为 $p_1 = 2\text{MPa}$，$p_2 = 3\text{MPa}$，$p_3 = 4\text{MPa}$，故安全阀关闭，液压缸 Ⅰ，Ⅱ，Ⅲ 依次动作。② 在三个缸依次动作时，液压泵的工作压力分别对应为 p_1, p_2, p_3；$p_p = p_y$ 时，安全阀打开，三个液压缸停止。③ 各液压缸的运动速度为 $v = \dfrac{q}{A_i} = \dfrac{q}{20 \times 10^{-4}}(i = 1, 2, 3)$）

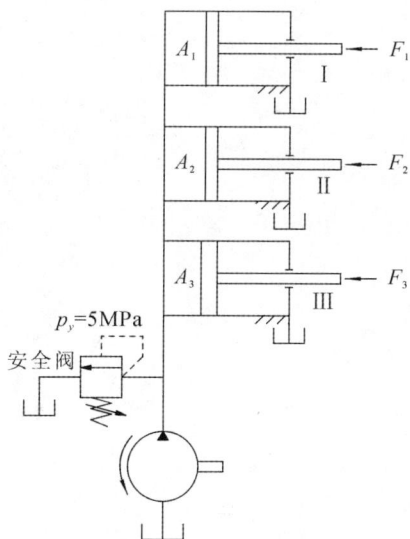

图 4-15　题 4-10 图

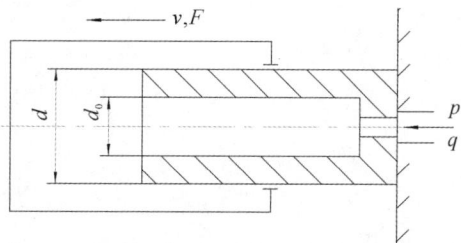

图 4-16　题 4-11 图

4-11　图 4-16 所示的柱塞缸，柱塞固定，缸筒运动。压力油从空心柱塞中进入。已知柱塞外径 $d = 200\text{mm}$，内径 $d_0 = 100\text{mm}$；进油压力 $p = 2.5\text{MPa}$，进油流量 $q = 0.5 \times 10^{-3}\text{m}^3/\text{s}$。

试求缸筒运动速度 v 和产生的推力 F。（答：缸筒内充满压力油时，缸的有效作用面积 $A = (\pi d^2)/4 = 3.14 \times 10^{-2} \mathrm{m}^2$，$v = 0.016 \mathrm{m/s}$，$F = 78.5 \mathrm{kN}$）

4-12 液压马达的排量为 $100 \times 10^{-6} \mathrm{m}^3/\mathrm{r}$，入口压力为 $0.5 \mathrm{MPa}$，出口压力为 $0.5 \mathrm{MPa}$，容积效率为 0.95，机械效率为 0.85，当输入流量为 $0.85 \times 10^{-3} \mathrm{m}^3/\mathrm{s}$ 时，求：液压马达的输出转速、输出转矩、输出功率、输入功率。（答：$484.8 \mathrm{r/min}$；$128.58 \mathrm{Nm}$；$6.52 \mathrm{kW}$；$8.08 \mathrm{kW}$）

4-13 某液压马达排量为 $80 \mathrm{mL/r}$，负载转矩为 $50 \mathrm{N \cdot m}$ 时，测得机械效率为 0.85，将此马达作为泵使用，在工作压力为 $4.62 \mathrm{MPa}$ 时，其转矩机械损失与上述液压马达工况相同时，求此时泵的机械效率。（答：0.87 ）

4-14 一个双叶片摆动液压马达的内径 $D = 200 \mathrm{mm}$，叶片宽度 $b = 100 \mathrm{mm}$，摆动轴直径 $d = 40 \mathrm{mm}$，供油压力 $p = 16 \mathrm{MPa}$，供油流量 $q = 63 \mathrm{L/min}$，不计排油背压，求该摆动马达的输出转矩 T 和角速度 ω。（答：$T = 15\ 360 \mathrm{N \cdot m}$；$\omega = 1.09\ 1/\mathrm{s}$）

第五章　液压控制元件

液压控制阀(简称液压阀)是液压系统的控制调节元件,其功用是通过控制调节液压系统中油液的流向、压力和流量,使执行元件及其驱动的工作机构获得所需的运动方向、推力(转矩)及运动速度(转速)等,满足不同的动作要求。任何一个液压系统,不论其系统构成如何简单,都不能缺少液压阀;同一工艺目的液压机械,通过液压阀的不同组合使用,可以组成油路结构截然不同的多种系统方案。因此,液压阀是液压技术中品种与规格最多、应用最广泛、最活跃的部分;一个液压系统的工作过程和品质,在很大程度上取决于其中所使用的各种液压阀。

第一节　液压阀概述

一、液压阀基本结构原理

液压阀的基本结构主要包括阀芯、阀体和驱动阀芯在阀体内作相对运动的装置。阀芯的结构形式多样;阀体上除了开设与阀芯配合的阀体(套)孔或阀座孔外,还有外接油管的主油口(进、出油口)、控制油口及泄油口等孔口;阀芯可以用手调(动)机构、机动机构进行驱动,也可以用弹簧或电气机构(电磁铁或力矩马达等)驱动,还可以用液压力驱动或将电气与液压结合起来进行驱动,等等。

在工作原理上,液压阀多是利用阀芯相对于阀体的运动来控制阀口的通断及开度的大小,以实现方向、压力和流量控制。所有液压阀在工作时,其阀口大小(开口面积 A),阀进、出油口间的压力差 Δp,以及通过阀的流量 q 之间的关系都符合孔口流量特性通用公式(式 2-50) $q = CA\Delta p^{\varphi}$ (C 为由阀口形状、油液性质等决定的系数, φ 为由阀口形状决定的指数),仅是参数,因阀的不同而异。

二、液压阀分类

液压阀的分类方法很多,同一种阀在不同的场合,因其着眼点不同会有不同的名称。

(1) 按功用分为方向控制阀、压力控制阀和流量控制阀三类(统称普通液压阀)。

(2) 按控制方式分为定值(或开关)控制阀和连续控制的电液控制阀(含电液伺服阀、电液比例阀和电液数字阀)。

(3) 按安装连接方式分为管式阀、板式阀、叠加阀和插装阀。

(4) 按阀芯的结构形式分为圆柱滑阀、锥阀及球阀(后两种又统称提升阀)。其中,圆柱滑阀简称滑阀,如图 5-1(a) 所示,其阀芯台肩的大、小直径分别为 D 和 d。滑阀可以有多个油口,在与进、出油口对应的阀体(或阀套)上开有沉割槽,通常为全圆周。利用阀芯在阀体孔内的相对运动启、闭阀口,图中 x 表示阀口的开度。滑阀为间隙密封,因此,为保证工作中被封闭的油口的密封性,阀芯与阀体孔的径向配合间隙应尽可能小,同时还需要适当的轴向密封长度。这就使得阀口开启时阀芯需先位移一段距离(等于密封长度),故滑阀运动存在一个"死区"。

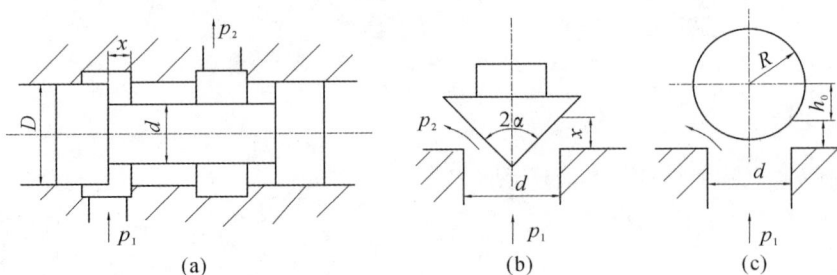

图 5-1　阀芯结构

(a)滑阀;(b)锥阀;(c)球阀

由第二章液压流体力学易得滑阀阀口的流量-压力方程和阀芯上的稳态液动力表达式分别为

$$q = C_d \pi D x \sqrt{\frac{2}{\rho}(p_1 - p_2)} \tag{5-1}$$

$$F_s = 2 C_d \pi D x \cos\theta (p_1 - p_2) \tag{5-2}$$

为了减小液动力 F_s 对滑阀操纵力的影响,通常采取表 5-1 所列结构措施补偿或消除液动力。

表 5-1　补偿或消除稳态液动力的几种方法

结构措施	简　图	描　述
采用特种阀腔形状的负力窗口		出流对阀芯造成一个与稳态液动力反向的作用力;但阀芯与阀体(套)形状复杂,不便加工
阀套上开斜孔		使流出与流入阀腔的液体动量互相抵消,从而减小轴向液动力;但斜孔布置、加工不便
改变阀芯的颈部尺寸		使液流流过阀芯时有较大的压降,以便在阀芯两端面上产生不平衡液压力,抵消轴向液动力;但流量较小时效果不佳

锥阀(见图 5-1(b))阀芯的半锥角 α 一般为 $12° \sim 40°$。锥阀只能有进、出油口各一个,阀口关闭时为线密封,密封性能好,开启时无死区,动作灵敏,阀芯稍有位移即开启。锥阀阀口的流量-压力方程和阀芯上的稳态液动力表达式分别为

$$q = C_d \pi d x \sin\alpha \sqrt{\frac{2}{\rho}(p_1 - p_2)} \tag{5-3}$$

$$F_s = 2C_d\pi dx\sin2\alpha(p_1 - p_2) \tag{5-4}$$

球阀(见图 5-1(c))实质上属于锥阀类。其性能与锥阀相同,阀口的流量-压力方程为

$$q = C_d\pi dh_0\,\frac{x}{R}\sqrt{\frac{2}{\rho}(p_1 - p_2)} \tag{5-5}$$

式中,R 为阀芯(钢球)半径;$h_0 = \sqrt{R^2 - (d/2)^2}$ 。

此外,还有喷嘴挡板阀和射流管阀等,它们常用于电液控制阀中。本章主要介绍开关控制的普通液压阀,电液控制阀将在第十章介绍。

三、液压阀基本性能参数

(1)公称通径。液压阀主油口(进、出口)的名义尺寸叫做公称通径,用 D_g 表示(单位mm),它代表了液压阀通流能力的大小,对应于阀的额定流量。与阀进、出油口相连接的油管规格(或油路块的油口尺寸)应与阀的通径相一致。由于阀上主油口的实际尺寸受到液流速度等参数的限制及结构特点的影响,因此,液压阀主油口的实际尺寸未必完全与公称通径一致。事实上,公称通径仅用于表示液压阀的规格大小,因此,不同功能但通径规格相同的两种液压阀(如压力阀和方向阀)的主油口实际尺寸未必相同。阀工作时的实际流量应小于或等于其额定流量,最大不得大于额定流量的 1.1 倍。

(2)额定压力。额定压力(又称公称压力)是按阀的基本参数所确定的名义压力(也是液压阀长期工作所允许的最高工作压力),用 p_g 表示。额定压力标志着液压阀承载能力的大小,故通常液压系统的工作压力(系统运行时的压力)不大于阀的额定压力则是比较安全的。对于压力控制阀,实际最高工作压力有时还与阀的调压范围有关;对于换向阀,实际最高工作压力还可能受其功率极限的限制。

四、对液压阀的基本要求

(1)动作灵敏,使用可靠,工作时冲击和振动小,噪声小,使用寿命长。
(2)阀口全开时,液体通过阀的压力损失小;阀口关闭时,密封性能好。
(3)被控参量(压力或流量)稳定,受外部干扰时变化量小。
(4)结构紧凑,安装调试及使用维护方便,通用性好。

第二节　方向控制阀

方向控制阀的功用是控制液压系统中液流方向,以满足执行元件启动、停止及运动方向的变换等工作要求。方向控制阀主要有单向阀、换向阀和多路阀三类。

一、单向阀

单向阀有普通单向阀和液控单向阀两类。

1.普通单向阀

(1)工作原理及图形符号。普通单向阀的作用是只允许液流沿管道一个方向通过,另一个方向的流动则被截止。如图 5-2(a)所示为常用的普通单向阀,其连接方式为管式,阀芯 2 为锥阀。阀芯由弹簧 3 作用压在阀座上,使阀口关闭。

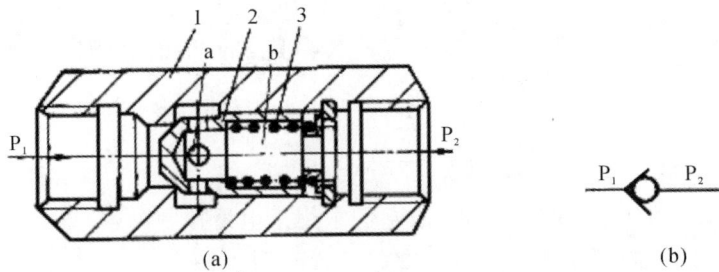

图 5-2 普通单向阀结构原理及图形符号

1—阀体；2—阀芯；3—弹簧

当液流从 P_1 口方向流入时,阀芯上的液压力克服作用在阀芯 2 上的出口液压力、弹簧作用力及阀芯与阀体 1 之间的摩擦阻力,顶开阀芯,并通过阀芯上的径向孔 a 和轴向孔 b 从 P_2 口流出,实现正向流动。当压力油从 P_2 口腔流入时,在液压力与弹簧力共同作用下,使阀芯紧紧压在阀体的阀座上,实现反向截止。如图 5-2(b) 所示为普通单向阀的图形符号。

(2)技术性能与要求。普通单向阀的主要性能有正向最小开启压力、正向流动压力损失和反向泄漏量等。正向最小开启压力指使阀芯刚开启的入口最小压力,它因应用场合不同而异,对于同一个单向阀,不同等级的开启压力可通过更换阀中的弹簧实现:若只作为控制液流单向流动,则弹簧刚度选得较小,其开启压力仅需 0.03～0.05MPa;若作背压阀(安装在液压缸或马达的回油路上)使用,则需换上刚度较大的弹簧,使单向阀的开启压力达到 0.2～0.6MPa。压力损失指单向阀正向通过额定流量时所产生的压力降。反向泄漏(常称内泄漏)量指液流反向进入时阀座孔处的泄漏量,性能良好的单向阀应反向无泄漏或泄漏量极微小。

对单向阀的基本要求是动作灵敏,正向流动时阻力损失小,反向截止密封性好,工作时不应有振动与噪声。

(3)应用场合。普通单向阀可安装在液压泵出口,以防止系统的压力冲击影响泵的正常工作并防止泵检修及多泵合流系统停泵时油液倒灌;安装在多执行元件组成的液压系统中不同油路之间,防止油路间压力及流量的不同而相互干扰;在系统中作背压阀用,提高执行元件(液压缸或马达)的运动平稳性;与其他液压阀如节流阀、顺序阀等组合成单向节流阀、单向顺序阀等。

2. 液控单向阀

(1)工作原理及图形符号。液控单向阀除了能实现普通单向阀的功能外,还可按需要由外部油压控制,实现逆向流动。按照结构特点,液控单向阀有简式和复式两类。

简式液控单向阀的结构如图 5-3(a)所示,仍属管式阀,它比普通单向阀增加了一个控制活塞 1 及控制口 K。当 K 未通控制压力油时,其原理与普通单向阀完全相同,即油液从 P_1 口流向 P_2 口,为正向流动;当 K 中通入控制压力油时,使控制活塞顶开主阀芯(锥阀)2,实现油液从 P_2 口到 P_1 口的流动,为反向开启状态。液控单向阀的图形符号如图 5-3(c)所示。图示形式的液控单向阀,其控制活塞 1 背压腔与进油口 P_1 相通,故称内泄式,因而所需控制压力 p_K 较高,最小须为主油路压力的 30%～50%。

图 5-3(b)所示为复式液控单向阀的结构原理图,属板式阀,它带有卸载阀芯 3。主阀芯

(锥阀)2下端开有一个轴向小孔,轴向小孔由卸载阀芯封闭。当 P_2 口的高压油液反向流过 P_1 口时(一般为液压缸保压结束后的工况),控制压力油通过控制活塞1将卸载阀芯向上顶起一较小的距离,使 P_2 口的高压油瞬即从油道 e 及轴向小孔与卸载阀芯下端之间的环形缝隙流出,P_2 口的油液压力随即降低,实现泄压;然后,主阀芯被控制活塞顶开,使反向油流顺利通过。由于卸载阀芯的控制面积较小,且控制活塞背压腔通过外泄口 L 直接通油箱(外泄式),故仅需要用较小的力即可顶开卸载阀芯,从而大大降低了反向开启所需的控制压力,其控制压力仅约为工作压力的 5%。复式液控单向阀特别适用于高压大流量液压系统使用。

(2)技术性能。液控单向阀的主要技术性能包括正向最低开启压力、反向开启最小控制压力、反向泄漏量、压力损失等。正向最低开启压力与普通单向阀相同。反向开启最低控制压力指能使单向阀打开的控制口最低压力。一般复式比简式反向开启最低控制压力小。反向泄漏量与普通单向阀相同。液控单向阀的压力损失有控制口不起作用时的和控制口起作用时的压力损失两种,前者为控制口压力为零时液控单向阀通过额定流量时所产生的压力降,与普通单向阀相同;后者,当液控单向阀是在控制活塞作用下打开时,不论此时是正向流动还是反向流动,其压力损失仅是由油液的流动阻力而产生的,与弹簧力无关。故在相同流量下,它的压力损失要小于控制活塞不起作用时的正向流动压力损失。

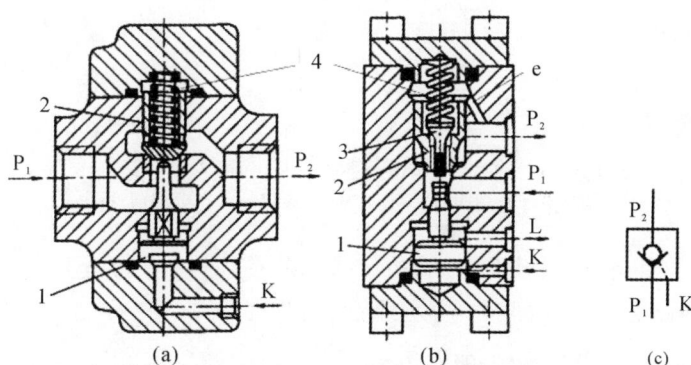

图 5-3　液控单向阀的结构原理及图形符号
(a)简式液控单向阀;(b)复式液控单向阀;(c)图形符号
1—控制活塞;2—主阀芯;3—卸载阀芯;4—弹簧

(3)应用场合。通过两个单独的液控单向阀或两个液控单向阀复合为一体的液压锁构成锁紧回路,可将液压缸锁紧(固定)在任何位置;串联在立置液压缸的下行油路上,以防液压缸及其拖动的工作部件因自重自行下落;在执行元件低载高速及高载低速的液压系统中作充液阀,以减小液压泵的容量;用于液压系统保压与泄压等。

内泄式液控单向阀主要用于其反向工作时出油口压力较低的工况;而外泄式液控单向阀则主要用于其反向工作时出油口压力较高的工况。

二、换向阀

换向阀的功用是利用阀芯相对于阀体的运动,实现油路的通、断或改变液流的方向,从而实现液压执行元件的启动、停止或运动方向的变换。换向阀的种类繁多,主要有滑阀式、转阀式和球阀式三大类。此处着重介绍应用最为广泛的滑阀式换向阀。

（1）工作原理及图形符号。如图 5-4(a) 所示是滑阀式换向阀的工作原理图,阀体 1 与圆柱形阀芯 2 为阀的结构主体。阀芯可在阀体孔内轴向滑动。阀体孔里的环形沉割槽与阀体底面上所开的相应的主油口(P,A,B,T)相通。当阀芯的台肩将沉割槽遮盖(封油)时,此槽所通油路(口)即被切断。当台肩不遮盖沉割槽(阀芯打开)时,此油路就与其他油路接通。沉割槽数目(与主油口 P,A,B,T 不相通的沉割槽不计入槽数)及台肩的数目与阀的功能、性能、体积和工艺有直接关系。

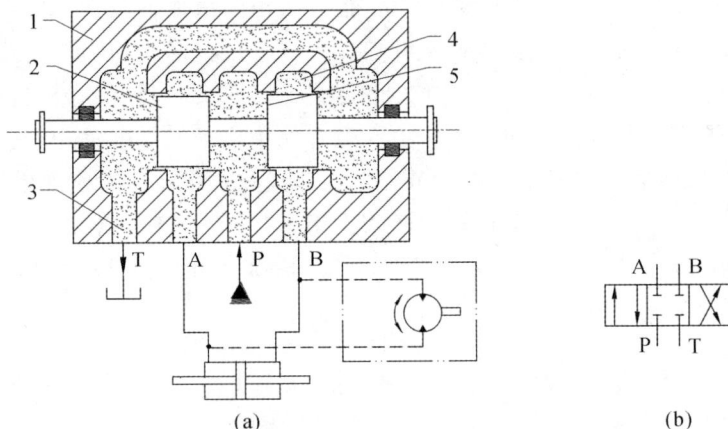

图 5-4 滑阀式换向阀工作原理与图形符号

（a）工作原理示意图;（b）图形符号

1—阀体;2—滑动阀芯;3—主油口(通口);4—沉割槽;5—台肩

由于阀芯可在阀体孔里做轴向运动,故依靠阀芯在阀孔中处于不同位置,便可使一些油路接通而使另一些油路关闭。如图 5-4(a) 所示,阀芯可有左、中、右三个工作位置,当阀芯 2 处于图示位置时,四个油口 P,A,B,T 都关闭,互不相通;当阀芯由驱动装置操纵移向左端一定距离时,油口 P 与 A 相通,油口 B 与 T 相通,便使液压源的压力油从阀的 P 口经 A 口输向液压缸左腔;缸右腔的油液从阀的 B 口经 T 口流回油箱,缸的活塞向右运动;当阀芯移向右端一定距离时,油口 P 与 B 相通,油口 A 与 T 相通,液流反向,活塞向左运动。这类阀同样可用于液压马达旋转运动方向的控制(图中双点画线部分)。阀芯特别适合用电磁铁等机构操纵驱动。

滑阀式换向阀的图形符号(以图 5-4(b) 为例)由相互邻接的几个粗实线方框构成,其含义为 ① 每一个方框代表换向阀的一个工作位置,表示阀芯可能实现的工作位置数目即方框数称为阀的位数;② 方框中的箭头"↑"表示油路连通,短垂线"⊤""⊥"表示油路被封闭(堵塞);③ 每一方框内箭头"↑"的首、尾及短垂线"⊤""⊥"与方框的交点数目表示阀的主油路通路数(不含控制油路和泄油路的通路数);④ 字母 P,A,B,T 等分别表示主油口名称,通常 P 接液压泵或压力源,A 和 B 分别接执行元件的进口和出口,T 接油箱。

由上可知,图 5-4 所示的换向阀是一个位数为 3、通路数为 4 的三位四通换向阀。

表 5-2 列出了滑阀式换向阀的一些常见的主体部分结构形式。

表 5－2　滑阀式换向阀一些常见的主体部分结构形式

名　称	原理图	图形符号	适用场合	
二位二通阀			控制油路的接通与切断(相当于一个开关)	
二位三通阀			控制液流方向(从一个方向变换成另一个方向)	
二位四通阀			控制执行元件换向 / 不能使执行元件在任一位置上停止运动	执行元件正反向运动时回油方式相同
三位四通阀			能使执行元件在任一位置上停止运动	
二位五通阀			不能使执行元件在任一位置上停止运动	执行元件正反向运动时可以得到不同的回油方式
三位五通阀			能使执行元件在任一位置上停止运动	

　　(2)换向阀的机能。换向阀的阀芯处于不同工作位置时,主油路的连通方式和控制机能便不同。通常把滑阀主油路的这种连通方式称之为滑阀机能。在三位换向阀中,把阀芯处于中间位置(也称停车位置)时,主油路各通路的连通方式称为阀的中位机能,把阀芯处于左位或右位的连通方式称为阀的左位或右位机能。阀的中位机能通常用一个字母表示。不同中位机能可满足不同的功能要求,不同的中位机能可通过改变阀芯形状和尺寸得到。

　　三位四通换向阀常见的中位机能、型号、图形符号及其特点等如表5－3所示。各通口的连通方式称为阀的中位机能,把阀芯处于左位或右位的连通方式称为阀的左位机能或右位机能。

　　(3)操纵控制方式及工作位置的判定。滑阀式换向阀可用手动、机动(行程)、电磁、液动和电液动等常用的操纵控制方式来换向,不同的操纵控制方式与具有不同机能的主体结构(表5－2和表5－3)进行组合即可得到不同的换向阀。操纵驱动机构及定位方式的符号画在整个阀长方形图形符号两端。表5－4给出了常用操纵方式的符号及其构成的换向阀完整图形符号。

表 5 - 3　三位四通换向阀的中位机能

中位机能	图形符号	油口情况	液压泵状态	执行元件状态	应　用
O		P,T,A,B 互不连通	保压	停止	可组成并联系统
H		P,T,A,B 连通	卸荷	停止并浮动	可节能
M		P,T 连通,A 与 B 封闭	卸荷	停止并保压	可节能
U		P 与 T 封闭,A 与 B 连通	保压	停止或浮动	
P		P,A,B 连通,T 封闭	与执行元件两腔通	液压缸差动	组成差动回路,可作为电液动阀的先导阀
Y		P 封闭,T,A,B 连通	保压	停止并浮动	可作为电液动阀的先导阀
C		P,A 连通,B,T 封闭	保压	停止	
J		P,A 封闭,B,T 连通	保压	停止	
K		P,A,T 连通,B 封闭	卸荷	停止	可节能

表 5 - 4　滑阀式换向阀的操纵方式及其完整图形符号

操纵方式	符　号	示　例		说　明
		名　称	图形符号	
手动		三位四通手动换向阀		O 形中位机能,手动操纵,弹簧复位
机动（滚轮式）		二位二通机动换向阀		常闭机能,滚轮式机械操纵,弹簧复位

续 表

操纵方式	符　号	示　例		说　明
		名　称	图形符号	
电磁		二位三通电磁换向阀		单电磁铁操纵，弹簧复位
		三位四通电磁换向阀		M 形中位机能，双电磁铁操纵，弹簧复位对中
液动		三位五通液动换向阀		O 形中位机能，液压操纵，弹簧复位对中
电液动		三位四通电液动换向阀	详细 简化	O 形中位机能（主阀），电液联合操纵，弹簧复位对中，由阻尼节流阀可调节换向时间解决换向冲击问题

　　有多个工作位置的换向阀，其实际工作位置应根据液压系统的实际工作状态来判别。一般将阀两端的操纵驱动元件的驱动力视为推力，如图5-5所示的二位四通电磁换向阀，若电磁铁未通电，此时的图形符号称阀处于右位，四个油口互不相通；若电磁铁通电，则阀芯在电磁铁的作用下向右移动，称阀处于左位，此时 P 口与 A 口相通，B 口与 T 口相通。之所以称阀位于"左位""右位"是指图形符号而言，并不指阀芯的实际位置。

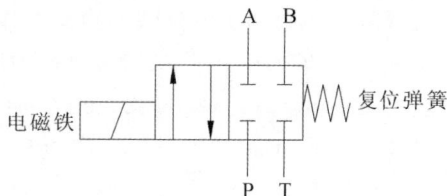

图 5-5　二位四通电磁换向阀

　　(4)结构简介。滑阀式换向阀品种繁多，此处仅以电液动换向阀为例简介其结构，如图5-6所示。由图可见，电液动换向阀由电磁滑阀（先导阀）和液动滑阀（主阀）复合而成。先导阀用以改变控制压力油流的方向，从而改变主阀的工作位置，故可将主阀视为先导阀的"负载"；主阀用以更换主油路压力油流的方向，从而改变执行元件的运动方向。具体工作过程为当电磁先导阀的两个电磁铁都不通电时，先导阀阀芯在其对中弹簧作用下处于中位，来自主阀 P 口或外接油口的控制压力油不再进入主阀左右两端的弹簧腔，两弹簧腔的油液通过先导阀中位的 A，B 油口与先导阀 T 口相通，再经主阀 T 口或外接油口排回油箱。主阀芯在两端复位弹簧的作用下处于中位，主阀（即整个电液换向阀）的中位机能就由主阀芯的结构决定，图示为 O 形机能，故此时主阀的 P，A，B，T 口均不通。

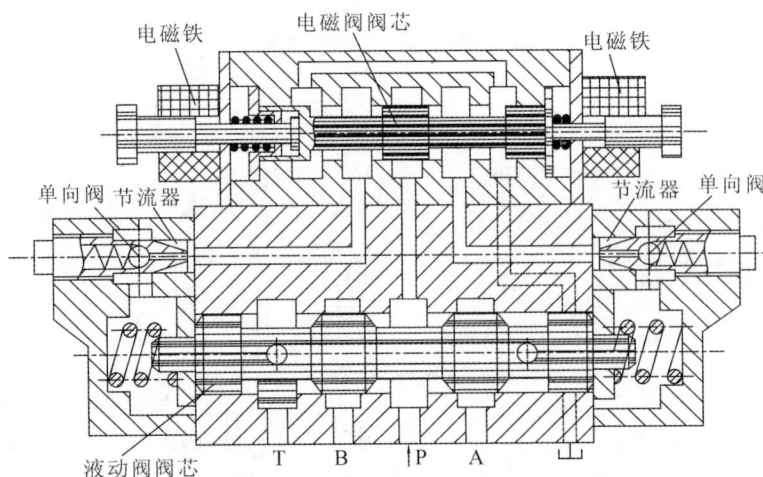

图 5-6　电液动换向阀的结构

（5）技术性能。换向阀的性能以电磁换向阀的项目最多,主要有压力损失、换向和复位时间、换向频率和使用寿命等。

压力损失由流动损失和阀口节流损失两部分组成,但因电磁换向阀的开口量较小,故节流损失较大。

换向时间指从电磁铁通电到阀芯换向终止的时间;复位时间指从电磁铁断电到阀芯回复到初始位置的时间。减小换向和复位时间对提高工作效率有利,但会引起液压冲击。交流电磁阀的换向时间约 0.01～0.03s(动作较慢的一般也不超过 0.08s),换向冲击较大;直流电磁阀的换向时间约 0.02～0.07s(动作慢的约 0.1～0.2s),换向冲击较小。

单位时间内阀所允许的换向次数称换向频率。电磁换向阀的换向频率主要受电磁铁特性的限制。一般交流电磁铁的换向工作频率在 60 次/min 以下(性能好的可达 120 次/min)。湿式电磁铁的散热条件较好,所以换向频率比干式高些。直流电磁铁由于不受启动电流的限制,换向频率可达 250～300 次/min。换向频率不能超过阀的换向时间所规定的极限,否则无法完成完整的换向过程。

使用寿命是指电磁阀中某一零件损坏,不能进行正常的换向和复位动作,或者到了其主要性能指标明显恶化且超过规定值时所具有的换向次数。换向阀的使用寿命主要取决于电磁铁的工作寿命。湿式交流电磁铁比干式交流电磁铁的使用寿命长,直流电磁铁比交流电磁铁的使用寿命长。交流电磁铁的寿命仅为数十万次到数百次,而直流电磁铁的使用寿命一般在 1 000 万次以上,有的高达 4 000 万次。

（6）应用场合。在上述各种滑阀式换向阀中,电磁阀的应用最为普遍,通过电磁铁的通断电直接控制阀芯位移,实现液压系统中液流的通断和方向变换,可以操纵各种执行元件的动作(如液压缸的往复、液压马达的回转),液压系统的卸荷、升压、多执行元件间的顺序动作控制等。

三、多路换向阀

多路换向阀(简称多路阀)是一种以两个以上的滑阀式换向阀为主体,集换向阀、单向阀、安全溢流阀、补油阀、分流阀、制动阀等于一体的多功能集成阀。与其他液压阀相比,多路阀的突出特点是没有阀之间的连接管件,结构紧凑,压力损失小,操纵阻力小,可对多个执行元件集中操纵。多路阀具有方向和流量控制两种功能。多路阀主要用于车辆与工程机械等行走机械的液压系统中。一组多路阀通常由几个换向阀组成,每一个换向阀为一联。按多路阀的油口连通方式可分为并联、串联、串并联、复合油路等形式,每种连通方式的特点和功能不同。

(1)工作原理。如图5-7(a)所示为并联油路多路阀,其各联换向阀之间的进油路并联(即各阀的进油口与总的压力油路相连,各回油口并联(即各阀的回油口与总的回油路相连)),进油与回油互不干扰。常态下,液压泵输出的油液依次经各阀之中位卸荷回油箱,有利于节能。工作中每联阀控制一个执行元件,可以单独或同时工作。但是如果油源为单定量泵,则当同时操作各换向阀时,压力油总是首先进入压力较低(即负载较小)的执行元件,故只有各执行元件的负载(即进油腔的油液压力)相等时,它们才能同时动作。

串联油路多路阀如图5-7(b)所示,常态下,液压泵卸荷。工作中,每联阀控制一个执行元件,可以单独或同时操纵。同时操纵时,可实现两个以上执行元件的复合动作,但其第一联阀的回油为下一联阀的进油,依次直到最后一联换向阀,液压泵的工作压力应为同时工作的各执行元件的负载压力总和。

串并联油路多路阀如图5-7(c)所示,常态下,液压泵卸荷。其每一联换向阀的进油路与该阀之前的阀的中位回油路相连(进油路串联),各联阀的回油路与总的回油路相连(回油路并联),故称之为串并联油路。工作时,每联阀控制一个执行元件,即当一个执行元件工作时,后面的执行元件供油被切断,各执行元件只能按顺序动作,所以又称之为顺序单动油路。各执行元件能以最大能力工作,但不能实现复合动作。

复合油路多路换向阀是上述两种或三种油路的组合,组合的方式取决于系统及主机的作业方式。

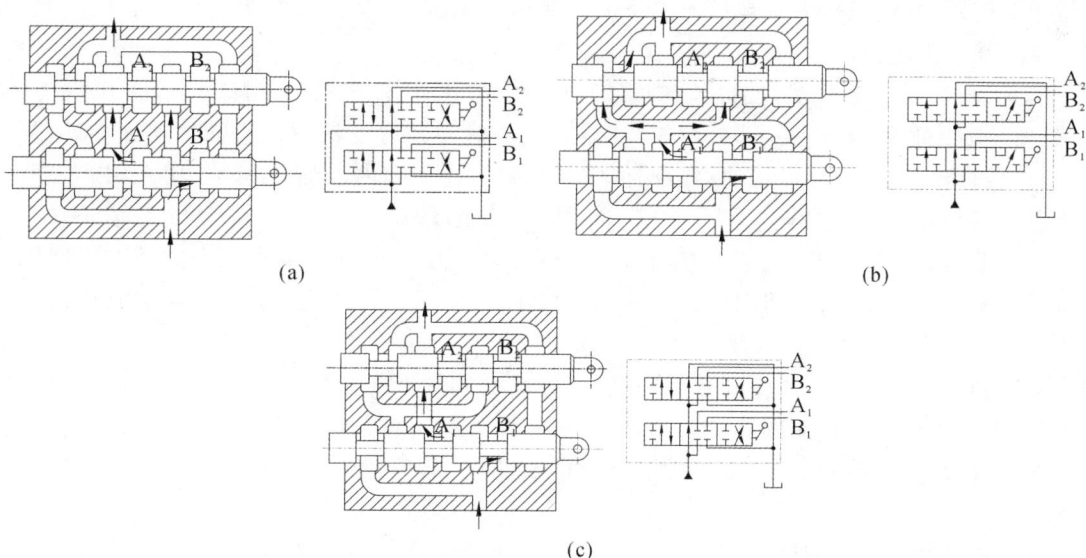

图5-7　多路换向阀

(a)并联油路;(b)串联油路;(c)串并联油路

(2)结构特点。在结构上,多路阀有整体式和分片式两种结构。

整体式多路阀是将各联换向阀及一些辅助阀制成一体,具有固定数目的换向阀和机能,其优点是结构紧凑、质量小、压力损失较小;缺点是通用性差,阀体的铸造工艺比分片式复杂;加工过程中只要有一个阀孔不合要求即整个阀体报废。其适合工艺目的相对稳定及批量大的品种。

分片式多路阀是将每联换向阀做成一片再用螺栓连接起来的阀。其优点是可用几种单元阀组合成多种不同功用的多路阀,扩展了阀的使用范围;加工中报废一片也不影响其他阀片,用坏的单元易于修复或更换。其缺点是体积和质量大、加工面多;各片之间需要密封、泄漏的可能性大;旋紧片间连接螺栓不当时,可能引起阀体孔道变形,导致阀杆卡阻。

第三节 压力控制阀

压力控制阀的功用是控制液压系统中的油液压力,以满足执行元件对输出力、输出转矩及运动状态的不同需求。压力控制阀主要有溢流阀、减压阀、顺序阀和压力继电器等,它们的共同特点是利用液压力和弹簧力的平衡原理进行工作,调节弹簧的预压缩量(预调力),即可获得不同的控制压力。

一、溢流阀

溢流阀的功用是通过阀口的溢流,调节、稳定或限定液压系统的工作压力。按照结构及工作原理的不同,溢流阀有直动式和先导式两类。

1. 工作原理及图形符号

(1)直动式溢流阀。直动式溢流阀是一个闭环自动控制元件,其输入量为弹簧预调力,输出量为被控压力(进口压力),被控压力反馈与弹簧力比较,自动调节溢流阀口的节流面积,使被控压力基本恒定。

图 5 - 8(a)所示为直动式溢流阀的结构原理图,它由阀体 2、阀芯(滑阀)3 及调压机构(调压螺钉 5、调压弹簧 7)等主要部分组成。阀体左、右两端开有溢流阀的进油口 P(接液压泵或被控压力油路)和出油口 T(接油箱),阀体中开有阻尼孔 1 和内泄油孔 8。作用在阀芯 3 上的液压力直接与弹簧力相平衡。图示状态,阀芯在弹簧力作用下关闭,油口 P 与 T 被隔开。当液压力大于弹簧预调力时,阀芯上升,阀口开启,压力油液经出油口 T 溢流。阀芯位置因通过溢流阀的流量变化而变化,但因阀芯的移动量极小,故只要阀口开启,有油液流经溢流阀,溢流阀入口压力 P 基本上就是恒定的。当入口压力降低时,弹簧力使阀芯关闭。调节弹簧 7 的预调力即可调整溢流压力。改变弹簧的刚度,即可改变阀的调压范围。阻尼孔 1 属于动态液压阻尼,用于减小压力变化时阀芯的振动,提高稳定性。经阀芯与阀体孔径向间隙泄漏到弹簧腔的油液直接通过内部小孔 8 与溢流油液一并排回油箱,此种泄油方式称为内泄。直动溢流阀的图形符号如图 5 - 8(b)所示。

滑阀式直动溢流阀因通过改变调压弹簧的预调力直接控制主阀进口压力,高压时所需调节力及弹簧尺寸较大,故只能用于低压系统(≤2.5MPa)。但如果采用作用面积较小的锥阀和球阀阀芯,则可在调节力及弹簧尺寸不需很大的情况下,提高控制压力。目前,锥阀和球阀式直动溢流阀的控制压力已高达 40MPa 及以上。

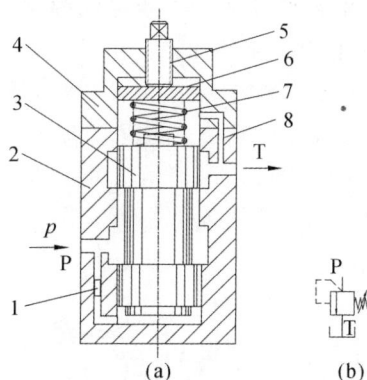

图 5-8　直动式溢流阀结构原理及图形符号

(a)结构图；(b)图形符号

1—阻尼孔；2—阀体；3—阀芯；4—阀盖；5—调压螺钉；6—弹簧座；7—调压弹簧；8—泄油孔

　　直动式溢流阀的特点是结构简单,灵敏度高,但压力受溢流流量的影响较大,即静态调压偏差(调定压力与开启压力差)较大,动态特性因结构形式而异,锥阀式和球阀式反应较快,动作灵敏,但稳定性差,噪声大,常作安全阀及压力阀的先导阀,而滑阀式动作反应慢,压力超调大,但稳定性好。

　　(2)先导式溢流阀。图 5-9(a)所示为先导式溢流阀的结构原理图,它由先导阀(导阀芯 5和导阀弹簧(调压弹簧)6)和主阀(主阀芯 2 和主阀弹簧(复位弹簧)3))两大部分构成,先导阀用来控制主阀芯两端压差,主阀芯用于控制主油路的溢流。阀体 1 上有两个主油口(进油口 P和出油口 T)和一个远程控制口(又称遥控口)K,主阀内设有阻尼孔 4(直径为 0.8～1.2mm)。

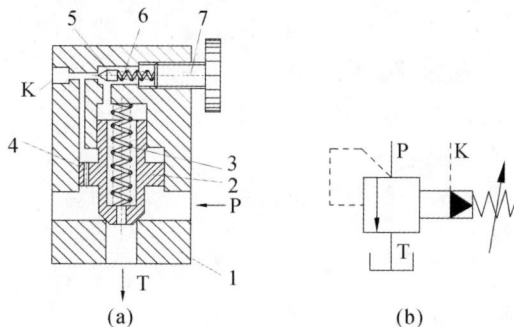

图 5-9　先导式溢流阀结构原理及图形符号

(a)结构图；(b)图形符号

1—阀体；2—主阀芯；3—主阀弹簧(复位弹簧)；4—阻尼孔；5—导阀芯(锥阀)；
6—导阀弹簧(调压弹簧)；7—调压螺钉

　　先导式溢流阀的主阀启、闭受控于先导阀。压力油从进油口 P 进入,通过阻尼孔 4 后作用在导阀芯 5 上。当进油口的压力较低,导阀上的液压作用力不足以克服导阀弹簧 6 的预调作用力时,导阀关闭,没有油液流过阻尼孔 4,所以主阀芯上、下两端的压力相等,在较软的主阀弹簧 3 的作用下,主阀芯 2 处在最下端位置,溢流阀进油腔口 P 和回油口 T 隔断,没有溢流。

当进油口压力升高到导阀上的液压作用力大于导阀弹簧6的预调力时,导阀打开,压力油即通过阻尼孔4、经导阀和中空的主阀芯流回油箱。由于阻尼孔4的节流作用,使主阀芯上端的压力 p_1 小于下端的进口压力 p,压力差 $\Delta p = p - p_1$,当该压力差作用在环形面积为 A 的主阀芯上的力超过主阀弹簧力 F_s、轴向稳态液动力 F_{bs}、摩擦力 F_f 和主阀芯自重 G 的合力时,主阀芯抬起(打开),油液从进油口 P 流入,经主阀口由出油口 T 流回油箱,实现溢流,且溢流阀进口压力维持在某调定值上。由此时的主阀芯受力平衡方程

$$pA \geqslant p_1 A + F_s + F_{bs} + G + F_f$$

可导出

$$p \geqslant p_1 + \frac{F_s + F_{bs} + G + F_f}{A} \tag{5-6}$$

或

$$\Delta p = p - p_1 = \frac{F_s + F_{bs} + G + F_f}{A} \tag{5-7}$$

由式(5-7)可知:① 因油液流经阻尼孔产生的主阀上、下两端压差 Δp 较小,故主阀芯只需一个软弹簧即可;② 作用在导阀芯5上的压力 p_1 与导阀芯的承压面积的乘积就是导阀弹簧的调压弹簧力,而导阀芯前端的孔道结构尺寸一般都较小,即导阀芯的承压面积较小,故用一个刚度不太大的调压弹簧即可轻便调整出较高的开启压力 p_1,用调压螺钉7调节导阀弹簧的预紧力,即可调节溢流阀的溢流压力。

阀中远程控制口 K 主要有三个作用:① 通过油管接到另一个远程调压阀(远程调压阀的结构和溢流阀的先导控制部分类同),调节远程调压阀的弹簧力,即可调节溢流阀主阀芯上端的液压力 p_1,从而对溢流阀的溢流压力实行远程调压,但是,远程调压阀所能调节的最高压力不得超过溢流阀中导阀的调整压力;② 通过电磁换向阀外接多个远程调压阀,可实现多级调压;③ 当通过电磁阀将远程控制口 K 接通油箱时,主阀芯上端的压力 p_1 极低,系统的油液在低压下通过溢流阀流回油箱,实现卸荷。

先导式溢流阀的图形符号如图 5-9(b) 所示。

先导式溢流阀压力调整较为轻便,控制压力较高,一般大于等于 6.3MPa,有的则高达 32MPa 甚至更高。但是先导式溢流阀只有导阀和主阀都动作后才能起控制作用,故反应不如直动式溢流阀灵敏。

2. 典型结构

溢流阀的结构类型繁杂,此处仅对直动式溢流阀和先导式溢流阀各介绍一例。

图 5-10 所示为国产 P 型滑阀式直动溢流阀(额定压力为 2.5MPa)的结构图,阀体5左右两侧开有进油口 P 和回油口 T,通过管接头与系统连接,故属于管式阀。阀体中开有内泄孔道 e,滑阀芯4下部开有相互连通的径向小孔 f 和轴向阻尼小孔 g。受控压力油作用在阀芯下端面面积上产生的液压力与弹簧力相比较,当液压力大于弹簧预调力时滑阀开启,油液即从出油口 T 溢流回油箱。阻尼小孔 g 为动态液压阻尼,稳态时不起作用。孔道 e 用于将弹簧腔的泄漏油排回油箱(内泄)。如果将上盖3旋转180°,卸掉 L 处的螺塞,可在泄油口 L 处接油管将泄漏油直接通油箱,此时阀变为外泄。外泄式的溢流阀图形符号应采用图 5-10(b) 表示。

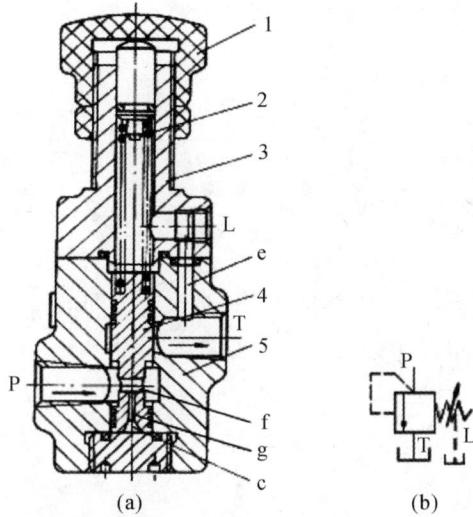

图 5－10　滑阀式直动溢流阀的结构及外泄式溢流阀的图形符号

(a)结构图；(b)图形符号

1—调压螺母；2—调压弹簧；3—阀盖；4—阀芯；5—阀体

　　先导式溢流阀中的导阀可以是滑阀、球阀和锥阀中的任何一种或它们的组合,但多采用锥阀结构。按照阀芯配合形式的不同,主阀有一节同心、二节同心和三节同心等形式,而二节同心和三节同心应用较多。图5－9所示为典型的三节同心主阀芯(主阀芯上部小圆柱与阀体配合,中间大直径圆柱亦称平衡活塞与阀体内孔配合,下部锥体与阀体(座)配合)的先导式溢流阀,其主阀的封油部分为锥阀,故密封性好,且动作灵敏,适于高压化,压力稳定性好,但由于比二节同心阀多一节同心,故结构复杂,不便制造,且启闭特性不如二节同心阀。图5－11所示为引进德国力士乐(Rexroth)公司技术生产的DB型溢流阀(二节同心)的结构图,其额定压力为31.5MPa。该阀属板式阀。其导阀8为锥阀。主阀芯1为套装在主阀套10内孔的外流式锥阀,锥阀芯的圆柱面与锥面两节同心。小孔c为动态液压阻尼,仅在动态过程中起减振作用,对稳态特性不起作用。工作时,溢流阀进油口P的压力油除了直接作用在主阀芯1下端面外,还经小孔a、流道b、小孔c进入主阀芯上端面的复位弹簧腔,并经锥阀座7的孔腔作用在导阀芯8上。当作用在阀芯8上的液压力增大到高于调压弹簧9的预压力时,锥阀8开启,复位弹簧腔的油液经小孔c、锥阀口和流道d流入阀的出油口T流回油箱,因小孔a的前后压差,主阀芯1开启,P→T,实现定压溢流。图中的K为遥控口。二节同心溢流阀的结构工艺性好,加工装配精度容易保证,结构简单,通用性和互换性好。主阀为单向阀结构,过流面积大,流通能力强;相同流量下主阀的开度小,故启闭特性好。主阀为外流式锥阀,液流扩散流动,流速较小,故噪声小,且稳态液动力方向与液流方向相反,有助于阀的稳定。

　　3.主要性能及要求

　　溢流阀的性能有静态(稳态)特性和动态特性两类。前者指稳态情况下,溢流阀某些参数之间的关系;后者指溢流阀被控参数在工况瞬变情况下,某些参数之间的关系。简述如下:

　　(1)静态特性。

　　1)调压范围。溢流阀进口压力的可调数值称为调压范围。在这个范围内使用溢流阀时,阀的被控压力能够平稳升、降,无压力突变或迟滞现象。

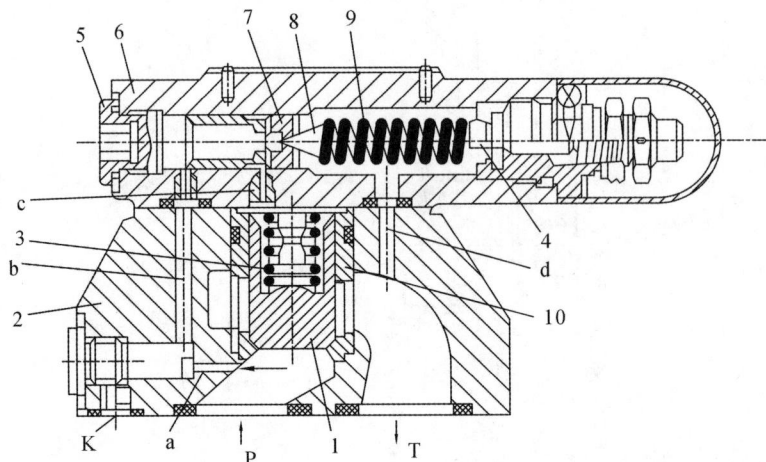

图 5-11　二节同心式溢流阀

1—主阀芯；2—主阀体；3—复位弹簧；4—弹簧座及调节杆；5—螺堵；6—阀盖；7—锥阀座；
8—锥阀芯；9—调压弹簧；10—主阀套

2) 流量-压力特性。溢流阀的定压精度可用流量-压力特性的品质进行评价。溢流阀的流量-压力特性又称启闭特性,即开启特性与闭合特性的统称,它是溢流阀最重要的静态特性,用于评定溢流阀的定压精度。图 5-12 所示为溢流阀的典型启闭特性曲线。其中开启特性系指溢流阀从关闭状态逐渐开启过程中,阀的通过流量与被控压力之间的关系,具有流量增加时被控压力升高的特点;闭合特性系指溢流阀从全开状态逐渐关闭过程中,阀的通过流量减小时与被控压力之间的关系,具有流量减小时被控压力降低的特点。由于开启与闭合时阀芯摩擦力方向不同的影响,阀的开启特性曲线与闭合特性曲线不重合。

图 5-12(a) 所示的直动式溢流阀启闭特性曲线中,K 与 B 点分别对应阀的开启压力 p_K 和闭合压力 p_B,改变调压弹簧的预压缩量可以使 K 与 B 点及整个曲线上下移动。N 点对应的压力为阀的调定压力 p_N(通过额定流量 q_N 时的压力)。

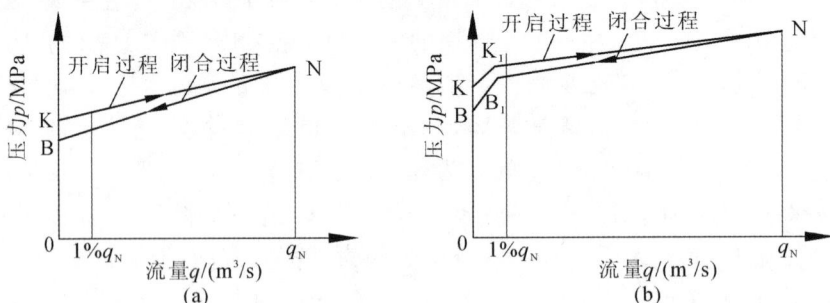

图 5-12　溢流阀的启闭特性曲线
(a)直动式溢流阀；(b)先导式溢流阀

先导式溢流阀工作中,开启时,导阀开启后主阀才能开启,而闭合时正好与此相反,所以其启闭特性曲线中有两个开启点以及两个闭合点。如图 5-12(b) 所示的先导式溢流阀启闭特性曲线中,K 与 B 点分别对应导阀的开启压力 p_K 和闭合压力 p_B,K_1 与 B_1 分别对应主阀的开启压力 p_{K1} 和闭合压力 p_{B1}。N 点对应的压力为阀的调定压力 p_N(通过主阀口机械限位前可能通过的最大流量 q_N 时的压力)。

由于溢流阀开启和关闭点零流量的压力很难测得,故目前规定通过 1% 额定流量时的压力为溢流阀的开启压力和闭合压力。开启压力与调定压力之比(百分比)称为开启比;闭合压力与调定压力之比(百分比)称为闭合比。开启比和闭合比越大,溢流阀的调压偏差 $|p_N - p_K|$ 或 $|p_N - p_B|$ 越小,表明阀的定压精度越高。一般而言,溢流阀的开启比不应低于 85%,而闭合比不应低于 80%。由图 5-12 可以看出,在相同的调定压力和流量变化下,先导式溢流阀的启闭特性曲线比直动式溢流阀的平坦,这说明先导式溢流阀的启闭特性要比直动式溢流阀的好,即定压精度远优于直动式溢流阀。

3)卸荷压力。当溢流阀的遥控口 K 与油箱接通,阀在全开口工作使系统卸荷时,溢流阀的进出油口的压力差,称为卸荷压力。卸荷压力越低,液流经过溢流阀的压力损失越小。

4)最大允许流量和最小稳定流量。溢流阀的最大允许流量为其额定流量。溢流阀的最小稳定流量取决于对压力平稳性的要求,通常规定为额定流量的 15%。

(2)动态特性。溢流阀的动态特性反映了阀在工况(流量或压力)发生突变时被控压力变化的过程,它可用关于力和流量的微分方程组描述,通常用时域性能指标进行评价。溢流阀的动态特性研究一般是采用计算机数字仿真技术和实物试验相结合的方法,因而具有周期短、费用低、便于修改和更改设计参数等显著特点。

输入信号(流量或压力)作阶跃变化时,试验获得的溢流阀典型响应特性曲线如图 5-13 所示。由图可见,当向阀输入一个阶跃信号时,阀迅即作出响应而使被控压力迅速升高到最大峰值压力 p_{max},尔后逐渐衰减波动至稳定的调压值 p_s,整个动态响应

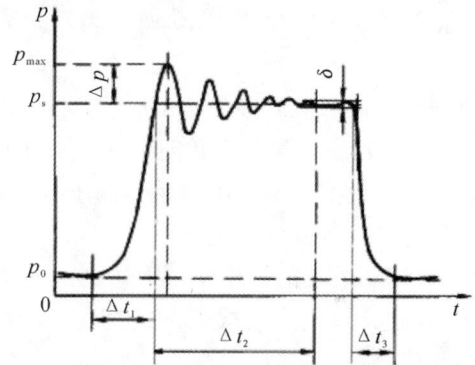

图 5-13　溢流阀的阶跃响应特性曲线
Δp—压力超调量;Δt_1—升压时间;
Δt_2—压力回升时间;Δt_3—压力卸荷时间

过程是一个过渡过程。时域特性反映了溢流阀的快速性、稳定性和准确性等,具体指标如下:

1)压力超调率 δ。最大峰值压力 p_{max} 和稳态调定压力 p_s 之差 Δp 与 p_s 的百分比,称为压力超调率 δ,即 $\delta = \dfrac{p_{max} - p_s}{p_s} \times 100\% = \dfrac{\Delta p}{p_s} \times 100\%$,它反映了溢流阀工作的相对稳定性。超调率应尽可能小,否则有可能损坏管路系统及相关元件。优良溢流阀的压力超调率应小于 30%。

2)升压时间 Δt_1。压力第一次上升到调定值 p_s 所需的时间 Δt_1 称为升压时间,它反映了溢流阀的响应快速性。优良溢流阀的升压时间应不大于 0.10s。

3)压力回升时间 Δt_2(调整时间)。压力从开始上升到压力达到调定值处于稳定状态所需的时间 Δt_2。它反映了溢流阀的响应快速性以及阻尼状况和稳定性。

4)压力卸荷时间 Δt_3。由调定压力降低到卸荷压力 p_0 所需的时间 Δt_3 称压力卸荷时间,它也是一个快速性指标。通常此值应不大于数十毫秒。

总之,一个优良的溢流阀,其受控压力的阶跃响应特性应具有较小的压力超调量、较少的压力振荡以及达到稳态时较短的调整时间。

（3）对溢流阀的主要要求。对溢流阀的要求是定压精度要高，灵敏度高，动态超调率小，过流能力大，工作平稳，振动和噪声小，阀关闭时密封性好。

4．应用场合

溢流阀可用于定量泵供油的串联节流调速液压系统的定压溢流、定量泵供油的并联节流调速系统及变量泵供油系统的安全保护，系统的远程调压、多级压力控制、卸荷及作背压阀用。

二、减压阀

减压阀的主要用途是减小液压系统中某一支路的压力，并使其保持恒定，此类减压阀称为定值减压阀；此外还有使一次压力（进口压力，下同）与二次压力之差能保持恒定的定差减压阀，以及使二次压力与一次压力成固定比例的定比减压阀。这三类减压阀中应用最多的是定值减压阀，它也有直动式减压阀与先导式减压阀两类，并可与单向阀组合构成单向减压阀。

1．工作原理及图形符号

（1）直动式减压阀。直动式减压阀也是一个闭环自动控制元件，其输出压力的反馈与输入弹簧预调力相比较，自动调节阀口的节流面积，使二次压力基本恒定。

直动式减压阀结构原理如图 5-14(a) 所示，阀上开有三个油口：进油口 P_1、出油口 P_2 和外泄油口 L，进、出油口总是相通的，即阀是常开的。来自高压油路的压力油从 P_1 口经滑阀阀芯 3 的下端圆柱台肩与阀孔间形成常开阀口（开度 x），从 P_2 口流向低压支路，同时通过流道 a 反馈在阀芯 3 底部面积上产生一向上的液压作用力，该力与调压弹簧 4 的预调力相比较。当出口压力未达到阀的设定值时，阀芯 3 处于最下端，阀口全开，阀为非工作状态。当出口压力增大，使阀芯下端的液压作用力达到阀的调压弹簧力的预调力时，阀进入工作状态，即阀芯 3 上移，开度 x 减小实现减压，以使出口压力维持在某一定值（调定值）上。此时，若出口压力偏离调定值，例如出口压力减小，则阀芯下移，阀口开度增大，阀口处阻力减小，压降随之减小，使出口压力回升到设定值；反之，若出口压力增大，则阀口开度减小，阀口处阻力增大，压降随之增大，使出口压力降低到设定值。通过调节螺钉 7 改变调压弹簧 4 的预调力来设定即可获得不同的出口压力。由于回油口不接油箱，故泄漏油口 L 必须单独接回油箱。图 5-14(b) 所示为直动式减压阀的图形符号。

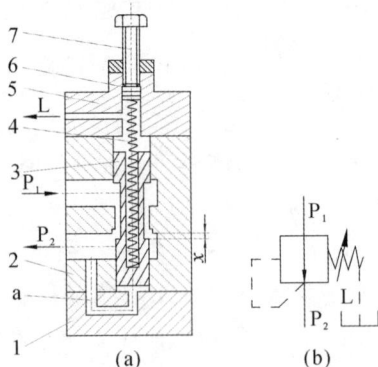

图 5-14　直动式减压阀的原理及图形符号

(a)结构原理图；(b)图形符号

1—下盖；2—阀体；3—阀芯；4—调压弹簧；5—上盖；6—弹簧座；7—调节螺钉

直动式减压阀结构简单,只用于低压系统或用于产生低压控制油液,其性能也不如先导式减压阀。

(2) 先导式减压阀。先导式减压阀的结构原理及图形符号如图 5-15 所示,它也由导阀和主阀两部分组成,其原理可仿照前述先导式溢流阀进行分析,此处不再赘述。其远程控制口 K 主要有两个作用:① 通过油管接到另一个远程调压阀(远程调压阀的结构和减压阀的先导控制部分一样),调节远程调压阀的弹簧力,即可调节减压阀主阀芯上端的液压力,从而对减压阀的出口压力实行远程控制,但远程调压阀所能调节的最高压力不得超过减压阀本身导阀的调整压力;② 通过电磁换向阀外接多个远程调压阀,便可实现多级减压。

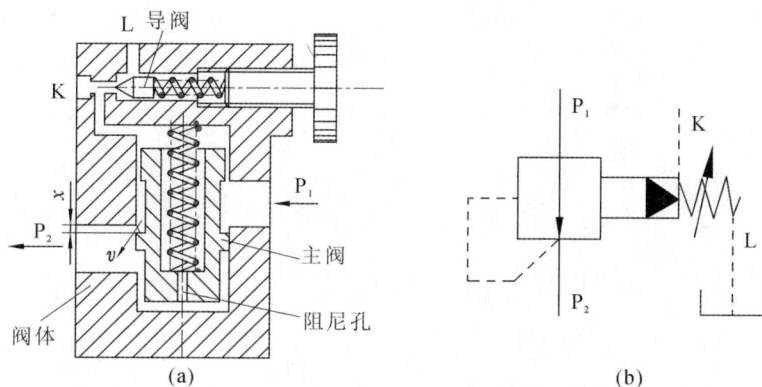

图 5-15　先导式减压阀的原理及图形符号
(a) 结构原理图;(b) 图形符号

2. 应用场合

减压阀在液压系统中可用于减压、稳压和多级减压等。

三、顺序阀

顺序阀的主要功用是控制多个执行元件间的顺序动作。通常顺序阀可视为二位二通液动换向阀,其启闭压力可用调压弹簧设定,当控制压力(阀的进口压力或液压系统某处的压力)达到或低于设定值时,阀可以自动启、闭,实现进、出口间的通断。

顺序阀也有直动式和先导式两类,前者通常用于低压系统,后者用于高压系统。按照压力控制方式的不同,顺序阀有内控式和外控式之分,前者用阀的进口压力控制阀的启闭,后者用外来的控制压力油控制阀的启闭(故又称液控顺序阀)。顺序阀与其他液压阀(如单向阀)组合可以构成单向顺序阀(平衡阀)等复合阀,用于平衡执行元件及工作机构自重。

1. 工作原理及图形符号

(1) 直动式顺序阀。直动式内控顺序阀的结构原理和图形符号如图 5-16(a)(b) 所示。与溢流阀类似,阀体 3 上开有两个主油口 P_1,P_2,但 P_2 不是接油箱,而是接二次油路(后动作的执行元件油路),故在阀盖 6 上的泄油口 L 必须单独接回油箱,而溢流阀既可内泄,也可外泄。为了减小调压弹簧 5 的刚度,阀芯(滑阀)4 下方设置了控制柱塞 2。系统工作时,进口压力油经内部流道 a 进入柱塞 2 下端面,当进口压力 p_1 在下端面产生的液压作用力小于阀弹簧 5 的预调力时,阀芯 4 在弹簧作用处于下方,进、出油口不相通(亦即阀常闭)。当进口压力 p_1 升高使柱塞 2 下端面上油液的液压力超过弹簧预调力时,阀芯 4 便上移,使进油口与出油口接通,油液便经顺序阀口从出油口流出,从而驱动另一执行元件或其他元件动作。顺序阀在阀开启后应尽可能减小阀口压力损失,力求使出口压力接近进口压力。这样,当驱动后动作执行元件所需 P_2 口的压力大于顺序阀的调定压力时,系统的压力略大于后动作执行元件的负载压力,因而压力损失较小。如果驱动后动作执行元件所需 P_2 口的压力小于阀的调定压力,则阀口开度较小,在阀口处造成一定的压差以保证阀的进口压力不小于调定压力,使阀打开,P_1 口与 P_2 口在一定的阻力下沟通。综上可知,内控式顺序阀开启与否,取决于其进口压力,只有在进口压力达到弹簧设定压力时阀才开启。而进口压力可通过改变调压弹簧的预调力实现,更换调压弹簧即可得到不同的调压范围。

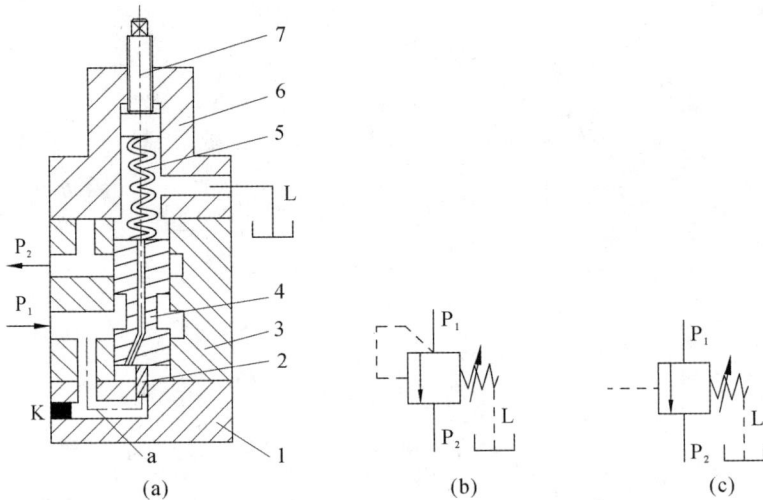

图 5-16　直动式工作原理及图形符号

(a) 结构原理图;(b) 内控顺序阀图形符号;(c) 外控顺序阀图形符号

1—端盖;2—柱塞;3—阀体;4—阀芯(滑阀);5—调压弹簧;6—阀盖;7—调压螺钉

若将端盖 1 转过 90°或 180°,并打开螺塞封堵的外控口 K,则上述内控式顺序阀就变为外控式顺序阀,其图形符号如图 5-16(c)所示。由于外控式顺序阀是用液压系统其他部位的压力控制该阀的启闭,故阀启闭与否和一次压力油的压力值无关,仅取决于外部控制压力的大小。因弹簧力只须克服阀芯摩擦副的摩擦力使阀芯复位,故外控油压可以较低。

直动式顺序阀结构简单、动作灵敏,但由于弹簧设计的限制,尽管采用小直径控制活塞结构,弹簧刚度仍较大,故调压偏差大限制了压力的提高,因此一般调压范围低于 8MPa。

(2) 先导式顺序阀。图 5-17 所示为先导式顺序阀的结构原理与图形符号,通常只要将直动式顺序阀的阀盖和调压弹簧去除,换上先导阀和主阀芯复位弹簧,即可组成先导式顺序阀。先导式顺序阀的结构与工作原理与先导式溢流阀相仿,可仿照前述先导式溢流阀进行分析。

应当强调的是,顺序阀除了泄油为外泄及出口接负载与溢流阀不同外,顺序阀与溢流阀的工作压力也不同,溢流阀的工作压力是调定不变的,而顺序阀在开启后系统工作压力还可随其出口负载进一步升高。对于先导式顺序阀,这将使先导阀的通过流量随之增大,引起功率损失和油液发热。这是先导式顺序阀的一个缺点。先导式阀不宜用于流量较小的系统,因为在负载压力很大时,先导阀流量也较大。这将降低系统的负载刚度,甚至导致执行元件爬行。

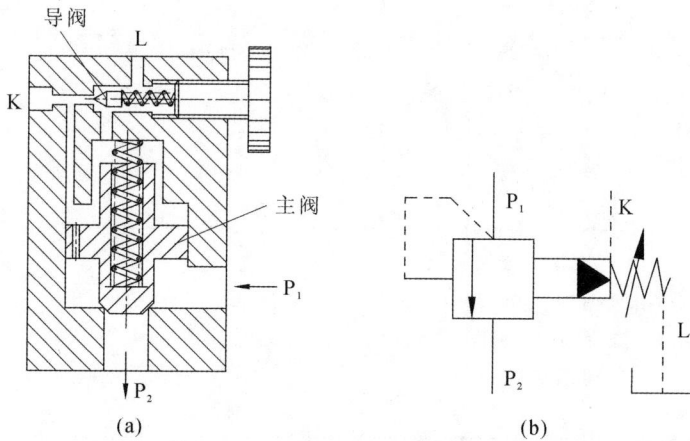

图 5－17　先导式顺序阀的工作原理及图形符号
（a）结构原理图；（b）图形符号

2．应用场合

顺序阀在液压系统中可用于多执行元件的顺序动作控制、系统保压、立置液压缸的平衡、系统卸荷、作背压阀等。

四、溢流阀、减压阀、顺序阀的综合比较

溢流阀、减压阀、顺序阀是液压传动中三类重要的压力控制元件，它们的结构原理与适用场合既有相近之处，又有很多不同之处，其综合比较见表5－5。具体使用中应特别注意加以区别，以正确有效地发挥其作用。

表 5－5　溢流阀、减压阀、顺序阀的结构原理与适用场合的综合比较表

比较内容	溢流阀		减压阀		顺序阀	
	直动式	先导式	直动式	先导式	直动式	先导式
阀芯结构	滑阀、锥阀、球阀	滑阀、锥阀、球阀式导阀；滑阀、锥阀式主阀	滑阀、锥阀、球阀	滑阀、锥阀、球阀式导阀；滑阀、锥阀式主阀	滑阀、锥阀、球阀	滑阀、锥阀、球阀式导阀；滑阀、锥阀式主阀
阀口状态	常闭	主阀常闭	常开	主阀常开	主阀常闭	主阀常闭
控制压力来源	入口	入口	出口	出口	入口	入口
控制方式	通常为内控	既可内控又可外控	内控	既可内控又可外控	既可内控又可外控	既可内控又可外控
二次油路	接油箱	接油箱	接次级负载	接次级负载	通常接负载；作背压阀或卸荷阀时接油箱	通常接负载；作背压阀或卸荷阀时接油箱

续 表

比较内容	溢流阀		减压阀		顺序阀	
	直动式	先导式	直动式	先导式	直动式	先导式
泄油方式	通常为内泄，可以外泄	通常为内泄，可以外泄	外泄		外泄	一般为外泄
组成复合阀	可与电磁换向阀组成电磁溢流阀	可与电磁换向阀组成电磁溢流阀，或与单向阀组成卸荷溢流阀	可与单向阀组成单向减压阀		可与单向阀组成单向顺序阀	
适用场合	定压溢流、安全保护、系统卸荷、远程和多级调压、作背压阀		减压稳压	减压稳压、多级减压	顺序控制、系统保压、系统卸荷、作平衡阀、作背压阀	

五、压力继电器

压力继电器又称压力开关，是一种把液体压力信号转换成电信号的液压-电气转换元件，当液压系统的压力达到压力继电器的设定压力时，其压力-位移转换机构将触动内设的微动开关而发出电信号，控制诸如电动机、电磁铁等电气元件动作，实现液压泵加载或卸荷、油路换向、执行元件顺序动作或系统的安全保护和互锁等功能。

按压力-位移转换机构的不同，压力继电器有柱塞式、膜片式、弹簧管式和波纹管式等四种类型。图5-18所示为常用的柱塞式压力继电器的结构图和图形符号，属管式连接元件，主要由柱塞1、杠杆2、调压弹簧3与微动开关4等组成。其工作原理是，当从控制油口P进入柱塞1下端的油液的压力达到弹簧3的预调力时，推动柱塞1上移，该位移通过杠杆2放大后推动微动开关4动作发出电信号。当液压力下降时，在弹簧力作用下，柱塞和微动开关复位。调节弹簧3的预紧力即可调节压力继电器的动作压力。

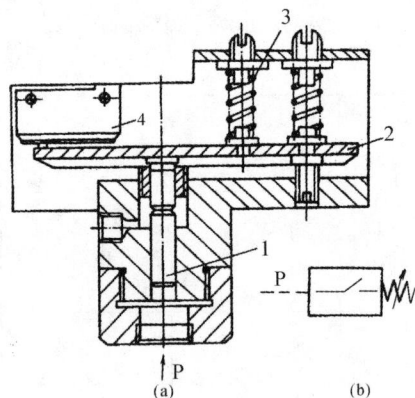

图5-18 柱塞式压力继电器
(a)结构图；(b)图形符号
1—柱塞；2—杠杆；
3—调压弹簧；4—微动开关

压力继电器的主要性能有调压范围，灵敏度，通断调节区间，重复精度和升、降压动作时间等。这些性能中，最重要的是灵敏度和重复精度。压力升高，接通电信号的压力（开启压力），与压力下降、复位切断电信号的压力（闭合压力）之差称为压力继电器的灵敏度。在一定的设定压力下，多次升压和降压过程中，开启压力和闭合压力的差值称为重复精度。一个性能优良的压力继电器，应具有较好的灵敏度和较高的重复精度。

上述柱塞式压力继电器结构简单，但灵敏度和动作可靠性较低。

第四节   流量控制阀

流量控制阀的功用是通过改变阀口通流面积的大小或通道长短来改变液阻,控制阀的通过流量,从而实现液压执行元件运动速度的调节和控制。常用的流量控制阀有节流阀、调速阀和溢流节流阀等,其中节流阀是结构最简单、应用最广泛的流量阀。

一、节流阀

1. 工作原理及图形符号

图 5-19(a)所示为轴向三角槽式节流口型普通节流阀的原理图,阀体上开有进油口 P_1 和出油口 P_2,阀芯 2 端部开有轴向三角槽式节流口,从进油口 P_1 流入的油液经三角槽节流后从出油口 P_2 流出,通向执行元件或油箱。通过外部调节机构(手柄、行程挡块或凸轮等)使阀芯作轴向移动,即可改变节流口的通流面积或开度,从而实现流量的调节。图 5-19(b)所示为普通节流阀的图形符号。

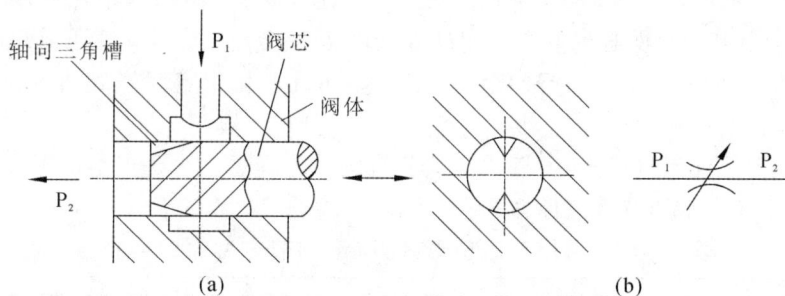

图 5-19   节流阀工作原理与图形符号

(a)原理图;(b)图形符号

节流阀还可以与单向阀等组成单向节流阀、单向行程节流阀等复合阀。

2. 流量特性

节流阀的节流口有薄壁小孔、细长孔和短孔等三种形式。由液压流体力学中的孔口和缝隙液流特性(见第二章第五节)可知,无论采用何种节流口形式的节流阀,其通过节流口的流量都可用孔口流量特性通用式(2-47)来描述,即 $q = CA(p_1 - p_2)^\varphi = CA\Delta p^\varphi$。由该式可知,通过节流阀的流量 q 是通过调节节流口的通流面积 A 获得的,图 5-20 所示为节流阀在不同通流面积下的流量-压差特性曲线。在通流面积 A 调毕后,流量 q

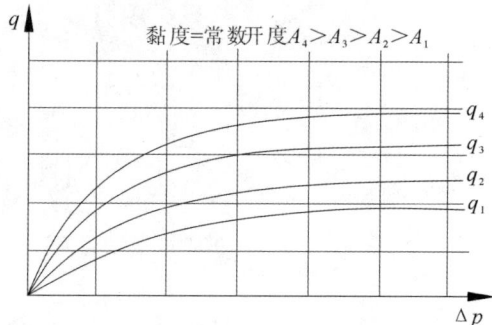

图 5-20   节流阀的流量-压差特性曲线

能否稳定在所调出的流量上,则与节流口前、后的压差 Δp,油温以及节流口形式等因素密切相关。现分析如下。

(1)压差对流量的影响。由于负载变化等原因致使节流阀前、后的压差 Δp 变化时,其通过流量要发生变化。节流阀流量抵抗压差变化的能力可用式(5-8)所列的节流阀刚性 k 反映。k 越大,节流阀流量抵抗压差变化的能力越强,则阀的流量稳定性越好。

$$k = \frac{\partial \Delta p}{\partial q} = \frac{\Delta p^{1-\varphi}}{CA\varphi} \qquad (5-8)$$

式中的节流阀指数越大,k 越小,Δp 的变化对流量的影响亦越大。因此,薄壁孔($=0.5$)节流口比细长孔($=1$)节流口要好。

(2)油温对流量的影响。油液温度的变化引起黏度变化,从而对流量发生影响,这在细长孔式节流口上是十分明显的。对薄壁孔式节流口来说,当雷诺数大于临界值时,流量系数不受油温影响,但当压差小、通流截面积小时,流量系数与雷诺数有关,流量要受到油温变化的影响。

(3)节流口的堵塞现象和最小稳定流量。在其他因素都不变的情况下,当节流阀的通流面积很小时,通过节流口的流量会出现周期性的脉动,甚至造成堵塞而断流的现象。节流口堵塞时,会使液压系统中执行元件的速度不均匀。故每个节流阀都有一个能正常工作的最小稳定流量,一般流量控制阀的最小稳定流量为 0.05L/min。

节流口发生堵塞的主要原因是由于油液中含有杂质或由于油液因高温氧化后析出的胶质、沥青等黏附在节流口的表面上,当附着层达到一定厚度时,就造成节流阀断流。避免或减小堵塞现象的有效措施:① 避免节流阀在过小开度下工作;② 采用节流通道短和水力直径大的节流口,以增大通流能力;③ 选择化学稳定性好和抗氧化稳定性好的油液;④ 保持油液清洁,精心过滤并定期更换等。

综上可知,为保证流量稳定,薄壁小孔式节流阀较为理想。表5-6给出了几种液压工程中常用的节流口形式流量调节方法原理和特点。

表 5-6　常用节流口形式、流量调节方法原理和特点

序　号	节流口形式	结构简图	工作原理(流量调节方法)	特　点
1	针阀式		使针阀作轴向移动即可改变环形节流开口的大小,以调节流量	结构加工简单,但节流口长度大,水力半径小,易堵塞,流量受油温影响较大,用于要求不高的场合
2	偏心式		在阀芯上开一个截面为三角形的偏心槽,转动阀芯就可以改变节流口的大小,由此调节了流量	与针阀式节流口相同,但容易制造,其缺点是阀芯上的径向力不平衡,旋转阀芯时较费力,用于低压大流量和稳定性要求不高的场合
3	轴向三角槽式		在阀芯端部开有一个或两个斜的三角槽,轴向移动阀芯就可以改变三角槽通流面积,从而调节流量	水力半径较大,小流量时的稳定性较好。当三角槽对称布置时,液压径向力得到平衡,故适用于高压场合

续 表

序 号	节流口形式	结构简图	工作原理(流量调节方法)	特 点
4	周边缝隙式		这种节流口在阀芯上开有狭缝,油液可以通过狭缝流入阀芯内孔再经左边的孔流出,旋转阀芯可以改变缝隙节流开口的大小	节流口可做成薄刃结构,从而获得较小的最低稳定流量,但是阀芯受径向不平衡力,故只在低压节流阀中采用
5	轴向缝隙式		在套筒上开有轴向缝隙,轴向移动阀芯就可以改变缝隙的通流面积大小,调节了流量	可以做成单薄刃或双薄刃式结构,因此流量对温度变化不敏感。此外,此种节流口水力半径大,小流量时稳定性好,用于性能要求高的场合

3. 典型结构

图 5 - 21 所示为一种普通节流阀,属板式阀,阀体 5 底面上开有进油口 P_1 和出油口 P_2,阀芯 2 左端开有轴向三角槽式节流口 6,阀芯在弹簧 1 的作用下始终贴紧在推杆 3 上。油液从进油口 P_1 流入,经孔道 a 和节流口 6 进入孔道 b,再从出油口 P_2 流出,通向执行元件或油箱。调节手柄 4 通过推杆 3 使阀芯 2 随之轴向移动,即可改变节流口的通流面积,通过阀的流量随之改变。这种节流阀的进出油口可互换。

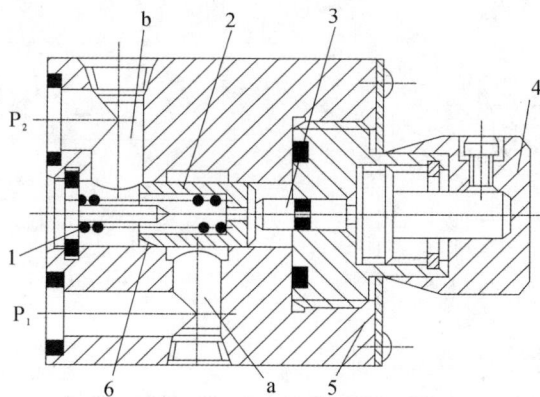

图 5 - 21 普通节流阀

1—弹簧;2—阀芯;3—推杆;4—调节手柄;5—阀体;6—轴向三角槽式节流口; 5—阀体;6—轴向三角槽

4. 应用场合

节流阀的优点是结构简单、价格低廉、调节方便,但由于没有压力补偿措施,故流量稳定性较差。其常用于负载变化不大或对速度控制精度要求不高的定量泵供油节流调速液压系统中;有时也用于变量泵供油的容积节流调速液压系统中;有时还可用于起负载阻力或执行元件缓冲及限速作用。

二、调速阀

调速阀是为了克服节流阀因前、后压差变化影响流量稳定的缺陷而发展的一种流量阀。普通调速阀由节流阀与定差减压阀串联复合而成,前者用于调节通流面积,从而调节阀的通过流量;后者用于压力补偿(故又称其为压力补偿器),以保证节流阀前后压差恒定,从而保证通过节流阀的流量亦即执行元件速度的恒定。通过增设温度补偿装置,可以形成温度补偿调速阀,它可使调速阀流量不受油温变化的影响。调速阀在结构上增加一个单向阀,还可以组成单向调速阀,油液正向流动时起调速作用,反向流动时起单向阀作用。

(1)工作原理及图形符号。调速阀的定差减压阀一般串接在节流阀之前。如图 5-22(a)中双点画线所示,整个调速阀有两个外接油口。液压泵的供油压力亦即调速阀的进口压力 p_1由溢流阀 4 调定后基本不变,p_1 经减压阀口降至 p_m,并分别经流道 f 和 e 进入 c 腔及 d 腔作用在减压阀芯下端;节流阀阀口又将 p_m 降至 p_2,在进入液压缸 3 的无杆腔驱动负载 F 的同时,通过流道 a 进入弹簧腔 b 作用在减压阀芯 1 上端,从而使反馈作用在减压阀芯上、下两端的液压力与阀芯上的弹簧力 F_s 相比较。若忽略减压阀芯的摩擦力、自重和液动力等因素的影响,则减压阀阀芯在其弹簧力 F_s 及油液压力 p_m,p_2 作用下处于某一平衡位置时有

$$p_m(A_1 + A_2) = p_2 A + F_s \qquad (5-8)$$

式中,A,A_1,A_2 分别为 b 腔、c 腔、d 腔中减压阀芯的有效作用面积,且 $A_1 + A_2 = A$。

所以节流阀压差为

$$p_1 - p_2 = -p = F_s/A \qquad (5-9)$$

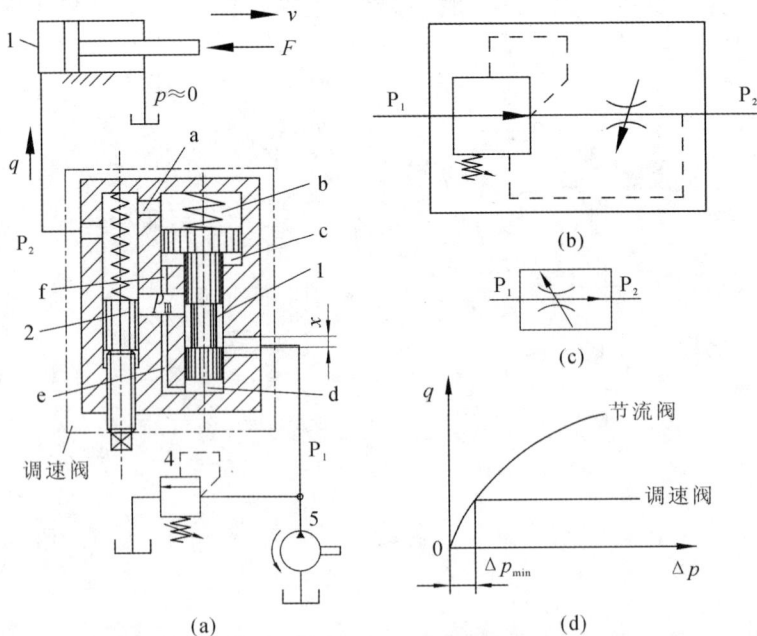

(a)

(b)

(c)

(d)

图 5-22 调速阀

(a)结构原理图;(b)详细图形符号;(c)简化图形符号;(d)流量-压差特性曲线

1—减压阀;2—节流阀;3—液压缸;4—溢流阀;5—液压泵

　　由于弹簧刚度较低,且工作过程中减压阀芯位移很小,因此可认为弹簧力 F_s 基本保持不变,节流阀压差 $\Delta p_2 = p_m - p_2$ 也基本不变,从而保证了节流阀开口面积 A_j 一定时流量 q 的稳定。

　　调速阀的工作原理如下。若 $p_2 = F/A_c$(F 和 A_c 为液压缸 3 的负载和有效作用面积)随着 F 的增大而增大时,则作用在减压阀芯上端的液压力也随之增大,打破减压阀芯受力平衡而下移,于是减压口 x 增大,液阻减小使减压阀的减压作用减弱,从而使 p_m 相应增大,直到 $\Delta p_2 = p_m - p_2$ 恢复到原来值,减压阀芯达到新的平衡位置;p_2 随 F 的减小而减小时的情况可作类似分析。总之,由于定差减压阀的自动调节(压力补偿)作用,无论 p_2 随液压缸负载如何变化,节流阀压差 Δp_2 总能保持不变,从而保证了调速阀的流量 $q = CA_j\Delta p_n\varphi = CA_j(p_1 - p_2)\varphi$ 基本为调定值,最终也就保证了所要求的液压缸输出速度 $v = q/A_c$ 的稳定,不受负载变化的影响。

　　图 5-22(b)(c) 所示分别为调速阀的详细图形符号和简化图形符号。

　　由图 5-22(d) 所示的调速阀流量-压差特性曲线可见,调速阀在压差大于其最小值 Δp_{min} 后,流量基本保持恒定。当压差 Δp 很小时,因减压阀阀芯被弹簧推至最下端,减压阀口全开,失去其减压稳压作用,故此时调速阀性能与节流阀相同(流量随压差变化较大),所以调速阀正常工作需有 $0.5 \sim 1\text{MPa}$ 的最小压差。

　　(2) 特点及应用场合。调速阀的优点是流量稳定性好。但由于液流经过调速阀时,较单一的节流阀多经过一个液阻(减压阀口),压力损失较大。调速阀常用于负载变化大而对速度控制精度又要求较高的定量泵供油节流调速液压系统中;有时也用于变量泵供油的容积节流调速液压系统中。

三、溢流节流阀

　　溢流节流阀是另一种形式的带有压力补偿装置的流量控制阀(又称旁通型调速阀),它是由节流阀与一个起稳压作用的溢流阀并联组合而成的复合阀,前者用于调节通流面积,从而调节阀的通过流量,后者用于压力补偿,以保证节流阀前后压差恒定,从而保证通过节流阀的流量亦即执行元件速度的恒定。溢流阀多用于定量泵供油的进口节流调速系统或变量泵供油的联合调速系统。

　　(1) 工作原理及图形符号。图 5-23(a) 所示是溢流节流阀的结构原理图,由图中双点画线所围部分可见,整个阀有三个外接油口。定差溢流阀 3 与节流阀 4 并联,从液压泵输出的压力油(压力为 p_1),一部分经节流阀 4 后,压力降为 p_2,通过出口进入液压缸 1 推动负载以速度 v 运动;另一部分经溢流阀 3 的阀口 x 溢回油箱。节流阀口两端压力 p_1 和 p_2 分别引到溢流阀阀芯的环形腔 b、下腔 c 和上腔 a 中,与作用在阀芯上的弹簧力相平衡。当负载压力 p_2 变化时,作为压力补偿器的定差溢流阀,自动调节阀口 x,使进口压力 p_1 相应变化,保持节流阀口的工作压差 $\Delta p = p_1 - p_2$ 基本不变,从而使通过节流阀口的流量为恒定值,而与负载压力变化几乎无关。图中的小通径先导压力阀 2 起安全阀作用,防止过载。图 5-23(b)(c) 分别为溢流节流阀的详细和简化图形符号。

　　(2) 特点及应用场合。溢流节流阀的进口压力 p_1 即为液压泵出口压力,因之能随负载变化,故功率损失小,系统发热减小,具有节能意义。但通常溢流节流阀中压力补偿装置的弹簧较硬,故压力波动较大,流量稳定性较普通调速阀差,通过流量较小时更为明显。故溢流节流阀只适用于速度稳定性要求不太高而功率较大的节流调速系统。另外,由于溢流节流阀使泵的出口压力随负载压力变化而变化,且两者仅相差节流阀口压差,因此,使用中溢流节流阀只能布置在液压泵的出口。

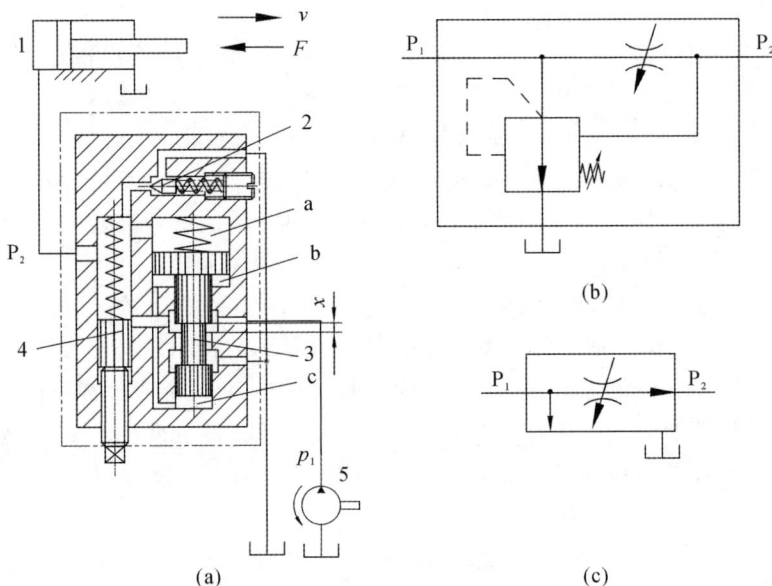

图 5 - 23　溢流节流阀的原理及图形符号

(a)结构图;(b)详细图形符号;(c)简化图形符号

1—液压缸;2—先导压力阀;3—定差溢流阀;4—节流阀;5—液压泵

四、分流集流阀

分流集流阀用来保证两个或两个以上的执行元件在承受不同负载时仍能获得相同或成一定比例的流量,从而使执行元件间以相同的位移或相同的速度运动(同步运动),故又称同步阀。根据液流方向的不同,分流集流阀可分为分流阀、集流阀和分流集流阀,与单向阀组合还可以构成单向分流阀、单向集流阀等复合阀。分流阀按固定的比例自动将输入的单一液流分成两股支流输出;集流阀按固定的比例自动将输入的两股液流合成单一液流输出;单向分流阀与单向集流阀使执行元件反向运动时,液流经过单向阀,以减小压力损失;分流阀及单向分流阀、集流阀及单向集流阀只能使执行元件在一个运动方向起同步作用,反向时不起同步作用。而分流集流阀则能使执行元件双向运动都起同步作用。按结构原理不同,分流集流阀又有换向活塞式、挂钩式、可调式及自调式等多种形式。

(1)典型结构原理。以常见的换向活塞式分流集流阀来说明其结构原理,如图 5 - 24(a)所示,其右侧为分流工况,左侧为集流工况。分流工况时,换向活塞 5 和 6 均处于离开中心的位置,高压油由 P 口进入阀内后,分两路流向两侧定节流孔 a_1 和 a_2,然后分别流经可变节流孔 b_{A1},再流入两个执行元件;如果当两个执行元件负载压力相等,即 $p_A = p_B$ 时,液流所遇的阻力相同,则 $q_A = q_B$。当负载压力 $p_A > p_B$ 时,产生 $p_1 > p_2$,使阀芯 4 左、右两侧所受压力不等,阀芯向右运动,使可变节流孔 b_{A1} 逐渐增大,可变节流孔 b_{B1} 逐渐减小,则 p_1 下降,p_2 升高。当 p_2 升高到与 p_1 相等时,阀芯就停止移动,在新的平衡位置稳定下来。由于在新的位置上固定节流孔后的压力 $p_1 = p_2$,所以流量 $q_A = q_B$。

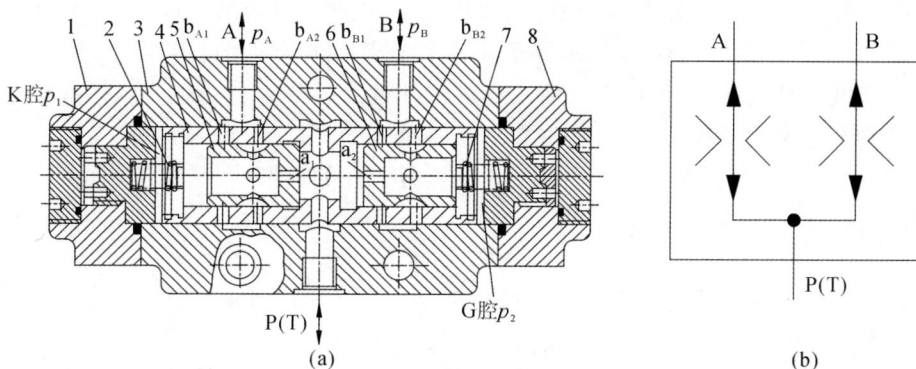

图 5-24　分流集流阀的结构原理及图形符号
1,8—端盖;2,7—弹簧;3—阀体;4—阀芯;5,6—换向活塞

在集流工况下,两侧的换向活塞5和6均靠向中心,液流分别由A口和B口流入,先经一对集流可变节流孔口 b_{A2} 和 b_{B2},先流经中间油腔K和G,再流过固定节流孔 a_1 和 a_2,集中由T口流回油箱。当负载压力 $p_A > p_B$ 时,产生 $p_1 > p_2$,使阀芯4左、右两侧所受压力不等,阀芯向右运动,使集流可变节流孔 b_{B1} 和 b_{A2} 逐渐关小,b_{B2} 逐渐开大,压力 $p_1 = p_2$,使阀芯在新的平衡位置稳定下来。两固定节流孔后两端的压力差相等,所以流量 $q_A = q_B$。图 5-24(b)所示为分流集流阀的图形符号。

分流集流阀只是稳态工况能保持两路流量相等,适用于对执行元件的速度同步控制;在瞬态过程时间内,两路流量是不相等的,如用它来控制两个执行元件的位置同步,将产生位置同步误差,分流集流阀本身没有纠正这种在瞬时工况产生的位置同步误差的能力。对位置同步控制来说,应用分流集流阀是一种开环控制。

分流集流阀即使在稳态工况下,由于固定节流孔的制造误差、负载压力不同时两侧液动力、弹簧力和泄漏流量的不对称等因素的存在,每一种因素单独起作用的结果,将引起两路流量的差别,这也会在用于位置同步控制系统时引起阀本身无法纠正的位置同步误差。但是,这些因素的综合作用,有时会增加同步误差,有时会降低同步误差。此外,分流集流阀在低于设计流量工作时,负载压力的差别,将使它控制等流量的能力变差。

(2)主要性能及应用场合。分流精度和集流精度(统称为同步精度)是分流集流阀的主要性能指标。分流精度和集流精度可采用相对分流、集流误差 δ 来表示:

$$\delta = \frac{|\Delta q|}{\frac{1}{2}(q_A + q_B)} \times 100\% = \frac{2|q_A - q_B|}{(q_A + q_B)} \times 100\%$$

(5-18)

式中　q_A——流经A口的流量(m^3/s);

　　　q_B——流经B口的流量(m^3/s);

　　　Δq——分流集流阀的绝对分流、集流误差,$\Delta q = q_A - q_B(m^3/s)$。

通常,分流误差和集流误差并不相等。由于 Δq,δ 值与两路负载压力差 $\Delta p = |p_A - p_B|$ 有关,所以 Δq,δ 值应为某一 Δp 下

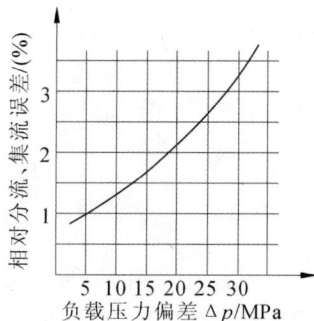

图 5-25　负载压力-相对分流、集流误差曲线

的数值。在一般情况下,Δp愈大,δ就愈大(见图5-25)。但由于制造误差、负载压力不同时,两侧液动力、弹簧力和泄漏流量的不对称等因素,偶然性地相互抵消各自产生的不利于同步精度的影响,有时也会发生Δp较大,δ反而较小的例外情况。分流、集流误差约为$(2\sim5)\%$,额定流量工况下误差较小,约$(1\sim3)\%$,流量减小时精度会降低。

分流-集流阀主要用于液压系统中$2\sim4$个执行元件的速度同步,或控制两个执行元件按一定速度比例运动。

第五节 叠加阀与插装阀

一、叠加阀

叠加阀是以叠加方式连接的液压阀,它是在板式阀集成化的基础上发展起来的一种液压控制元件。叠加阀在配置形式上与板式阀及插装阀截然不同。叠加阀一般安装在板式换向阀和底板之间,可与有关的压力、流量和单向控制阀组成集成化控制回路。每个叠加阀除了具有液压阀功能外,还起着油路通道的作用。因此,由叠加阀组成的液压系统,阀与阀之间不需要另外的连接体,而是以叠加阀阀体作为连接体,直接叠合再用螺栓结合而成的。同一通径的各种叠加阀的油口和螺栓孔的大小、位置和数量都与相匹配的板式换向阀相同。故同一通径的叠加阀,只要按一定次序叠加起来,加上电磁换向阀,油路即可自行对接,组成各种典型液压系统。通常一组叠加阀的液压回路只控制一个执行元件(见图5-26)。若将几个安装底板块(也都具有相互连通的通道)横向叠加在一起,即可组成控制几个执行元件的液压系统。

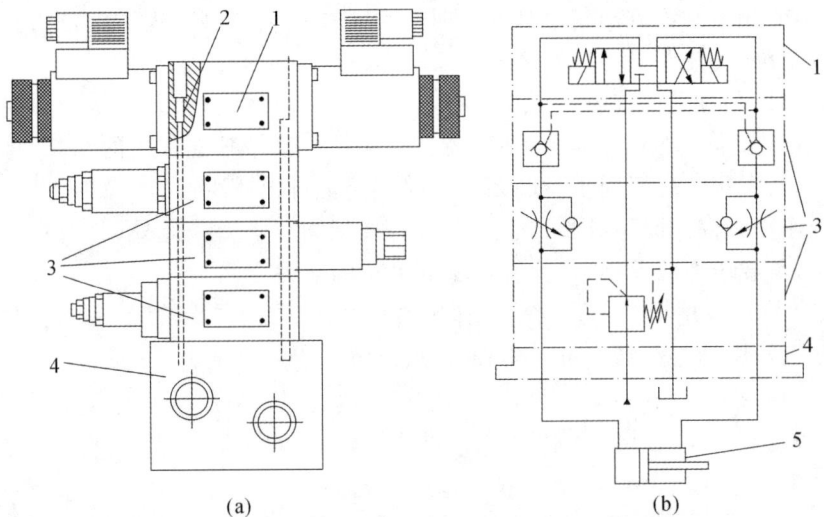

图5-26 控制一个执行元件的叠加阀及其液压回路
1—板式电磁换向阀;2—螺栓;3—叠加阀;4—底板块;5—执行元件(液压缸)

由叠加阀组成的液压系统具有下列优点:标准化、通用化、集成化程度高,设计、加工、装配周期短;结构紧凑、体积小、质量小、占地面积小;便于通过增减叠加阀实现液压系统原理的变更,系统重新组装方便快捷;叠加阀可集中配置在液压站上,也可分散安装在主机设备上,配置形式灵活;由于是无管连接,故消除了因管件间连接引起的漏油、振动和噪声,叠加阀系统使用安全可靠,维修容易,外形整齐美观。主要缺点是通径较小、回路形式较少,不能满足较复杂和大功率的液压系统的需要。

二、插装阀

插装阀是近年发展起来的一种液压控制元件,其基本核心元件是插装元件。将一个或若干个插装元件进行不同组合,并配以相应的先导控制级,便可以组成方向控制、压力控制、流量控制或复合控制等控制单元(阀)。插装阀的主流产品是盖板式二通插装阀(简称插装阀或逻辑阀),由于其基本构件标准化、通用化、模块化程度高,具有通流能力大、控制自动化等显著优势,因此成为高压大流量(流量可达 18 000 L/min 之上)领域的主导控制阀品种。

插装阀的缺点是通径较小、回路形式较少,不能满足较复杂和大功率的液压系统的需要。

1.组成与工作原理

图 5-27(a) 所示为盖板式二通插装阀的结构图,阀本身无阀体,其主要构件有插装单元、控制盖板、先导控制阀(图中未画出)等三部分。插装单元(含阀套 4、阀芯(锥阀或滑阀)6、弹簧 5 及密封件 3 等)插装在有两个主油口 A 和 B 的通道块 7 标准化腔孔内,并由装在通道块上的控制盖板4(通过螺栓 1 连接紧固)的下端面压住及保持到位,控制盖板上有控制口 X 与插装单元上腔相通。装在控制盖板 4 上端面不同的先导控制阀(图中未画出),发出的控制压力信号,对插装单元的启闭起控制作用,以实现具有两个主油口 A 和 B 的完整液压阀功能。插装单元上配置不同的控制盖板和不同的先导控制阀,就可实现不同的工作机能,即构成大流量的插装方向控制阀、插装流量控制阀和插装压力控制阀等(完整的插装阀示例见图 5-28)。通道块中的钻孔通道,将两个主油口连到其他插装单元或者连接到工作液压系统;通道块中的控制油路钻孔通道也按希望连接到控制油口 X 或其他信号源。因此,将若干个不同工作机能的插装单元安装在同一通道块内,实现集成化,即可组成所需的液压系统。

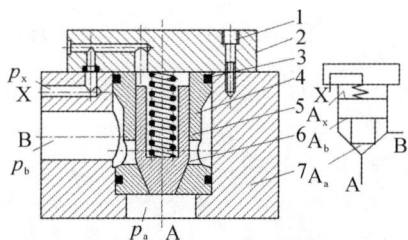

图 5-27 盖板式二通插装阀的结构组成

(a)结构图;(b)图形符号

1—螺栓;2—控制盖板;3—密封件;4—阀套;

5—弹簧;6—阀芯;7—通道块(集成块)

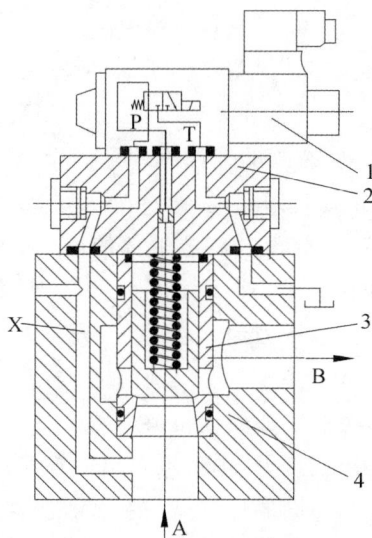

图 5-28 典型盖板式二通插装阀

1—先导控制阀;2—控制盖板;

3—插入组件;4—通道块(集成块)

插装阀的基本动作原理是施加于控制口 X 的控制压力 p_x 作用于阀芯的大面积 A_x 上,通过与主油口 A 及 B 侧压力产生的力比较,实现阀的开关(启闭)动作,如图 5-29 所示(文字符号意义同图 5-27),设油口 A,B,X 的作用面积和油液压力分别为 A_a,A_b,A_x 和 p_a,p_b,p_x。面积关系 $A_x = A_a + A_b$。若只考虑复位弹簧力弹簧力 F_s,而忽略液动力、阀的重力、摩擦力等因素的影响,则阀芯上、下两端的作用力 F_x 和 F_w 为

$$F_x = F_s + p_x A_x \tag{5-10}$$
$$F_w = p_a A_a + p_b A_b \tag{5-11}$$

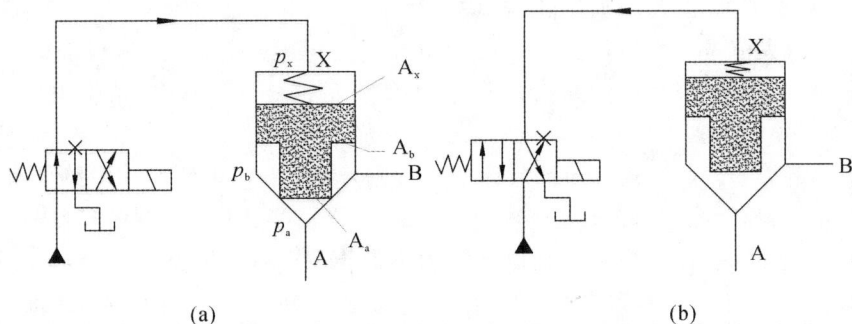

图 5-29　插装阀基本原理示意图

当 $F_x > F_w$ 时,即

$$p_x > (p_a A_a + p_b A_b - F_s)/A_x \tag{5-12}$$

时,插装阀口关闭(图 5-29(a)所示的二位四通电磁换向先导阀断电处于左位时的状态),油路 A,B 不通。

当 $F_x < F_w$ 时,即

$$p_x < (p_a A_a + p_b A_b - F_s)/A_x \tag{5-13}$$

时,插装阀口开启(图 5-29(b)所示的先导阀通电切换至右位时的状态),油路 A,B 接通。

当 $F_x = F_w$ 时,阀芯处于某一平衡位置。

可见,插装阀的工作原理是依靠控制口 X 的油液压力 p_x 的大小来启闭的,p_x 大时,阀口关闭;p_x 小时,阀口开启。通过改变 p_x,即可控制油口 AB 间的通断、液流方向和压力。当控制油口 X 接油箱(卸荷),阀芯下部的液压力超过上部弹簧力时,阀芯被顶开,此时液流的方向,视 A,B 口的压力大小而定,当 $p_a > p_b$ 时,液流流向为 A→B;当 $p_a < p_b$ 时,流向为 B→A。当控制口 X 接通压力油,且 $p_x \geqslant p_a$,$p_x \geqslant p_b$ 时,则阀芯在上、下端压力差和弹簧力的作用下关闭油口 A 和 B。由图 5-29 还可看出,若采取机械或电气等方式控制阀芯的开启高度(即阀口开度),即可控制主油路流量。

综上所述可见,由盖板引出的控制压力信号 p_x 控制着插装阀口的启闭状态。因此,通过插装单元与不同的控制盖板和各种先导控制阀进行组合,改变 p_x 的连接方式即可改变阀的功能,可用于压力控制,也可用于方向和流量控制。当做压力阀用时,工作原理与普通压力阀相同;当做方向阀时,因一个锥阀单元仅有两个通油口和两种工作状态(阀口开启或关闭),故实际使用时需两个锥阀单元并联组成三通回路,两个三通回路并联组成四通回路,至于回路的通断情况(机能)则取决于先导控制阀;当做流量阀时,通过控制阀口开度大小来实现。

2.插装方向阀

插装方向阀由插装单元与换向阀组合而成。

(1)插装单向阀和液控单向阀。如图5-30(a)所示,将控制腔 X 直接与 A 口或 B 口连通,即构成插装单向阀。连接方法不同,其导通方式也不同:

若 X 与 A 连接,则 B→A 导通,A→B 截止;若 X 与 B 连接,则 A→B 导通,B→A 截止。

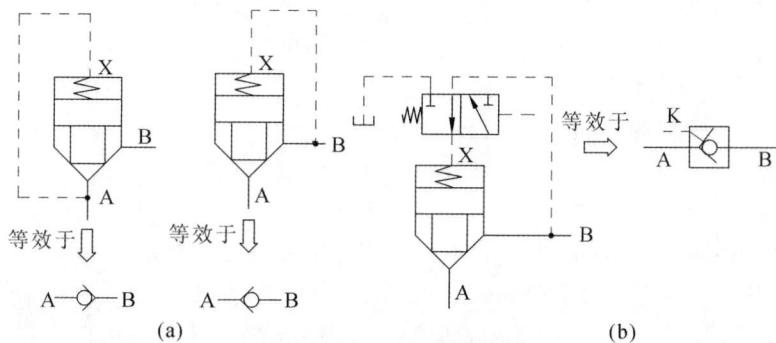

图 5-30　插装单向阀和液控单向阀

(a)单向阀;(b)液控单向阀

在控制盖板上接一个二位三通液动换向阀来变换 X 腔的压力,即成为液控单向阀,如图5-30(b)所示。当液动阀 K 口未接控制油而使该阀处于图示左位时,X 与 B 连接,则 A→B 导通,实现正向流动;当液动阀 K 口接控制油而使该阀切换至右位时,X 接通油箱而卸荷,则 B→A 导通,实现反向或正向流动。

(2)二位二通插装换向阀。二位二通插装换向阀由一个锥阀和一个二位三通电磁阀构成,其中电磁阀用来转换 X 腔压力。图5-31所示为单向截止的二位二通插装换向阀,在电磁阀断电处于图示左位时,X 与 B 连接,则 A→B 导通,B→A 截止。在电磁阀通电切换至右位时,因 X 腔接通油箱而卸荷,故 B→A 或 A→B 导通。

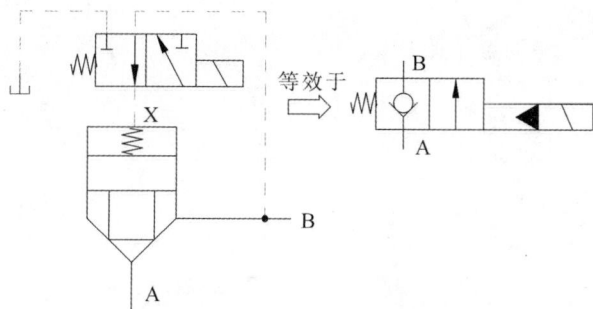

图 5-31　二位二通插装换向阀

如果要使双向都能关闭,如图5-32(a)所示,可通过在控制油路中加一个梭阀(其结构原理和图形符号见图5-32(b)来实现,此处梭阀的作用相当于两个单向阀,只要二位三通电磁阀不通电,则无论通过油口 A,B 哪个压力高,插装阀始终可靠地关闭。

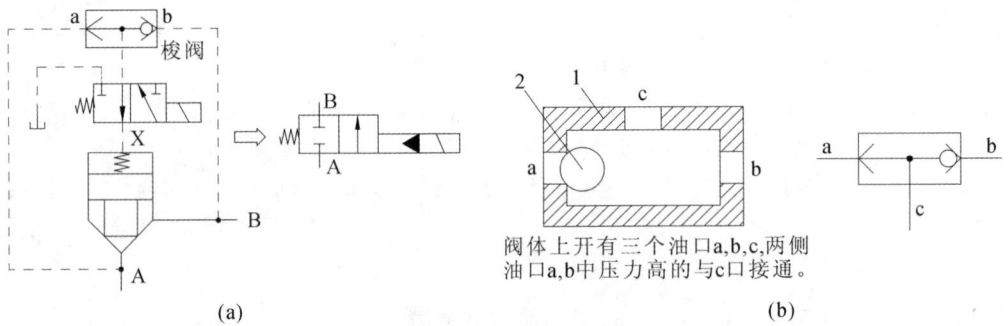

图 5-32　双向都能关闭的二位二通插装换向阀

（a）插装换向阀；（b）梭阀的结构原理

1—阀体；　2—阀芯

阀体上开有三个油口 a,b,c,两侧
油口 a,b 中压力高的与 c 口接通。

（a）　　　　　　　　　　　　　　　　　　　　（b）

（3）三通插装换向阀。该阀由 2 个锥阀加上 1 个电磁先导阀构成。图 5-33 所示为二位三通插装换向阀,用 1 个二位四通电磁阀来转换两个锥阀的控制腔中的压力,在图示电磁阀断电状态,右侧的锥阀打开,左侧的锥阀关闭,即 A→T 导通,P→A 不通;电磁阀通电时,P→A 导通,A→T 不通。

基于这一原理,用 1 个三位四通电磁阀和两个锥阀即可构成三位三通插装换向阀,请读者自己完成。

（4）四通插装换向阀。　四通阀由 4 个锥阀及相应的电磁先导阀组成。图 5-34 所示为用 1 个二位四通电磁先导阀来对 4 个锥阀进行控制,它等效于二位四通的电液换向阀。基于这一原理构成的三位四通的电液换向阀（O 型中位机能）如图 5-35 所示,它用 1 个三位四通电磁先导阀先来对 4 个锥阀进行控制。图 5-36 所示为十二位四通的电液换向阀用 4 个二位四通电磁先导阀先来对 4 个锥阀进行控制,通过电磁铁 1YA~4YA 的各种通断电组合,可实现 12 种不同的通路状态及滑阀机能。

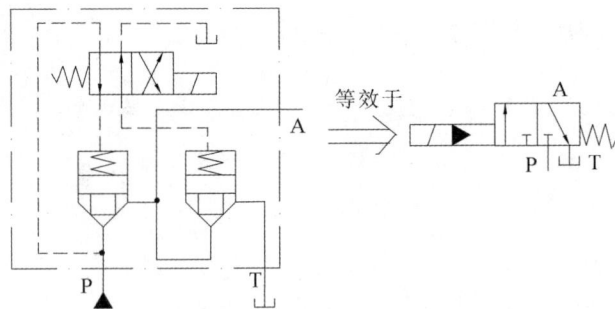

等效于

图 5-33　二位三通插装换向阀

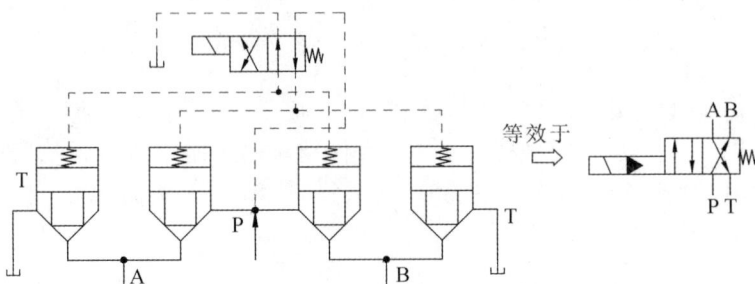

等效于

图 5-34　二位四通插装换向阀

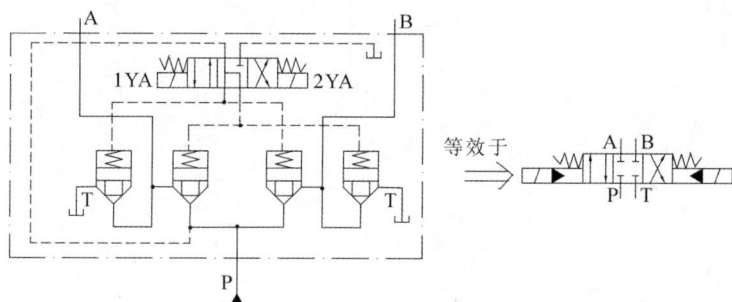

图 5-35 三位四通插装换向阀

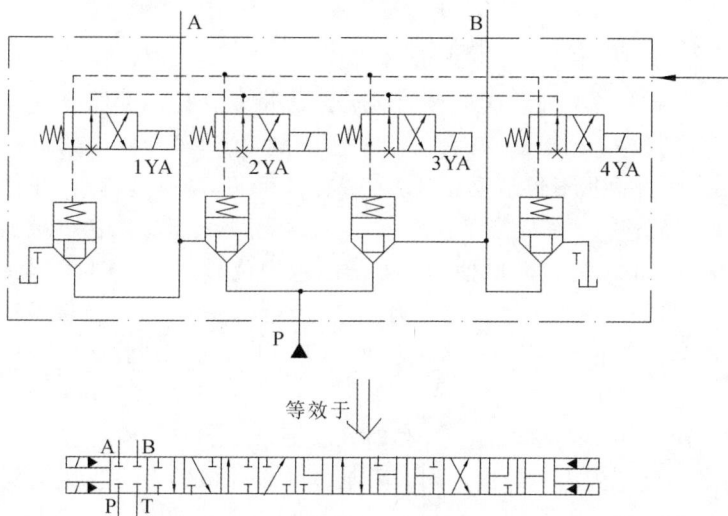

图 5-36 十二位四通插装换向阀

3. 插装压力阀

（1）插装溢流阀和顺序阀。如图 5-37 所示，插装式溢流阀由带阻尼孔的锥阀和先导压力阀组成，A 腔压力油经阻尼小孔进入控制腔 X，并与先导压力阀进口相通，B 腔接油箱，这样锥阀的开启压力可由先导压力阀来调节。其工作原理与先导式溢流阀完全相同，当 B 腔不接油箱而接负载时，即变成一个顺序阀了。

（2）插装减压阀。插装式减压阀由常开的滑阀式插装阀芯和先导压力阀组成，如图 5-38 所示，B 腔为进油口，A 腔为出油口。A 腔的压力油经阻尼小孔后与控制腔 X 相通，并与先导压力阀进口相通，其工作原理和普通先导式减压阀相同。

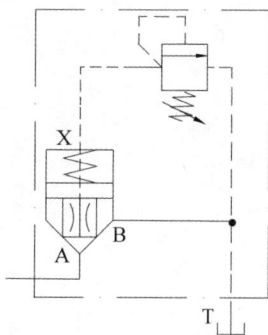

图 5-37 插装溢流阀

4. 插装流量阀

如前所述，若采取机械或电气等行程调节机构控制阀芯的开启高度（即阀口开度），以改变阀口的通流面积的大小，即可控制主油路流量，则锥阀可起流量控制阀的作用。图 5-39(a)所示即为插装节流阀，图 5-39(b)所示为在节流阀前串接一滑阀式减压阀，减压阀阀芯两端分别与节流阀进出油口相通，利用减压阀的压力补偿功能来保证节流阀两端的压差不随负载的变化而变化，这样就成为一个调速阀。

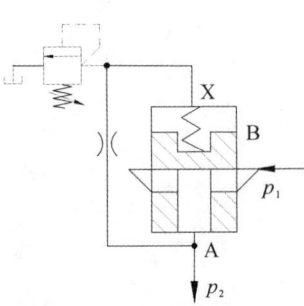

图 5-38　插装减压阀

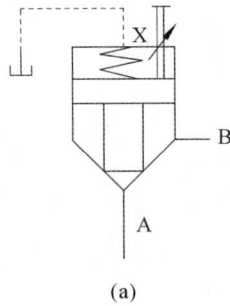

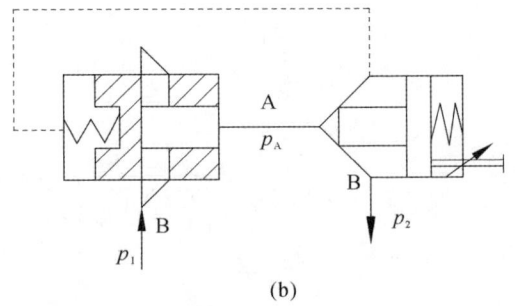

图 5-39　插装节流阀和调速网
(a)节流阀；(b)调速网

5.综合应用举例：插装阀复合控制阀回路

如图 5-40(a)所示为一个插装阀的方向、压力、流量复合控制回路。阀芯带阻尼孔的插装元件 CV_1 及 CV_2 分别与先导调压阀 1 及 4 组成溢流阀，用于液压缸 3 的双向调压。插装元件 CV_2 与插装元件 CV_3 的阀芯不带阻尼孔，CV_2 带有行程调节机构，可调节阀口开度，实现液压缸后退时的进口节流调速。4 个插装元件 CV_1～CV_4 用 1 个三位四通电磁换向阀 2 进行集中控制。当电磁铁 1YA 和 2YA 均断电使阀 2 处于图示中位时，CV_1～CV_4 全部关闭，液压缸被锁紧，锁紧力分别由调压阀 1 和 4 的设定压力限制；当电磁铁 2YA 通电使换向阀 2 切换至右位时，CV_1 和 CV_3 开启，压力油经 CV_3 进入液压缸的无杆腔，而有杆腔回油，液压缸左行前进，当系统工作压力达到先导调压阀 4 的设定值时，阀 4 开启溢流，限制了液压缸前进时的最大工作压力；当电磁铁 1YA 通电使换向阀 2 切换至左位时，CV_2 和 CV_4 开启，液压缸右行后退，退回速度由 CV_2 调节，后退时的最大压力由先导调压阀 5 限制。图 5-40(b) 所示为对应的普通阀回路。

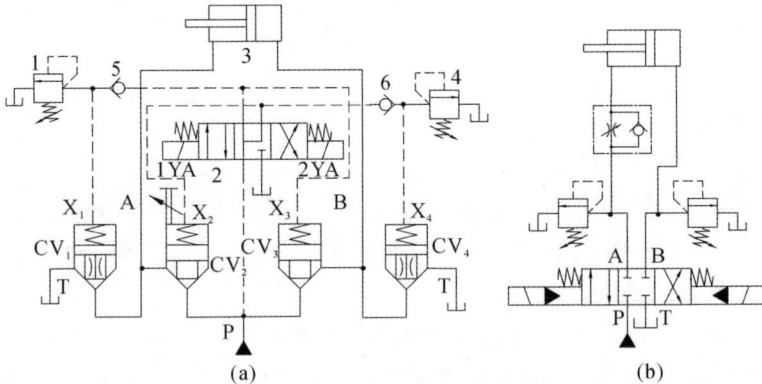

图 5-40　插装阀的方向、压力、流量复合控制回路
1,4—先导调压阀；2—电磁换向阀；3—液压缸；5,6—单向阀

第六节　常用液压阀的性能比较及选择

液压阀的种类繁多，对前述各类液压阀的性能进行比较，有利于在实际工作中选用。按目前的技术水平及统计资料，常用液压阀的性能比较及应用场合如表 5-7 所列。

表 5 - 7　液压控制阀的性能比较与应用场合

类型 / 性能	普通液压阀（压力阀、方向阀和流量阀）	叠加阀	插装阀
压力范围 /MPa	2.5 ～ 70	20 ～ 31.5	31.5 ～ 42
公称通径 /mm	6 ～ 80	6 ～ 32	16 ～ 160
额定流量 /(L · min⁻¹)	～ 1 250	～ 250	～ 18 000
控制方式	开关控制		
连接方式	管式、板式	叠加式	插装式
抗污染能力	最强		
价格	最低	比普通阀略高	
货源及产品	充足	较充足	较充足
应用场合	一般液压传动系统	各类设备的中等流量液压传动系统	高压大流量液压传动系统

注：多数液压阀的压力在 40 ～ 50MPa 以下，仅有少数阀的压力在 60MPa 以上。如力士乐系列中的 DBD 型溢流阀，其额定压力为 63MPa；派克系列中的 RK 型单向阀，其额定压力为 65MPa；阿托斯系列中的 MAP 型压力继电器，其额定压力为 70MPa。

液压阀的选择在整个液压系统设计中占有相当重要的地位。具体选择时，应根据具体使用场合与要求，选择液压阀的类型和液压控制阀的规格型号，可根据系统的最高压力和通过阀的实际流量为依据，并考虑阀的控制特性、稳定性及油口尺寸、外形尺寸与质量、安装连接方式、操纵方式、维修方便性、经济性、货源及信誉等，从相关设计手册或产品样本中选取。

思考题与习题

5-1　试述液压阀的基本结构和原理。按照功用不同，液压阀有哪些类型？

5-2　单向阀在液压系统中作背压阀使用时，与起单向阀作用时的性能要求有何差异？除了单向阀外，还有哪些液压阀可以作背压阀使用？

5-3　画出普通单向阀和液控单向阀的图形符号，并举例说明普通单向阀和液控单向阀的应用（试画出其油路原理图）。

5-4　何谓换向阀的"位"和"通"？如何判定其工作位置？

5-5　试画出二位二通机动换向阀（常开和常闭）、三位四通手动换向阀、三位四通电磁换向阀、三位四通电液动换向阀的图形符号（O 型中位机能）。

5-6　多路换向阀有哪些种类？结构和特点如何？

5-7　先导式溢流阀与直动式溢流阀相比较有何特点？

5-8　溢流阀、减压阀和顺序阀在结构、工作原理及图形符号方面有哪些异同？试分述溢流阀、减压阀和顺序阀的主要用途。

5-9　节流阀的最小稳定流量有何意义？影响其数值的主要因素有哪些？

5-10 调速阀在结构上与节流阀有什么不同？为何调速阀比节流阀的流量稳定性好？两种阀各用于什么场合较为合理？

5-11 叠加阀在结构和连接方式上与板式阀有何不同？

5-12 插装阀由哪些主要部分构成？插装阀主要用于什么场合？

5-13 若单杆活塞式液压缸两腔面积差很大，当小腔进油、大腔回油得到快速运动时，大腔回油量很大。为避免选用通径规格很大的二位四通换向阀，常增加一个大流量液控单向阀旁通排油，试画出油路原理图。

5-14 二位四通电磁换向阀能否作二位三通或二位二通换向阀使用？应如何接法？

5-15 试画出若干个二位二通电磁换向阀使双作用液压缸换向的回路图，并用电磁铁动作顺序表说明液压缸运动状态。

5-16 试用一个三位四通电磁换向阀和一个先导式溢流阀及两个远程调压阀组成一个多级调压并可使液压泵卸荷的回路，并以电磁铁动作顺序表的形式说明液压泵的压力变化情况。

5-17 图 5-41 所示的液压缸，已知作用面积 $A_1 = 20 \text{cm}^2$，$A_2 = 15 \text{cm}^2$，重物质量达 $W = 42 \text{kN}$。用液控单向阀锁紧以防止活塞下滑，若不计活塞处的泄漏及摩擦力，试分析计算：① 为保持重物不下滑，活塞下腔的闭锁压力 p_1 至少为多大？② 若采用无卸载阀芯的简式液控单向阀，其反向开启压力 p_k 等于工作压力 p_1 的 40%，求开启前液压缸的下腔最高压力等于多少？p_k 等于多少才能反向开启？③ 若采用带卸载阀芯的复式液控单向阀，其反向开启压力 p_k 等于工作压力 p_1 的 4.5%，求开启前液压缸的下腔最高压力等

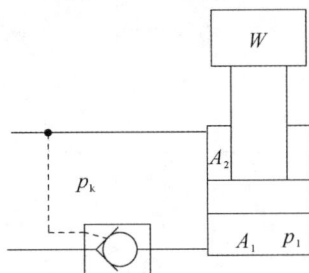

图 5-41 题 5-17 图

于多少？p_k 多大可反向开启？（答：① 当液压缸上腔压力为零时，活塞下腔的闭锁压力的最小值 p_{1max} 应能防止重物下滑，算得 $p_{1min} = 21 \text{MPa}$；② 列液压缸活塞的力平衡方程代入所给数据可算得 $p_{1max} = 30 \text{MPa}$，$p_k = 0.4$，$p_1 = 12 \text{MPa}$；③ $p_{1max} = 21.73 \text{MPa}$，$p_k = 0.045 \text{MPa}$，$p_1 = 0.98 \text{MPa}$）

5-18 在图 5-42 所示两个回路中，各溢流阀的调压值分别为 $p_A = 6 \text{MPa}$，$p_B = 4 \text{MPa}$，$p_C = 2 \text{MPa}$，系统的负载趋于无穷大。问：① 图 (a) 回路液压泵的工作压力为多大？② 图 (b) 回路在电磁铁 1YA、2YA 均断电，1YA 通电、2YA 断电，及 1YA 断电、2YA 通电等三种工况下，液压泵的工作压力分别为多大？（答：① 8MPa；② 6MPa，4MPa，2MPa）

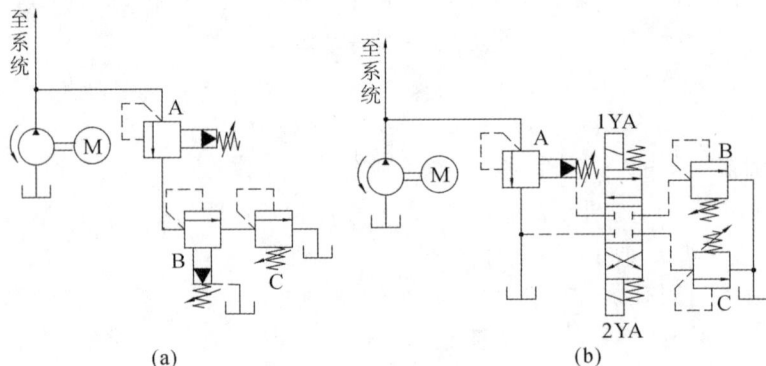

图 5-42 题 5-18 图

5-19　图 5-43 所示为一种多级压力控制回路,串接的三个溢流阀 1,2,3 的调定压力分别为 $p_1=6\text{MPa}$,$p_2=4\text{MPa}$,$p_3=2\text{MPa}$,二位二通电磁换向阀 4,5,6 串联在一起。当系统负载为无穷大,不计阀口损失时,问:三个电磁阀不同的通断电逻辑组合可使泵得到几级排油压力,用电磁铁动作顺序表说明各级压力数值。(答:可得到 8 级排油压力,其数值见表 5-8)

表 5-8　多级压力控制回路电磁铁动作顺序表

电磁铁	1YA	-	-	-	+	-	+	+	+
	2YA	-	-	+	-	+	-	+	+
	3YA	-	+	-	-	+	+	-	+
排油压力 p/MPa		0	2	4	6	6	8	10	12

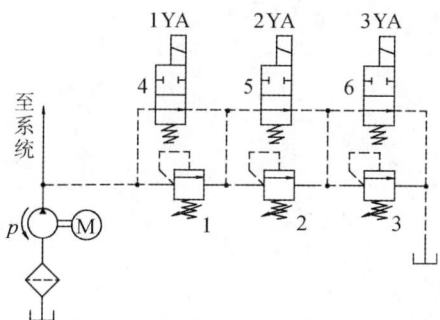

图 5-43　题 5-19 图

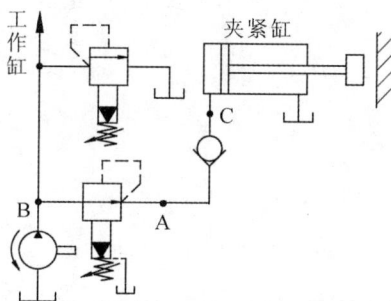

图 5-44　题 5-20 图

5-20　在图 5-44 所示系统中,溢流阀的调整压力为 5MPa,减压阀的调整压力为 2.5MPa,试分析计算下列各情况,并说明减压阀阀口处于什么工作状态? ① 当液压泵的出口压力等于溢流阀的调定压力时,夹紧缸使工件夹紧后,A,C 点的压力各为多少? ② 泵的出口压力由于工作缸快进,压力降到 1.5MPa 时(工件原先处于夹紧状态),A,C 点的压力各为多少? ③ 夹紧缸在夹紧工件前作空载运动时,A,B,C 三点的压力各为多少? (答:① $p_A=p_C=2.5\text{MPa}$;② $p_A=p_B=1.5\text{MPa}$,$p_C=2.5\text{MPa}$;③ $p_A=p_B=p_C=0\text{MPa}$)

5-21　在图 5-45 所示回路中,溢流阀和顺序阀的调压值分别为 5MPa 和 3MPa。问下列三种情况下,A,B 点的压力为多大? ① 液压缸活塞运动中,负载压力 $p_L=4\text{MPa}$ 时;② 液压缸活塞运动中,负载压力 $p_L=1\text{MPa}$ 时;③ 液压缸塞运动到终点时。(答:① $p_A=p_B$,$p_L=4\text{MPa}$;② $p_B=p_L=1\text{MPa}$,$p_A=3\text{MPa}$;③ $p_A=p_B=5\text{MPa}$)

5-22　某薄壁小孔型节流阀前、后压力差 $\Delta p=1.6\text{MPa}$,通过的流量为 $q=71.55\times10^{-6}\text{m}^3/\text{s}$,油液密度为 $\rho=900\text{kg/m}^3$,阀口流量系数 $C_d=0.6$,试求节流阀阀口的通流面积 A。(答:$A=0.02\text{cm}^2$)

5-23　在图 5-46 所示回路,液压泵输出流量为 $q_P=1.0\times10^{-3}\text{m}^3/\text{s}$,溢流阀调定压力为 $p_P=6\text{MPa}$。问:当节流阀通流面积 A 从全开启到关闭逐渐调节时,p_P 值和节流阀通过流量 q 怎样变化? p_P 和 q 的最大值为多大?(答:全开到全闭时:p_P 值逐渐增大,q 逐渐减小;全闭到全开时:p_P 值逐渐减小,q 逐渐增大;$p_{P\text{max}}=6\text{MPa}$,$q_{\text{max}}=1.0\times10^{-3}\text{m}^3/\text{s}$)

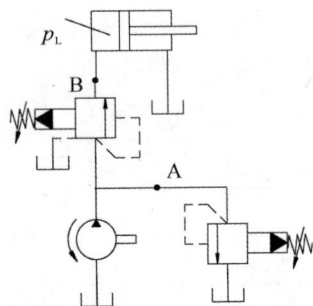

图 5-45 题 5-21 图

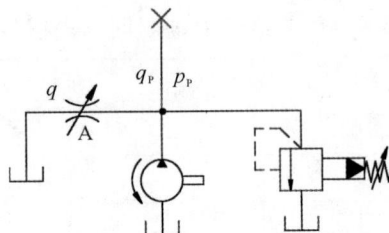

图 5-46 题 5-23 图

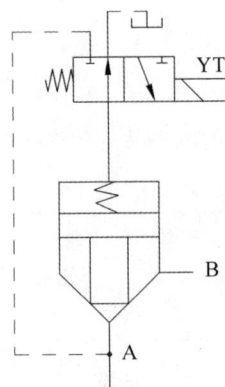

图 5-47 题 5-24 图

5-24 试比较图 5-47 所示的二通插装阀与普通液控单向阀,说明两者的工作原理及用途有何异同。

第六章 液压辅助元件

液压辅助元件是过滤器、热交换器、蓄能器、油箱、压力表及其开关、管件与密封装置等元件的统称,是液压系统不可缺少的重要部分,其性能对系统的工作稳定性、可靠性、寿命等工作性能优劣都有直接影响。

第一节 过 滤 器

一、过滤器的功用及过滤精度

液压系统的故障多数是由于液压油液被污染所致,故液压系统设计和使用中必须采取恰当的措施防止油液污染。为了保持油液清洁,一方面应尽可能防止或减少油液污染;另一方面要把已污染的油液净化。液压系统中的油液过滤器(简称过滤器)就是用来滤去油液中的杂质,维护油液清洁,保证系统正常工作的元件。

过滤精度是过滤器的一项重要性能指标,它通常用能被过滤掉的杂质颗粒的公称尺寸 (μm) 来度量。按过滤精度不同过滤器有粗过滤器、普通过滤器、精过滤器和特精过滤器等四种,它们分别能滤去公称尺寸为 $100\mu m$ 以上,$(10 \sim 100)\mu m$,$(5 \sim 10)\mu m$ 和 $5\mu m$ 以下的杂质颗粒。油液的过滤精度要求因液压系统类型及其工作压力不同而异,其推荐值见表 6-1。

表 6-1 推荐的过滤精度

系统类型	润滑系统	液压传动系统			液压伺服系统
系统工作压力/MPa	0~2.5	<14	14~32	>32	21
过滤精度/μm	<100	25~50	<25	<10	<5
过滤器种类	粗	普通	普通	普通	精

二、过滤器的类型

液压系统中常用的过滤器,按滤芯形式不同有网式、线隙式、纸芯式、烧结式、磁式等类型。

(1)网式过滤器。如图 6-1 所示,网式过滤器由上盖 1、下盖 3 和几块不同形状的金属丝编织方孔网或金属编织的特种网 2 组成。丝网包在四周都开有圆形窗口的金属和塑料圆筒芯架上。网式过滤器属粗滤油器,具有结构简单、通油能力大、阻力小、易清洗等特点,一般装在液压泵吸油路入口上,避免吸入较大的杂质,以保护液压泵。

(2)线隙式过滤器。如图 6-2 所示,线隙式滤油器由端盖 1、壳体 2、带有孔眼的筒型芯架3 和绕在芯架外部的铜线或铝线 4 等组成。利用线间缝隙过滤油液,其特点是结构较简单,过滤精度较高,通油性能好,但不易清洗,滤材强度较低。通常用于回油路或液压泵的吸油口处的油液过滤。

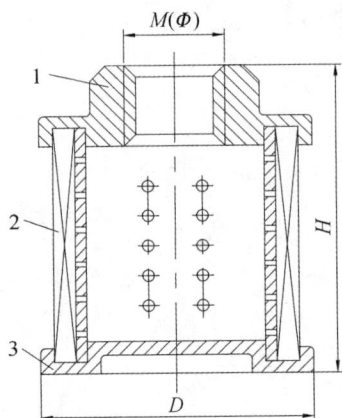

图 6-1　网式过滤器

1—上盖；2—滤网；3—下盖

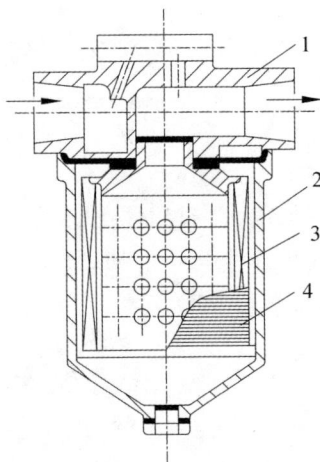

图 6-2　线隙式过滤器

1—端盖；2—壳体；3—芯架；4—铜线或铝线

（3）金属烧结式过滤器。图 6-3 所示为一种带有磁环的金属烧结式过滤器，由端盖 1、壳体 2、滤芯 3、磁环 4 等组成，磁环用来吸附油液中的铁质微粒。滤芯通常由颗粒状青铜粉压制后烧结而成，它利用铜颗粒的微孔过滤杂质，选择不同粒度的粉末可获得不同的过滤精度。目前常用的过滤精度为 0.01～0.1mm。其特点是滤芯能烧结成杯状、管状、板状等不同形状，制造简单、强度大、性能稳定、抗腐蚀性好、过滤精度高，适用于作精过滤，在液压系统中使用日趋广泛，但铜颗粒容易脱落，堵塞后不易清洗。

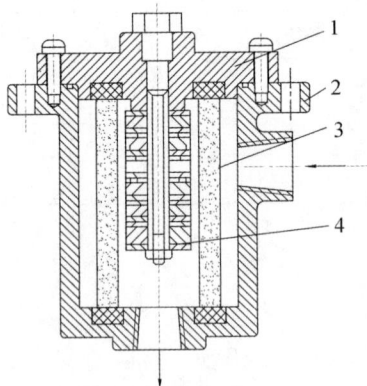

图 6-3　烧结式过滤器

1—端盖；2—壳体；3—滤芯；4—磁环

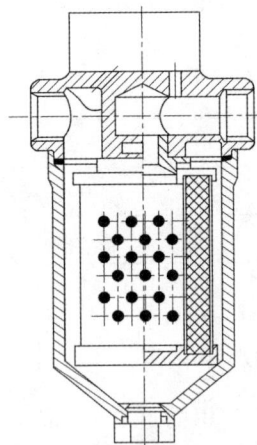

图 6-4　纸芯过滤器

（4）纸芯过滤器。如图 6-4 所示，纸芯过滤器与线隙式滤油器结构类同，区别仅在于用纸质滤芯代替了线隙式滤芯，纸芯部分是把平纹或波纹的酚醛树脂或木浆微孔滤纸绕在带孔的镀锡铁片骨架上。为了增大过滤面积，滤纸成折叠形状。这种过滤器的过滤精度高达0.005～0.03mm，属于精过滤。但纸芯耐压强度低，易堵塞，无法清洗，需经常更换纸芯，故成本较高。

（5）磁性过滤器。磁性过滤器是利用磁性材料将混在油液中的铁屑、带磁性的磨料之类杂质吸住，过滤效果好。这种过滤器常与其他种类的过滤器配合使用。

过滤器的一般图形符号如图6-5(a)所示，磁性过滤器的图形符号如图6-5(b)所示。有些过滤器还带有污染指示和发信的电气装置，以便在液压系统工作中出现滤芯阻塞超过规定状态等情况时，通过电气装置发出灯光或音响报警信号，或切断液压系统的电气控制回路使系统停止工作，带有光学阻塞指示器的过滤器的图形符号如图6-5(c)所示。

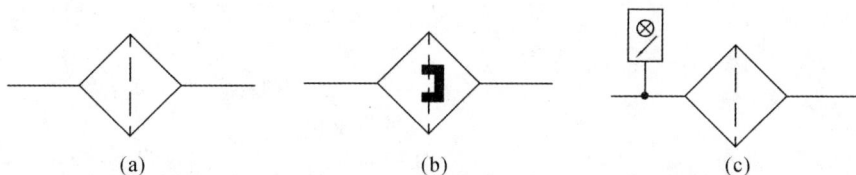

(a)　　　　　　　(b)　　　　　　　(c)

图6-5　过滤器图形符号
(a)一般图形符号；(b)带附属磁性滤芯的过滤器；(c)带光学阻塞指示器的过滤器

三、选用与安装

选用过滤器的型号及规格时，应根据使用要求并结合经济性一起考虑，具体的使用要求通常有过滤精度、通过流量、工作压力和允许压力降、滤芯的抗腐蚀性及更换、清洗及维护等。过滤器在液压系统中的安装位置如图6-6所示，其作用及要求等有关说明见表6-2。

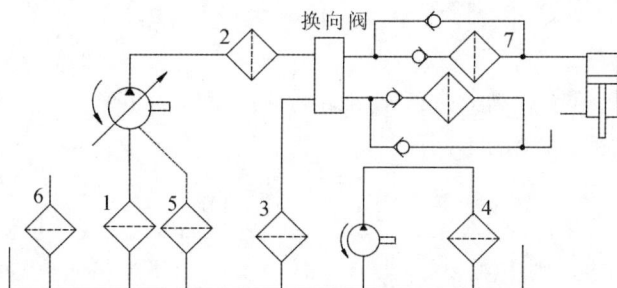

图6-6　过滤器在液压系统中的安装位置

表6-2　过滤器的安装位置的说明

序　号	安装位置	作　用	说　明
1	液压泵吸油管路上	保护液压泵	要求过滤器应具有较大的通油能力和较小的压力损失，否则将造成液压泵吸油不畅或引起空穴。常采用过滤精度较低的网式或线隙式滤油器
2	液压泵的压油管路上	保护液压泵以外的液压元件	过滤器应能承受系统工作压力和冲击压力，压力损失小。过滤器必须放在安全阀之后或与一压力阀并联，此压力阀的开启压力应略低于过滤器的最大允许压差，或采用带污染指示的过滤器

续 表

序　号	安装位置	作　用	说　明
3	回油管路上	滤除液压元件磨损后生成的污物	不能直接防止杂质进入液压泵及系统中的其他元件,只能清除系统中的杂质,对系统起间接保护作用。由于回油管路上的压力低,故可采用低强度的过滤器,允许有稍高的过滤阻力。为避免滤油器堵塞引起系统背压力过高,应设置旁路阀
4	离线过滤系统	独立于主系统之外,连续清除系统杂质	用一个专用的液压泵和过滤器组成一个独立于液压系统之外的过滤回路,以经常清除油液中的杂质,达到保护系统的目的,适用于大型机械设备的液压系统
5	安装在液压泵等元件的泄油管路上	防止磨损生成物进入油箱	一般为低压精密过滤器,有时需加低压旁通阀,以保护液压泵驱动轴的轴封圈
6	注油过滤器	防止注油时污物侵入	通常采用粗过滤器,以保证注入系统油液的清洁度
7	安全过滤器	保护抗污染能力低的液压元件	在伺服阀等一些重要元件前,单独安装过滤器以确保它们的性能
备注	序号与图 6-6 中的元件编号一致		

第二节　热交换器

　　液压系统工作介质温度过高或过低都将影响液压系统的正常工作。液压系统的正常工作温度因主机类型及其液压系统的不同而异。一般液压系统希望保持在 $30\sim50℃$ 范围之内,最高不超过 $65℃$,最低不低于 $15℃$。若液压系统依靠自然冷却仍不能使油温控制在允许的最高值,或是对温度有特殊要求时,则应安装冷却器,强制冷却;反之,若环境温度太低,液压泵无法正常启动或有油温要求时,则应安装加热器,提高油温。冷却器和加热器统称为热交换器。

一、冷却器

　　液压系统中常用的冷却器有水冷式、风冷式两种。水冷式用于有固定水源的场合,风冷式一般用于行走机械等水源不便的场合。最简单的水冷式冷却器为蛇形管冷却器(见图 6-7 (a)),它以一组或几组的形式,直接装在油箱内。冷却水从管内流过时,就将油液中的热量带走。此冷却器的散热面积小,冷却效率甚低。液压系统中使用较多的是强制对流式多管冷却器(见图 6-7(b)),冷却水从管内流过,油液从水管(通常为铜管)外的管间流过,中间隔板使油流折流,从而增加油的循环路线长度,故强化了热交换效果。

　　图 6-8 所示为一种油/风冷器,它由前端散热片、中部外壳和后端轴向电机风扇等组成,油口设在后端。油液从带有散热片的腔中通过,正面用风扇送风冷却。此种冷却器结构简单紧凑,占用空间小,散热性能好,散热效率高。冷却器图形符号如图 6-9 所示。

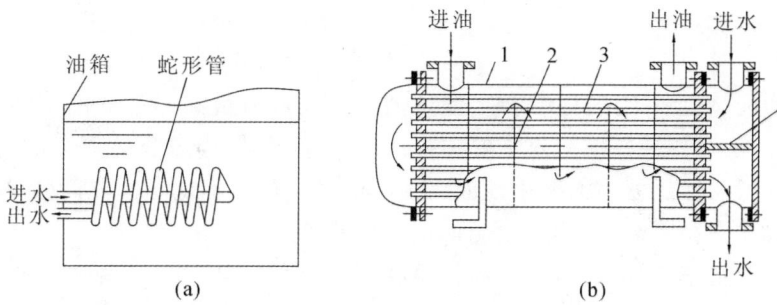

图 6-7　水冷式冷却器

(a)蛇形管冷却器；(b)多管冷却器

1—外壳；2—挡板；3—水管；4—隔板

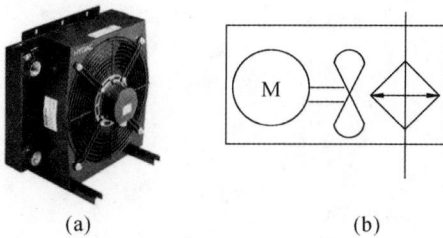

图 6-8　油/风冷却器

(a)外形图；(b)图形符号

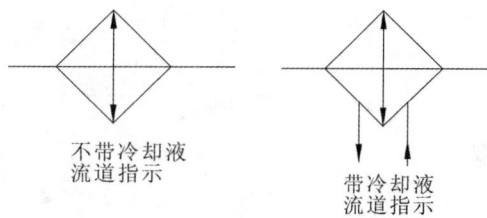

图 6-9　冷却器的图形符号

　　冷却器的选用一般应根据系统的工作环境、技术要求、经济性、可靠性和寿命方面的要求来进行。冷却器在液压系统中的安装位置通常有两种情况：①如果溢流功率损失是系统温升的主要原因，则应将冷却器 2 设置在溢流阀 4 的回油管路上(见图 6-10(a))，在回油管冷却器 2 旁要并联旁通溢流阀 5，实现冷却器的过压安全保护；同时，在回油管冷却器上游应串联截止阀 3，用来切断或接通冷却器。②如果系统中存在着若干个发热量较大的元件，则应将冷却器 7 设置在系统的总回油管路上(见图 6-10(b))，如果回油管路上同时设置过滤器和冷却器，则应把过滤器 6 安放在回油管路上游，以使低黏度热油流经过滤器的阻力损失降低。应确保油箱内的冷却器始终被油液所淹没。

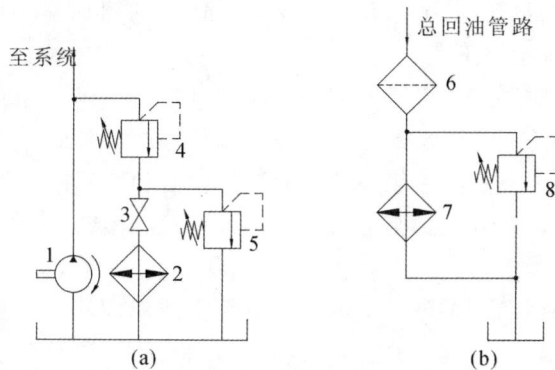

图 6-10　冷却器的安装位置

(a)冷却器安装在溢流阀；(b)冷却器安装在系统总回油管路上

1—液压泵；2,7—冷却器；3—截止阀；4,5,8—溢流阀；6—过滤器

二、加热器

液压系统的加热一般采用结构简单、能按需要自动调节最高和最低温度的电加热器。如图 6-11 所示,电加热器最好横向水平安装在油箱壁上,其加热部分必须全部侵入油中,以免因蒸发使油面降低时加热器表面露出油面。由于油液是热的不良导体,所以应注意油的对流。加热器最好设置在油箱回油管一侧,以便加速热量的扩散。

单个加热器的功率不宜太大,以免周围温度过高,使油液变质,必要时可同时安装几个小功率加热器。

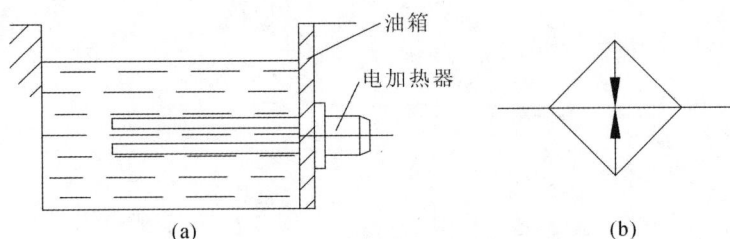

图 6-11 电加热器

(a)加热器安装示意图;(b)图形符号

第三节 液压油箱

液压油箱的功用是存储液压工作介质、散发油液热量、逸出空气、沉淀杂质、分离水分及安装元件(中小型系统的液压泵组和一些阀或整个液压控制阀组)等。

一、种类及结构

通常油箱可分为整体式油箱和独立油箱两类。

(1)整体式油箱。它是指在液压系统或机器构件内形成的油箱。例如,金属切削机床床身或立柱的内部的空腔往往可制成不漏油的油箱,或者车辆与工程机械上的管形构件及登向驾驶室的阶梯支承架的内部空间用作油箱,这样不需要额外的附加空间。整体式油箱占用空间小且外观整洁,但散热差、维修不便。

(2)独立油箱。它是应用最为广泛的一类油箱,常用于各类工业生产机械中。独立油箱常做成矩形的,也有圆柱形的或油罐形的。独立油箱的热量主要通过油箱壁靠辐射和对流作用散发,故油箱应尽可能窄而高。若油箱顶盖安放液压泵组和液压控制阀组,则为保证一定的安装位置,油箱形状应较扁,油箱越扁,则油液脱气越容易;液压泵的吸油管较短并且便于打开进行检修;吸油过滤器易于接近。

对于行走机械的液压装置,考虑到车辆处于坡路上或崎岖不平的田间时液面的倾斜和车辆加速及制动期间油箱中油液的前后摇荡,油箱多为细高的圆柱形。

在液压机等大型机械中,高架油箱应用较为普遍,通常它要安放在比主液压缸更高的位置上,以便当滑块靠辅助缸下行时,高架油箱经充液阀给主缸充液。

对于重型机械或大型铸造生产线等液压系统,所用油箱的容量较大(有的达上万升)。当容量超过 2 000L 时,多采用卧式安装带球面封头的油罐形油箱,但占地面积较大。

　　根据油箱液面与大气是否相通,油箱还有开式与闭式之分。开式油箱的箱内液面与大气相通,是应用最为广泛的一种油箱。闭式油箱的液面与大气隔绝,多用于车辆与行走机械或航空器中。

　　美国流体动力协会（NFPA）推荐的一种典型开式油箱如图 6-12(a)所示,它由油箱体及多种相关附件构成。液压泵组及液压控制阀组的安装板 9 固定在油箱顶面上。油箱体内的隔板 11,将液压泵吸油管 7、吸油过滤器 12 与回油管 5 及泄漏油回油管 6 分隔开来,使回油及泄漏油受隔板阻挡后再进入吸油腔一侧,以增加油液在油箱中的流程,增强散热效果,并使油液有足够长的时间去分离空气泡和沉淀杂质。油箱顶盖上装设的空气过滤器及注油口 8 用于通气和注油。安装孔 2 用于安装液位计（见图 6-13）,以便注油和工作时观测液面及油温。箱壁上开设有清洗孔（俗称人孔）,卸下其盖板 1 和油箱顶盖便可清洗油箱内部和更换吸油过滤器。放油口螺塞 10 有助于油箱的清洗和油液的更换。图 6-14(a)所示是空气过滤器的结构图,取下防尘罩可以注油,放回防尘盖即成通气器。

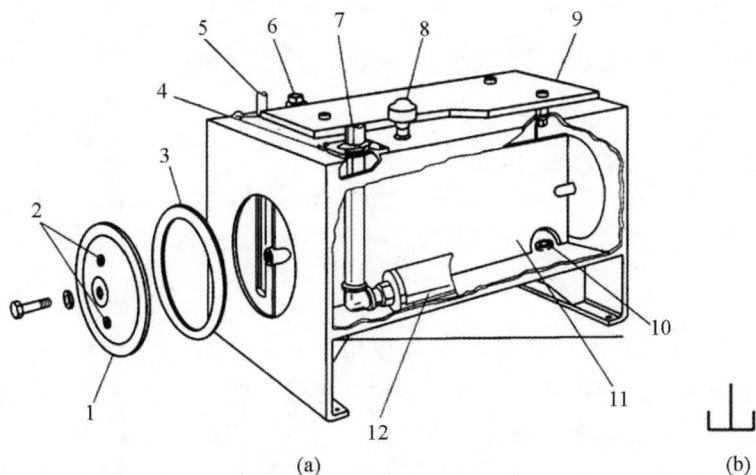

图 6-12　开式油箱

(a)结构图；(b)油箱一般图形符号

1-清洗孔盖板；2-液位计安装孔；3-密封垫；4-密封法兰；5-主回油管；6-泄漏油回油管；7-泵吸油管；
8-空气过滤器及注油口；9-安装板；10-放油口螺塞；11-隔板；12-吸油过滤器

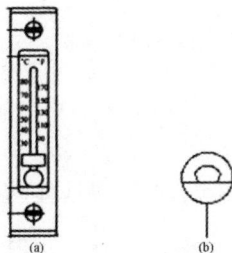

图 6-13　液位计

(a)外形图；(b)图形符号

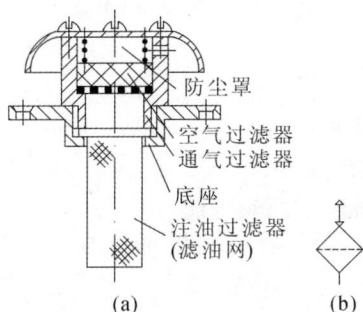

图 6-14　空气过滤器

(a)结构图；(b)图形符号

（3）新型油箱——自清洁油箱。为了排除沉积在液压油箱内的污染物,国外新近推出了一种不同于传统矩形油箱的所谓"自清洁油箱"。此种油箱为带有圆锥形箱底的竖直圆筒形组合结构（见图 6-15）,其竖直柱面与锥底的连接部非常平滑,系统的回油口与圆柱筒壁相切,过滤器或离线过滤回路的进油路位于油箱底部（锥顶）。当系统回油进入油箱时,油箱里的油液趋于缓慢旋转。由于固体污染物的密度要比液压油的密度大很多,从而使固体污染物被漩涡卷入油箱底部中心处,经过滤回路就被油滤器滤除（见图 6-16）,而不是沉积于传统矩形油箱的整个底面上,从而提高了系统的清洁度。

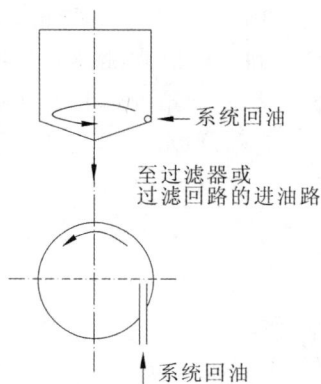

图 6-15　自清洁锥底圆筒形油箱　　　图 6-16　带自清洁油箱和离线过滤回路的液压系统

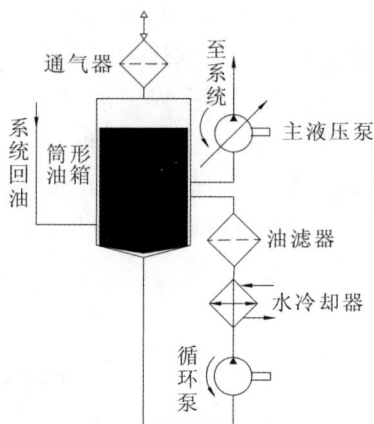

二、设计要点

液压油箱通常无商品化产品可供,往往需要用户根据需要自行设计。

（1）油箱容量的确定。油箱的总容量包括油液容量和空气容量。油液容量是指油箱中油液最多时,即液面在液位计的上刻线时的油液体积。一般应在最高液面以上要留出等于油液容量的 10%～15% 的空气容量,以便形成油液的自由表面,容纳热膨胀和泡沫,促进空气分离,容纳停机或检修时靠自重流回油箱的油液。

油箱容量的大小与液压系统工作循环中的油液温升、运行中的液位变动、调试与维修时向管路及执行元件注油、循环油量、液压油液的寿命等因素有关。油箱的容量通常可按液压泵的额定流量估算确定（见式 6-5）。但为了可靠起见,还应对确定的油箱容量进行验算,以使系统的发热量和温升在主机要求的范围之内,验算方法详见第九章。

$$V = \zeta q_P \tag{6-1}$$

式中　V——油箱容量（L）;

　　　ζ——与系统压力有关的经验系数:低压系统 $\zeta=2\sim4$,中压系统 $\zeta=5\sim7$,高压系统 $\zeta=10\sim12$;

　　　q_P——液压泵的额定流量（m^3/s）。

在确定了油箱的容量之后,即可从标准油箱系列中选取油箱的具体规格,并进行结构设计。

（2）油箱的结构设计要点。此处以常用的矩形开式油箱为例,说明油箱的结构设计要点。

1）油箱的三个边的尺寸比例通常可按具体使用情况在 1:1:1～1:2:3 之间分配,并使液面高度为油箱高度的 80%。

2)油箱的箱顶结构取决于它上面安装的元件,顶板应具有足够的刚度和隔振措施,以免因振动影响系统工作;箱顶应能形成滴油盘以收集滴落的油液。箱顶上要设置通气器(空气过滤器)、注油口。

3)对于钢板焊接的油箱,用来构成油箱体的钢板应具有足够的厚度。当箱顶与箱壁之间为不可拆连接时,应在箱壁上至少设置一个清洗孔。清洗孔的数量和位置应便于用手清理油箱所有内表面,清洗孔的法兰盖板应配有可以重复使用的弹性密封件。为了便于油箱的搬运,应在油箱四角的箱壁上方焊接圆柱形和钩形吊耳(也称吊环)。液位计一般设在油箱外壁上,并紧靠注油口,以便注油时观测液面。

4)应在油箱底部最低点设置放油塞,以便油箱清洗和油液更换,箱底应向清洗孔和放油塞倾斜(通常为 1/25~1/20),以促使沉积物(油泥或水)聚集到油箱中的最低点。油箱底至少离开地面 150mm,以便于放油和搬运。油箱应设有支脚,支脚可以单独制作后焊接在箱底边缘上,也可以通过适当增加两侧壁高度,以使其经弯曲加工后兼作油箱支脚,如有必要,支脚上应开设地脚螺钉用固定孔,支脚应该有足够大的面积,以便可以用垫片或楔铁来调平。

5)在油液容量超过 100L 的油箱中应设置内部隔板,隔板要把系统回油区与吸油区隔开,并尽可能使油液在油箱内沿着油箱壁环流。隔板缺口处要有足够大的过流面积,使环流流速为 0.3~0.6 m/s。隔板下部应开有缺口,以使吸油侧的沉淀物经此缺口至回油侧,并经放油口排出。为了有助于油液中的气泡浮出液面,可在油箱内设置金属除气网,并倾斜 10°~30° 布置。

6)管路的配置。液压系统的管路要进入油箱并在油箱内部终结。液压泵的吸油管和系统的回油管要分别进入由隔板隔开的吸油区和回油区,管端应加工成朝向箱壁的 45° 斜口,以增加开口面积。为了防止吸入或混入空气(吸油管、回油管),以免搅动或吸入箱底沉积物,管口上缘至少要低于最低液面 75mm,管口下缘至少离开箱底最高点 50mm。吸油管前必须安装粗过滤器,以清除较大颗粒杂质,保护液压泵。

泄油管应尽量单独接入油箱并在液面以上终结。如果泄油管通入液面以下,要采取开孔等措施防止出现虹吸现象。油管常从箱顶或箱壁穿过而进入油箱,穿孔处要妥为密封。最好在接口处焊上高出箱顶 20mm 的凸台,以免维修时箱顶上的污物落入油箱。如果油管从箱壁穿过而进入油箱,除了妥为密封外,还要装设截止阀以便于油箱外元件的维修。

7)油箱中如要安装热交换器等控温、测温装置,则应考虑其安装位置。

8)油箱内壁应涂附耐油防锈涂料或进行喷塑处理。

第四节　蓄　能　器

一、功用

蓄能器是液压系统中储存和释放液体压力能的装置,其主要功用如下。

(1)作辅助动力源。对于间歇型运转的液压机械,当执行元件间歇或低速运动时,蓄能器将液压泵输出的压力油储存起来;在工作循环的某段时间,当执行元件需要高速运动时,蓄能器作为液压泵的辅助动力源,与液压泵同时供出压力油,从而减小系统中液压泵的容量和运行时的功率损耗,降低系统温升。

（2）保持系统压力,作应急动力源。在液压泵卸荷或停止向执行元件供油时,由蓄能器释放储存的压力油,补偿系统泄漏,保持系统压力;蓄能器还可用作应急液压源,对液压系统实施安全作用。在一段时间内维持系统压力,如果电源中断或原动机及液压泵发生故障,依靠蓄能器供出的液压油可使执行元件复位,以免造成机件损坏等事故,使系统处于安全状态。

（3）吸收冲击压力和液压泵的脉动。液压系统的液压冲击及液压泵的压力脉动,可采用蓄能器加以吸收,避免系统压力过高造成元件或管路损坏。对于某些要求液压源供油压力恒定的液压系统（如液压伺服系统）,可通过在泵出口近旁设置蓄能器,以吸收液压泵的脉动,改善系统工作品质。

二、类型

按储能方式不同蓄能器主要有重力加载式蓄能器、弹簧加载式蓄能器和气体加载式蓄能器等三种类型。

重力加载式蓄能器是利用重锤的位能变化来储存、释放能量,常用于大型固定设备中。弹簧加载式蓄能器是利用弹簧构件的压缩和变形来储存、释放能量,常在低压系统中作缓冲之用。气体加载式蓄能器应用较多,它是利用压缩气体（通常为氮气）储存能量,主要有活塞式、皮囊式和隔膜式等结构形式,其中皮囊式应用最为广泛。

三、皮囊式蓄能器的结构原理

皮囊式蓄能器主要由进油阀1、橡胶皮囊2、壳体3和充气阀4等组成（见图6-17(a)）,气体和液体由皮囊隔离。壳体通常用无缝耐高压的金属制成,皮囊用丁腈橡胶、丁基橡胶、乙烯橡胶等耐油、耐腐蚀橡胶做原料与充气阀一起压制而成。进油阀是一个由弹簧加载的菌形提升阀,用来防止油液全部排出时气囊挤出壳体之外而损伤。充气阀用于蓄能器工作前为皮囊充气,蓄能器工作时则始终关闭。当液压油进入蓄能器壳体时,皮囊内气体体积随压力增加而减小,从而储存液压油。若液压系统需增加液压油,则蓄能器在气体膨胀压力推动下,将液压油排出给以补充。皮囊式蓄能器的工作过程如图6-18所示。皮囊式蓄能器具有油气隔离、油液不易老化、反应灵敏、尺寸小、质量轻、安装容易、维护方便等优点,允许承受的最高工作压力可达32MPa,但皮囊制造困难,只能在一定温度范围（通常为-10~70℃）内工作。

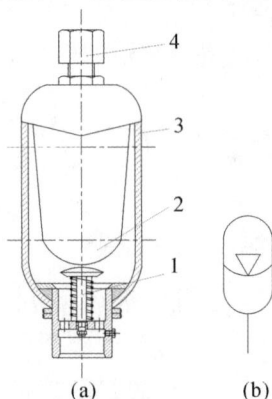

图6-17 皮囊式蓄能器
1—进油阀；2—橡胶皮囊；3—壳体；4—充气阀

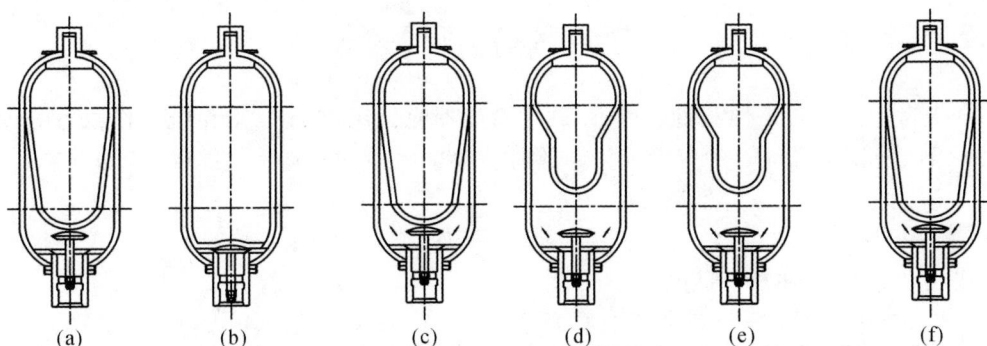

图 6-18 皮囊式蓄能器工作过程

(a)未充气;(b)充氮气达预定压力;(c)储存液压轴;(d)达到最高压力;(e)排出液压轴;(f)降至最低压力

四、容量计算

蓄能器的容量是选择蓄能器的重要参数,其计算方法因用途而异,以皮囊式蓄能器为例来说明如下:

(1)储存和释放能量时的容量计算。蓄能器容量 V_A 是由皮囊充气压力 p_A、工作中需输出的油液体积 V_w、系统最高工作压力 p_1 及需要最低工作压力 p_2 决定的。蓄能器工作过程中,气体状态的变化符合理想气体状态方程

$$p_A V_A^n = p_1 V_1^n = p_2 V_2^n = \mathrm{const} \tag{6-1}$$

式中 V_1, V_2 —— 气体在最高和最低压力 p_1, p_2 下的气体体积(m^3);

n —— 多变指数,当蓄能器用于补偿泄漏、保持系统压力时,它释放能量的速度缓慢,可认为气体在等温条件下工作,这时取 $n=1$,当蓄能器用于短期大量供油时,释放能量的速度很快,可认为气体在绝热条件下工作,这时取 $n=1.4$。

当压力从 p_1 降至 p_2 时,蓄能器释放的油液体积就是气体体积的变化量,即 $V_w = V_2 - V_1$,由式(6-1)可得

$$V_A = \frac{V_w \left(\frac{1}{p_A}\right)^{\frac{1}{n}}}{\left[\left(\frac{1}{p_2}\right)^{\frac{1}{n}} - \left(\frac{1}{p_1}\right)^{\frac{1}{n}}\right]} \tag{6-2}$$

充气压力 p_A 在理论上可与 p_2 相等,但由于系统存在泄漏,为保证系统压力为 p_2 时蓄能器还有补偿能力,宜使 $p_A < p_2$,根据经验,一般对折合型皮囊 $p_A = (0.8 \sim 0.85)p_2$,波纹型皮囊 $p_A = (0.6 \sim 0.65)p_2$。

(2)吸收冲击压力时的容量计算。此时蓄能器容积 V_A 可近似由充气压力 p_A、系统允许的最高压力 p_2 和瞬时吸收的液体动能加以确定。例如,当用蓄能器吸收管道突然关闭时的液体动能 $(\rho A l v^2)/2$ 时(参见第二章第六节),由于气体在绝热过程中压缩吸收的能量为

$$\int_{V_A}^{V_1} p \, dV = \int_{V_A}^{V_1} p_A \left(\frac{V_A}{V}\right)^{1.4} dV = -\frac{p_A V_A}{0.4}\left[\left(\frac{p_1}{p_A}\right)^{0.286} - 1\right]$$

故得

$$V_A = \frac{\rho A L v^2}{2} \left(\frac{0.4}{P_A} \right) \left[\frac{1}{\left(\dfrac{P_1}{P_A} \right)^{0.286} - 1} \right] \qquad (6-3)$$

式(6-3)未考虑液体压缩性和管道弹性,式中蓄能器充气压力 p_A 常取系统工作压力的90%。

(3)吸收液压泵脉动时的容量计算。此时一般采用如下经验公式进行计算:

$$V_A = \frac{V_P^i}{0.6K} \qquad (6-4)$$

式中　　V_P—— 液压泵的排量(m^3/s);

　　　　i—— 排量变化率,$i = \Delta V / V_P$;

　　　　ΔV—— 超过平均排量的过剩排出量(m^3/s);

　　　　K—— 液压泵脉动率,$K = \Delta p / p_P$,Δp 为压力脉动单侧振幅。

使用时,取蓄能器充气压力 $p_A = 0.6 p_P$。

蓄能器的使用和安装注意事项可参阅制造厂的产品样本。

第五节　油管和管接头

油管和管接头等统称为管件,是连接各类液压元件、输送压力油的装置。管件应具有足够的耐压能力(强度)、无泄漏、压力损失小、拆装方便。

管件连接旋入端的螺纹主要使用国家标准米制锥螺纹(ZM)和普通细牙螺纹。前者依靠自身的锥体旋紧并采用聚四氟乙烯生料带之类的材料进行密封,适用于中低压系统;后者密封性好,但要采用组合垫圈或 O 形密封圈进行端面密封。国外常用惠氏(BSP)管螺纹(多见于欧洲国家生产的液压元件)和 NPT 螺纹(多见于美国生产的液压元件)。

一、油管

油管有硬管(钢管和铜管)和软管(橡胶软管、塑料管和尼龙管)两类,各类油管的特点及适用场合如表 6-3 所列,选用的主要依据是液压系统的工作压力、通过流量、工作环境和液压元件的安装位置等。由于硬管流动阻力小,安全可靠,安全可靠性高且成本低,因此除非油管与执行机构的运动部分一并移动(如油管装在杆固定的活塞式液压缸缸筒上),一般应尽量选用硬管。

表 6-3　油管特点及适用场合

种　类		特点及适用范围
硬管	钢管	价格低廉,能承受高压,刚性好,耐油,抗腐蚀,但装配时不能任意弯曲,常在拆装方便处用作压力管道;高压用无缝钢管(冷拔精密无缝钢管和热轧普通无缝钢管,材料为 10 号或 15 号钢);低压用焊接管
	紫铜管	装配时易弯曲成各种需要的形状,但承压能力较低,一般不超过 6.5～10MPa,抗振能力较差,又易使油液氧化,常用于液压装置配接不便之处
	黄铜管	可承受 25MPa 的压力,但不如紫铜管那样容易弯曲成形

续表

种类		特点及适用范围
软管	橡胶管	高压管由几层钢丝编织或钢丝缠绕为骨架制成,钢丝网层数越多,耐压越高,价昂,低压管是麻线或棉纱编织体为骨架制成。橡胶管安装连接方便,适用于两个相对运动部件之间的管道连接,或弯曲形状复杂的地方
	尼龙管	乳白色半透明,加热后可以随意弯曲、变形,冷却后固定成形,承压能力因材料而异,约为2.5～8MPa,目前大多只在低压管道中使用
	塑料管	质轻耐油,价廉、装配方便,但承压能力低,长期使用会变质老化,只适用于压力小于0.5MPa的回油、泄油油路

油管的规格尺寸多由它连接的液压元件的油口尺寸决定,只有对一些重要油管才计算其内径和壁厚。油管内径和壁厚按如下公式计算后,即可按管材有关标准规定选定合适的油管。

$$d=\sqrt{\frac{4q}{\pi v}} \tag{6-5}$$

$$\delta\geqslant\frac{pdn}{2\sigma_b} \tag{6-6}$$

式中　q——通过油管的最大流量(m^3/s);

v——油管中允许流速($m\cdot s^{-1}$取值见表6-4);

d,δ——油管内径、壁厚;

p——管内油液最高工作压力(MPa);

σ_b——管材抗拉强度(MPa);

n——安全因数(取值见表6-5)。

表6-4　油管中的允许流速

油液流经油管	吸油管	高压管	回油管	短管及局部收缩处
允许流速/($m\cdot s^{-1}$)	0.5～1.5	2.5～5	1.5～2.5	5～7
说明	高压管:压力高时取大值,反之取小值;管道长的取小值,反之取大值;油液黏度大时取小值			

表6-5　安全系数(钢管)

管内最高工作压力/MPa	<7	7～17.5	17.5
安全因数	8	6	4

二、管接头

管接头是油管与油管、油管与液压元件之间的可拆式连接件,管接头必须具有耐压能力高、通流能力大、压降小、装卸方便、连接牢固、密封可靠和外形紧凑等条件。管接头的主要类型、特点与应用见表6-6。

表 6-6　管接头的主要类型、特点与应用

类　型	结构图	特点与应用	标准号
焊接式管接头	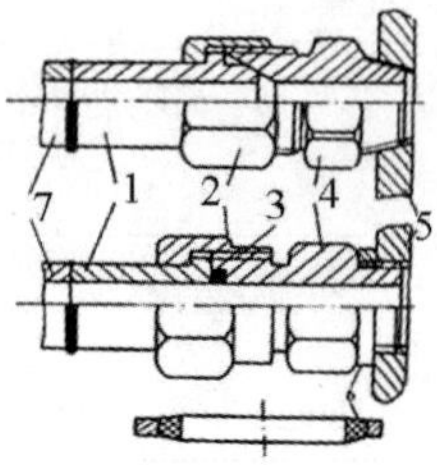	利用接管 1 与管子 7 焊接。接头体 4 和接管 1 之间用 O 形密封圈 3 端面密封。接头体拧入机件 5，两者可用金属垫圈或组合垫圈 6（JB 982—1977）密封。 　　结构简单，易制造，密封性好，对管子尺寸精度要求不高。要求焊接质量高，装拆不便。工作压力为 31.5MPa，工作温度为－25～80℃，适用于以油为介质的管路系统	JB/ZQ 4399—1997 JB/T 966～1003—1977
卡套式管接头	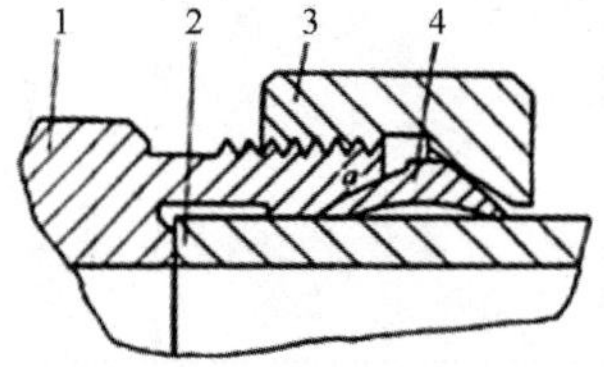	利用带尖锐内刃的环状卡套 4 的变形嵌入管子 2 表面进行密封，同时，卡套受压中部略凸，在 a 处和接头体 1 的内锥面接触而形成密封。接头体 1 左端螺纹拧入机件（图中未画出），二者可用组合垫圈密封。 　　结构先进，性能良好，质量小，体积小，使用方便，广泛应用于液压系统中。工作压力可达 31.5MPa，要求管子尺寸精度高，需用冷拔钢管。卡套精度亦高。适用于油、气及一般腐蚀性介质的管路系统	GB/T 3733.1～3765—1983
扩口式管接头	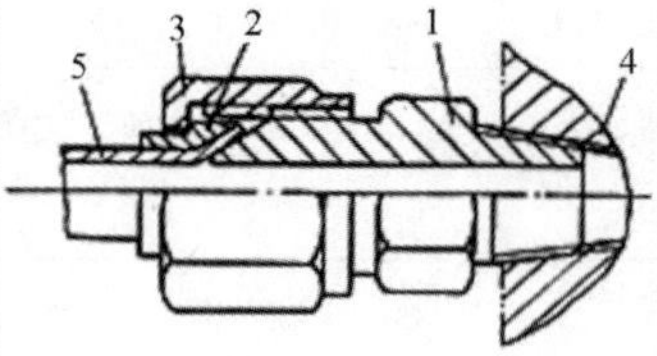	由接头体 1（拧入机件 4 内）、套管 2 和螺母 3 组成，利用管子 5 的端部扩口进行密封，不需其他密封件。 　　结构简单，适用于薄壁管件连接，适用于油、气为介质的压力较低的管路系统	GB/T 5625.1～5653—1985
承插焊管件	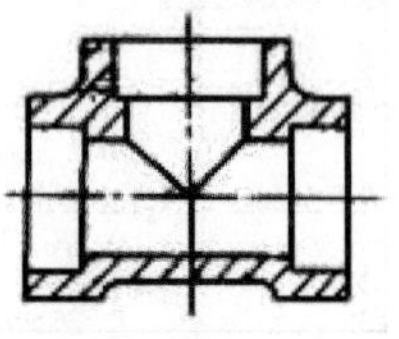	将需要长度的管子插入管接头直至管子端面与管接头内端接触，将管子与管接头焊接成一体，可省去接管，但管子尺寸要求严格适用于油、气为介质的管路系统	GB/T 14383—1993

续 表

类　型	结构图		特点与应用	标准号
软管接头及软管总成	软管接头(有可拆式和扣压式两种,各有 A,B,C 三种形式)和软管(通常是橡胶软管)可由管件厂买进软管总成,也可以用户自行装配,软管接头可与扩口式、卡套式、焊接式或快换接头连接使用			
	扣压式软管接头	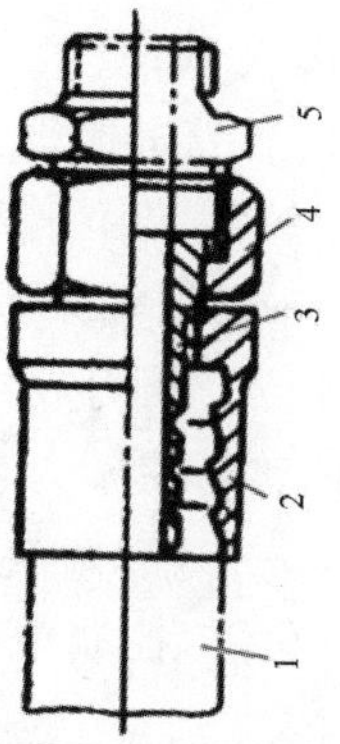	图示软管接头为永久连接软管接头,它由接头外套 2、接头芯 3 和接头螺母 4 组成,它是冷挤压到软管 1 上的,只能一次使用。 当软管失效时管接头随软管一起废弃。但是这种接头一般比可重复用接头成本低,而且软管装配工作量小。工作压力与软管结构及直径有关(一般在 6～40MPa 之间),适用油、水、气为介质的管路系统。介质温度:油:－40～100℃	GB/T 9065.1～9065.3—1988; JB/T 8727—1998
快换接头	快换接头又称快速装拆管接头,无需装拆工具,适用于经常装拆的场合,有两端开放式和两端开闭式两种			
	两端开闭式	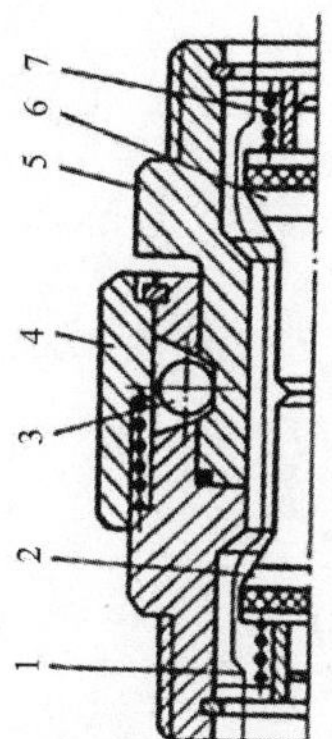	管子拆开后,可自行密封,管道内液体不会流失,因此适用于经常拆卸的场合。图示为油路接通工作位置,需断开油路时,用力左推外套 4,再拉出接头体 5,钢球(6～12 个)即由接头体槽中退出,同时单向阀的锥阀芯 2 和 6 分别在弹簧 1 和 7 的作用下将两个阀口关闭,油路即断开。 这种结构较复杂,局部阻力损失较大。适用于油、气为介质的管路系统,工作压力低于 31.5MPa,介质温度为－20～80℃	JB/ZQ 4078～4079—1997

第六节　压力表及压力表开关

　　液压系统中泵的出口、安装压力控制元件处、与主油路压力不同的支路及控制油路、蓄能器的进油口等处,均应设置测压点,以便通过测压组件对压力调节或系统工作中的压力数值及其变化情况进行观测。测压组件包括压力表及压力表开关。

一、压力表

液压系统中各工作点的压力通常都用压力表来观测。最常用的普通压力表为弹簧管式结构，其原理及图形符号如图 6-19(a)(b)所示。当压力油进入弹簧弯管 1 时，管端产生变形，通过杠杆 4 使扇形齿轮 5 摆转，带动小齿轮 6，使指针 2 偏转，由刻度盘 3 读出压力值。

压力表精度用精度等级(压力表最大误差占整个量程的百分数)来衡量。例如 1.5 级精度等级的量程(测量范围)为 10MPa 的压力表，最大量程时的误差为 10MPa×1.5%＝0.15MPa。压力表最大误差占整个量程的百分数越小，压力表精度越高。一般机械设备液压系统采用的压力表精度等级为 1.5～4 级。在选用压力表量程时应大于系统的工作压力的上限，即压力表量程约为系统最高工作压力的 1.5 倍左右。压力表不能仅靠一根细管来固定，而应把它固定在面板上，压力表应安装在调整系统压力时能直接观察到的部位。压力表接入压力管道时，应通过阻尼小孔以及压力表开关，以防止系统压力突变或压力脉动而使压力表损坏。

带微动开关的弹簧管式电接点压力表(其图形符号见图 6-19(c))。它可观测系统压力，还可在系统压力变化时通过微动开关内设的高压和低压触点发信，控制电动机或电磁阀等元件的动作，从而实现液压系统的远程自动控制。

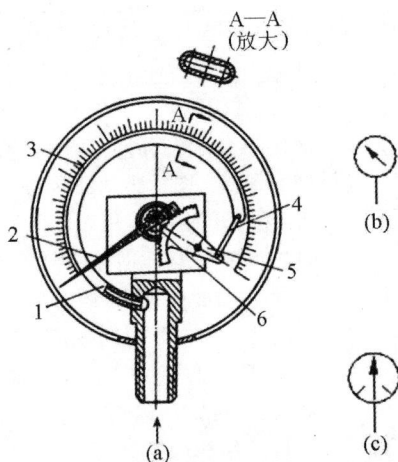

图 6-19　压力表

(a)普通压力表结构图；(b)普通压力表图形符号；(c)电接点压力表图形符号

1—弹簧弯管；2—指针；3—刻度盘；4—杠杆；5—扇形齿轮；6—小齿轮

二、压力表开关

压力表开关相当一个小型转阀式截止阀，用于切断和接通压力表与油路的通道，通过开关的阻尼作用，减轻压力表在压力脉动下的振动，延长其使用寿命。根据可测压力的点数不同，压力表开关有一点、三点、六点等。多点压力表开关用一个压力表可与几个测压点油路相通，测出相应点的油压力。图 6-20 所示为压力表开关的结构图。

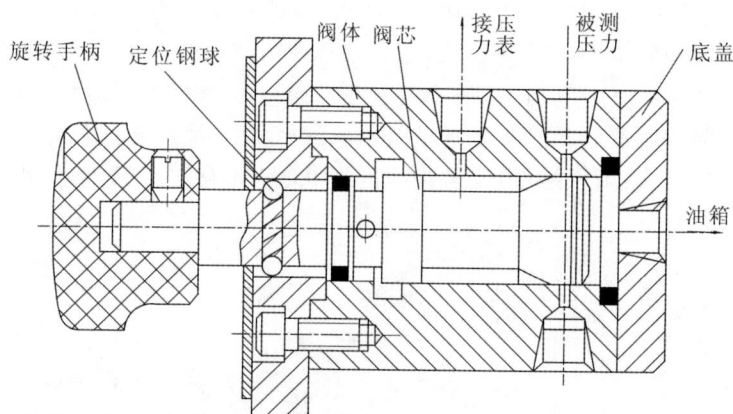

图 6-20 压力表开关

第七节 密 封 装 置

一、功用及要求

密封装置的功用是防止液压系统中工作介质的内外泄漏,以及外界灰尘、金属屑等异物的侵入,保证液压系统正常工作。密封装置的性能对液压系统的工作性能和效率具有直接作用。液压系统对密封装置的主要要求如下。

(1)在一定的压力、温度范围内具有良好的密封性能;

(2)有相对运动时,密封装置引起的摩擦因数小且摩擦力稳定;

(3)耐磨性好,耐腐蚀、不易老化,寿命长,磨损后在一定程度上能自动补偿;

(4)结构简单,制造维护方便,价格低廉。

二、类型特点

液压系统中的密封装置有间隙密封、橡胶密封圈、组合密封及回转轴密封圈等多种类型,其中最常用的是种类繁多的橡胶密封圈,它们既可用于静密封,也可用于动密封。

1.间隙密封

间隙密封是最简单的一种密封形式,它是利用相对运动的圆柱摩擦副之间的微小间隙 δ(通常为 0.02~0.05mm)防止泄漏。常用于液压缸活塞及滑阀的配合中。为了提高密封能力,减小液压卡阻,常在圆柱表面开设几条环形均压槽(均压槽一般宽 0.3~0.5mm,深 0.5~1mm),如图 6-21 所示。间隙密封结构简单、摩擦阻力小,耐高温,但磨损后不能自动补偿而恢复原有能力。

2.橡胶密封圈

(1)O 形密封圈。O 形密封圈是一种用耐油橡胶压制而成的圆截面密封件(见图 6-22(a))。如图 6-22(b)所

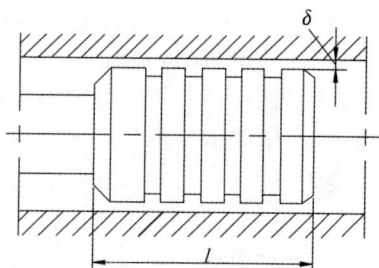

图 6-21 间隙密封

示,它是依靠预压缩量(δ_1和δ_2)消除间隙而实现密封,能随着压力 p 的增大自动提高密封件与密封表面的接触应力,从而提高密封作用,且能在磨损后自动补偿。O 形密封圈的特点是结构简单、密封性好、价廉、应用范围广,既可用于外径或内径密封也可以用于端面密封;高低压均可用,但高压场合需加设金属或非金属材料制成的密封挡圈以防止 O 形圈从密封槽的间隙中被挤出。O 形密封圈的预压缩量,安装沟槽的形状、尺寸及加工精度等都已标准化,可从液压工程手册查得。

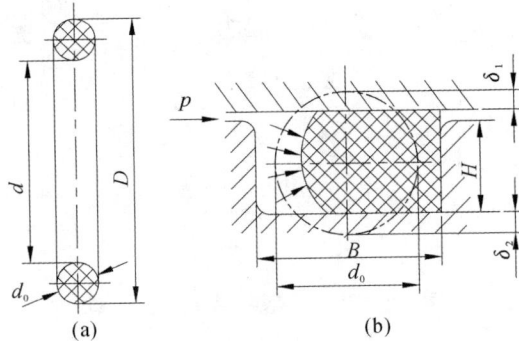

图 6-22 O 形密封圈

(a)结构图;(b)密封原理

(2)唇形密封圈。唇形橡胶密封圈是靠其唇口受液压力作用变形,使唇边贴紧密封面进行密封,液压力越大,唇边贴得越紧,并具有磨损后自动补偿的能力。此类密封有 Y 形、Yx 形、V 形等常用形式,一般用于往复运动密封。

Y 形密封圈(见图 6-23)有一对与密封面接触的唇边,安装时唇口对着压力高的一边。油压低时,靠预压缩密封;高压时,受油压作用而两唇张开,贴紧密封面,能主动补偿磨损量,油压越高,唇边贴得越紧。双向受力时要成对使用。这种密封圈摩擦力较小,启动阻力与停车时间长短和油压大小关系不大,运动平稳,适用于高速、高压的动密封。

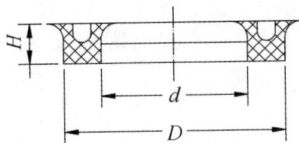

图 6-23 Y 形密封圈　　　图 6-24 Yx 形密封圈　　　图 6-25 V 形密封圈

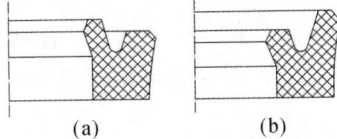

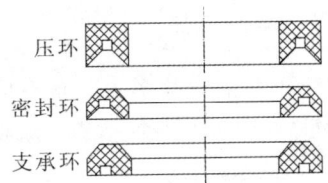

Yx 形密封圈(见图 6-24)是在 Y 形密封圈基础上改进而成,分为轴用、孔用两种,内、外密封唇高度不等,短边与密封面相接触,滑动摩擦阻力小;长边与非滑动表面接触,使摩擦阻力增大,工作时不易窜动而被运动部件切伤。Yx 形密封圈一般用于工作压力小于 32MPa、使用温度为 -30~+100℃ 的场合。

V 形密封圈(见图 6-25)由多层涂胶织物压制而成,由三种不同截面形状的压环、密封环、支承环组成一套使用。当压力大于 10MPa 时,可以根据压力大小适当增加中间密封环的个数,以满足密封要求。这种密封圈安装时应使密封环唇口面对高压侧。V 形密封圈的接触面较长,密封性能好,适宜在工作压力小于等于 50MPa,温度为 -40~+80℃ 的场合使用。

3.组合密封装置

组合密封装置是由两个以上元件组合而成的密封装置,有橡胶组合密封与金属组合密封两类。

(1)橡胶组合密封件。它通常是由充当弹性体的橡胶圈 O 形橡胶圈和夹布橡胶质或特殊聚四氟乙烯(PTEE)唇形圈叠加组合而成的。利用 O 形圈的巨大弹性,迫使唇形圈唇部紧贴密封表面,产生足够大的表面接触应力,达到密封作用。具有摩擦阻力小,工作平稳,易于装配维修等优点。常用的橡胶组合密封件有蕾形组合圈及格来圈与斯特封。

图 6-26 所示为蕾形组合圈,它由丁腈橡胶 O 形圈和夹布橡胶质 Y 形圈组合而成。压力液体通过 O 形圈弹性变形始终挤压 Y 形圈唇部,迫使唇部紧贴密封表面,产生随液体压力增大的表面接触应力,并与初始接触应力一起阻止泄漏。其特点是低压时靠合成橡胶密封,高压时靠夹织物橡胶圈变形提高接触应力实现密封;摩擦阻力小,不易磨损。适宜在工作压力$\leqslant$20MPa,温度为$-30\sim+100℃$场合使用。

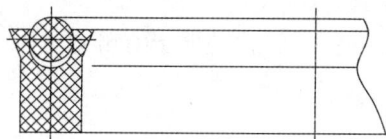

图 6-26　蕾形组合圈

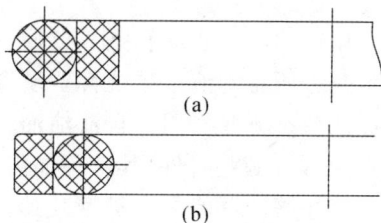

图 6-27　格来圈
(a)轴用;(b)孔用

格来圈(见图 6-27)与斯特封(见图 6-28)都是由一个提供预压缩力的 O 形圈和一个特殊聚四氟乙烯(PTEE)制成的密封环叠加组合而成的。格来圈中的密封环为矩形截面 PTEE,斯特封中的密封环为矩形-梯形截面 PTEE。由于 PTEE 具有自润滑性,且摩擦因数小,但缺乏弹性,将其与弹性体的橡胶圈同轴组合使用,利用橡胶圈的弹性施加压紧力,二者取长补短,密封效果良好。格来圈和斯特封的显著优点是摩擦因数低,动、静摩擦因数相当接近,且有极佳的定形和抗挤出性能,寿命长,运动时无爬行。格来圈可用于双向密封;斯特封只能单向密封(两个斯特封可实现双向密封)。格来圈与斯特封适宜在工作压力$\leqslant$40MPa,温度为$-30\sim+120℃$,相对运动速度$<$5m/s 的场合使用。

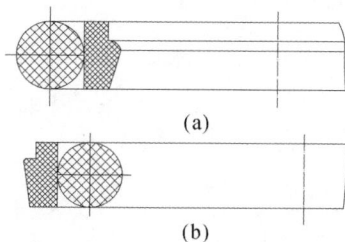

图 6-28　斯特封
(a)轴用;(b)孔用

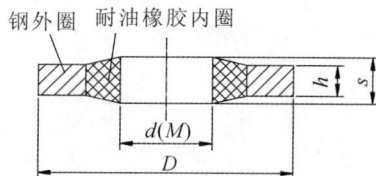

图 6-29　组合密封垫圈

(2)金属橡胶组合密封件。图 6-29 所示为由耐油橡胶内圈和钢(Q235)外圈压制而成的组合密封垫圈(JB 982—1977),主要用于管接头等处的端面密封,安装时外圈紧贴两密封面,内圈厚度 h 与外圈厚度 s 之差即为压缩量。由于它安装方便、密封可靠,故应用广泛。

4.旋转轴的密封装置

旋转轴的密封装置形式很多,图 6-30 所示为一种耐油橡胶制成的回转轴用密封圈,其内部用直角形圆环铁骨架 2 支撑,密封圈的内边围着两条螺旋弹簧 1,把内边收紧在轴上来进行密封。这种密封圈主要用作液压泵、液压马达和摆动液压马达的外伸轴的密封,以防止油液漏到壳体外部,它的工作压力一般不超过 0.1MPa,最大允许线速度为 $4\sim8m/s$,须在有润滑情况下工作。

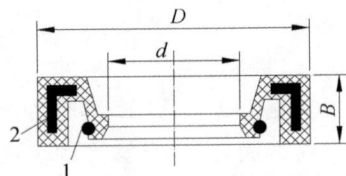

图 6-30 旋转轴密封圈
1—螺旋弹簧;2—铁骨架

思考题与习题

6-1 试述油液过滤器和空气过滤器在液压系统中的功用。

6-2 是否所有的液压系统都要设置热交换器?

6-3 油箱有哪些作用?自清洁油箱与传统矩形油箱在结构功能上有哪些异同?在开式独立油箱上通常有哪些附件,其功用如何?

6-4 简述蓄能器的主要类型及其在系统中的作用。

6-5 何谓压力表的精度等级?问 1.0 级精度等级的量程(测量范围)为 60MPa 的压力表,最大量程时的误差为多少?

6-6 液压系统中为何要设置压力表开关?

6-7 简述液压管件常用的连接螺纹种类及特点。

6-8 在液压系统中常用的密封装置有哪几类?格来圈与斯特封在结构及密封效果上有何特点?若旋转轴的密封装置工作压力较高会带来什么后果?

6-9 某用作辅助动力源的蓄能器,其容量为 2.5L,充气压力为 2.5MPa,系统最高工作压力为 7MPa,最低工作压力为 4MPa,试求蓄能器所排出的油液体积(蓄能器工作状态为等温过程)。(答:0.67L)

6-10 某液压管路的压力为 6.3MPa,通过流量为 40L/min,试确定油管的尺寸。(答:取油管流速为 5m/s,选用无缝钢管 $\phi18\times2.5mm$)

第七章　液压基本回路

　　液压基本回路是由有关液压元件组成，能够完成某种特定功能的基本油路。无论一个液压系统如何复杂，都是由一些基本回路所组成的，因此，学习和掌握液压基本回路的组成、原理、性能特点及应用，对于液压系统的分析和设计是非常重要和必要的，而熟练掌握各种液压元件的结构原理及特点是学习和掌握液压基本回路的前提。

　　按功用不同，液压基本回路可分为压力控制回路、速度控制回路、方向控制回路、多执行元件动作控制回路等。

第一节　压力控制回路

　　压力控制回路是利用压力控制元件来控制系统或局部油路的压力，以满足执行元件要求的回路，包括调压、减压、增压、卸荷、平衡、保压及泄压等回路。

一、调压回路

　　调压回路用于控制液压系统的工作压力，使其不超过预调值或使系统在不同工作阶段具有不同的压力。实现调压的主要元件是溢流阀。

　　图 7-1(a)所示为单级调压回路，液压泵 1 出口的压力由所并联的溢流阀 2 的调定压力决定。只要溢流阀开启，系统压力基本恒定，即所谓"溢流定压"。

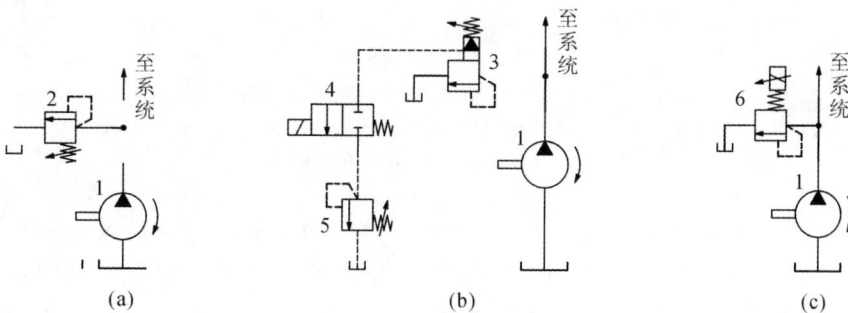

图 7-1　调压回路

(a)单级调压回路；(b)双级调压回路；(c)比例调压回路

1—液压泵；2—溢流阀；3—先导式溢流阀；4—二位二通电磁换向阀；5—远程调压阀；6—电液比例溢流阀

　　利用先导式溢流阀、电磁换向阀和远程调压阀可以实现系统的多级调压或远程调压。图 7-1(b)所示为二级调压回路，先导式溢流阀 3 和远程调压阀 5 分别调整泵出口压力。当电磁阀 4 断电处于图示位置时，系统压力由阀 3 设定；当阀 4 通电切换至左位时，系统压力由阀 5 设定。两压力阀的设定压力应满足 $p_3 > p_5$，否则不能实现二级调压。

图 7-1(c)所示为比例调压回路,通过调节与泵并联的电液比例溢流阀 6 的输入电流 i,即可实现系统压力的无级调节。比例调压回路结构简单,压力切换平稳,且便于实现遥控或程控。

二、减压回路

减压回路的功用是使单泵供油液压系统中的某一部分油路具有比主回路较低的稳定压力。图 7-2 所示为最常见的减压回路,定值减压阀 3 与高压主油路并联,主油路的压力由溢流阀 2 设定,减压油路的压力由定值减压阀 3 设定。单向阀 4 供主油路压力降低时防止油液倒流,起短时保压之用。减压回路也可采用先导式减压阀和远程调压阀的二级减压方式或电液比例减压阀的无级减压方式。

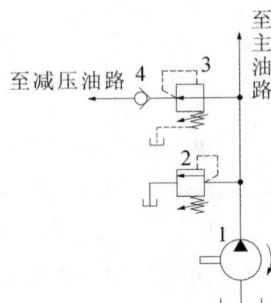

图 7-2 减压回路

1—液压泵;2—溢流阀;
3—定值减压阀;4—单向阀

三、增压回路

增压回路是用液压系统中某些支路获得高于系统压力的回路。利用增压回路,可以利用低压获得较高的压力。增压回路中提高油压的主要元件是增压器(缸),如图 7-3(a)所示,其增压比为大小活塞面积之比 A_1/A_2。

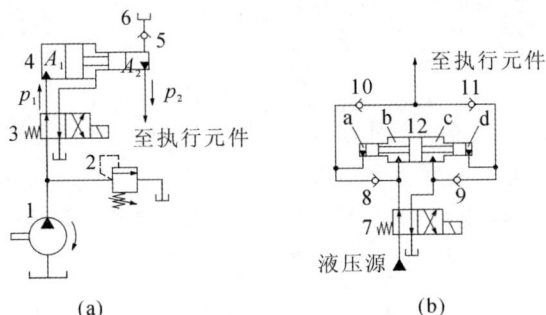

图 7-3 增压回路

(a)单作用增压回路;(b)双作用增压回路

1—液压泵;2—溢流阀;3,7—二位四通电磁换向阀;4—单作用增压器;5,8,9,10,11—单向阀;
6—高架油箱;12—双作用增压器

图 7-3(a)为采用单作用增压器的增压回路。当二位四通电磁换向阀 3 断电处于图示位置时,液压泵以压力 p_1 向增压器 4 的大活塞左腔供油,小活塞右腔得到所需的较高压力 p_2。当阀 3 通电切换至右位时,增压器 4 返回,高架油箱 6 在大气压的作用下经单向阀 5 向小活塞右腔补油。该回路只能间断增压,适宜执行元件单向作用和小行程场合。

图 7-3(b)所示为采用双作用增压器的增压回路,能连续输出高压油。图示位置中液压源的压力油经二位四通电磁换向阀 7 和单向阀 8 进入增压器 12 的左端 a,b 腔,大活塞 c 腔的回油通油箱,右端小活塞 d 腔增压后的高压油经单向阀 11 输出至执行元件,单向阀 9,10 在压差的作用下关闭。当增压器活塞移动到右端时,阀 7 的电磁铁通电切换至右位,增压器活塞向左移动,左端小活塞 a 腔的高压油经单向阀 10 输出至执行元件。增压器的活塞随着电磁阀的通断电换向而不断往复运动,两端交替输出高压油,从而实现连续供油。

四、卸荷回路

液压系统在工作循环中短时间间歇时,为减少功率损耗,降低系统发热,避免因液压泵频繁启、停影响液压泵的寿命,多采用卸荷回路。所谓液压泵的卸荷是指泵以很小的输出功率运转($P_P = p_P q_P \approx 0$),或以很低的压力($p_P \approx 0$)运转(压力卸荷),或输出很少的流量($q_P \approx 0$)的压力油(流量卸荷)。

常用的卸荷回路如下。

(1)利用换向阀机能的卸荷回路。利用 M,H 和 K 型等中位机能的三位换向阀,可使泵卸荷。图 7-4(a)所示为用 M 型中位机能电液动换向阀的卸荷回路。回路中的单向阀3,可使系统在卸荷中保持 0.3MPa 左右的压力,以供卸荷结束后控制油路换向之用。采用常开机能的二位二通电磁换向阀也可使泵直接卸荷(见图 7-4(b))。利用换向阀的机能直接卸荷特别适宜低压小流量系统。但应注意,其中换向阀的流量规格必须与液压泵的流量规格相符。

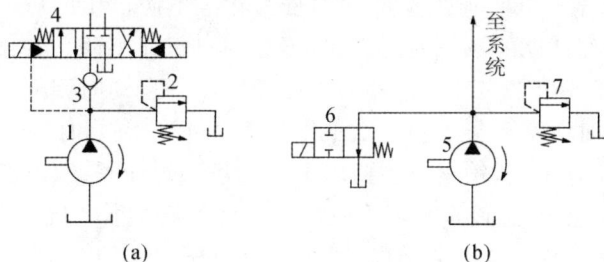

图 7-4 利用换向阀机能的卸荷回路

(a)M 形中位机能三位四通电液动换向阀的卸荷回路;(b)常开二位二通电磁换向阀的卸荷回路
1,5—液压泵;2,7—溢流阀;3—单向阀;4—三位四通电液动换向阀;6—二位二通电磁换向阀

(2)利用先导式溢流阀的卸荷回路。图 7-5 所示为利用先导式溢流阀的卸荷回路。在先导式溢流阀 3 的遥控口接一小规格二位二通电磁换向阀 2。电磁阀 2 断电处于图示位置时,溢流阀 3 的遥控口与油箱相通,液压泵 1 输出的液压油以很低的压力经溢流阀 3 返回油箱,实现卸荷。电磁换向阀 2 通电切换至右位时,液压泵升压。

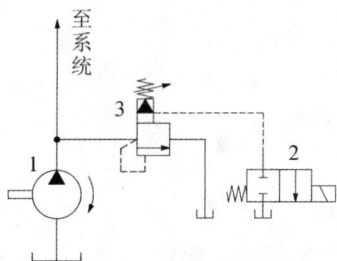

图 7-5 利用先导式溢流阀的卸荷回路
1—液压泵;2—二位二通电磁换向阀;3—溢流阀

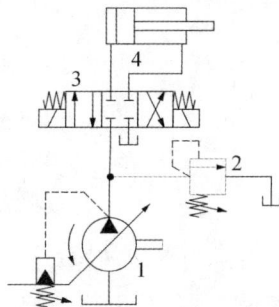

图 7-6 压力补偿变量泵的卸荷回路
1—变量泵;2—溢流阀;
3—三位四通电磁换向阀;4—液压缸

(3)压力补偿变量泵的卸荷回路。图 7-6 所示为压力补偿变量泵的卸荷回路。根据压力

补偿变量泵 1 低压时输出流量大和高压时输出流量小的特性,当液压缸 4 的活塞运动到行程端点或换向阀 3 处于图示中位时,泵 1 的压力升高到补偿装置所需压力时,泵的流量便自动减至补足液压缸和换向阀的泄漏,此时尽管泵出口压力很大,但由于泵输出的流量很小,其耗费的功率大为降低,实现了泵的卸荷。溢流阀 2 作安全阀使用。

五、平衡回路

为了防止立置液压缸或垂直运动的工作部件由于自重在超速下降,即在下行运动中由于速度超过液压泵供油所能达到的速度而使工作腔中出现真空,并使其在任意位置上锁紧,通常应设置平衡回路。平衡回路的功用是在立置液压缸的下行回油路上串联一个产生适当背压的元件,以便与自重相平衡,并起限速作用。

图 7-7(a)所示为采用内控式单向顺序阀(又称平衡阀)的平衡回路。当换向阀 1 切换至左位时,液压缸 3 的活塞向下运动,缸下腔的油液经平衡阀 2 中的顺序阀流回油箱。只要使阀 2 的调压值大于由于活塞及其相连工作部件的重力在缸下腔产生的压力值,那么当换向阀处于中位时,活塞和工作部件就能被平衡阀锁住,不会因自重而下降。在下行工况下,限速作用由平衡阀所形成的节流缝隙来实现。这种回路在活塞下行运动时因要克服顺序阀的背压,功率损失较大,且"锁紧"时活塞和与之相连的工作部件会因平衡阀和换向阀的泄漏而缓慢下落,故只适用于工作部件质量不大、锁紧定位要求不高的场合。而采用外控式平衡阀组成的平衡回路(见图 7-7(b)),由于平衡阀 5 的调压值基本上与负载大小(即背压)无关,通常只需系统压力的 30%~40%,故功率损失较小,但为了防止因液压缸 6 的活塞下降中超速或出现平衡阀时开时关带来的振动,需在平衡阀和液压缸的回油路之间增设单向节流阀(图中未画出)。

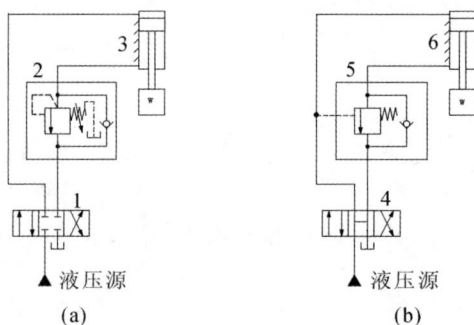

图 7-7 采用平衡阀的平衡回路

(a)内控平衡阀的平衡回路;(b)外控平衡阀的平衡回路

1—三位四通换向阀(O 型机能);2—自控式平衡阀;3,6—液压缸;

4—三位四通换向阀(H 型机能); 5—远控式平衡阀

图 7-8 所示为采用液控单向阀的平衡回路。当电磁铁 1YA 通电使三位四通电磁换向阀 1 切换至左位时,液压源的压力油进入液压缸 5 上腔,并导通液控单向阀 2,液压缸下腔的油液经节流阀 4、液控单向阀 2 和换向阀 1 排回油箱,活塞向下运动。当电磁铁 1YA 和 2YA 均断电使换向阀 1 处于中位时,液控单向阀迅速关闭,活塞立即停止运动。当电磁铁 2YA 通电使换向阀 1 切换至右位时,压力油经阀 1、阀 2 和普通单向阀 3 进入液压缸下腔,使活塞向上运动。由于液控单向阀是锥面密封,泄漏量很小,故这种平衡回路的锁定性好,工作可靠。节流

阀 4 可以防止因液压缸活塞下降中超速或出现液控单向阀时开时关带来的振动。

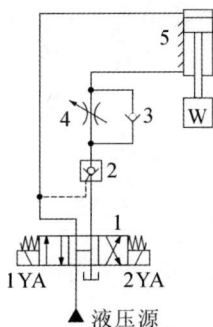

图 7-8　液控单向阀平衡回路

1—三位四通电磁换向阀；2—液控单向阀；3—普通单向阀；4—节流阀；5—液压缸

六、保压和泄压回路

保压回路的功用是在液压系统中的执行元件停止工作或仅有工件变形所产生微小位移的情况下，使系统压力基本保持不变。而泄压回路则用于缓慢释放液压系统在保压期间储存的能量，以免突然释放而产生液压冲击和噪声。只要系统具有保压回路，通常就应设置相应的泄压回路。

（1）保压回路。最简单的保压回路是图 7-9 所示利用液控单向阀的自动补油保压回路。其工作原理为当电磁铁 1YA 通电使换向阀 3 切换至左位，液压缸 6 上腔压力上升至电接点压力表 5 的上限值时，压力表高压触点通电，使电磁铁 1YA 断电，换向阀复至中位，液压泵 1 经阀 3 的 H 型中位卸荷，液压缸由液控单向阀 4 保压。保压期间如果液压缸上腔因泄漏等因素，压力下降到电接点压力表调定下限值（低压触点）时，压力表又发出信号，使电磁铁 1YA 通电，液压泵恢复向液压缸上腔供油，使压力上升。而当电磁铁 2YA 通电使换向阀切换至右位时，液压缸活塞快速向上退回。这种回路能自动地保持液压缸上腔的压力在某一范围内，保压时间长，压力稳定性高，适用于液压机等保压性能要求较高的液压系统。

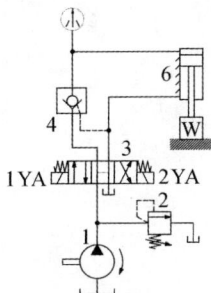

图 7-9　自动补油保压回路

1—液压泵；2—溢流阀；3—三位四通电磁换向阀；4—液控单向阀；5—电接点压力表；6—液压缸

图 7-10 所示为采用蓄能器的保压回路，当电磁铁 1YA 通电使三位四通电磁换向阀 5 切换至左位时，液压缸 6 向右运动，在缸运动到终点后，液压泵 1 向蓄能器 4 供油，直到供油压力

升高至压力继电器 3 的调定值时,压力继电器发信使电磁铁 3YA 通电,二位二通电磁阀 7 切换至上位,泵 1 经溢流阀 8 卸荷,此时液压缸通过蓄能器保压。当液压缸压力下降至某规定值时,压力继电器动作使 3YA 断电,液压泵重新向系统供应压力油。保压时间的长短取决于蓄能器容量。

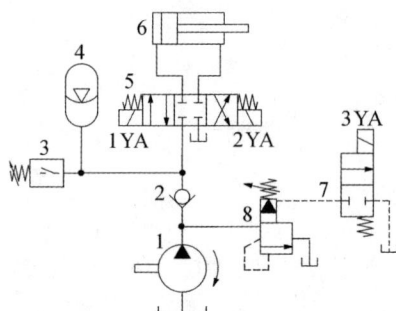

图 7-10 蓄能器保压回路

1—液压泵;2—单向阀;3—压力继电器;4—蓄能器;5—三位四通电磁换向阀;6—液压缸;

7—二位二通电磁换向阀;8—先导式溢流阀

(2)泄压回路(释压回路)。通常液压缸直径大于 250mm、压力大于 7MPa 时,其油腔在排油前就先须泄压。控制泄压可以通过延缓主换向阀的切换时间或采用液压控制等措施实现。图 7-11 所示为用顺序阀控制回程压力实现泄压的回路。回路中的阀 4 为带有卸载阀芯的复式液控单向阀(见图 5-3),保压和泄压均由此阀实现。保压完毕后手动换向阀 3 以左位接入回路,此时液压缸 8 上腔没有泄压,压力油经二位二通换向阀 7 将顺序阀 5 打开,液压泵 1 进入缸下腔的油液经顺序阀 5 和节流阀 6 回油箱,调节节流阀 6 的开度,使缸下腔压力有约 2MPa,还不足以使活塞回程,但能顶开液控单向阀 4 的卸荷阀芯,使上腔泄压。当缸上腔压力降低至小于顺序阀 5 的调压值(通常为 2~4MPa),顺序阀 5 关闭,切断泵 1 至油箱的低压循环,泵 1 压力上升,顶开液控单向阀 4 的主阀芯,活塞回程。二位二通阀 7 是为了保压过程中切断顺序阀 5 的控制油路,保证回路的保压性能。

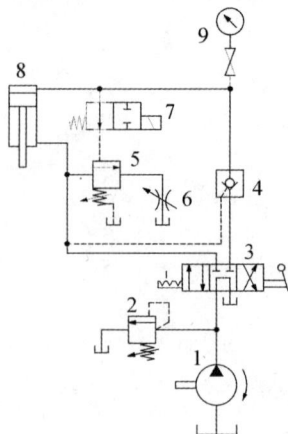

图 7-11 用顺序阀控制的泄压回路

1—液压泵;2—溢流阀;3—三位四通手动换向阀;4—液控单向阀;5—顺序阀;6—节流阀;

7—二位二通电磁换向阀;8—液压缸;9—压力表及其开关

第二节　速度控制回路

速度控制回路包括调节液压执行元件运动速度的调速回路,以及使之得到快速运动的快速运动回路和使工作进给速度改变的速度换接回路等。

一、调速回路

一般而言,调速回路是一个液压传动系统的核心部分。这种回路可通过事先的调整或工作过程中自动调节来改变执行元件的运动速度。由于调速回路的速度负载特性、调速特性和功率特性基本上决定了它所在液压系统的性质、特点和用途,故必须详加分析和讨论。按照调速方式的不同,调速回路分为无级调速和有级调速两类,其中无级调速回路应用较为普遍。

在不考虑液压油的压缩性和泄漏的情况下,液压缸的运动速度 v 和液压马达的转速 n 分别为

$$v = q/A \tag{7-1}$$
$$n = q/V_M \tag{7-2}$$

式中　　q—— 输入液压执行元件的流量(m^3/s);

　　　　A—— 液压缸的有效面积(m^2);

　　　V_M—— 液压马达的排量(L)。

由式(7-1)和式(7-2)可知,通过改变输入液压执行元件的流量 q,或改变液压缸的有效面积 A 和液压马达的排量 V,均可达到调速的目的。由于在实际中不宜改变液压缸的工作面积,故多通过改变输入液压执行元件的流量或改变变量液压马达的排量的方法来调速。为了改变进入液压执行元件的流量,可采用定量泵和流量控制阀的节流调速方法,也可采用改变变量泵或变量马达的排量的容积调速方法,或同时采用变量泵和流量阀调速的容积节流调速(联合调速)方法。

1. 节流调速回路

节流调速回路的工作原理,是通过改变回路中的流量控制元件(节流阀或调速阀)的通流截面积的大小来控制流入执行元件或流出执行元件的流量,以调节其运动速度。按照流量阀在回路中的位置不同,分为串联节流调速和并联节流调速两类回路。由于串联调速回路在工作中回路的供油压力基本不随负载变化,故又称为定压式节流调速回路;由于并联调速回路(又称旁路节流调速回路)的供油压力会随负载的变化而变化,故又称为变压式节流调速回路。

(1)串联节流调速回路。如图7-12所示,串联节流调速又分为进油节流调速和回油节流调速回路。这些回路都使用定量泵并且必须并联一个溢流阀,回路中泵的压力由溢流阀设定后基本上保持恒定不变,液压泵输出的油液一部分(称液压缸的输入流量)经节流阀进入液压缸工作腔,推动活塞运动,多余的油液经溢流阀排回油箱,这是此类调速回路能够正常工作的必要条件。只要调节节流阀的通流面积,即可实现调节通过节流阀的流量,从而调节液压缸的运动速度。以下以进油节流调速回路为例,分析此类回路的特性。

由于溢流阀的定压溢流作用,串联节流调速回路中液压泵的泄漏只影响溢流阀的溢流量,而节流阀和液压缸处的泄漏均很小,因此以下分析不考虑泄漏的影响。

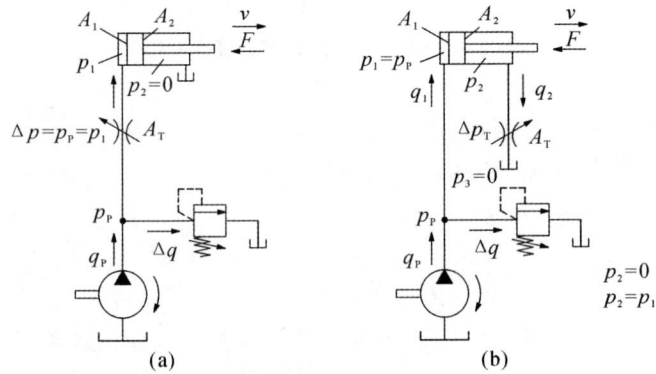

图 7 - 12　串联节流调速回路

(a)进油节流；(b)回油节流

1)速度负载特性。液压缸工作速度与外负载之间的关系称为调速回路的速度负载特性。忽略回路中各处的摩擦力,图 7 - 12(a)所示回路的液压缸在稳定工作时的运动速度、力平衡方程和经节流阀进入液压缸的流量方程为

$$v = q_1/A_1 \tag{7-3}$$

$$p_1 A_1 = F \tag{7-4}$$

$$q_1 = CA_{\mathrm{T}}\Delta p_{\mathrm{T}}^{\varphi}\Delta p^{\varphi} = CA_{\mathrm{T}}(p_{\mathrm{P}} - p_1)^{\varphi} \tag{7-5}$$

式中　　v——液压缸的运动速度(m/s);

q_1——进入液压缸的流量(负载流量)($\mathrm{m^3/s}$);

A_1——液压缸工作腔的有效面积($\mathrm{m^2}$);

p_1——液压缸工作腔的压力(即负载压力)($\mathrm{N/m^2}$);

F——液压缸的外负载(N);

C,φ——节流阀孔口形状系数和节流阀指数;

A_{T}——节流阀通流面积($\mathrm{m^2}$);

Δp_{T}——节流阀两端的压力差(MPa),$\Delta p_{\mathrm{T}} = p_{\mathrm{P}} - p_1$;

p_{P}——液压泵供油压力(即回路工作压力)($\mathrm{N/m^2}$)。

由式(7-3)、式(7-4)和式(7-5)得液压缸运动速度,即进油节流调速回路的速度负载特性方程为

$$v = \frac{q_1}{A_1} = \frac{CA_{\mathrm{T}}(p_{\mathrm{P}}A_1 - F)^{\varphi}}{A_1^{1+\varphi}} \tag{7-6}$$

将式(7-6)按不同的 A_{T} 值作 v-F 坐标曲线图,可得回路的一组速度负载特性曲线(见图 7-13),它描述了液压缸运动速度随负载变化的规律。由图及方程可知:

a.当负载 F 一定时,液压缸的运动速度 v 与节流阀通流面积 A_{T} 成正比。调节 A_{T} 即可实现无级调速。

b.当节流阀通流面积 A_{T} 调定后,液压缸运动速度 v 随负载 F 增大而减小。当负载 F 达到 $F = p_{\mathrm{P}}A_1$ 时,节流阀两端压差 Δp 为零,液压缸停止运动,即 $v=0$,液压泵输出的流量全部经溢流阀回油箱,故回路的承载能力 $F_{\max}$ 为

$$F_{\max} = p_{\mathrm{P}}A_1 \tag{7-7}$$

而且无论节流阀通流面积 A_T 为何值,回路的承载能力 F_{max} 相同,图 7 - 13 中各条曲线在速度为零时,都汇交到同一负载点上。

回路抵抗负载对速度影响的能力用速度刚性 k_v 表示为

$$k_v = -\frac{1}{\dfrac{\partial v}{\partial F}} = -\frac{\partial F}{\partial v} \qquad (7-8)$$

速度刚性 k_v 大,则说明抵抗负载变化对速度的影响能力强,运行平稳,速度精度高。

由此对式(7-8)两边求导整理后得

$$k_v = \frac{p_P A_1 - F}{\varphi v} \qquad (7-9)$$

由式(7-9)和图 7-13 可知,进油节流调速回路的速度刚性 k_v 随负载 F 减小而增大,随速度 v 的减小而增大。故从提高速度平稳性角度,进油节流调速回路应在轻载、低速下运行。

2)调速特性。调速回路的调速特性是以液压缸在某个负载下可能得到的最大运动速度和最小工作速度之比即调速范围来表示的,依式(7-6)可求出串联节流调速回路的调速范围为

$$R_c = \frac{v_{max}}{v_{min}} = \frac{A_{T,max}}{A_{T,min}} = R_T \qquad (7-10)$$

式中　R_c , R_T——调速回路和节流阀的调速范围;

　　v_{max} , v_{min}——液压缸可能得到的最大速度和最小速度(m^2/s);

　$A_{T,max} , A_{T,min}$——节流阀可能的最大和最小通流面积(m^2)。

节流调速回路的调速范围较大,最高可达 $R_c = 100$。

3)功率特性。调速回路的功率特性是以其自身的功率损失(不包括液压泵、执行元件和管路的功率损失)和效率来表达的。在节流阀进油节流调速回路中,由于液压泵为定量泵,其流量 q_P 为定值,且泵的出口压力 p_P 由溢流阀设定,基本为一定值,故液压泵的输出功率 P_P 为一常量,即

$$P_P = p_P q_P = \mathrm{const} \qquad (7-11)$$

液压缸的输出功率(负载功率)为

$$P_1 = Fv = \frac{Fq_1}{A_1} = p_1 q_1 \qquad (7-12)$$

回路的功率损失 ΔP 为

$$\Delta P = P_P - P_1 = p_P q_P - p_1 q_1 = p_P (q_1 + \Delta q) - (p_P - \Delta p_T) q_1 = \Delta p_T q_1 + p_P \Delta q = \Delta P_y + \Delta P_j$$
$$(7-13)$$

式中　Δq——溢流阀的溢流量(m^3/s),$\Delta q = q_P - q_1$;

　　ΔP_y——溢流功率损失;

　　ΔP_j——节流功率损失。

由此可知,此回路的功率损失由节流功率损失和溢流功率损失两部分组成。这些损失将都转变为热量,使液压系统的温度升高,影响系统工作。

该回路的回路效率为

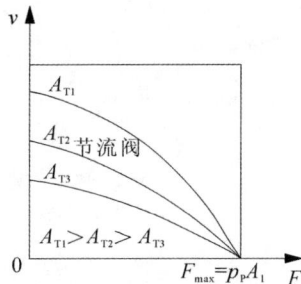

图 7 - 13　进油节流调速回路的
速度负载特性曲线

$$\eta_c = \frac{P_1}{P_P} = \frac{Fv}{p_P q_P} = \frac{p_1 q_1}{p_P q_P} \tag{7-14}$$

由式(7-14)可知,此种回路在较高负载压力 p_1(亦即负载 F 较大)和较大负载流量 q_1(亦即运动速度 v 较高)的工况下运行,回路效率较高,即从提高效率角度,此回路应在高速大负载工况下运行。但在此工况下的速度刚性较差,所以提高效率和提高速度平稳性,两者不可兼得。

当液压缸在变负载下工作时,负载压力 p_1 随之变化,在液压泵工作压力 p_P 调定、节流阀通流面积 A_T 不变情况下,负载流量 q_1、负载功率 P_1 及回路效率 η_c 将随负载变化而变化(参见图 7-14),将式(7-5)代入式(7-12)得

$$P_1 = p_1 C A_T \Delta p_T^\varphi \Delta p^\varphi = C A_T p_1 (p_P - p_1)^\varphi \tag{7-15}$$

此式在 $p_1 = 0$ 和 $p_1 = p_P$ 之间的 $p_1 = \dfrac{p_P}{1+\varphi}$ 处有一极大值

$$P_1 = \frac{C A_T}{\varphi} \left(\frac{\varphi p_P}{1+\varphi}\right)^{1+\varphi} \tag{7-16}$$

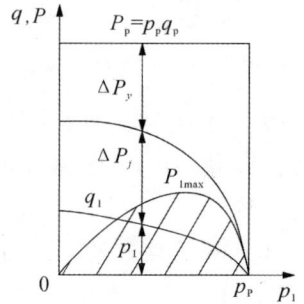

由图(7-14)和式(7-16)可见,即便液压缸在最大负载功率下工作,整个回路的功率损失也是很大的,回路效率很低。

图 7-14　进油节流调速回路在变负载下的功率特性

上述对进油节流调速回路特性的分析讨论结果对图 7-12(b)所示的回油节流调速同样适用,不同之处仅在于特性方程的具体内容有些差异而已,读者可以自行分析推演。而这两种调速回路主要有以下差异:回油节流调速能承受超越负载(即与液压缸运动方向相同的负载),进油节流调速回路在其回油路上增设背压阀后才能承受这种负载;回油节流调速回路中通过节流阀的热油直接排回油箱,有利于热量耗散,进油节流调速回路的此部分热油则进入液压缸。

采用节流阀的串联节流调速回路结构简单、价廉,但速度平稳性差且效率较低,故只适宜在小功率($\leqslant 3\text{kW}$)、轻载且负载变化不大、低速的中低压系统中使用。为了提高串联节流调速回路的速度平稳性,可以将回路中的节流阀改用调速阀。由于调速阀中的节流阀前、后压差在液压缸负载变化时基本保持恒定,所以回路的速度负载特性基本为一水平直线(见图 7-13)。但因调速阀中比节流阀多一减压阀,故回路的效率降低。

(2)并联(旁路)节流调速回路。图 7-15 所示为并联节流调速回路。回路采用定量泵,由于节流阀并联在主油路分支油路上实现分流(旁路)调速,故回路中的溢流阀作为安全阀使用,只有过载时才打开。

回路的特性分析同样可用前述方法进行,但是由于溢流阀常闭,所以此时要计及液压泵泄漏的影响。

1)速度负载特性。回路的速度负载特性表达式为

$$v = \frac{q_1}{A_1} = \frac{q_P - C A_T p_P^\varphi}{A_1} = \frac{q_t - k_1\left(\dfrac{F}{A_1}\right) - C A_T \left(\dfrac{F}{A_1}\right)^\varphi}{A_1} \tag{7-17}$$

式中　q_t—— 液压泵的理论流量(m^2/s);

　　　　k_1—— 液压泵的泄漏系数;其余符号意义同前。

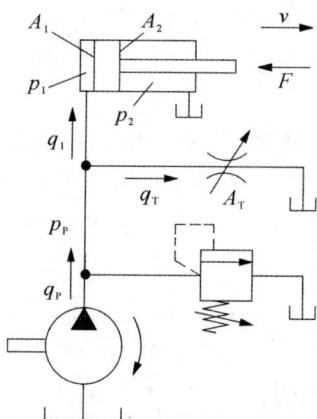

图 7-15　并联节流调速回路

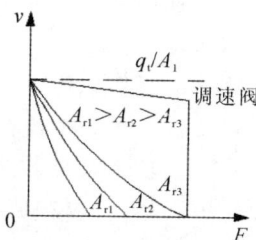

图 7-16　并联节流调速回路的速度负载特性

将式(7-17)按不同的 A_T 值作 v-F 负载特性曲线,即得该回路的速度负载特性曲线(见图 7-16)。由图及式(7-17)可看出:在节流阀通流面积 A_T 一定的情况下,液压缸运动速度 v 随负载 F 增加而减小;当负载 F 一定时,运动速度 v 随节流阀通流面积 A_T 增大而减小。这种回路的承载能力是变化的,即随节流阀通流面积 A_T 增大而减小,低速下的承载能力很差。

对式(7-17)两边求导整理后得回路的速度刚性为

$$k_v = -\frac{\partial F}{\partial v} = \frac{A_1 F}{\varphi(q_t - vA_1) + (1-\varphi)k_1\dfrac{F}{A_1}} \qquad (7-18)$$

由式(7-18)和图 7-16 可看出,并联节流调速回路的速度刚性 k_v 随负载 F 增大而增大,随速度 v 的增大而增大,故并联节流调速回路应在重载、高速下运行较为平稳。采用较大有效面积的液压缸也可以提高速度刚性 k_v。

2)调速特性。并联节流调速回路的调速范围表达式为

$$R_c = 1 + \frac{R_T - 1}{\dfrac{q_t - k_1\dfrac{F}{A_1}}{CA_{T,\min}\left(\dfrac{F}{A_1}\right)^{\varphi}} - R_T} \qquad (7-19)$$

此式表明,这种回路的调速范围不仅与节流阀的调速范围 R_T 有关,而且还与负载 F、液压泵的泄漏系数 k_1 等因素有关。

3)功率特性。并联节流调速回路在变负载下工作时,回路的功率特性如图 7-17 所示,回路效率表达式为

$$\eta_c = \frac{P_1}{P_P} = \frac{p_P q_1}{p_P q_P} = \frac{q_1}{q_P} = 1 - \frac{CA_T p_P^{\varphi}}{q_t - k_1 p_P} \qquad (7-20)$$

式(7-20)表明,负载流量 q_1 越大(亦即运动速度 v 较高),回路效率越高。并联节流调速回路的效率比串联式高,原因是,负载压力即泵的工作压力随负载增减,不是一个定值。

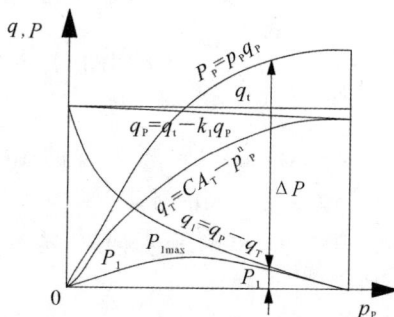

图 7-17　并联节流调速回路的功率特性

综上所述可以看到,采用节流阀的并联节流调速回路只有节流损失而无溢流损失,主油路内没有节流损失和发热现象,故适宜在高速、重载、负载变化不大、对运动平稳性要求不高的液压系统中使用,但是不能承受超越负载。

欲提高并联节流调速回路的速度平稳性,也可以将回路中的节流阀改用调速阀。采用调速阀的并联节流调速回路的速度负载特性为一倾斜直线(参见图 7-16)。

2.容积调速回路

容积调速回路的工作原理一般是通过改变回路中变量液压泵或变量液压马达的排量来实现调速的。其主要优点是无节流损失和溢流损失,工作压力随负载变化而变化,故效率高,发热少,适用于高速、大功率系统。缺点是变量泵和变量马达的结构复杂,成本较高。

按油液循环方式不同,容积调速回路有开式和闭式两种。在开式回路中,液压泵从油箱吸油后输入执行元件,执行元件排出的油液直接返回油箱,故油液的冷却性好,但油箱的结构尺寸大、易污染。闭式回路中,液压泵将油液输入执行元件的进油腔,又从执行元件的回油腔处吸油,回路的结构紧凑,减少了污染的可能性,采用双向液压泵或双向液压马达时还可方便地变换执行元件的运动方向,但散热条件较差,需要设置补油装置以补偿回路中的泄漏,从而使回路的结构复杂化。液压泵与执行元件有以下三种组合方式。

(1)变量泵-定量执行元件容积调速回路。图 7-18(a)所示容积调速回路的执行元件为液压缸 3,且是开式回路;图 7-18(b)所示的执行元件为定量液压马达 4,是闭式回路。两回路中的执行元件速度均是通过改变变量泵 1 的排量来调节的。两图中的溢流阀 2 均起安全阀作用,用于防止系统过载。在图 7-18(b)中的泵 5 为补油泵,用于补偿泵、马达及管路的泄漏以及置换部分热油、降低回路温升,补油泵的工作压力由低压溢流阀 6 调定。

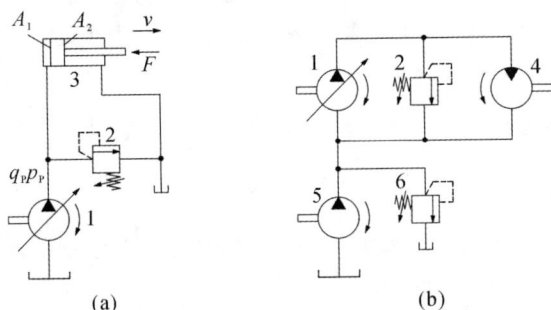

图 7-18　变量泵-定量执行元件容积调速回路

1—变量泵;2—安全溢流阀;3—液压缸;4—定量液压马达;5—补油泵;6—补油溢流阀

对于图 7-18(a)所示回路,若不考虑回路的泄漏,液压缸的运动速度为

$$v = q_P/A_1 = n_P V_P/A_1 \tag{7-21}$$

式中,q_P,n_P 及 V_P 分别为变量泵的流量、转速及排量。

可见改变变量泵的排量 V_P 即可调节液压缸的运动速度 v。

对于图 7-18(b)所示回路,若不计泵和马达的损失及泄漏,则有

液压马达的输出转速

$$n_M = q_M/V_M = q_P/V_M = n_P V_P/V_M \tag{7-22}$$

液压马达的输出转矩

$$T_M = \Delta p_M V_M / (2\pi) \tag{7-23}$$

液压马达的输出功率

$$P_M = \Delta P_M V_M n_M = \Delta p_M n_P V_P \tag{7-24}$$

式中　Δp_M——液压马达两端的压差(MPa)；

$\quad\quad q_M$——液压马达的输入流量$(\mathrm{m}^3/\mathrm{s})(q_M = q_P)$；

$\quad\quad V_M$——液压马达的排量(L)。

　　在这种回路中,由于液压泵转速 n_P 一般为定值,而液压马达的排量 V_M 也是恒量,故调节变量泵的排量 V_P 即可成比例地调节液压马达的转速 n_M 并使马达的输出功率 P_M 成比例变化。由于马达输出转矩 T_M 和回路工作压力都由负载转矩决定,若负载转矩恒定,则马达输出转矩恒定,因此,这种回路常被称为恒转矩调速回路。此回路的调速范围较大(一般可达 $R_c = 40$)。此种回路在小型内燃机车、工程机械、船用绞车的有关装置得到了应用。

　　图 7-19 所示为变量泵-定量执行元件容积调速回路的工作特性。

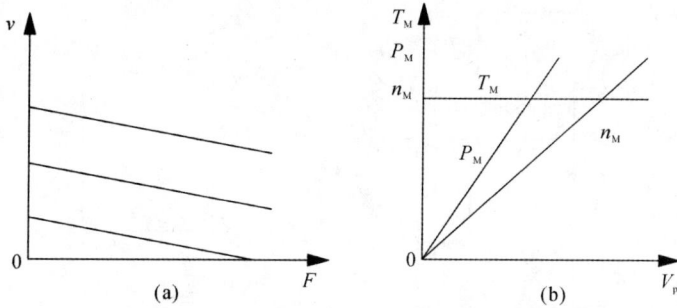

图 7-19　变量泵-定量执行元件容积调速回路的工作特性
(a) 变量泵-液压缸；(b) 变量泵-定量液压马达

　　(2)定量泵-变量马达容积调速回路。如图 7-20(a) 所示,定量泵-变量马达容积调速回路采用定量泵 1 供油,补油泵 4、溢流阀 2,5 的作用同变量泵-定量马达调速回路。该回路通过改变变量液压马达的排量 V_M 来改变液压马达的输出转速 n_M。这种调速回路的液压泵流量为恒值,马达的转速与其排量 V_M 成反比,马达的输出转矩 T_M 与马达的排量 V_M 成正比;当负载转矩恒定时,回路的工作压力 p 和马达输出功率 P_M 都不因调速而发生变化,所以这种回路又称"恒功率调速回路"(见图 7-20(b))。由于这种回路的调速范围很小(一般只有 $R_c \leqslant 3$),且不能实现马达反向,故仅在造纸、纺织机械的卷绕装置中得到了一些应用。

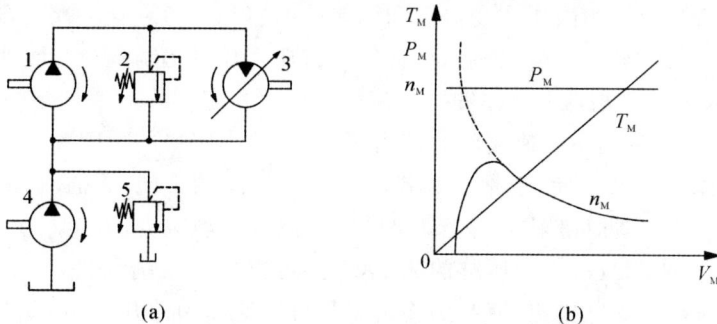

图 7-20　定量泵-变量马达容积调速回路
(a) 回路图；(b) 工作特性
1—定量泵；2—安全溢流阀；3—变量液压马达；4—补油泵；5—补油溢流阀

（3）变量泵-变量马达容积调速回路。双向变量泵-双向变量马达容积调速回路如图 7-21(a) 所示。单向阀6,8用于使辅助泵4双向补油,而单向阀7,9能使溢流阀3起双向过载保护作用,补油泵4和补油溢流阀5为回路的补油装置。这种调速回路实际上是上述两种容积调速回路的组合。由于液压泵和液压马达的排量均可改变,故增大了调速范围,其工作特性曲线如图 7-21(b) 所示。一般执行元件都要求在启动时有低转速和大的输出转矩,而在正常工作时都希望有较高的转速和较小的输出转矩。因此,这种回路在使用中,通常是先将液压马达的排量 V_M 调到最大值 V_{Mmax},使马达能获得最大输出转矩,由小到大改变泵的排量 V_P,直到最大值 V_{Pmax},此时液压马达转速随之升高,输出功率也线性增加,回路处于恒转矩输出状态;然后,保持 $V_P = V_{Pmax}$,由大到小改变马达的排量,则马达的转速继续升高,而其输出转矩却随之降低,马达的输出功率恒定不变,回路处于恒功率工作状态。这种回路的调速范围很大,等于变量泵的调速范围 R_P 与变量马达的调速范围 R_M 的乘积,即 $R_c = R_P R_M$。这种回路适用于港口起重运输机械、矿山采掘机械,以及大型卷绕机械等大功率设备的液压系统中。

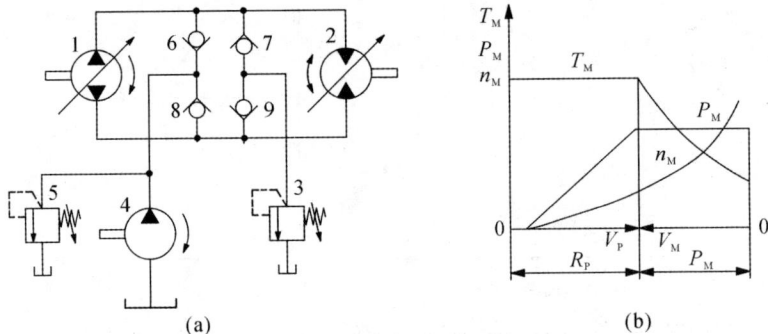

图 7-21　变量泵-变量马达容积调速回路

(a) 回路图；(b) 工作特性

1—双向变量泵；2—双向变量液压马达；3—安全溢流阀；4—补油泵；5—补油溢流阀；6,7,8,9—单向阀

3. 容积节流调速回路

容积节流调速回路采用压力补偿变量泵供油,用流量控制阀调节进入或流出液压缸的流量来控制其运动速度,并使变量泵的输出量自动地与液压缸所需负载流量相适应。这种调速回路没有溢流损失,效率较高,速度稳定性也比容积调速回路好,常用于执行元件速度范围较大的中小功率液压系统。

图 7-22(a) 所示为使用限压式变量泵和调速阀的容积节流调速回路。限压式变量泵1的压力油经调速阀2进入液压缸3无杆腔,回油经起背压作用的溢流阀4排回油箱。液压缸的运动速度 v 由调速阀调节。溢流阀5作安全阀使用。回路稳定工作时变量泵的流量 q_P 与负载流量 q_1 相等,$q_P = q_1$。如果调小调速阀的通流面积,则在关小阀口的瞬间,q_1 减小,而此时液压泵的输出流量 q_P 还未来得及改变,于是 $q_P > q_1$,因回路中阀5为常闭,无溢流,故必然导致泵出口压力 p_P 升高,该压力反馈使得限压式变量泵的输出流量自动减少,直至 $q_P = q_1$;反之亦然。由此可见,调速阀不仅能调节进入液压缸的流量,而且可以作为反馈元件,将通过阀的流量转换成压力信号反馈到泵的变量机构,使泵的输出流量自动地和阀的开度相适应,没有溢流损失。这种回路中的调速阀也可装在回油路上。

图 7-22(b) 所示为这种回路的工作特性,由图可见,回路虽无溢流损失,但仍有节流损

失,其大小与液压缸的工作腔压力 p_1 有关。液压缸工作腔压力的正常工作范围是

$$p_2 A_2 / A_1 \leqslant p_1 \leqslant p_P - p_1 \qquad (7-25)$$

式中　　Δp—— 保持调速阀正常工作所需的压差(MPa),一般应 $\geqslant 0.5$MPa;

　　　　p_2—— 液压缸回油背压(MPa)。

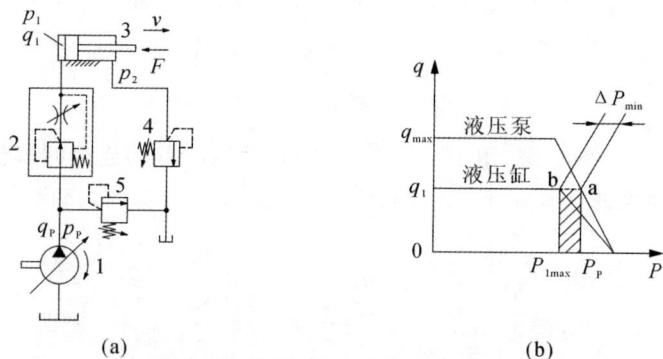

图 7-22　使用限压式变量泵和调速阀的容积节流调速回路

(a)回路图;(b)工作特性

1—限压式变量泵;2—调速阀;3—液压缸;4,5—溢流阀

当 $p_1 = p_{1,\max}$ 时,回路中的节流损失为最小(见图 7-22(b)中阴影面积),此时泵的工作点为 a,液压缸的工作点为 b,若 p_1 减小(即负载减小,b 点向左移动),则节流损失加大。这种调速回路的效率为

$$\eta_c = \frac{\left(p_1 - p_2 \dfrac{A_2}{A_1}\right) q_1}{p_P q_P} = \frac{p_1 - p_2 \dfrac{A_2}{A_1}}{p_P} \qquad (7-26)$$

式(7-26)没有考虑泵的泄漏。由于泵的输出流量 q_P 越小,泵的压力 p_P 就越高;负载越小,p_1 便越小,所以该调速回路在低速、轻载下运行时效率很低。这种回路常用于组合机床等中小功率的设备的液压系统中。

二、快速运动回路(增速回路)

快速运动回路的功用是加快液压执行元件空载运行时的速度,缩短机械的空载运动时间,以提高系统的工作效率和充分利用功率。

(1) 液压缸差动连接的快速运动回路。图 7-23(a)所示为利用具有 P 型中位机能三位四通电磁换向阀的差动连接快速运动回路。当电磁铁 1YA 和 2YA 均不通电使换向阀 3 处于中位时,液压缸 4 由阀 3 的 P 型中位机能实现差动连接,液压缸快速向前运动;当电磁铁 1YA 通电使换向阀 3 切换至左位时,液压缸 4 转为慢速前进。

差动连接快速运动回路可在不增大液压泵流量的情况下提高液压执行元件的速度,结构简单,应用较多。但是,由于泵的流量与有杆腔排出的流量汇合在一起流过的阀和管路应按合成流量来选择,否则会使压力损失过大,泵的压力过大,致使泵的部分压力油从溢流阀溢回油箱而达不到差动快进的目的。

如图 7-23(b)所示,液压缸无杆腔和有杆腔的面积分别为 A_1 和 A_2,液压泵出口至差动后合成管路前的压力损失为 Δp_i;液压缸出口至合成管路前的压力损失为 Δp_o,合成管路的压力

损失为 Δp_c，则差动快进时液压泵的供油压力 p_P 可由以下力平衡方程求得：

$$(p_P - \Delta p_i - \Delta p_c)A_1 = F + (p_P - \Delta p_i + \Delta p_o)A_2$$

所以

$$p_P = \frac{F}{A_1 - A_2} + \frac{A_2}{A_1 - A_2}\Delta P_o + \frac{A_1}{A_1 - A_2}\Delta p_c + \Delta p_i \qquad (7-27)$$

若 $A_1 = 2A_2$，则有

$$p_P = \frac{F}{A_2} + \Delta p_o + 2\Delta p_c + \Delta p_i \qquad (7-28)$$

式中，F 为差动快进时的外负载。由式(7-28)可知，液压缸差动连接时其供油压力 p_P 的计算与一般回路中压力损失的计算是不相同的。

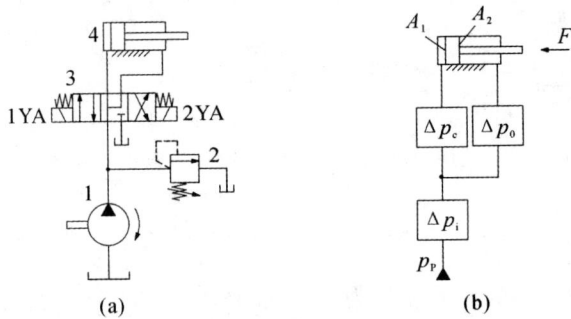

图 7-23　液压缸差动连接快速运动回路
1—液压泵；2—溢流阀；3—三位四通电磁换向阀；4—液压缸

（2）使用蓄能器的快速动作回路。图 7-24 所示为使用蓄能器的快速运动回路。当系统短期需要较大流量时，液压泵 1 和蓄能器 4 共同向液压缸 6 供油，使液压缸速度加快；当三位四通电磁换向阀 5 处于中位，液压缸停止工作时，液压泵经单向阀 3 向蓄能器充液，蓄能器的压力升到卸荷阀 2 的设定压力后，卸荷阀开启，液压泵卸荷。采用蓄能器可以减小液压泵的流量规格。

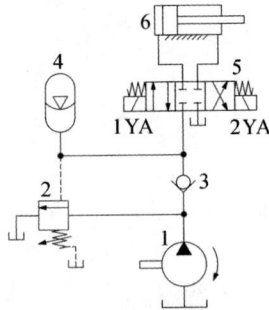

图 7-24　使用蓄能器的快速运动回路
1—液压泵；2—卸荷阀；3—单向阀；4—蓄能器；5—三位四通电磁换向阀；6—液压缸

（3）高低压双泵供油快速运动回路。图 7-25 所示为高低压双泵供油快速运动回路。当液压执行元件快速运动时，低压大流量泵 1 输出的压力油经单向阀 4 与高压小流量泵 2 输出的压力油一并进入系统；在执行元件慢速行程中，系统的压力升高，当压力达到液控顺序阀 3 的调压值时，阀 3 打开使泵 1 卸荷，泵 2 单独向系统供油。系统的工作压力由溢流阀 5 调定，阀 5

的调定压力必须大于阀 3 的调定压力,否则泵 1 无法卸荷。这种双泵供油回路主要用于轻载时需要很大流量,而重载时却需高压小流量的场合,其优点是回路效率高。高低压双泵可以是两台独立单泵,也可以是双联泵。

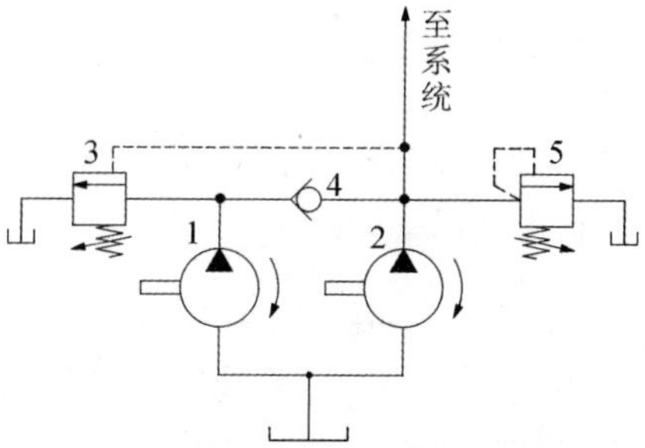

图 7-25　高低压双泵供油快速运动回路
1—低压大流量泵；2—高压小流量泵；3—液控顺序阀；4—单向阀；5—溢流阀

(4) 复合缸式快速运动回路。图 7-26 所示为复合缸式快速运动回路。执行元件为三腔 (a,b,c 腔,作用面积分别为 A_a,A_b,A_c)复合液压缸 5,通过三位四通电磁换向阀 2 和二位四通电磁换向阀 4 改变油液的循环方式及缸在各工况的作用面积,实现快、慢速及运动方向的转换；单向阀 1 作背压阀用,以防止缸在上、下端点及换向时产生冲击。液控单向阀 3 用以防止立置复合缸在系统卸荷及不工作时,其活塞(杆)及工作机构因自重而自行下落。液压泵可以通过三位四通电磁换向阀 2 的 H 型中位机能实现低压卸荷。工作时,电磁铁 1YA 通电使换向阀 2 切换至左位,液压源的压力油经阀 2 进入缸 5 的小腔 a,同时导通液控单向阀 3,压力油的作用面积 A_a 较小,因而活塞(杆)快速下行,缸的大腔 c 在经阀 3 和阀 4 向中腔 b 补油的同时,将少量油液通过阀 2 和 1 排回油箱。快速下行结束时,电磁铁 3YA 通电使换向阀 4 切换至右位,b 腔与 a 腔连通,缸的作用面积由 A_a 增大为 A_a+A_b,液压源的压力油同时进入缸的 a 腔与 b 腔,故系统自动转入慢速工作过程,c 腔经阀 2 和阀 1 向油箱排油。当电磁铁 2YA 通电使换向阀 2 切换至右位时,液压源经阀 3 向大腔 c 供油,同时,3YA 断电使换向阀 4 复至左位,腔 b 与 c 连通为差动回路,因此,活塞(杆)快速上升(回程)。 等待期间,所有电磁铁断电,液压源通过阀 2 的中位实现低压卸荷。回路的电磁铁动作顺序表如表 7-1 所列。此类回路可大幅度减小液压源的规格及系统的运行能耗,且由于通过液压缸的面积变化实现快慢速自动转换,故运动平稳,适合在试验机、液压机等压力加工机械设备的液压系统中使用。

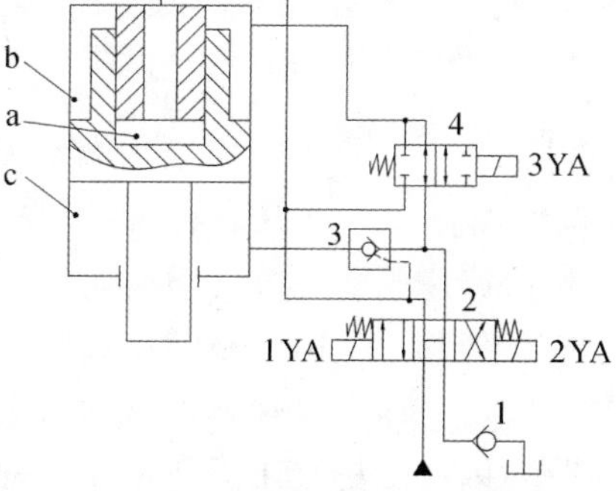

图 7-26　复合缸式快速运动回路
1—单向阀；2—三位四通电磁换向阀；3—液控单向阀；4—二位四通电磁换向阀；5—复合液压缸

液压传动与控制

表 7-1 回路电磁铁动作顺序表

工况	电磁铁状态		
	1YA	2YA	3YA
快速下行	+	−	−
慢速下行	+	−	+
快速上升	−	+	−
低压卸荷	−	−	−

三、速度换接回路(减速回路)

使液压执行元件在一个工作循环中从一种运动速度变换成另一种运动速度的回路称为速度换接回路,常见的变换包括快、慢速的换接和二次慢速之间的换接。

(1)采用行程阀的快、慢速换接回路。图 7-27 所示为采用行程阀的快、慢速换接回路。主换向阀 1 断电处于图示右位时,液压缸 5 快进。当活塞所连接的挡块 6 压下常开的行程阀 4 时,行程阀关闭(上位),液压缸 5 有杆腔油液必须通过节流阀 3 才能流回油箱,因此活塞转为慢速工进。当阀 1 通电切换至左位时,压力油经单向阀 2 进入缸的有杆腔,活塞快速向右返回。这种回路的快、慢速的换接过程比较平稳,换接点的位置较准确,缺点是行程阀的安装位置不能任意布置,管路连接较为复杂。若将行程阀 4 改为电磁阀,并通过挡块压下电气行程开关来操纵,也可实现快、慢速的换接,其优点是安装连接比较方便,但速度换接的平稳性、可靠性以及换向精度比采用行程阀差。

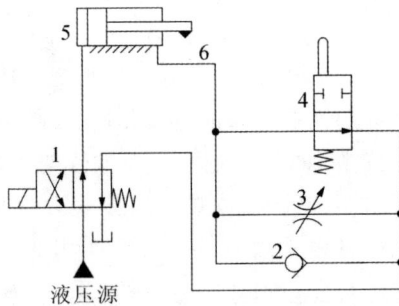

图 7-27 用行程阀的快、慢速换接回路
1—二位四通电磁换向阀;2—单向阀;3—节流阀;4—行程阀;5—液压缸;6—挡快

(2)二次工进速度的换接回路。图 7-28 所示为采用两个调速阀的二次工进速度的换接回路。图 7-28(a)所示的两个调速阀 2 和 3 并联,由二位三通电磁换向阀 4 实现速度换接。在图示位置,输入液压缸 5 的流量由调速阀 2 调节。当换向阀 4 切换至右位时,输入液压缸 5 的流量由调速阀 3 调节。当一个调速阀工作,另一个调速阀没有油液通过时,没有油液通过的调速阀内的定差减压阀处于最大开口位置,所以在速度换接开始瞬间会有大量油液通过该开口而使工作部件产生突然前冲现象,因此它不宜用于在工作过程中进行速度换接,只用于预先有速度换接的场合。

— 168 —

图 7-28(b)所示的两个调速阀 2 和 3 串联,在图示位置时,因调速阀 3 被二位二通电磁换向阀 6 短路,输入液压缸 5 的流量由调速阀 2 控制。当阀 6 切换至右位时,由于人为调节使通过调速阀 3 的流量比调速阀 2 小,所以输入液压缸 5 的流量由调速阀 3 控制。这种回路中由于调速阀 2 一直处于工作状态,它在速度换接时限制了进入调速阀 3 的流量,因此,它的速度换接平稳性较好,但因油液经过两个调速阀,所以能量损失较大。

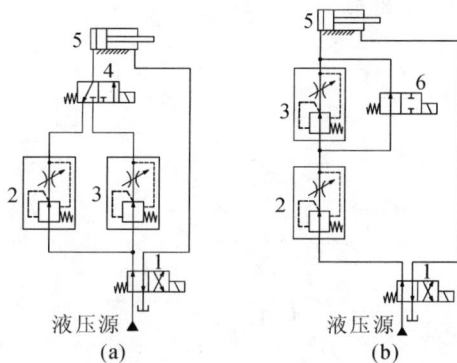

图 7-28 用两个调速阀的二次工进速度换接回路
1—二位四通电磁换向阀;2,3—调速阀;4—二位三通电磁换向阀;5—液压缸;6—二位二通电磁换向阀

第三节 方向控制回路

方向控制回路用来控制液压系统油路中液流的通、断或流向,这类控制回路有换向回路和锁紧回路等。

一、往复直线运动换向回路

往复直线运动回路的功用是使与液压缸相连的主机运动部件在其行程端点处迅速、平稳、准确地变换运动方向。简单的换向回路只要采用标准的普通换向阀即可,但对于换向要求高的磨床、仿形刨床等主机上的换向回路中的换向阀则往往需要专门设计。采用这种专用换向阀的回路,其换向过程一般分为执行元件的减速制动、短暂停留和反向启动等三个阶段,这一过程是通过换向阀的阀芯与阀体之间位置变换来实现的,因此选用不同换向阀组成的换向回路,其换向性能也不同。按换向制动原理不同有时间控制制动式和行程控制制动式两种换向回路。

(1)时间控制制动式换向回路。时间控制制动的换向是指从发出换向信号,到实现减速制动(停止),这一过程的时间基本上是可控的。该回路的特点是换向时间短,换向精度取决于执行元件原来的运动速度,适用于对换向精度要求不高的场合,如平面磨床、刨床液压系统的换向。

图 7-29 所示为时间控制制动式换向回路。其主油路只受液动主换向阀 1 控制,图示位置双杆液压缸 8 的活塞向左运动。换向时,向左运动活塞上的挡块 9 带动拨杆 10 使机动先导换向阀 2 由左向右移动,控制压力油换向,通过阀 2 和单向阀 3 进入阀 1 的左腔,阀 1 右腔的油液经节流阀 6 和先导阀 2 流回油箱,换向阀阀芯向右移动。当阀芯移动到中间位置时,压力油与液压缸两腔和油箱互通,活塞运动失去推动力而迅速减慢;然后,阀芯上的锥面关死进入液压缸右腔的通道,活塞停止运动,并打开压力油进入液压缸左腔的通道,主油路换向,活塞向

右运动。调节回油路上节流阀 7,即可调节液压缸往复运动的速度。阀 1 两端节流阀 5,6 开口大小调定后,换向阀芯从端点位置到阀芯关闭,液压缸油路所需的时间(即活塞制动的时间)就确定不变,故称为时间控制制动。此回路通过换向阀中间位置 H 型机能、制动锥和调节控制换向阀芯移动的节流阀开口可以有效地控制换向冲击,但从挡块推拨杆到换向阀换向,活塞反向起步这段时间内还要冲出一段距离,冲出量受运动部件的速度、惯性等因素的影响,换向精度不高,只适用于平面磨床、仿形刨床等液压系统。

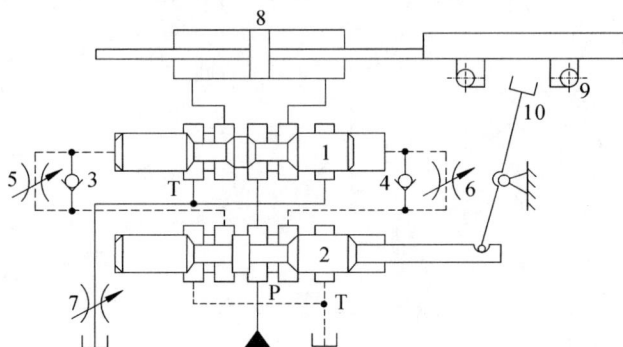

图 7 - 29 时间控制制动式换向回路

1—液动主换向阀;2—机动先导换向阀;3,4—单向阀;5,6,7—节流阀;8—双杆液压缸;9—挡块;10—拨杆

(2)行程控制制动式换向回路。行程制动换向是指从发出换向信号到工作部件制动、停止这一过程中,工作部件所走过的行程基本上是一定的。

图 7 - 30 所示为一种简单的行程控制制动式换向回路,此回路与时间控制制动的连续换向回路的主要区别在于主油路除受液动主换向阀 1 控制外,回油还要通过机动先导换向阀 2 控制。阀 2 中间部分做成了两个制动锥,当行程挡块带动拨杆使先导阀 2 由一端向另一端移动时,其制动锥逐渐关小主回油通道,活塞预先减速,当回油通道关得很小(轴向开口量尚留有 0.2~0.5mm)时,控制油路才开始变换,推动阀 1 换向,活塞停止运动,并随即反向启动。不论运动部件原来的速度大小,换向时先导阀总是要先移动一段固定行程,将工作部件预先减至差不多相同的低速后,再由换向阀使其换向,于是使换向精度提高,这种制动方式称为行程控制制动。这种控制回路主要适用于运动速度不高,但换向精度要求较高的场合,如内、外圆磨床等机械的液压系统。

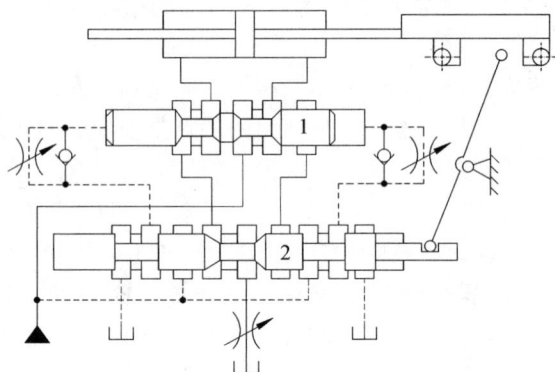

图 7 - 30 行程控制制动式换向回路

1—液动主换向阀;2—机动先导换向阀

二、锁紧回路

锁紧回路的功用是使液压执行元件能在不工作时切断其进、出油液通道,确切地保持在既定位置上,而不会因外力作用而移动。

除了利用三位换向阀的中位机能实现锁紧外,还可以用液控单向阀实现锁紧。如图 7 - 31 所示为采用双液控单向阀(又称双向液压锁)的锁紧回路。当电磁铁 1YA 通电使换向阀 3 处于左位时,液压泵 1 的压力油经左边液控单向阀 4 进入液压缸 5 的无杆腔,同时通过控制口导通右边液控单向阀 5,使液压缸右腔的回油可经阀 5 及换向阀 3 排回油箱,活塞向右运动;反之,活塞向左运动。到了需要停留的位置,只要使电磁铁 1YA 和 2YA 均断开,使换向阀处于中位,因阀的中位为 H 型机能,所以两个液控单向阀均关闭,液压缸双向锁紧,液压泵卸荷。由于液控单向阀的密封性好(线密封),液压缸锁紧可靠,其锁紧精度主要取决于液压缸的泄漏。这种回路被广泛应用于工程机械、起重运输机械和高空施工机械等有较高锁紧要求的场合。但应当特别注意,使用液控单向阀的锁紧回路,其三位换向阀的中位机能不能采用 O 型,而应采用 H 型或 Y 型,以便在中位时,液控单向阀的控制压力能立即释放,单向阀关闭,活塞停止。

对于执行元件为液压马达的场合,若要求完全可靠的锁紧,常采用制动器。一般制动器都采用弹簧上闸制动、液压松闸的结构。制动器液压缸与工作油路相通,当系统有压力油时,制动器松开;当系统无压力油时,制动器在弹簧力作用下上闸锁紧。图 7 - 32 所示为一种简单制动器锁紧回路,制动器液压缸 5 为单作用缸,它与起升液压马达 4 的进油路相连接。采用这种连接方式,起升回路必须放在串联油路的最末端,即起升马达的回油直接通回油箱。若将该回路置于其他回路之前,则当其他回路工作而起升回路不工作时,起升马达的制动器也会被打开,因而容易发生事故。制动器回路中的单向节流阀 6 可以实现制动时快速,松闸时滞后,以防止开始起升负载时因松闸过快而造成负载先下滑然后再上升的现象。

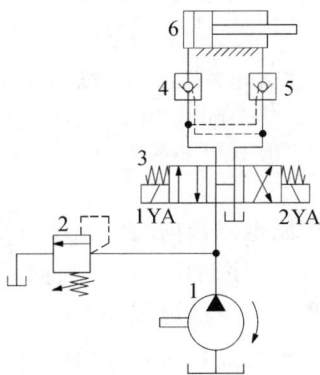

图 7 - 31　用液控单向阀的锁紧回路
1—液压泵;2—溢流阀;3—三位四通电磁换向阀;
4,5—液控单向阀;6—液压缸

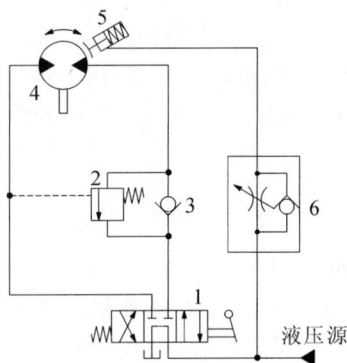

图 7 - 32　用制动器的锁紧回路
1—三位四通手动换向阀;2—液控顺序阀;3—单向阀;
4—双向液压马达;5 制动器液压缸;6—单向节流阀

第四节　多执行元件动作控制回路

在液压系统中,如果由一个油源供给多个液压执行元件压力油时,这些执行元件会因压力和流量的彼此影响而在动作上相互牵制。因此,必须使用一些特殊的回路才能实现预定的动作要求。常见的有顺序动作、同步动作等回路。

一、顺序动作回路

顺序动作回路的功用是使液压系统中的多个执行元件严格地按规定的顺序动作。按控制方式不同,常用的顺序动作回路有压力控制和行程控制两类。

(1)压力控制顺序动作回路。图 7-33 所示为使用顺序阀的压力控制顺序动作回路。为了使液压缸 1,2 按图中所示①②③④的顺序动作,当换向阀 5 切换至左位且单向顺序阀 4 的调定压力大于液压缸 1 的最大前进工作压力时,液压源的压力油先进入液压缸 1 的无杆腔,实现动作①;在液压缸 1 行至终点后,压力上升,压力油打开顺序阀 4 进入液压缸 2 的无杆腔,实现动作②;同样地,当换向阀切换至右位且单向顺序阀 3 的调定压力大于液压缸 2 的最大返回工作压力时,两液压缸按③和④的顺序返回。这种回路动作的可靠性取决于顺序阀的性能及其压力调定值,一般其调定压力应比前一个动作的压力高出 0.8~1.0MPa,否则顺序阀易在系统压力波动时造成误动作。除了用顺序阀外,也可用压力继电器与电磁换向阀配合构成压力控制顺序动作回路。

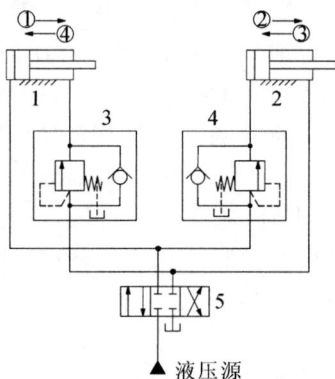

图 7-33 用顺序阀的压力控制顺序动作回路
1,2一液压缸;3,4一单向顺序阀;5一三位四通换向阀

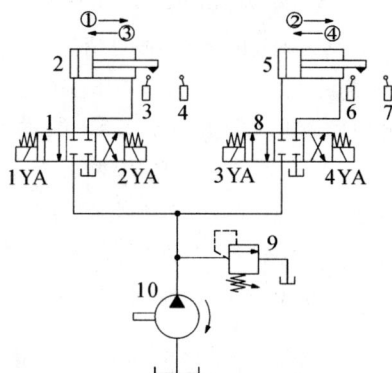

图 7-34 行程开关控制电磁阀的行程控制顺序动作回路
1,8一三位四通换向阀;2,5一液压缸;
3,4,6,7一行程开关;9一溢流阀;10一液压泵

(2)行程控制顺序动作回路。图 7-34 所示为行程开关控制电磁换向阀的顺序动作回路。它以液压缸 2 和 5 的行程位置为依据实现图中所示①②③④的顺序动作。电磁换向阀 1 和 8 的通、断电主要由固定在液压缸活塞杆前端的挡块触动其行程上布置的电气开关(简称行程开关)来完成。当按下启动按钮,电磁铁 1YA 通电使换向阀 1 切换至左位时,液压缸 2 右行实现动作①;其后,缸 2 挡块触动行程开关 4 使电磁铁 3YA 通电,换向阀 8 切换至左位,液压缸 5 右行完成动作②;当缸 5 右行至触动行程开关 7 使电磁铁 2YA 通电,换向阀 1 切换至右位时,液压缸 5 返回,实现动作③;当缸 2 挡块触动行程开关 3 使电磁铁 4YA 断电,阀 8 切换至右位时,液压缸 5 返回,实现动作④,最后缸 5 的挡块触动行程开关 6,所有电磁铁均断电,液压缸 2 和 5 均停止,完成一个工作循环。表 7-2 为回路的电磁铁动作顺序表。这种回路的可靠性主要取决于电气元件的质量,其优点是控制和变更液压缸的动作顺序方便灵活,多用于机床等顺序动作位置精度要求较高的液压系统。

表 7-2　行程控制顺序动作回路的电磁铁动作顺序表

信号来源	电磁铁状态			
	1YA	2YA	3YA	4YA
按下启动按钮	+	-	-	-
缸 2 挡块压下行程开关 4	-	-	+	-
缸 5 挡块压下行程开关 7	-	+	-	-
缸 2 挡块压下行程开关 3	-	-	-	+
缸 5 挡块压下行程开关 6	-	-	-	-

二、同步动作回路

同步动作回路的功用是保证系统中的两个或两个以上的液压执行元件在运动中的位移量相同或以相同的速度运动,同步精度是衡量同步运动优劣的指标。泄漏、摩擦阻力、制造误差、外负载以及油液中的含气量等因素都会影响同步精度。为此,同步动作回路要尽量克服或减少这些因素的影响,有时要采取补偿措施,清除累积误差。用刚性构件、齿轮、齿条或连杆机构使两液压缸活塞杆建立刚性联系,可以实现位移同步,同步精度取决于机构的刚性。如果两缸负载差别较大,则会因偏差造成活塞杆卡阻现象,尚需用液压方法来保证其同步。

(1)采用流量阀控制的同步动作回路。图 7-35 所示为并联调速阀的同步动作回路。液压缸 5 和 6 油路并联,其运动速度分别用调速阀 1 和 3 调节。当两个工作面积相同的液压缸做同步运动时,通过两个调速阀的流量要调节得相同。当换向阀 7 通电切换至右位时,液压源的压力油可通过单向阀 2,4 使两缸的活塞快速退回。这种同步方法结构简单,但由于两个调速阀的性能不可能完全一致,同时还受到负载变化和泄漏的影响,故同步精度不高。

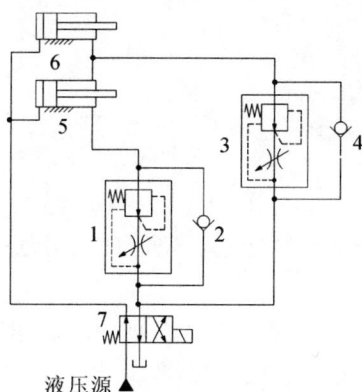

图 7-35　并联调速阀的同步动作回路
1,3—调速阀;2,4—单向阀;
5,6—液压缸;7—二位四通电磁换向阀

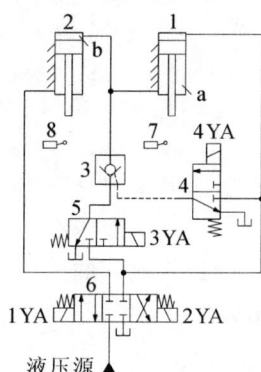

图 7-36　带补正装置的串联液压缸同步动作回路
1,2—液压缸;3—液控单向阀;4,5—二位三通电磁换向阀;
6—三位四通电磁换向阀单向阀;7,8—行程开关

(2)带补正装置的串联液压缸同步动作回路。图 7-36 所示为带补正装置的串联液压缸同步动作回路。回路中液压缸 1 有杆腔 a 的有效面积与液压缸 2 无杆腔 b 的有效面积设计为

相等,因而从 a 腔排出的油液进入 b 腔后,两液压缸便同步下降。为了避免误差的积累,回路中的补正装置可使同步误差在每一次下行运动中都得到消除。其原理为当三位四通换向阀 6 切换至右位时,两液压缸活塞同时下行,若液压缸 1 的活塞先运动到端点,它就触动行程开关 7,使电磁铁 3YA 通电,阀 5 切换至右位,液压源的压力油经阀 5 和液控单向阀 3 向液压缸 2 的 b 腔补油,推动活塞继续运动到端点,误差即被清除。若液压缸 2 先运动到端点,则触动行程开关 8 使电磁铁 4YA 通电,阀 4 切换至上位,则控制压力油反向导通液控单向阀 3,使液压缸 1 的 a 腔通过液控单向阀 3 回油,其活塞即可继续运动到端点。这种串联式同步回路只适用于负载较小的液压系统。

(3)用分流集流阀的同步回路。图 7-37 为采用分流集流阀的双缸同步回路,通过输出流量等分的分流集流阀 3 可实现液压缸 6 和 7 的双向同步运动。当 1YA 通电使三位四通电磁换向阀 1 切换至左位时,液压源的压力油经阀 1、单向节流阀 2 中的单向阀、分流集流阀 3(此时作分流阀用)、液控单向阀 4 和 5 分别进入液压缸 6 和 7 的无杆腔,实现双缸伸出同步运动;当 1YA 通电使三位四通电磁换向阀 1 切换至右位时,液压源的压力油经阀 1 进入液压缸的有杆腔,同时反向导通液控单向阀 4 和 5,双缸无杆腔经阀 4 和 5、分流集流阀 3(此时作集流阀用)、换向阀 1 回油,实现双缸缩回同步运动。

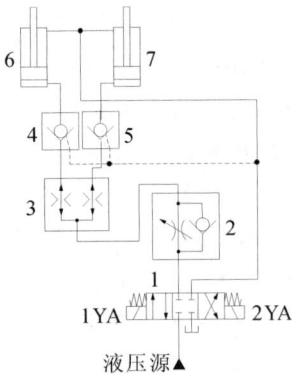

图 7-37 分流集流阀的双缸同步回路
1—三位四通电磁换向阀;2—单向节流阀;
3—分流集流阀;4,5—液控单向阀;6,7—液压缸

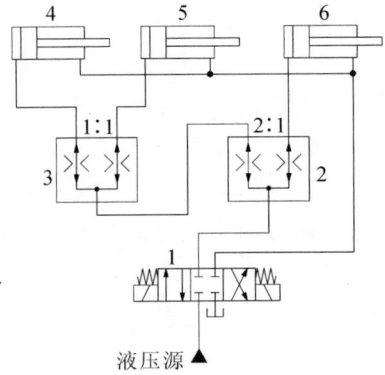

图 7-38 分流集流阀的三缸同步回路
1—三位四通电磁换向阀;
2,3—分流集流阀;4,5,6—液压缸

图 7-38 所示为采用分流集流阀的三缸同步回路,通过分流比为 2:1 和 1:1 的两个分流集流阀 2 和 3 给三个液压缸 4,5,6 分配相等的流量,实现三缸同步运动。用同样的方法还可以构成采用分流集流阀的四缸同步回路等。

(4)采用液压泵或液压马达的同步动作回路。图 7-39 所示为用液压泵的双缸同步动作回路,回路中两个等排量液压泵 1 和 2 同轴连接,输出相同流量的压力油分别供给两个结构及尺寸相同的液压缸 3 和 4,实现同步运行。同步运行时,二位四通电磁换向阀 5 和 6 应同时动作。此回路的同步精度比流量控制阀的同步回路要高,但造价较贵,适用于大载荷、大容量系统。

图 7-40 所示为用液压马达的同步动作回路,回路中两个等排量液压马达 1 和 2 同轴连接,输出相同流量的压力油分别供给两个有效工作面积相等的液压缸 3 和 4,实现同步运行。为了消除液压缸在行程终点产生的误差,设置单向阀 5(四个)和溢流阀 6 组成的交叉溢流补油回路。此回路的特点及适用场合与图 7-39 所示回路相同。

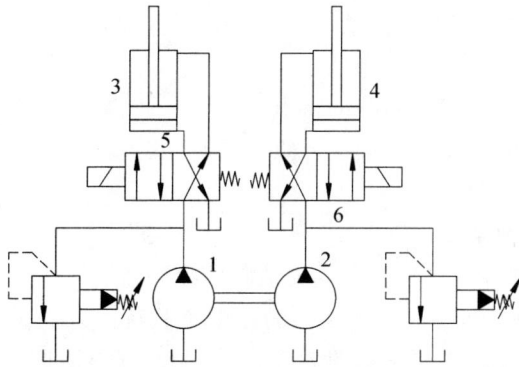

图 7-39 用液压泵的双缸同步动作回路
1,2—液压泵;3,4—液压缸;
5,6—二位四通电磁换向阀

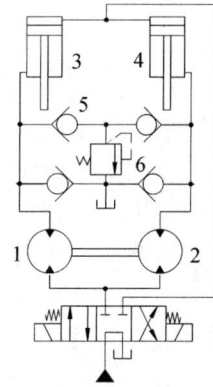

图 7-40 用液压马达的同步回路
1,2—双向液压马达;3,4—液压缸;
5—单向阀;6—溢流阀

三、多缸动作互不干扰回路

多缸动作互不干扰回路的功用是使几个液压执行元件在完成各自工作循环时彼此互不影响。图 7-41 所示为多缸动作互不干扰回路,液压缸 11,12 分别要完成的自动工作循环为快速前进→工作进给→快速退回。高压小流量泵 1 和低压大流量泵 2 的压力分别由溢流阀 3 和 4 设定(调定压力 $p_3 > p_4$)。开始工作时,电磁铁 1YA,2YA 同时通电使二位四通电磁换向阀 9,10 切换至右位,泵 2 的压力油经单向阀 6,8 及阀 9,10 进入液压缸 11,12 的无杆腔,使两缸快速向右运动。如果某一缸(例如缸 11)先到达要求位置,则其挡块压下机动换向阀 15,使缸 11 转换为工作进给,由于单向阀 6 在压差作用下关闭,仅有液压泵 1 的压力油经调速阀 5 和阀 9 进入缸 11,液压缸 12 仍可以继续快速前进。当两缸都转换为工作进给时,仅泵 1 向两缸供油。如果某一缸(例如缸 11)先完成工作进给,其挡块压下行程开关 16,使电磁铁 1YA 断电,此时泵 2 的压力油可经单向阀 6、电磁阀 9 和单向阀 13 进入缸 11 有杆腔,使该缸快速向左退回(双泵供油),缸 12 仍单独由泵 1 供油继续进行工作进给。在这个回路中调速阀 5,7 调节的流量大于调速阀 14,18 调节的流量,这样两缸工作进给速度分别由调速阀 14,18 决定。

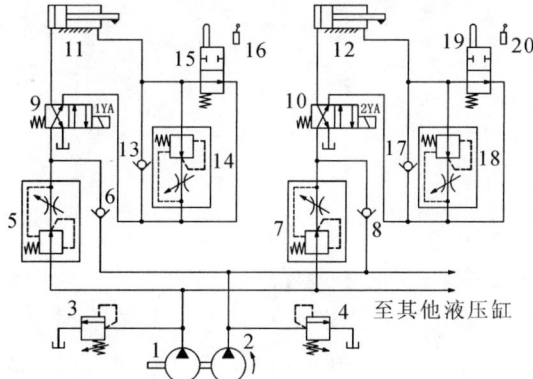

图 7-41 多缸动作互不干扰回路
1—高压小流量泵;2—低压大流量泵;3,4—溢流阀;5,7,14,18—调速阀;6,8,13,17—单向阀;
9,10—二位四通电磁换向阀;11,12—液压缸;15,19—二位二通机动换向阀;16,20—行程开关

思考题与习题

7-1 分述串联节流调速回路和并联节流调速回路的特点。

7-2 何为差动快速回路？差动回路的供油压力如何计算？

7-3 如何利用行程阀实现快、慢速度的换接？

7-4 卸荷回路有何功用？试绘出两种卸荷回路。

7-5 在压力控制的顺序动作回路中，一般应将顺序阀安放在哪个位置？

7-6 试分析推导图7-12(b)所示的回油节流调速回路的速度负载特性方程。

7-7 已知图7-12(a)所示的进油节流调速回路和图7-15所示的并联节流调速回路中，液压泵的流量 $q_P=1.0\times10^{-3}\,\mathrm{m^3/s}$，溢流阀调定压力 $p_P=2.4\mathrm{MPa}$（假设无压力超调），液压缸无杆腔面积 $A_1=0.05\mathrm{m^2}$，外负载 $F=10\mathrm{kN}$，薄壁孔口式节流阀的开口面积为 $A_T=0.08\times10^{-4}\,\mathrm{m^2}$，流量系数 $C_d=0.62$，油液密度 $\rho=870\mathrm{kg/m^3}$，试求：① 活塞的运动速度；② 溢流阀的溢流量；③ 回路的功率损失；④ 回路的效率。并对计算结果进行分析。（答：进油节流调速回路：①$7\times10^{-3}\mathrm{m/s}$；②$0.65\times10^{-3}\,\mathrm{m^3/s}$；③$2.33\mathrm{kW}$；④$2.9\%$。并联节流调速回路：①$17.88\times10^{-3}\mathrm{m/s}$；②$0\mathrm{m^3/s}$；③$21\mathrm{W}$；④$89.5\%$。进油节流调速回路效率很低的原因是由于回路存在溢流和节流这两部分功率损失）

7-8 在图7-42所示的液压马达速度控制回路中，已知液压泵的排量 $V_P=105\mathrm{mL/r}$，转速 $n_P=1\,000\mathrm{r/min}$，容积效率 $\eta_{PV}=0.95$，溢流阀的调定压力 $p_y=7\mathrm{MPa}$；液压马达的排量 $V_M=160\mathrm{mL/r}$，容积效率 $\eta_{MV}=0.95$，机械效率 $\eta_{Mm}=0.8$，负载转矩 $T=16\mathrm{N\cdot m}$，节流阀的开口面积 $A_T=0.2\mathrm{cm^2}$，薄壁孔口式节流阀的流量系数 $C_d=0.62$，油密度 $\rho=900\mathrm{kg/m^3}$，不计其他损失，试计算：① 通过节流阀的流量和液压马达的转速、输出功率和回路效率；② 若将溢流阀的调定压力调高到 $p_y=8.5\mathrm{MPa}$，其他条件不变，回路效率将为多大？（答：①$14.57\times10^{-4}\,\mathrm{m^3/s}$；$519\mathrm{r/min}$；$0.869\mathrm{kW}$；$0.098$。②$0.081$）

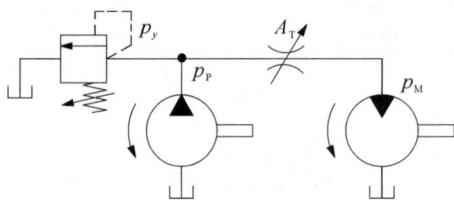

图7-42 题7-8图

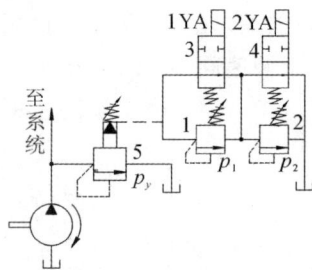

图7-43 题7-9图

7-9 试用一个先导式溢流阀、两个远程调压阀和两个二位电磁换向阀组成一个三级调压且能使液压泵卸荷的回路，画出回路原理图并简述其工作原理。（答：所画出的回路原理图如图7-43所示，将先导式溢流阀5并联在液压泵的出口，远程调压阀串联在阀5的遥控口，每个远程调压阀并联一个二位二通电磁换向阀。溢流阀1,2,5的调定压力分别为 p_1,p_2,p_y，且 $p_y>p_1,p_y>p_2,p_y>(p_1+p_2)$。用（+）和（−）分别表示电磁铁1YA,2YA的通电和断电，则 ① 当1YA(−)和2YA(−)时，阀5的遥控口经阀3、阀4下位直通回油箱，液压泵卸荷，其出口压力近似为0;② 当1YA(+)和2YA(—)时,阀5的遥控口接远程调压阀1,液压泵出口压力由阀1调定为 p_1;③ 当1YA(—)和2YA(+)时,阀5的遥控口接远程调压阀2,液压泵出口压力由阀2调定为 p_2;④ 当1YA(+)和2YA(+)时,由于阀2的进口压力 p_2 经阀1的弹簧腔通道反馈作用在阀1的弹簧端,故阀1的进口压力增大为 $p_1 + p_2$,液压泵出口压力由阀1和阀2共同决定,即为 $p_1 + p_2$)

7-10 图7-44所示回路,液压缸的活塞运动时的负载 $F=1\,200$N,活塞面积 $A=15$cm²,溢流阀调定压力 $p_y = 4.5$MPa,两个减压阀的调定压力分别为 $p_{J1} = 3.5$MPa 和 $p_{J2} = 2$MPa,忽略压力油流过减压阀及管路时的损失,试确定液压缸活塞在运动时和停止在终端位置时,B,C,D三点的压力值。(答:运动时, $p_B = p_C = p_D = 0.8$MPa;停止在终端位置时, $p_D = 3.5$MPa, $p_B = 4.5$MPa, $p_C = 2$MPa)

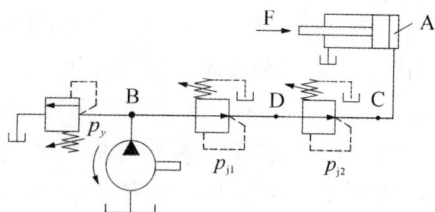
图7-44 题7-10图

7-11 试对图7-4(b)和图7-5所示的卸荷回路中的二位二通电磁换向阀的作用和流量规格异同进行比较。

7-12 如图7-7(a)所示的平衡回路中,若液压缸无杆腔面积为 $A_1 = 80$cm²,有杆腔面积 $A_2 = 40$cm²,活塞与运动部件自重 $W=6$kN,运动时活塞上的摩擦力为 $F_f = 2$kN,向下运动时要克服负载阻力为 $F=24$kN,试分析计算顺序阀和液压源中溢流阀的最小调整压力应各为多少? (答:1MPa;3MPa)

7-13 试分析图7-45所示液压回路的工作原理,并列写电磁铁动作顺序表。

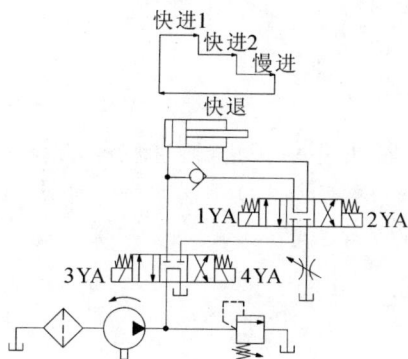
图7-45 题7-13图

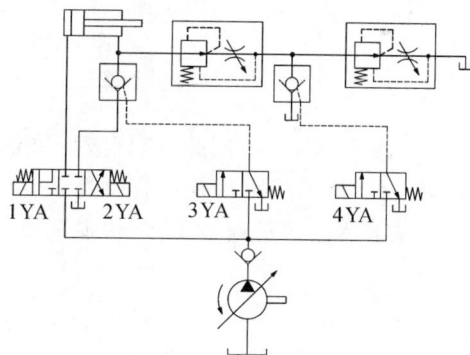
图7-46 题7-14图

7-14 图7-46所示为实现"快进 → 工进1 → 工进2 → 快退 → 停止"循环的液压回路,工进1速度比工进2快。试分析回路的工作原理并列写电磁铁动作顺序表。

7-15 采用单泵供油,两个单杆液压缸均采用二位四通电磁换向阀和行程开关控制,要求的动作顺序为缸1向左 → 缸2向左 → 缸1向右 → 缸2向右 → 两缸停止(液压泵卸荷)。试绘制液压回路图,并列写电磁铁动作顺序表。

7-16 欲要求一液压缸实现快进 → 工进 → 快退的半自动工作循环,试分别绘制采用单定量泵、高低压双泵和限压式变量泵供油的液压回路图。

7-17 图7-47(a)所示为限压式变量叶片泵与调速阀组成的容积节流调速回路,图7-

47(b) 为限压式变量泵叶片的流量压力特性曲线 ABC。已知变量泵最大流量 $q_{p,max}=10L/min$，截止压力 $p_{max}=2.4MPa$；拐点压力 $p_b=2.0MPa$；溢流阀调定压力 $p_y=3.0MPa$。液压缸有效作用面积 $A_1=50cm^2$，$A_2=25cm^2$，试求：① 负载阻力 $F=9\,000N$、调速阀调定流量 $q_2=2.5m/min$ 时，泵的工作压力；② 若调速阀开度不变、负载从 $9\,000N$ 减小到 $1\,000N$ 时，泵的工作压力；③ 若负载保持 $9\,000N$、调速阀开度变小时，泵的工作压力；④ 分别计算 $F=9\,000N$ 和 $F=1\,000N$ 时回路的效率。（答：① 限压式变量泵与调速阀的调速回路是流量适应回路，对应于调速阀一定的开度，泵将输出一定的流量，且全部进入液压缸。算得泵的输出流量 $q_p=5L/min$，在泵的特性曲线上，过 $q=5L/min$ 作 AB 的平行线，交 BC 于 D 点，D 点即为泵的工作点，向下引垂线与横轴之交点即为泵的工作压力 $p_D=2.2MPa$。② 由特性曲线知，只要调速阀开度即调定流量不变 $q_2=2.5m/min$，则不论负载如何变化，泵的工作压力 $p_D=2.2MPa$。③ 调速阀开度减小时，泵输出的流量变小，由特性曲线可知泵的工作点沿 BC 下移，故泵的压力将增大。④ 算得 $F=9\,000N$ 时的负载压力为 $1.8MPa$，回路效率 $\eta=0.818$；$F=1\,000N$ 时的负载压力 $=0.2MPa$，回路效率 $\eta=0.091$。可见负载减小时，回路效率降低。）

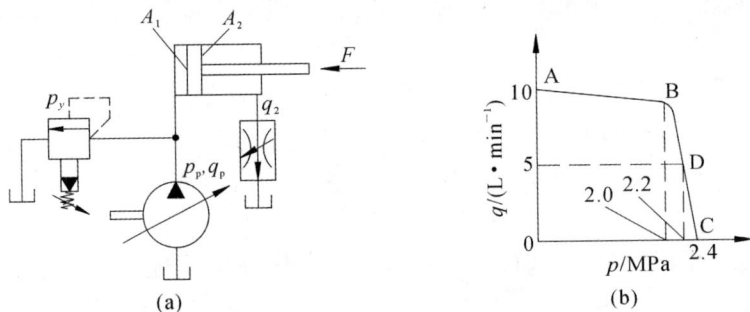

图 7-47　题 7-17 图
(a) 回路图；(b) 变量泵流压力特性曲线

7-18　图 7-48 所示回路，单杆液压缸活塞可完成"快进 → 工进（慢进）→ 快退 → 停止"的动作循环。① 试列出电磁铁动作顺序表；② 若液压缸活塞直径 D 是活塞杆直径 d 的两倍，即 $D=2d$，试求活塞快进速度 v_1 与快退速度 v_3 之间的关系。（答：② $v_1/v_3=3$）

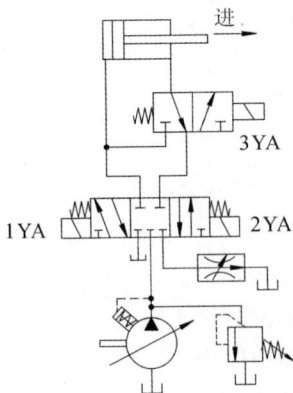

图 7-48　题 7-18 图

第八章 液压系统分析

液压技术的应用领域颇为广泛,系统名目繁多,种类纷纭,不可能一一列举。本章将通过一些技术成熟的典型液压传动系统的介绍和分析,使读者进一步加深对各种液压元件及回路综合应用的认识,掌握液压系统的一般分析方法,并可举一反三,以便了解和掌握其他液压系统,为液压系统的设计和分析奠定初步基础。当然,尽可能多地熟悉一些机器设备的液压系统,尤其是有些具有独特回路的系统,对于液压技术工程技术人员而言无疑相当必要,这需要在学习和工作中逐步加以积累。

第一节 液压传动系统的分类、评价与分析内容及方法要点

一、液压传动系统的分类

液压系统的分类方法很多,一般可按第一章第三节所述按工作特征和控制方式的不同,将其分为液压传动系统和液压控制系统两种主要类型。对于前者通常可按照系统中油液的循环方式,液压泵的数目、形式,以及向执行元件的供油方式的不同等对其作详细分类,这是本节要着重介绍的内容;对于后者将在第十章进行专门介绍。

(1)按油液循环的方式不同进行分类。按油液循环的方式不同,液压传动系统可分为开式系统和闭式系统两大类。

在开式系统(其典型例子可参见图 1-3)中,液压泵(一般为定量泵或单向变量泵)自油箱吸油,经换向阀供给液压执行元件(液压缸或马达)对外做功;执行元件的回油排回油箱,油箱是系统中工作介质的吞、吐及储存场所。开式系统通过操纵换向阀使执行元件换向,故容易产生换向压力冲击;需要有较大容积的油箱才能满足油液散热、冷却及沉淀杂质的要求;油箱中的油与空气的接触面较大,会使溶于油中的空气量增多,导致工作机构运动的不平稳,以及其他不良后果等皆为开式系统的不足。但因开式系统油路结构及组成简单,故在各类液压机械中获得了广泛应用。

在闭式系统(其典型例子可参见图 7-21 等)中,液压泵和液压执行元件的进出油管首尾相接,形成一个闭合回路,执行元件排出的油液返回到泵(变量泵居多)的进口。系统常需补油装置以补充系统泄漏,换向用双向变量泵完成,故结构复杂,成本较高。但因系统运转时无节流及溢流损失,系统效率较高;此外,目前许多生产厂家将闭式系统中的各个阀集成到液压泵和液压马达当中,使用时只需要将闭式液压泵和液压马达用两根软管对接,再接好吸油管和泄油管即可,使用非常方便。但这种闭式系统因看不出其他内部连接管道,因此出现故障时,分析排除较为困难。其多应用于车辆、起重运输机械、船舶绞车、造纸和纺织等机械设备中。

(2)按系统中液压泵的数目进行分类。按液压传动系统中液压泵的数目不同,可将其分为单泵系统和多泵系统两类。

单泵系统是采用一台泵向一个执行元件(见图1-3)或多个执行元件(见图7-34)供油,由于压力和流量按峰值确定,故在非峰值期间工作时,能耗和发热较大。单泵系统主要适用于中小流量及功率、工况变动不太频繁或不需要进行多种复合动作的液压机械(如机床工作台及推土机、铲运机)中。

多泵系统一般采用双泵或三台泵向系统供油(见图7-41),以满足有些液压机械,如组合机床动力滑台快慢速交替工作或工程机械(如液压挖掘机、起重机等),在工作中既需要两个执行元件实现复合动作,又要能够对这两个执行元件进行单独调节的需求。工作时,多泵组合供油,可有效地利用原动机功率和提高工作性能。

(3)按系统中多个执行元件的油路连接方式分类。按液压传动系统中多个执行元件的油路连接方式,可将其分为并联系统和串联系统两类。以下以执行元件为两个液压缸为例进行叙述:

在并联系统(见图8-1)中,液压缸1,2的进油腔经换向阀(图中未示)直接和液压泵3供油路相通,各缸另一腔经换向阀和系统总回油路相通;系统各分支油路的流量q_1,q_2总和等于液压泵的输出流量q;系统各分支油路连接点A处的压力相同。各分支油路流量受各分支油路外载荷F_1,F_2和液阻R_1,R_2的影响。工作时,液压泵的压力油首先进入小负载缸,各缸速度即流量随载荷变化,载荷大(压力高)者流量小,只有两缸负载完全相同才能实现同步运动。并联系统只有一次压降,故承载能力大。

在串联系统(见图8-2)中,前一个缸1的回油路与后一个缸2的进油路相连接。故后一个液压缸的进油就是前一个液压缸的回油。系统运转时,液压泵3的流量q不变时,各缸速度与外负载无关,故二者能实现同步动作。泵的出口压力p等于各缸负载压力p_1,p_2与整个管路系统的压力损失总和。当外载荷较小时,各缸可同时动作且能保持较高速度。但外载荷较大时,受供油压力限制,各串联缸同时动作较困难,故串联系统一般用于高压小流量单泵供油系统中。

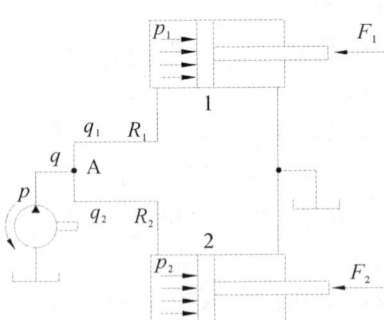

图8-1　并联系统示意图
1,2—液压缸;3—液压泵

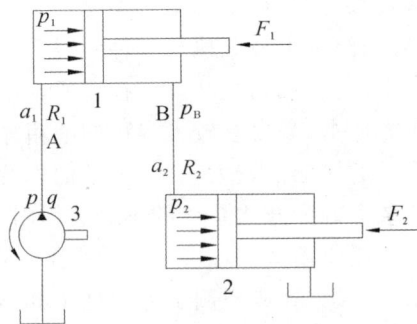

图8-2　串联系统示意图
1,2—液压缸;3—液压泵

(4)按系统中执行元件速度的调节控制方式分类。按液压传动系统中执行元件速度的调节控制方式不同,可将其分为阀控系统、泵控系统和执行元件控制系统三类。

阀控系统(其典型例子是第七章中的节流调速回路)是通过改变液压阀的节流口开度(节流阀或换向阀)控制流量,从而控制执行元件的速度。此类系统存在节流和溢流损失,功率利用率较低(例如,挖掘机液压系统中定量泵功率的平均利用率通常小于60%;定量系统对发动机功率的利用率也不高),故通常效率较低,但其结构简单,价廉,应用广泛。

泵控系统又可细分为泵排量控制系统和泵转速控制系统。前者(其典型例子可参见图7-21)采用变量泵供油(多为叶片泵或恒功率控制的轴向柱塞泵),通过改变变量泵的排量进行速度无级控制或通过多台定量泵组合供液来控制流量,进行有级速度控制,在此类系统中,泵的排量(输出流量)可根据负载需要调整,无节流和溢流损失,可充分利用原动机功率,故效率较高,应用广泛,但结构和制造工艺复杂,成本高。后者通过改变驱动泵的电动机的转速(变频调速)或发动机的转速(油门调速)改变泵的输出流量实现系统的流量调节和执行元件的速度控制,此类系统可减小油箱容量(是通常油箱容量的1/3)和介质消耗,能量损失小,运行成本较低,但采用变频器时价昂,制造成本较高。

执行元件控制系统是通过改变变量液压马达排量(见图7-20)或通过多定量液压马达组合工作或通过改变复合液压缸作用面积(见图7-26)来控制流量,从而控制速度。此类系统由于无节流和溢流损失,故效率较高,主要应用于行走机械和压力加工机械等液压设备。

(5)按系统中主换向阀处于中位时液压泵的工作状态分类。按系统中主换向阀处于中位时液压泵的工作状态可将系统分为中开型系统和中闭型系统两类。

在中开型系统(见图7-4(a))中,当主换向阀在中位时,换向阀使液压泵卸荷,液体低压返回油箱(故系统的主换向阀多为M型、H型等中位机能)。此类系统一般采用定量泵油源;通常在能满足同一功能情况下,中开式系统能耗较低。中开型系统多用于须间歇运动或支承负载而又不希望频繁启停原动机等工况类型。

在中闭型系统(见图1-3)中,当主换向阀在中位时,换向阀所有油口均封闭(O型中位机能),如果采用定量泵供油,则液压泵的液体经溢流阀高压溢流回油箱。这种系统采用定量泵或变量泵油源。通常在能满足同一功能情况下,中闭型系统能耗较大,但如果增加中位卸荷措施(例如采用电磁溢流阀)或改用压力补偿式变量泵供油(见图7-5和图7-6),则可大大降低中闭时的能耗。此类系统在多种液压机械中均有应用。

二、液压传动系统的评价

随着液压技术的发展,国内外采用全液压传动的机械设备日益增多。而采用液压机械设备的性能优劣,就主要取决于液压系统性能的好坏。对液压系统的评价,间接地表明了液压机械的性能优劣。液压系统性能的优劣是以系统中所用元件的质量好坏、所选择的基本回路恰当与否为前提的。

对液压系统的性能进行评价,就是在满足机械工艺循环及静态特性要求的各种液压传动方案中,对表征性能优劣的主要指标(如系统效率、功率利用、调速范围及微调性能、操纵性能自动化程度、冲击、振动和噪声、安全性和经济性等)加以比较。

(1)液压系统的效率。它是指对输入液压系统的能量利用程度,反映了液压系统本身能量损失的多少。具体而言,就是在一个工作循环内,各执行元件在每个工序中对外输出功率之和与输入系统的总功率之比。由于液压系统油路结构及所使用液压元件的不同,液压系统效率会在很大范围内变动。引起液压系统效率变化的因素很多,其中主要有液压系统的传动方案(定量泵加溢流阀的传动方案还是压力补偿变量泵传动方案)、调速方案(节流调速、容积调速还是容积节流调速)、元件、管路本身的特性(液压元件本身的损失及管路中的能量损失等)

(2)功率的利用。功率利用是指液压系统在工作循环中对原动机(电动机或发动机)功率的利用程度,也就是整机效率问题。对于多回路、多执行元件的系统,它不仅与各回路的设置及其相互间的配合有关,而且与液压泵的数目及其控制方式有直接关系。功率利用不仅反映了液压系统对原动机功率利用的好坏,而且对节省能源也具有很重要的现实意义。

(3)调速范围及微调特性。很多液压机械,其工作机构的载荷及其速度的变化范围较大,这就要求其液压系统应具有较大的调速范围。不同的液压机械其调速范围的要求是不同的,即使在同一液压机械中,不同的工作机构其调速范围也不一样。

调速范围大小可以用速比 i 衡量。液压马达的速比为马达最大速度 n_{max} 与最小速度 n_{min} 之比,即

$$i_m = \frac{n_{max}}{n_{min}}$$

液压缸的速比为缸的最大速度 v_{max} 与其最小速度 v_{min} 之比,即

$$i_c = \frac{v_{max}}{v_{min}}$$

调速范围与液压泵及执行元件的性能有关,或者说与系统的流量调节范围及系统压力有关。

微调性能是反映执行元件速度调节灵敏度的一项指标。它除取决于调节元件本身的特性及其控制方式外,还与系统的动态特性有关。不同的机械对微调特性有不同的要求:如工程机械中的铲土运输机械、挖掘机等对微调特性的要求不高;而吊装用工程起重机则对微调特性有严格的要求。

(4)操纵性能。操纵性能是指液压机械的一个复杂动作能否用简单的操纵来完成,操纵过程中是否省力,是否能减轻操纵者精神上和体力上的疲劳。这项指标除与回路设计有关外,主要取决于操纵控制回路的设计是否先进、合理,控制信号的输入是否简单、省力。这对大型液压工程机械来讲是非常重要的一项指标。

(5)冲击、振动和噪声。一个液压系统当负载发生变化或系统工作参数发生变化时,系统的工作不平稳,甚至引起强烈的冲击、振动或发出噪声,这都是不允许的。除特殊要求具有快速响应的特性外,一般应使机械处于平稳的工作状态下,并且噪声不能超过环境要求的允许值。

液压系统的冲击和噪声主要与回路设计及所选液压元件间的匹配有关。但有时安装不合理或缓冲回路设置不合理,也会造成振动和噪声。液压系统的振动和噪声是由组成系统各元件的振动和噪声引起的,其中以泵和溢流阀最为严重。

振动与噪声应予以控制。减少液压系统振动和噪声的关键是控制系统中各元件的振动和噪声,减少液压泵的流量脉动和压力脉动以及减少液压油在管路中的冲击。

(6)安全性。它是指在满足工作性能要求的前提下,保证液压系统正常工作的措施及应急措施是否完备。这项指标对各种不同的液压机械有不同的要求。对大型施工机械来说,因为其液压系统能否安全可靠地工作,不仅是保证生产进度的问题,而且还是直接影响到操作者的生命安全的重要问题,故安全性是大型施工机械极为重要的评价指标之一。

此外,还有维修性能及价格特性等评价系统性能优劣的内容。

综上所述可看出,液压系统性能的好坏,除选用合理的回路、高精度元件外,各项指标都与液压泵的形式、数目、控制方式、功率分配方式、操作控制方式等有关。故上述内容就构成了分析液压系统的基本要点。

三、液压传动系统分析的内容及方法要点

对液压传动系统的分析内容主要包括工作原理的分析和性能分析两个方面，其要点如下。

（1）液压传动系统工作原理的分析。

1）概要了解主机的功能结构，工作机构数量及其驱动形式，详细了解各液压执行机构的工况特点及要求，了解每一工作循环的主要动作以及各动作之间的相互关系。

2）了解整机及液压系统的主要技术参数，如原动机（电动机或发动机）的型号、功率；了解系统中各组成元件（包括液压泵、液压缸、液压马达，液压阀及液压辅件等）的形式、规格，在系统中的具体作用，相关液压元件之间的油路连接关系，液压系统的工作压力、额定压力和额定流量等。

3）了解液压系统的形式、特点，回路组合方式等。

4）在此基础上，利用所掌握的各种液压元件的结构原理和液压基本回路的基础知识，对液压系统的工作原理（各工况下系统的油液流动路线）和特点进行细致、深入的分析。具体分析时可借助主机动作循环图和动作循环表，或用文字叙述其油液流动路线。

在分析系统的油液流动路线中，最好先将液压系统中的各条油路分别进行编码，然后按执行元件划分油路单元，每个单元先看动作循环，再看主油路、控制回路。主油路的进油路起始点为液压泵排油口，终点为执行元件的进油口；主油路的回油路起始点为执行元件的回油口，终点为油箱（开式循环系统）或执行元件的进油口（液压缸差动回路）或液压泵吸油口（闭式循环系统）。控制油路也应弄明来源与控制对象。要特别注意系统从一种工作状态转换到另一种工作状态时，其信号源（即发信元件）是哪些，又是使哪些控制元件动作并实现特定功能的。

（2）液压系统性能的分析。液压传动系统的种类虽然繁多，但根据其工作特点的不同，仍可大致分为压力控制、速度控制、方向及位置控制，或它们的组合控制等。尽管不同的液压机械有其独特的要求，但无论什么特殊要求，影响液压系统性能的主要因素有①液压系统的类型；②液压泵及执行元件的形式；③系统工作压力；④变量（调速）及功率调节方式；⑤回路的组合及合流方式；⑥操纵控制方式。这6个方面构成了液压系统性能分析的基本出发点。

最后，要对系统分析进行综合，以归纳总结出整个系统的特点，使所使用或设计的液压系统不断完善。归纳总结时应考虑以下几个方面：液压基本功能回路是否符合主机的动作及性能要求；各主油路之间，主油路与控制油路之间有无矛盾和干涉现象；液压元件的代用、变换与合并是否合理、可行、经济；系统性能的改进方向等。

第二节　YT4543型组合机床动力滑台液压传动系统

一、主机功能结构

组合机床是一种工序集中的高效专用金属切削机床，它由通用部件和部分专用部件组成，动力滑台则是实现进给运动的一种通用部件。图8-3所示为组合机床的一种典型配置，它主要由床身1、滑座2、动力滑台3、动力头4、主轴箱5、刀具6、夹具8等构成。动力滑台配以不同的动力头、主轴箱和刀具，可完成各类孔的钻、镗、铰加工和端面铣削加工等工序。动力滑台往往由安装在滑座上的液压缸的缸筒（活塞杆固定）驱动，夹具的动作可由人工、机械或液压

完成。

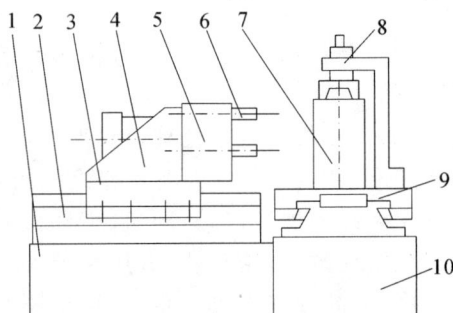

图 8-3　组合机床的典型配置

1—床身；2—滑座；3—动力滑台；4—动力头；5—主轴箱；6—刀具；7—工件；

8—夹具；9—工作台；10—中间底座

　　动力滑台的主要负载是切削力、摩擦力和启、停过程中的惯性力。滑台的快速进、退速度一般大致相等。滑台的行程范围及各工况行程可以通过安装在滑台侧面的活动挡块（图中未画出）予以保证和调节，滑台进、退的行程上布有电气行程开关和死挡块。死挡块用于加工过程中滑台在此处的停留，以保证孔深精度或被加工表面不产生刀痕（如加工盲孔及刮端面等），碰上死挡块后的停留时间可用延时继电器调整。在电气和机械装置的配合下可以完成刀具的进给运动。根据不同的加工需要可以实现多种进给速度的自动工作循环。组合机床动力滑台的液压传动系统是以速度变换和控制为主的系统。

　　本节介绍的 YT4543 型液压动力滑台，其结构及工况参数为滑台台面的长、宽分别为 800mm 和 450mm，液压缸内径为 125mm。最大行程为 800mm，最大进给力为 45kN，最大快进速度为 7.3m/min，进给速度范围为 6.6～660mm/min。

二、液压系统分析

1. 系统组成及元件功用

　　YT4543 型动力滑台液压系统如图 8-4 所示（左上侧为液压缸的工作循环图），系统在机械和电气的配合下，能够实现的自动工作循环为快进→一工进→二工进→死挡块停留→快退→原位停止。系统的油源为限压式变量叶片泵 1，与其串联的调速阀 7,8 和背压溢流阀 3 组成容积节流（进口）调速回路。单杆活塞缸 13 为差动连接，以实现快速运动，缸的运动方向变换由三位四通电磁换向阀（先导阀）6-1 和三位五通液动换向阀（主阀）6-2 组成的电液换向阀控制；二位二通机动换向阀（行程阀）11 和二位二通电磁换向阀 12 用于液压缸的快、慢速度换接；阀 6-2 的 M 型中位机能用于停止时的卸荷。快进与工进由外控顺序阀 4 控制，阀 4 的设定压力低于工进时的系统压力而高于快进时的系统压力。压力继电器 9 用于死挡块停留开始时的发信。系统中有三个单向阀，单向阀 2 用于保护液压泵免受液压冲击，同时用于保证系统卸荷时电液换向阀的先导控制油路保持一定的控制压力，以确保换向动作的实现；单向阀 5 用于工进时进油路和回油路的隔离；单向阀 10 用于提供快退回油。表 8-1 是动力滑台液压系统的动作循环表。

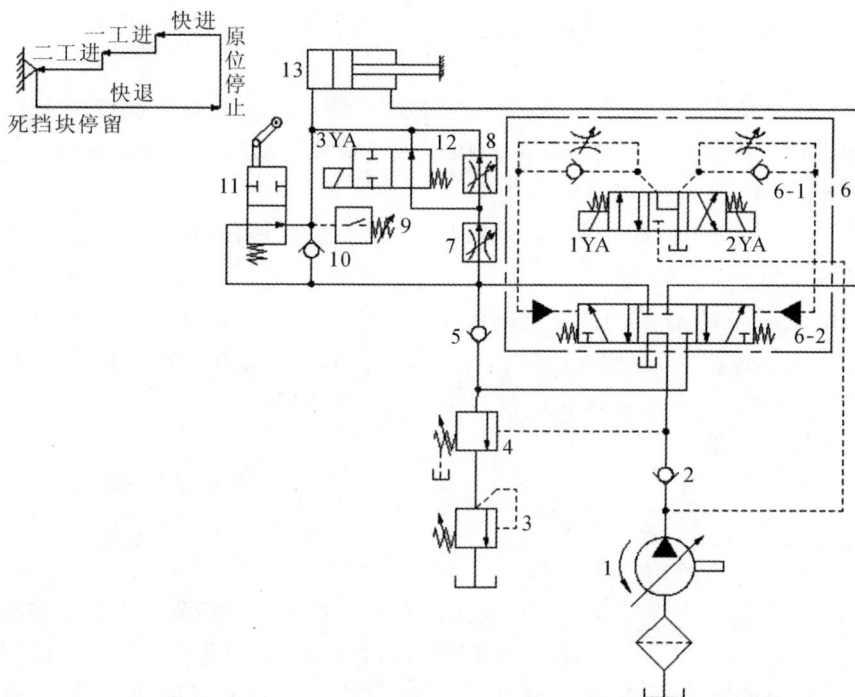

图 8-4 YT4543 型组合机床动力滑台液压系统原理图

1—变量泵；2,5,10—单向阀；3—背压阀；4—远控顺序阀；6-1—三位四通电磁换向阀(先导阀)；

6-2—三位五通液动换向阀(主阀)；7,8—调速阀；9—压力继电器；11—行程阀；

12—二位二通电磁换向阀；13—单杆液压缸

表 8-1 动力滑台液压系统动作循环表

工况	信号来源	液压元件工作状态				
		顺序阀 4	先导阀 6-1	主换向阀 6-2	电磁阀 12	行程阀 11
快进	启动,电磁铁 1YA 通电	关闭			右位	下位
一工进	挡块压下二位二通机动换向阀 11	打开	左位	左位	右位	上位
二工进	挡块压下行程开关,电磁铁 3YA 通电	打开	左位	左位		上位
停留	滑台靠在死挡块上				左位	
快退	压力继电器 11 发信,电磁铁 1YA 断电,2YA 通电	关闭	右位	右位		下位
停止	挡块压下终点开关,电磁铁 2YA 和 3YA 都断电		中位	中位	右位	

2. 系统工作原理

(1)动力滑台快进。按下启动按钮,电磁铁1YA通电,在先导压力油的作用下液动换向阀6-2切换至左位。由于滑台快进时负载较小,系统压力不高,故顺序阀4关闭,变量泵1输出最大流量。此时,液压缸13为差动连接,动力滑台快进。系统中主油路的油液流动路线为

进油路:变量泵1→单向阀2→液动换向阀6-2(左位)→行程阀11(下位)→液压缸13无杆腔。

回油路:液压缸 13 有杆腔→液动换向阀 6 - 2(左位)→单向阀 5→行程阀 11(下位)→液压缸 13 无杆腔。

(2)第一次工作进给。当滑台快速前进到预定位置时,滑台上的活动挡块压下行程阀 11。此时,系统压力升高,在顺序阀打开的同时,限压式变量泵自动减小其输出流量,以便与调速阀 7 的开口相适应。系统中油液流动路线为

进油路:变量泵 1→单向阀 2→液动换向阀 6 - 2(左位)→调速阀 7→电磁阀 12(右位)→液压缸 13 无杆腔。

回油路:液压缸 13 有杆腔→液动换向阀 6 - 2(左位)→顺序阀 4→背压阀 3→油箱。

(3)第二次工作进给。当一次工作进给结束时,活动挡块压下电气行程开关,使电磁铁 3YA 通电。顺序阀仍开启,变量泵输出流量与调速阀 8 的开口相适应(调速阀 8 的开度比调速阀 7 小)。系统中油液流动路线为

进油路:变量泵 1→单向阀 2→液动换向阀 6 - 2(左位)→调速阀 7→调速阀 8→液压缸 13 无杆腔。

回油路:与一次工作进给回油路相同。

(4)死挡块停留及动力滑台快退。在动力滑台第二次工作进给到预定位置碰到死挡块后,停止前进,液压系统的压力进一步升高,在变量泵 1 保压卸荷的同时,压力继电器 9 发信接通电气系统中的时间继电器,停留时间到时后,给出动力滑台快速退回的信号,电磁铁 1YA 断电,2YA 通电,此时系统压力下降;变量泵流量又自动增大,动力滑台实现快退。系统中油液的流动路线为

进油路:变量泵 1→单向阀 2→液动换向阀 6 - 2(右位)→液压缸 13 有杆腔。

回油路:液压缸无杆腔→单向阀 10→液动换向阀 6 - 2(右位)→油箱。

(5)动力滑台原位停止。当动力滑台快速退回到原位时,活动挡块压下终点行程开关,使电磁铁 1YA～3YA 均断电,此时换向阀 6 处于中位,液压缸 13 两腔封闭,滑台停止运动,液压泵 1 卸荷。

三、液压系统特点

(1)采用了"限压式变量叶片泵—调速阀—背压阀"式的容积节流(进口)调速回路,能保证稳定的进给速度、较好的速度刚性和较大的调速范围。

(2)系统采用了限压式变量泵和差动连接液压缸来实现快进,功率利用比较合理。滑台停止运动时,换向阀使液压泵在低压下卸荷,减少了能量损耗和发热。

(3)采用机动行程阀和顺序阀实现快进与工进换接,不仅简化了油路,而且使动作可靠,换接精度高。至于两个工进之间的换接则由于两者速度都较低,采用电磁阀完全能保证换接精度。

第三节 JS01 型工业机械手液压传动系统

一、主机功能结构

机械手是模仿人的手部动作,按给定的程序、轨迹和要求实现自动抓取、搬运和操作的自动化装置,特别适合在高温、高压、易燃、易爆等恶劣环境以及在笨重、单调、频繁的操作中代替

人进行作业,应用相当之广。

本节介绍的 JS01 型工业机械手为圆柱坐标式、全液压驱动机械手,具有手臂升降、伸缩、回转和手腕回转等 4 个自由度。执行机构由手部、手腕、手臂伸缩机构、手臂升降机构、手臂回转机构和回转定位装置等部分组成,除手臂回转和手腕回转机构采用摆动液压马达驱动外,其余部分均采用液压缸驱动。该机械手完成的动作循环为插定位销→手臂前伸→手指张开→手指夹紧抓料→手臂上升→手臂缩回→手腕回转180°→拔定位销→手臂回转95°→插定位销→手臂前伸→手臂中停(此时主机夹头下降夹料)→手指松开(此时主机夹头夹着料上升)→手指闭合→手臂缩回→手臂下降→手腕回转复位→拔定位销→手臂回转复位→待料,液压泵卸荷。

机械手液压传动系统属于以多个执行元件配合工作为主的液压系统。

二、液压系统分析

(1)系统组成及元件功用。机械手的液压系统原理图如图 8-5 所示。系统的油源为双联液压泵 1,2,泵的额定压力为 6.3MPa,流量为(35+18)L/min。泵 1 和 2 的压力 p_1,p_2 设定,待料期间的卸荷控制分别由电磁溢流阀 3 和阀 4 实现。减压阀 8 用于设定定位缸与控制油路所需的较低压力 p_3(1.5~1.8MPa),压力 p_1,p_2 及 p_3 可通过压力表 28 及其开关 27 观测和显示。单向阀 5 和 6 分别用于保护泵 1 和 2。

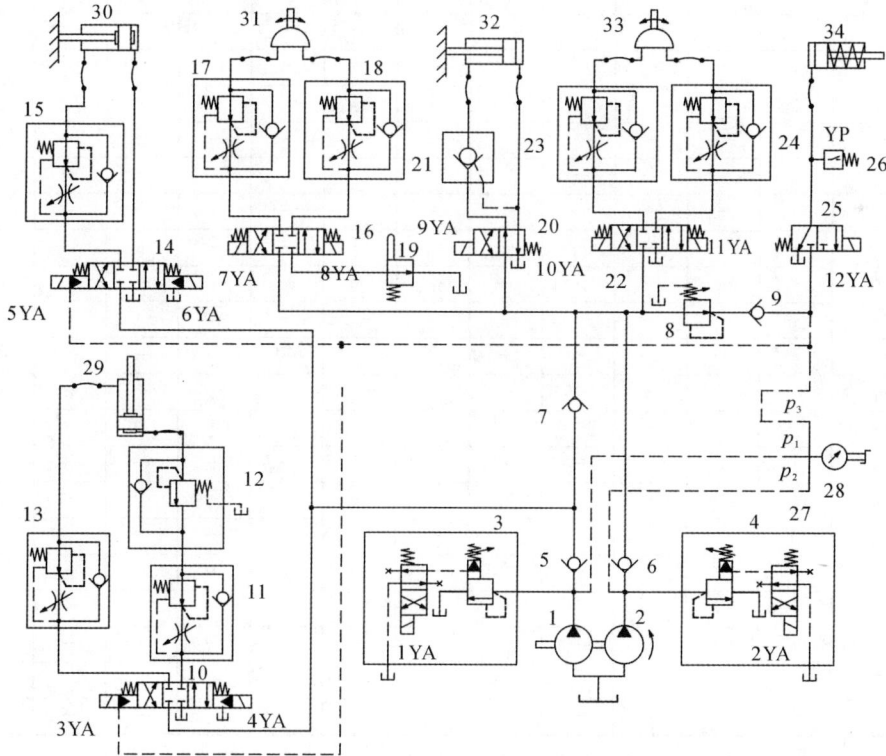

图 8-5　JS01 型工业机械手液压系统原理图

1,2—双联液压泵;3,4—电磁溢流阀;5,6,7,9—单向阀;8—减压阀;10,14—三位四通电液动换向阀;

11,13,15,17,18,23,24—单向调速阀;12—单向顺序阀;16,22—三位四通电磁换向阀;19—行程节流阀;

20—二位四通电磁换向阀;21—液控单向阀;25—二位四通电磁换向阀;26—压力继电器;27—压力表开关;

28—压力表;29—手臂升降液压缸;30—手臂伸缩液压缸;31—手臂回转摆动液压马达;32—手指夹紧液压缸;

33—手腕回转摆动液压马达;34—定位液压缸

手臂升降液压缸 29 和手臂伸缩液压缸 30 为带缓冲的单杆液压缸,缸 30 为杆固定,二缸的运动方向由三位四通电液动换向阀 10 和 14 控制;缸 29 立置,由单向顺序阀 12 平衡,以防自重下滑,单向调速阀 11 和 13 用于缸 29 的双向回油节流调速;单向调速阀 15 用于缸 30 伸出动作时的回油节流调速。手臂回转摆动液压马达 31 和手腕回转摆动液压马达 33 由三位四通电磁换向阀 16 和 22 控制,而单向调速阀 17,18 和 23,24 用于双向回油节流调速,行程节流阀 19 用于马达 31 的减速缓冲。手指夹紧缸 32 为杆固定,由二位四通电磁换向阀 20 控制其运动方向,液控单向阀 21 用于手指夹紧工件后的锁紧,以保证牢固夹紧工件而不受系统压力波动的影响。定位缸 34 为单作用液压缸,其运动方向由二位三通电磁换向阀 25 控制(拔销退回时由缸内有杆腔弹簧作用),压力继电器 26 用于定位后发信。单向阀 7 用于隔离大流量泵 1 与执行元件 31~34 回路联系。

(2)系统工作原理。液压系统各执行元件的动作均由电控系统发信控制相应的电磁换向阀或电液动换向阀,按程序依次步进动作。电磁铁动作顺序如表 8-2 所列,由该表容易分析和了解液压系统在各工况下的油液流动路线。

表 8-2　机械手液压系统电磁铁和压力继电器动作顺序表

工况	电磁铁、压力继电器状态												
	1YA	2YA	3YA	4YA	5YA	6YA	7YA	8YA	9YA	10YA	11YA	12YA	YP
插销定位	+	-	-	-	-	-	-	-	-	-	-	+	-/+
手臂前伸	-	-	-	-	+	-	-	-	-	-	-	+	+
手指张开	+	-	-	-	-	-	-	-	+	-	-	+	+
手指抓料	+	-	-	-	-	-	-	-	-	-	-	+	+
手臂上升	-	-	+	-	-	-	-	-	-	-	-	+	+
手臂缩回	-	-	-	-	-	+	-	-	-	-	-	+	+
手腕回转	+	-	-	-	-	-	-	-	-	+	-	+	+
拔定位销	+	-	-	-	-	-	-	-	-	-	-	-	-
手臂回转	+	-	-	-	-	-	+	-	-	-	-	-	-
插定位销	+	-	-	-	-	-	-	-	-	-	-	+	-/+
手臂前伸	-	-	-	+	-	-	-	-	-	-	-	+	+
手臂中停	-	-	-	-	-	-	-	-	-	-	-	+	+
手指张开	+	-	-	-	-	-	-	-	+	-	-	+	+
手指闭合	+	-	-	-	-	-	-	-	-	-	-	+	+
手臂缩回	-	-	-	-	-	+	-	-	-	-	-	+	+
手臂下降	-	-	-	-	+	-	-	-	-	-	-	+	+
手腕反转	+	-	-	-	-	-	-	-	-	-	+	+	+
拔定位销	+	-	-	-	-	-	-	-	-	-	-	-	-
手臂反转	+	-	-	-	-	-	-	+	-	-	-	-	-
待料卸荷	+	+	-	-	-	-	-	-	-	-	-	-	-

三、液压系统特点

(1)采用双联泵组合供油(即手臂升降及伸缩动作两个泵同时供油,手臂及手腕回转、手指松紧及定位缸动作只有小流量泵 2 供油,大流量泵自动卸荷),既提高了工效,又有利于节能。

(2)需要调速的执行元件均采用回油节流调速方式,有利于提高执行元件的运动平稳性和散热。

（3）执行机构的定位和缓冲是机械手工作平稳可靠的关键。从提高生产率来说，希望机械手正常工作速度越快越好，但工作速度越高，启动和停止时的惯性力就越大，振动和冲击就越大，这不仅会影响到机械手的定位精度，严重时还会损伤机件。因此，为达到机械手的定位精度和运动平稳性的要求，一般在定位前要采取缓冲措施。该机械手手臂伸出、手腕回转由死挡铁定位保证精度。端点到达前发信号切断油路，滑行缓冲；手臂缩回和手臂上升由行程开关适时发信。提前切断油路滑行缓冲并定位。此外，手臂伸缩缸和升降缸采用了电液换向阀换向，调节换向时间，亦增加缓冲效果。由于手臂的回转部分质量较大，转速较高，运动惯性矩较大，系统的手臂回转马达除采用单向调速阀回油节流调速外，还在回油路上安装有行程节流阀 19 进行减速缓冲，最后由定位缸插销定位，满足定位精度要求。

（4）采用单向顺序阀支承平衡手臂运动部件的自重；采用液控单向阀的锁紧回路，保证牢固地夹紧工件。

第四节　YA32—200 型四柱万能液压机液压传动系统

一、主机功能结构

液压机是用来对金属、木材、塑料等材料进行压力加工的机械设备，按机身不同有框架式、四柱式及新型预应力钢丝缠绕式等结构，其中四柱式的液压机应用较广。四柱式液压机的机身由横梁、工作台及四根立柱构成（见图 8-6(a)），滑块（压头）由置于中空横梁内的主液压缸驱动，顶出机构由置于工作台下的顶出液压缸驱动，其典型工作循环如图 8-6(b)所示（在作薄板拉伸时，还需要利用顶出液压缸将坯料压紧，此时顶出液压缸下腔须保持一定的压力并随主缸一起下行）。液压机的液压传动系统是以压力变换与控制为主的系统。

本节介绍的 YA32-200 型四柱万能液压机，其主液压缸最大压制力为 2MN。

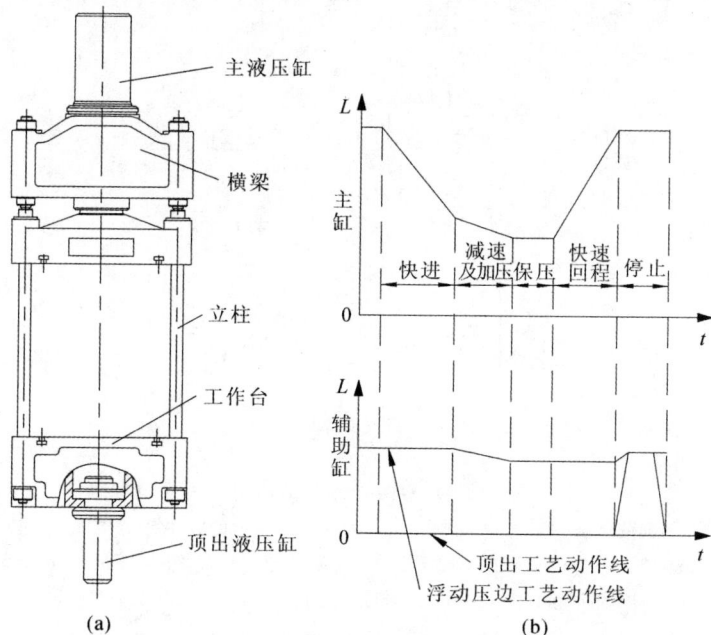

图 8-6　四柱式液压机的结构及典型工作循环

二、液压系统分析

1. 系统组成和元件作用

图 8-7 所示为 YA32-200 型四柱万能液压机的液压系统原理图。系统的油源为主液压泵 1 和辅助液压泵 2。主泵为高压大流量压力补偿式恒功率变量泵,最高工作压力为 32MPa,由远程调压阀 5 设定;辅泵为低压小流量定量泵,主要用作电液换向阀 6 及 21 的控制油源,其工作压力由溢流阀 3 设定。系统的两个执行元件为主液压缸 16 和顶出液压缸 17,两液压缸的换向分别由电液动换向阀 6 和 21 控制;带卸荷阀芯的液控单向阀 14 用作充液阀,在主缸 16 快速下行时开启,使副油箱向主缸充液;液控单向阀 9 用于主缸 16 快速下行通路和快速回程通路,背压阀 10 为液压缸慢速下行时提供背压;单向阀 13 用于主缸 16 的保压;阀 11 为带阻尼孔的卸荷阀,用于主缸保压结束后换向前主泵 1 的卸荷;节流阀 19 及背压阀 20 用于浮动压边工艺过程时,保持顶出缸下腔所需的压边力,安全阀 18 用于节流阀 19 阻塞时系统的安全保护。压力继电器 12 用作保压起始的发信装置。表 8-3 为该液压机的电磁铁动作顺序表。

2. 工作原理

(1) 主缸及滑块。

1) 快速下行。按下启动按钮,电磁铁 1YA,5YA 通电使电液动换向阀 6 切换至右位,电磁换向阀 8 切换至右位,辅泵 2 的控制压力油经阀 8 将液控单向阀 9 打开。此时,主油路的流动路线为

进油路:主泵 1→经换向阀 6(右位)→单向阀 13→主缸 16 无杆腔。

回油路:主缸 16 有杆腔→液控单向阀 9→换向阀 6

回油路:主缸 16 有杆腔→液控单向阀 9→换向阀 6(右位)→换向阀 21 中位→油箱。

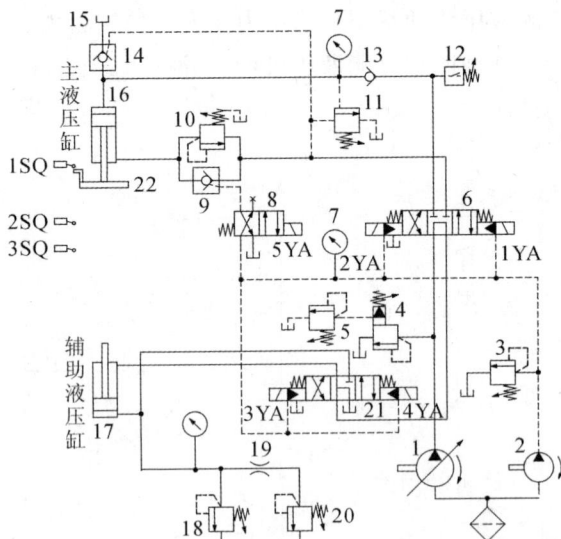

图 8-7 YA32-200 型四柱万能液压机液压系统原理图

1—主液压泵;2—辅助液压泵;3,4—溢流阀;5—远程调压阀;6,21—三位四通电液动换向阀;7—压力表;
8—二位四通电磁换向阀;9,14—液控单向阀;10—背压阀;11—卸荷阀(带阻尼孔);12—压力继电器;
13—单向阀;15—副油箱;16—主液压缸;17—顶出液压缸;18—安全溢流阀;19—节流阀;
20—背压溢流阀;22—滑块;23—活动挡块

表 8-3　液压机电磁铁动作顺序表

工况		电磁铁				
		1YA	2YA	3YA	4YA	5YA
主液压缸	快速下行	+	−	−	−	+
	慢速加压	+	−	−	−	−
	保压	−	−	−	−	−
	泄压回程	−	+	−	−	−
	停止	−	−	−	−	−
顶出液压缸	顶出	−	−	+	−	−
	退回	−	−	−	+	−
	压边	+	−	−	−	−

此时,主缸及滑块 22 在自重作用下快速下降。但由于变量泵 1 的流量不足以补充主缸因快速下降而上腔空出的容积,因而置于液压机顶部的副油箱 15 中的油液在大气压及液位高度作用下,经带卸荷阀芯的液控单向阀 14 进入主缸无杆腔。

2)慢速接近工件、加压。当滑块 22 上的活动挡块 23 压下行程开关 2SQ 时,电磁铁 5YA 断电使换向阀 8 复至左位,液控单向阀 9 关闭。此时主缸无杆腔压力升高,阀 14 关闭,且主泵 1 的排量自动减小,主缸转为慢速接进工件和加压阶段。系统的油液流动路线为

进油路:同快速下行。

回油路:主缸有杆腔→背压(平衡)阀 10→换向阀 6(右位)→换向阀 21(中位)→油箱。

从而使滑块慢速接近工件,在滑块 22 接触工件后,阻力急剧增加,主缸无杆腔压力进一步提高,变量泵 1 的排量自动减小,主缸驱动滑块以极慢的速度对工件加压。

3)保压。当主缸上腔的压力达到设定值时,压力继电器 12 发信,使电磁铁 1YA 断电,电液动换向阀 6 复至中位,主缸上、下油腔封闭,系统保压。单向阀 13 保证了主缸上腔良好的密封性,主缸上腔保持高压。保压时间可由压力继电器 12 控制的时间继电器(图中未画出)调整。保压阶段,除了液压泵低压卸荷外,系统中无油液流动。

主泵 1→换向阀 6(中位)→换向阀 21(中位)→油箱。

4)泄压、快速回程。保压过程结束时,时间继电器发信,使电磁铁 2YA 通电(定程压制成型时,可由行程开关 3SQ 发信),换向阀 6 切换至左位,主缸进入回程阶段。如果此时主缸上腔立即与回油相通,保压阶段缸内液体积蓄的能量突然释放将产生液压冲击,引起振动和噪声。因此,系统保压后必须先泄压,然后回程。

在换向阀 6 切换至左位后,主缸上腔还未泄压,此时压力很高,带阻尼孔的卸荷阀 11 呈开启状态,因此有

主泵 1→换向阀 6(左位)→阀 11→油箱。

此时主泵 1 在低压下运行,此压力不足以打开液控单向阀 14 的主阀芯,但能打开阀内部的卸荷小阀芯(参见第五章有关内容),主缸上腔的高压油经此卸荷小阀芯的开口泄回副油箱 15,压力逐渐降低(泄压)。泄压过程持续至主缸上腔压力降到使卸荷阀 11 关闭时为止。泄压

结束后,主泵 1 的供油压力升高,顶开阀 14 的主阀芯。此时系统的油液流动路线为

进油路:主泵 1→换向阀 6(左位)→液控单向阀 9→主缸有杆腔。

回油路:主缸无杆腔→阀 14→副油箱 15。

主缸驱动滑块快速回程。

5)停止。当滑块上的挡块 23 压下行程开关 1SQ 时,电磁铁 2YA 断电使换向阀 6 复至中位,主缸活塞被该阀的 M 型机能的中位锁紧而停止运动,回程结束。此时主液压泵 1 又处于卸荷状态(油液流动同保压阶段)。

(2)顶出缸。主缸和顶出缸的运动应实现互锁。当电液换向阀 6 处于中位时,压力油经过电液换向阀 6 中位进入控制顶出缸 17 运动的电液换向阀 21。

1)顶出。按下顶出按钮,电磁铁 3YA 通电,换向阀 21 切换至左位,系统的油液流动路线为

进油路:主泵 1→换向阀 6(中位)→换向阀 21(左位)→顶出缸 17 无杆腔。

回油路:顶出缸 17 有杆腔→换向阀 21(左位)→油箱。

活塞上升,将工件顶出。

2)退回。电磁铁 3YA 断电,4YA 通电时,油路换向,顶出缸的活塞下降,此时有

进油路:主泵 1→换向阀 6(中位)→换向阀 21(右位)→顶出缸 17 有杆腔。

回油路:顶出缸 17 无杆腔→换向阀 21(右位)→油箱。

3)浮动压边。作薄板拉伸压边时,要求顶出缸既保持一定压力,又能随主缸滑块的下压而下降。这时电磁铁 3YA 通电,换向阀 21 切换至左位,这时的油液流动路线与顶出时相同,从而顶出缸上升到顶住被拉伸的工件;然后电磁铁 3YA 断电,顶出缸无杆腔的油液被阀 21 封住。主缸滑块下压时,顶出缸活塞被迫随之下行,从而有

顶出缸无杆腔→节流阀 19→背压阀 20→油箱。

三、液压系统特点

1)采用高压、大流量恒功率变量泵供油,既符合工艺要求,又节省能量。

2)依靠活塞滑块自重作用实现快速下行,并通过充液阀对主缸充液。快速运动回路结构简单,使用元件较少。

3)采用普通单向阀保压。为了减少由保压转换为"快速回程"时的液压冲击,系统采用了由卸荷阀和带卸荷小阀芯的充液阀组成的泄压回路。

4)顶出缸与主缸运动互锁。只有当换向阀 6 处于中位主液压缸不运动时,压力油才能经阀 21 使顶出缸运动。

第五节 YW-100 型履带式全液压单斗挖掘机液压传动系统

一、主机功能结构

单斗液压挖掘机是一种自行式土方工程机械,斗容量从 $0.25\sim6.0m^3$ 不等,按行走机构不同有履带式和轮胎式两类。履带式应用较多,其主要组成如图 8-8 所示。铲斗 1、斗杆 2 和动臂 3 统称为工作机构,分别由相应液压缸 6,7,8 驱动;回转机构 4 和行走机构 5,由各自的液

压马达(图中未绘出)驱动,整个机器的动力由柴油发动机提供。

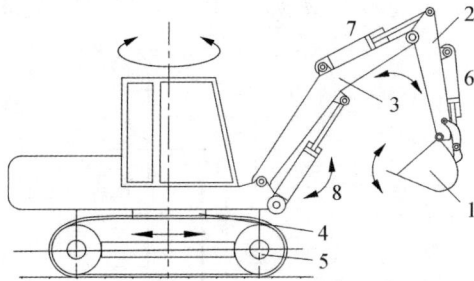

图 8-8　履带式全液压单斗挖掘机示意图

1—铲斗;2—斗杆;3—动臂;4—回转机构;5—行走机构;6—铲斗液压缸;7—斗杆液压缸;8—动臂液压缸

挖掘机的工作循环:铲斗切削土壤入斗,装满后提升回转到卸料点卸空,再回到挖掘位置并开始下次作业。其作业程序及其动作特性见表 8-4,此外,挖掘机还具有工作循环时间短(12～25s)的特点,并要求主要执行机构能实现复合动作。单斗挖掘机的液压传动系统是以多路换向为主的系统。

本节介绍的 YW-100 型单斗挖掘机,其铲斗容量为 1m³,发动机功率为 110kW,机重为250kN,行走速度(双速)为 3.4km/h 和 1.7km/h。

表 8-4　单斗挖掘机作业程序及其动作特性

作业程序		动作特性
顺序	部件动作	
挖掘	挖掘和铲斗回转 铲斗提升到回转位置	挖掘坚硬土壤以斗杆液压缸动作为主;挖掘松散土壤,三个液压缸复合动作,以铲斗液压缸动作为主
提升、回转	铲斗提升 转台回转到卸料位置	铲斗液压缸推出,动臂抬起,满斗提升,回转马达使工作装置转至卸料位置
卸料	斗杆缩回 铲斗旋转卸载	铲斗液压缸缩回,斗杆液压缸动作,根据卸料高度,动臂液压缸配合动作
复位	转台回转 斗杆伸出,工作装置下降	回转机构将工作装置转到工作挖掘面,动臂和斗杆液压缸配合动作将铲斗降至地面

二、液压系统分析

(1)系统组成。图 8-9 所示是国产 YW-100 型履带式全液压单斗挖掘机的液压系统原理图,它是一个双泵双回路定量型系统,采用多路换向阀的串联油路、专用手动换向阀的合流方式。

系统的油源为单向阀配流径向柱塞双联定量液压泵 1,2,两泵做在同一壳体内,每边 3 个柱塞,自成一泵,由发动机通过同一根曲轴驱动。泵的型号为 2-65×ZB64×641,其额定压力为 32MPa,额定流量为 2×100L/min。

系统有 6 个执行元件,分别是 3 个单杆液压缸(铲斗缸 3、斗杆缸 4、动臂缸 5)和 3 个内曲线多作低速大转矩液压马达。每条履带用一个行走马达驱动,马达型号为 2ZMS4000(双排),其排量为 4 000cm³/r;回转台驱动马达型号为 M2000,其排量为 2 000cm³/r。

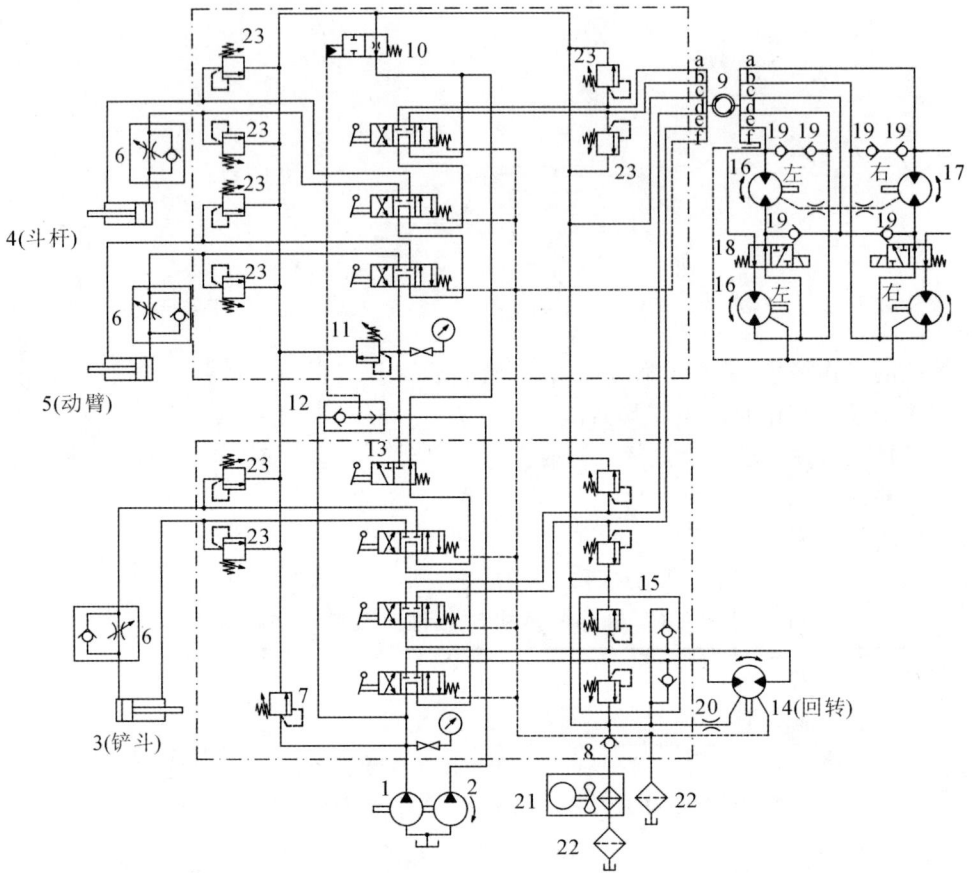

图 8-9 WY-100 型履带式全液压单斗挖掘机液压系统原理图

1,2—双联液压泵;3—铲斗液压缸;4—斗杆液压缸;5—动臂液压缸;6—单向节流阀;7,11—溢流阀;
8—背压单向阀;9—中心回转接头;10—限速阀;12—梭阀;13—手动合流阀;14—回转马达;15—限压补油阀组;
16,17—左、右行走马达;18—行走马达变速阀;19—补油单向阀;20—节流器;21—冷却器;22—过滤器;23—限压阀

系统的主要控制元件为两个多路换向阀组 I ,组 II ,各缸和马达用一联多路换向阀操纵。

泵 1,2 与多路换向阀组 I ,组 II 及相关执行元件分别构成两个独立串联油路。

整个系统分上车和下车两部分,上车部分包括双联液压泵、控制部分及各液压缸、回转马达 14 和发动机等,置于回转台上部;下车部分包括左、右行走马达,设在履带底盘上,液压油经中心回转接头 9 进入左、右行走马达。

(2)系统工作原理。泵 1 的液压油通过多路换向阀驱动铲斗缸 3、回转液压马达 14、左行走液压马达 16 工作,组成一个独立串联油路(第一个回油流入第二个进口)。溢流阀 7 用以限制泵 1 回路的最高工作压力,防止系统过载。

泵 2 的液压油通过多路换向阀驱动动臂缸 5、斗杆缸 4 和右行走液压马达 17 工作,组成另一个独立串联油路。溢流阀 11 用以限制泵 2 回路的最高工作压力,防止泵 2 回路过载。

在各执行元件的进回油分支油路中均设有缓冲溢流阀 23,用来吸收工作装置的冲击。

此双泵双回路系统,通过操纵相应的换向阀,就能使各液压缸和液压马达工作,完成挖掘和运走等作业。

三、液压系统特点

(1)双速行驶。该挖掘机的左、右履带分别由一个双排液压马达 16 和 17 驱动。两个变速电磁阀(二位四通换向阀)18 装在马达 16 和 17 的配油轴中。通过阀 18 的通断电实现变速:当阀 18 断电处于图示左位时,马达的两排油腔并联进油,为低速大转矩,用于道路阻力大及爬坡工况;当阀 18 通电切换至右位时,马达的两油腔串联进油,为高速小转矩,用于道路阻力小工况。

(2)合流方式。当需要动臂或斗杆快速工作时,可通过二位三通手动合流阀 13 实现合流与分流。当阀 13 切换至左位时,可使泵 1 和泵 2 的液压油合流供给动臂缸 5 或斗杆缸 4,以提高动臂或斗杆的工作速度。当阀 13 处于图示右位时,起分流作用。

(3)限速措施。动臂、斗杆和铲斗缸都有可能发生重力超速现象,为此,采用了单向节流阀 6 的限速措施。

行走液压马达下坡时也会发生重力超速现象,故油路中用液控限速阀 10 来防止。限速阀 10 的液控口作用着由交替逆止阀(梭阀)12 提供的泵 1,2 的最大压力。当挖掘机下坡行走出现超速情况时,泵出口压力会降低,限速阀 10 自动对回油进行节流,防止溜坡现象,保证挖掘机行驶安全。由于限速阀 10 的控制压力油通过交替逆止阀 12 引入,若履带一边液压马达超速,而另一边未超速,因交替逆止阀 12 引起的是未超速一边的压力去控制限速阀 10 移动,所以限速阀不能起限速作用。只有两条履带均超速时,限速阀才能起防止超速作用。前一种超速工况,实际工作时很少出现,而后一种超速工况才是经常发生的。

(4)防止热冲击的排油油路。进入回转马达 14 内部和壳体内的液压油温度不同,会造成液压马达各零件热膨胀程度不同,引起密封滑动面卡死的热冲击现象。为此,在马达 14 壳体上设有两个油口:左侧油口经节流阀 20 与有背压回路(背压单向阀 8)相通,使部分回油进入壳体;右侧油口(无背压)经过滤器 22 直接回油箱。由于马达壳体内不断形成低压油循环油,带走热量,故可防止热冲击的发生。此外,循环油还能冲洗壳体内磨损物。

(5)单独的泄油回路。将多路换向阀和液压马达的泄漏油液用油管集中起来,通过五通接头和过滤器 22 引回油箱。该回路无背压以减少外漏。液压系统出现故障时可通过检查泄漏油路过滤器,判定是否属于液压马达磨损引起的故障。

(6)补油油路。该液压系统中的回油经背压阀 8 流回油箱,能产生 $0.8\sim1.0$MPa 的补油压力,形成背压油路,以便在液压马达制动或出现超速时,背压油路中的油液经补油单向阀 19(或 15)向液压马达补油,以防止液压马达内部的柱塞滚轮脱离导轨表面。

(7)强制风冷。该系统为双联定量泵油源,效率较低、发热量大,而履带式挖掘机属行走机械,液压油箱不能过大,故为了防止液压系统有过大的温升,该机设置强制风冷式冷却器 21,以保证油温不超过 80℃。

思考题与习题

8-1　液压传动系统有哪些类型? 一般用哪些指标进行评价?

8-2　液压系统分析内容有哪些? 分析方法要点如何? 怎样阅读和分析一个液压系统原

理图？

8-3 试分析 YT4543 型动力滑台液压系统(参见图 8-4)由哪些基本回路组成,液压缸快进时如何实现差动连接。

8-4 YA32-200 型液压机的液压系统(参见图 8-7)有哪些特点？为何称液压机系统为以压力变换与控制为主的系统？为何要在系统中设置保压和泄压回路？

8-5 图 8-9 所示的 WY-100 型单斗挖掘机液压系统采用串联油路多路阀对各执行元件进行操纵控制,其优、缺点是什么？

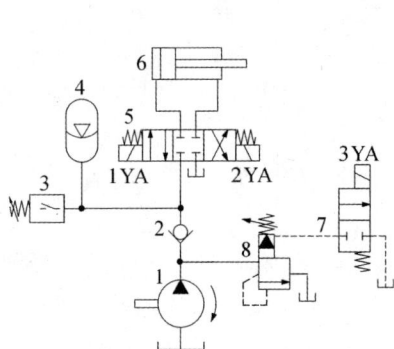

图 8-10 题 8-6 图

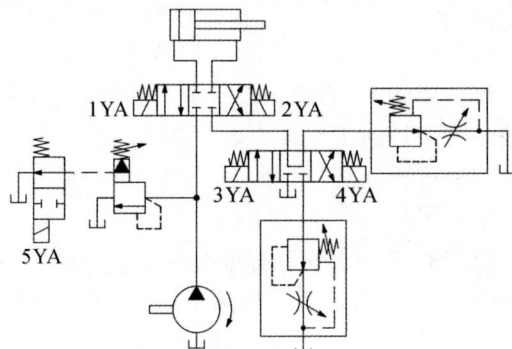

图 8-11 题 8-7 图

8-6 对于图 8-10 所示的液压系统,试填写其电磁铁动作顺序表。

8-7 图 8-11 所示的液压系统的工作循环为快进→一工进→二工进→快退→停止并卸荷。试列出其电磁铁动作顺序表。

8-8 图 8-12 所示为某自动生产线上的转位机械手液压系统。机械手的动作顺序为手臂在上方原始位置→手臂下降→手指夹紧工件→手臂上升→手腕回转 90°→手臂下降→手指松开→手臂上升→手腕反转 90°→停在上方。试阅读此系统图并完成电磁铁动作顺序表,并对液压系统的特点进行分析。(图中的两个液压缸均为缸筒固定)。

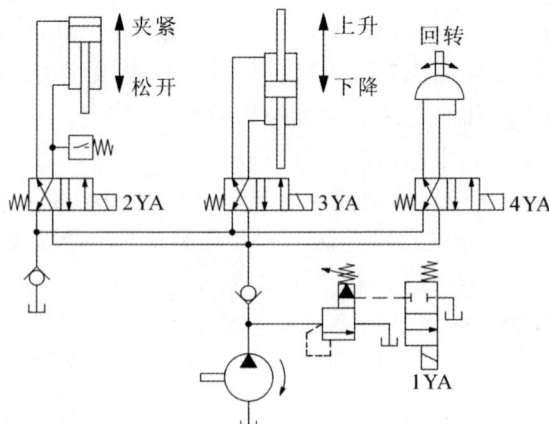

图 8-12 题 8-8 图

8-9 图 8-13 所示为采用增压缸的液压系统,其动作过程为工作缸向右快进→压力继电器发信、增压缸增压、工作缸前进(压紧)→增压缸左退→工作缸退回原位。已知泵的额定压

力 $p=2.5\mathrm{MPa}$，额定流量 $q=40\mathrm{L/min}$；工作缸直径 $D_1=140\mathrm{mm}$，增压缸大直径 $D_2=100\mathrm{mm}$，小直径 $d=50\mathrm{mm}$。试①填写系统电磁铁动作顺序表；②计算工作缸的最大压紧力 F、快进和工进时的速度 v_1,v_2。（答：②$F=1.54\times105\mathrm{N}$，$v_1=2.6\mathrm{m/min}$，$v_2=0.65\mathrm{m/min}$）

电磁铁动作顺序表

工况动作	电磁铁状态		
	1YA	2YA	3YA
工作缸右行快进			
增压缸增压、工作缸工进（压紧）			
增压缸左退			
工作缸退回原位			

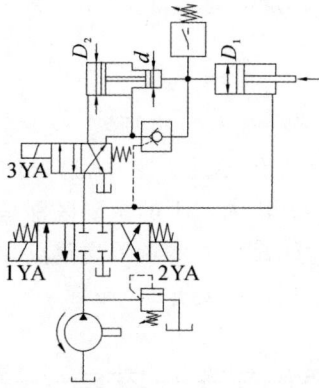

图 8-13 题 8-9 图

第九章 液压系统设计

液压系统设计是指组成一个新的能量传递系统，以完成一项专门的任务。

如前所述，液压系统有传动系统和控制系统之分，前者以传递动力为主，追求传动特性的完善；后者则以实施控制为主，追求控制特性的完善。两者设计内容上的主要区别是前者侧重静态性能设计，而后者除了静态性能设计外，还包括动态性能设计。本章首先重点介绍液压传动系统的设计内容与方法。液压控制系统的设计将在第十章作简要介绍。

第一节 液压传动系统的设计内容与方法

液压传动系统的设计与主机的设计是紧密联系的，应当从必要性、可行性和经济性几方面对机械、电气、液压和气动等传动形式进行全面比较和论证，决定应用液压传动之后，二者往往同时进行。所设计的液压传动系统首先应满足主机的拖动、循环要求，其次还应符合结构组成简单、体积小、质量小、工作安全可靠、使用维护方便、经济性好等公认的设计原则。由于设计着眼点的不同，液压传动系统的设计迄今尚未确立一个公认的统一步骤。实际设计工作中，往往是将追求效能和追求安全结合起来，并按图9-1所示内容与流程来进行设计。但由于各类主机设备对系统的要求的不同及设计者经验的多寡，其中有些内容与步骤可以省略和从简，或将其中某些内容与步骤合并交叉进行。例如，对于较简单的系统，可以适当简化设计程序；但对于重大工程的复杂系统，往往还需在初步设计基础上进行计算机仿真试验或进行局部实物试验并反复修改，这样才能确定设计方案。

一、明确技术要求

机器的技术要求是液压系统设计及验收的出发点和根据。设计者与用户应在起初经过讨论，详尽了解和掌握如下要求，并在设计任务书或技术协议中逐一做出规定。

（1）确定主机的工艺目的（用途）、结构布局（卧式、立式等）、使用条件（连续运转、间歇运转、特殊液体的使用）、技术特性（工作负载是阻力负载还是超越负载、恒值负载还是变值负载，以及负载的大小；运动形式是直线运动、回转运动还是摆动，位移、速度、加速度等运动参数的大小和范围）等，由此确定哪些机构需要采用液压传动，所需执行元件的形式和数量，执行元件的工作范围、尺寸、质量和安装等限制条件。

（2）明确各执行元件的动作循环与周期及各机构运动之间的连锁和安全要求。

（3）明确主机对液压系统的工作性能如运动平稳性、转换精度、传动效率、控制方式及自动化程度等要求。

（4）明确原动机类型（电动机还是发动机）及其功率、转速和转矩特性。

（5）明确工作环境条件，如室内或室外、温度、湿度、尘埃、冲击振动、易燃易爆及腐蚀情况等。

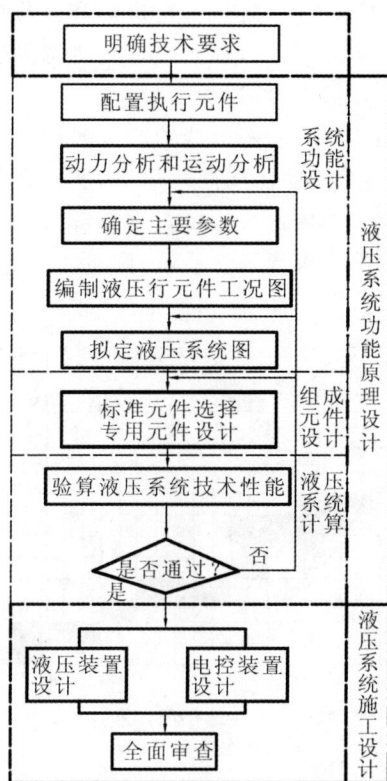

图 9-1　液压传动系统的一般设计流程

(6)确定限制条件,如压力脉动、冲击、振动噪声的允许值等。

(7)确定经济性要求,如投资规模与费用、运行能耗和维护保养费用等。

二、液压系统的功能设计

1. 执行元件的配置及动作顺序的确定

液压执行元件的具体形式、数量和安装位置及与其驱动的工作机构的连接关系和方式,与主机的结构布局和运动部件的类型、数量等相关。当考虑机器设备的总体方案时,应同时确定液压执行元件的形式(表 9-1)、数量和动作顺序以及执行元件的工作范围、尺寸、质量和安装等限制条件。

表 9-1　液压执行元件的形式

运动形式	往复直线运动		回转运动		往复摆动
	短行程	长行程	高速	低速	
执行元件形式	活塞式液压缸	柱塞式液压缸;液压马达与齿轮、齿条机构;液压马达与丝杠-螺母机构	高速液压马达	低速液压马达;高速液压马达与机械减速机构	摆动液压马达

当配置执行元件时,可根据主机结构和动作特点,灵活地以不同方位(水平、垂直、倾斜)布

置执行元件,应通过与其他机构(如连杆机构、齿轮机构和丝杠螺母机构等)有机地配合,构成液压-机械工作机构,以满足工作机构动作要求,同时达到简化液压系统、降低设备造价及改善执行元件的负载状况和运动机构性能的目的。

选定执行元件的形式与数量后,即可将机器的循环时间合理细分为各执行元件的顺序动作时间、间歇时间等,并作出执行元件动作周期顺序图,其典型示例如图9-2所示(水平涂黑部分的长度表示该执行元件动作时间的长短,相互重叠部分表示两个或多个执行元件同时动作)。对于动作较为简单的系统或单执行元件系统,则可直接作出动作循环图,其典型示例如图9-3所示。

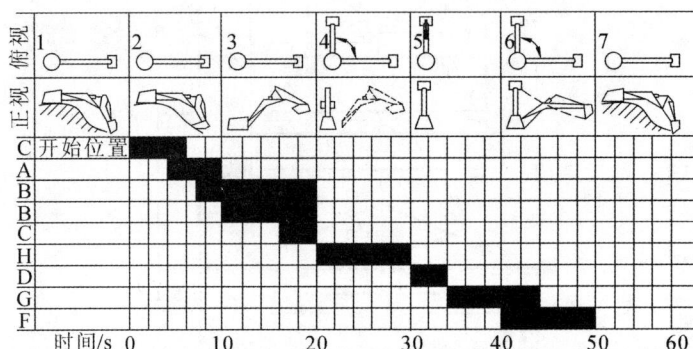

图9-2 典型执行元件动作周期顺序图(液压挖掘机)

A—斗杆缸伸出;B—斗杆缸缩回;C—铲斗缸伸出;D—铲斗缸缩回;E—动臂缸伸出;

F—动臂缸缩回;G—顺时针回转;H—逆时针回转

2.工况分析

动力分析(又称负载分析)与运动分析是确定液压系统主要参数的基本依据。其目的是通过分析每个执行元件在工作循环中的负载和速度随时间(或位移)的变化规律,并用负载循环图和运动循环图(负载、位移及速度随时间(或位移)变化的曲线)加以表示,以便了解运动过程的本质,查明各执行元件在其工作中的负载、

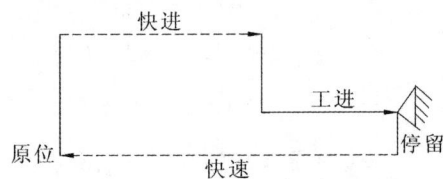

图9-3 典型动作循环图
(组合机床)

位移及速度的变化规律,并找出最大、最小负载点和速度点。对于动作较为简单的液压机械,这两种图均可省略。

动力分析(负载循环图)。液压执行元件的负载可由主机规格确定,也可用实验方法或理论分析计算得到。工艺目的不同的液压机械及系统,其负载分析的重点不同。例如对于驱动机床工作机构的执行元件,着重点在负载与各工况阶段的时间关系;对于驱动工程机械作业机构的执行元件,着重点为重力在各个位置上的情况。

液压执行元件的外负载(缸为负载力,马达为负载力矩)包括工作负载、摩擦负载和惯性负载三类。其中工作负载有阻力负载(与运动方向相反而阻止运动的负载,又称正负载)和超越负载(与运动方向相同而助长运动的负载,又称负负载)两种;摩擦负载是指液压执行元件驱动工作机构时所要克服的机械摩擦阻力负载,有静摩擦负载和动摩擦负载两种;惯性负载是由于速度变化产生的负载。当用理论分析方法确定负载时,必须仔细考虑各执行元件在一个循环中的工况及相应的负载类型。

此处仅介绍液压缸的外负载的计算方法,液压马达的负载力矩计算方法与液压缸类似。例图9-4所示为液压缸简图,其中 F 为作用于活塞杆上的外部负载,F_m 为液压缸密封处(活塞与缸筒内壁以及活塞杆与缸盖上导向套之间的密封)的内部密封阻力。

1) 工作负载 F_e。液压缸的常见工作负载有重力、切削力、挤压力等。阻力负载为正,超越负载为负。

② 机械摩擦负载 F_f。对于机床而言,即导轨的摩擦阻力。

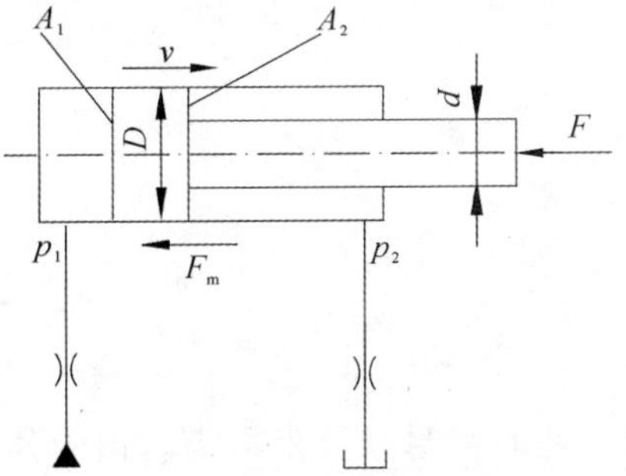

图9-4　液压缸简图

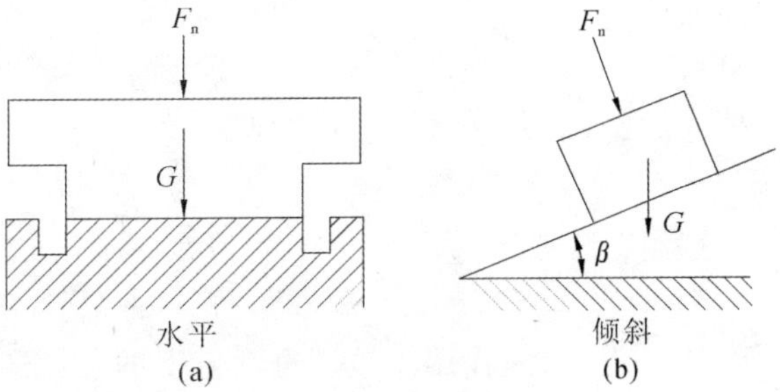

图9-5　平面导轨

平导轨的摩擦阻力因导轨的安放形式不同而异。水平安放的平导轨如图9-5所示:

静摩擦阻力 $\qquad\qquad F_{fs}=\mu_s(G+F_n)$ (9-1)

动摩擦阻力 $\qquad\qquad F_{fd}=\mu_d(G+F_n)$ (9-2)

倾斜安放的平导轨如图9-5所示:

静摩擦阻力 $\qquad\qquad F_{fs}=\mu_s(G\cos\beta+F_n)$ (9-3)

动摩擦阻力 $\qquad\qquad F_{fd}=\mu_d(G\cos\beta+F_n)$ (9-4)

V形导轨(见图9-6):

静摩擦阻力 $\qquad F_{fs}=\mu_s(G+F_n)/\sin(\alpha/2)$ (9-5)

动摩擦阻力 $\qquad F_{fd}=\mu_d(G+F_n)/\sin(\alpha/2)$ (9-6)

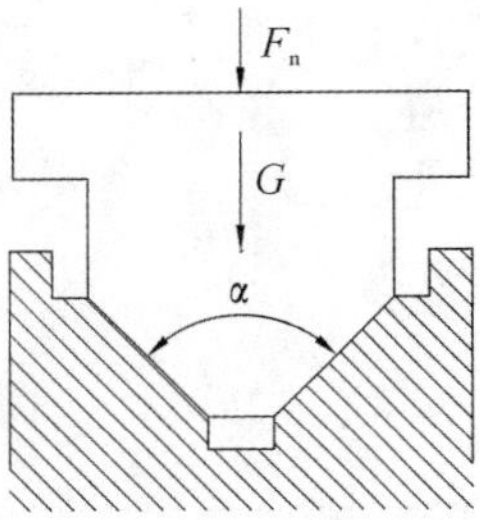

上述各式中　　G——运动部件重力(N);

$\qquad\qquad F_n$——工作负载在导轨上的垂直分力(N);

$\qquad\qquad \beta$——平面导轨倾斜角(°);

$\qquad\qquad \alpha$——V形导轨夹角(°);

图9-6　V形导轨

$\qquad\quad \mu_s,\mu_d$——静、动摩擦因数,根据摩擦表面的材料及性质选定,

通常,对于滑动导轨,$\mu_s=0.1\sim0.2$;$\mu_d=0.05\sim0.12$(低速时取大值,高速时取小值),对于滚动导轨,$\mu_d=0.003\sim0.02$(铸铁对滚珠(柱)取大值,钢对滚柱取小值),铸铁静压导轨,$\mu_d=0.005$。

3) 惯性负载 F_i。惯性负载发生在运动部件启动和制动过程中,其平均值可按下式计算:

$$F_i=\frac{G}{g}\frac{\Delta v}{\Delta t}$$ (9-7)

式中　　g——重力加速度(m/s²),$g=9.81\text{m/s}^2$;

$\qquad\quad \Delta v$——速度变化量(m/s²);

$\qquad\quad \Delta t$——启动或制动时间(s),一般机械 $\Delta t=0.1\sim0.5$s,轻载低速运动部件取小值,重载

高速部件取大值,行走机械一般取 $\dfrac{\Delta v}{\Delta t}=0.5\sim 1.5\mathrm{m/s^2}$。

上述三种负载之和即为液压缸的外负载 F。

液压缸在工作过程中,一般要经历启动、加速、恒速和减速制动等四种负载工况,各工况下的外负载计算公式为

启动阶段:

$$F=\pm F_e+F_{fs} \tag{9-8}$$

加速阶段:

$$F=\pm F_e+F_{fd}+F_i \tag{9-9}$$

恒速阶段:

$$F=\pm F_e+F_{fd} \tag{9-10}$$

减速制动阶段:

$$F=\pm F_e+F_{fd}-F_i \tag{9-11}$$

除外负载 F 外,作用于液压缸活塞上的负载还包括密封处的密封摩擦阻力 F_m,由于其大小与密封类型、缸的制造质量和工作压力有关,故难以详细计算,一般将其算入液压缸的机械效率 η 中考虑,$\eta_{cm}=0.90\sim 0.95$。

根据计算出的液压缸的外负载或液压马达的负载力矩和循环周期,即可绘制液压缸的负载循环图(F-t 图或 F-L 图,)其示例如图 9-7 所示。

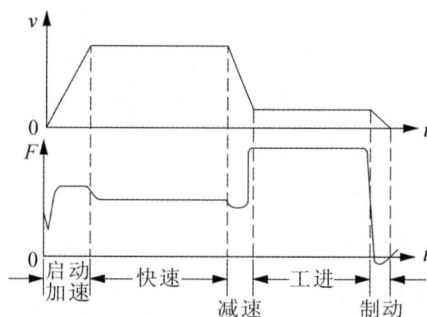

图 9-7　液压缸的速度、负载循环图

(2)运动分析(运动循环图)。绘制速度、负载循环图如图 9-7 所示。为了计算执行元件的惯性负载及绘制负载循环图,故绘制速度循环图通常与负载循环图同时进行。

3.确定液压系统主要参数,绘制液压执行元件工况图

液压系统的主要参数是压力和流量,它们是选择系统方案及选择液压元件的主要依据。压力取决于外负载;流量取决于液压执行元件的运动速度和结构尺寸。通常,首先选择执行元件的设计压力,并按最大外负载和设计压力计算执行元件的主要结构尺寸,然后根据对执行元件的速度(或转速)要求,确定其输入流量。压力和流量一经确定,即可确定其功率,并绘制液压执行元件的工况图(一个循环周期内,液压执行元件的工作压力、输入流量及输入功率对时间(或行程)的变化曲线图)。

(1)初选执行元件设计压力。选取液压执行元件设计压力主要应考虑执行元件及其他液压元件、辅件的尺寸、质量、加工工艺、成本、货源及系统的可靠性和效率等。在负载一定情

况下,设计压力低,势必加大执行元件的结构尺寸和质量,对某些机械如航空器来说,尺寸受到限制,从材料消耗角度而言也不经济;反之,设计压力选得太高,对液压元件的材质、密封及制造精度要求会提高,必然又加大整机成本。通常,对于尺寸不太受限制的固定机械设备,可选低一些的压力;对行走机械、重载设备,其压力可选得高一些。具体可按负载大小来选取(见表9-2),或用类比法按主机类型来选择执行元件的设计压力(见表9-3)。

表 9-2　按负载选择设计压力

负载 /kN	< 5	5 ~ 10	10 ~ 20	20 ~ 30	30 ~ 50	50
设计压力 /MPa	< 0.8 ~ 1	1.5 ~ 2	2.5 ~ 3	3 ~ 4	4 ~ 5	> 5

表 9-3　按主机类型选择设计压力

主机类型		设计压力 /MPa	说明
机床	精加工机床	0.8 ~ 2	当压力超过 32MPa 时,称为超高压压力
	半精加工机床	3 ~ 5	
	龙门刨床	2 ~ 8	
	拉床	8 ~ 10	
农业机械、小型工程机械、工程机械辅助机构		10 ~ 16	
液压机、大中型挖掘机、中型机械、起重运输机械		20 ~ 32	
地质机械、冶金机械、铁道车辆维护机械,各类液压机具等		25 ~ 100	

(2) 计算及确定液压缸主要结构尺寸和液压马达排量。液压缸的缸筒内径、活塞杆直径及有效面积或液压马达的排量是其主要结构参数。一般是先由最大负载和选取的设计压力及估取的机械效率算出有效面积或排量,然后再检验是否满足在系统最小稳定流量下的最低运行速度要求。

1) 计算液压缸主要结构尺寸。以单杆缸为例,其设计参数如图9-8所示。当以无杆腔为主工作腔(见图9-8(a))时

$$p_1 A_1 - p_2 A_2 = F_{max} / \eta_{cm} \tag{9-12}$$

有杆腔为主工作腔(见图9-8(b))时

$$p_1 A_2 - p_2 A_1 = F_{max} / \eta_{cm} \tag{9-13}$$

式中　p_1——主工作腔压力(MPa);

p_2——回油腔压力(MPa),(背压力)根据回路的具体情况而定,初算时按表9-4选取,差动连接时要另行考虑;

A_1——无杆腔活塞的有效面积(m^2),$A_1 = \pi D^2 / 4$;

A_2——液压缸有杆腔活塞的有效面积(m^2),$A_2 = \pi(D^2 - d^2)/4$;

D, d——液压缸活塞(缸筒)内径、活塞杆直径(m);

F_{max}——液压缸的最大负载力(N);

η_{cm}——液压缸机械效率,一般取 $\eta_{cm} = 0.90 \sim 0.95$。

通常,液压缸以无杆腔作为主工作腔,即活塞杆受压工作,活塞面积为

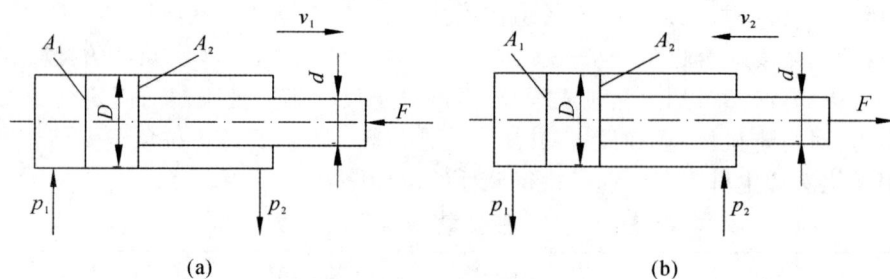

图 9 - 8 液压缸主要设计参数

(a) 无杆腔为主工作腔；(b) 有杆腔为主工作腔

$$A_1 = \frac{1}{P_1}\left(\frac{F}{\eta_{cm}} + p_2 A_2\right) \tag{9-14}$$

表 9 - 4 液压执行元件的背压力

系统类型		背压力 /MPa
中低压系统	简单系统和一般轻载节流调速系统	0.2 ～ 0.5
	回油带背压阀	调整压力一般为 0.5 ～ 1.5
	回油路设流量调节阀的进给系统满载工作时	0.5
	设补油泵的闭式系统	0.8 ～ 1.5
高压系统		初算时可忽略不计

当采用式(9-14)确定缸的尺寸时，须事先确定 A_1 和 A_2 的关系或活塞杆径 d 与活塞直径 D 的关系。杆径比 $\phi = d/D$ 可按压力和活塞退回伸出速比 $\lambda = v_2/v_1$ 选取，见表 9-5 和表 9-6。

表 9 - 5 按压力选取 $\phi = d/D$

压力 /MPa	≤ 5.0	5.0 ～ 7.0	≥ 7.0
杆径比 $\phi = d/D$	0.5 ～ 0.55	0.62 ～ 0.70	0.7

表 9 - 6 按活塞退回伸出速比 λ 确定 $\phi = d/D$

速比 $\lambda = v_2/v_1$	1.15	1.25	1.33	1.46	1.61	2
杆径比 $\phi = d/D$	0.3	0.4	0.5	0.55	0.62	0.71
说明	v_1 — 无杆腔进油时的活塞运动速度；v_2 — 有杆腔进油时的活塞运动速度					

活塞直径为

$$D = \sqrt{\frac{4F}{\pi \eta_{cm}[p_1 - p_2(1-\phi^2)]}} \tag{9-15}$$

当液压缸采用差动连接时，$v_1/v_2 = (D^2 - d^2)/d^2$。如果要求进退速比相同，应取 $A_2 = A_1/2$，即 $d = \dfrac{D}{\sqrt{2}} \approx 0.71D$。

对于活塞杆长径比 $l/d > 10$ 的受压活塞杆或柱塞,还要作压杆稳定性校验。

对于要求工作速度很低的液压缸,按负载力算得缸的尺寸后,还须按最小工作速度验算缸的尺寸:

$$A \geqslant q_{min}/v_{min} \qquad (9-16)$$

式中　A——液压缸有效工作面积(mm^2);

　　　v_{min}——液压缸的最小工作速度(m/s);

　　　q_{min}——系统最小稳定流量(m^3/s),节流调速系统取决于流量控制阀的最小稳定流量,容积调速系统取决于变量泵的最小稳定流量。

如果验算后的有效面积不能满足最小工作速度要求,则必须按最小稳定速度确定缸的尺寸。

上述设计方法是在已知负载情况下,按负载确定液压缸结构尺寸。工程实际中,倘若因执行元件尺寸受到限制,事先已经确定了液压缸的缸径和活塞杆直径,则可按照负载要求和缸的结构尺寸反推系统压力。另外,当以速度变换为主要目的时,还可以直接根据速度比确定液压缸的结构尺寸,然后反推系统压力。

最后确定的液压缸内径 D 和活塞杆直径 d 的数值,应按相关标准规定的尺寸系列(参见表4-5)就近圆整为标准值,以便选用标准缸或自行设计缸时采用标准的密封件。若与标准液压缸参数接近,且外形结构及安装无特殊要求,则最好选用标准液压缸,以免自行设计加工。

2)算液压马达排量。液压马达的排量为

$$V_m = 2\pi T_{max}/(\Delta p \eta_{mm}) \qquad (9-17)$$

式中　T_{max}——液压马达的最大负载力矩($N \cdot m$);

　　　Δp——进、出油口压差(MPa),$\Delta p = p_1 - p_2$;

　　　η_{mm}——液压马达的机械效率,齿轮马达和柱塞马达取 $0.9 \sim 0.95$,叶片马达取 $0.8 \sim 0.9$。

液压马达的排量应满足最小转速的要求,即

$$V_m \geqslant q_{min}/n_{min} \qquad (9-18)$$

式中　q_{min}——通过液压马达的最小流量(m^3/s);

　　　n_{min}——液压马达的最小转速(m/s)。

液压马达排量 V_m 的最后确定值,应圆整为标准值,以便马达选型。

(3) 计算液压缸或液压马达流量。液压缸的最大流量 q_{max} 为

$$q_{max} = Av_{max} \qquad (9-19)$$

式中　A——液压缸的有效面积(A_1 或 A_2)(m^2);

　　　v_{max}——液压缸的最大速度(m/s)。

液压马达的最大流量 q_{max} 为

$$q_{max} = V_m n_{max} \qquad (9-20)$$

式中　V_m——液压马达排量(m^3/s);

　　　n_{max}——液压马达的最高转速(m/s)。

(4) 编制液压缸或液压马达的工况图。工况图包括压力循环图(p-t 图或 p-L 图)、流量循环图(q-t 图或 q-L 图)和功率循环图(P-t 图或 P-L 图),它反映了一个循环周期液压系统对压力、流量及功率的需要量、变化情况及峰值所在的位置,是拟定液压系统、进行方案对比

及为均衡功率分布而调整或修改设计参数,以及选择、设计液压元件的基础。

1)p-t 图(或 p-L 图)。可通过最后确定的执行元件结构尺寸,根据实际负载大小,倒求出液压执行元件在其动作循环各阶段的工作压力,然后绘制成 p-t 图(或 p-L 图)。

单杆活塞缸倒求工作压力(入口压力或负载压力)p_1 的计算公式如下

无杆腔作为工作腔时

$$p_1 = \frac{1}{A_1}\left(\frac{F}{\eta_{cm}} + p_2 A_2\right) \tag{9-21}$$

有杆腔作为工作腔时

$$p_1 = \frac{1}{A_2}\left(\frac{F}{\eta_{cm}} + p_2 A_1\right) \tag{9-22}$$

对于液压马达,倒求工作压力 p_1 的计算公式为

$$p_1 = \frac{T}{V_m \eta_{mm}} + p_2 \tag{9-23}$$

2)q-t 图(或 q-L 图)。可根据已确定的液压缸有效面积或液压马达的排量,结合其运动速度用流量公式(式(9-19)或式(9-20),但要去掉下脚标)计算其工作循环中每一阶段的实际流量,将它绘制成 q-t 图(或 q-L 图)。如果系统中有多个执行元件同时工作,则应将各执行元件的 q-t 图(或 q-L 图)进行叠加,绘出系统总的 q-t 图(或 q-L 图),其示例见图 9-9。

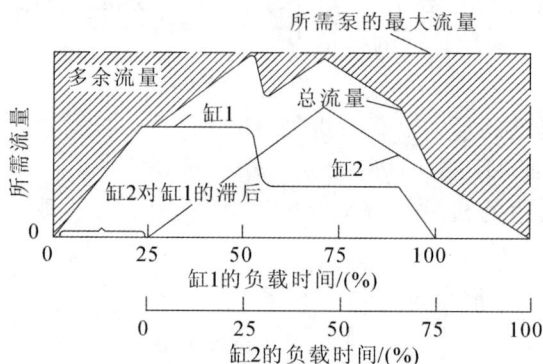

图 9-9　双缸系统流量循环图

3)P-t 图(或 P-L 图)。P-t 图(或 P-L 图)可由已绘出的 p-t 图(或 p-L 图)和 q-t 图(或 q-L 图)并根据液压功率 $P = pq$ 绘出。图 9-10 所示为一液压缸的工况图示例。

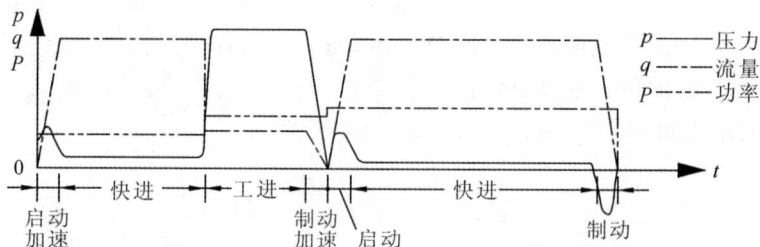

图 9-10　液压缸工况图示例

4. 拟定液压系统原理图

液压系统图从油路原理上具体体现了各项设计要求,故液压系统图的拟定是整个液压系统设计中最重要的一环。在拟定液压系统图的过程中,首先通过分析对比制定出各种合适的液压回路方案,然后将这些回路组合成完整的液压系统。液压系统图的拟定通常采用经验法。

(1) 液压回路方案制定。构成液压系统的回路有主回路(直接控制液压执行元件的部分)和辅助回路(保持液压系统连续稳定地运行状态的部分) 两大类,这些回路的具体结构形式可参阅第七章。通常根据系统的技术要求及工况图,参考这些现有成熟的各种回路及同类主机的先进回路加以选择和制定。

选择工作先从液压源回路和对主机性能起决定影响的回路开始。例如:对以速度调节和变换为主的主机(如各类切削机床),应从选择调速及速度换接回路开始;对于以压力的变换和控制为主的各类主机(如压力机),应从选择调压回路开始;对于以多执行元件换向及复合动作为主的各类主机(如工程机械),则应从选择功率调节及多路换向回路开始,等等。

然后,再考虑其他回路。例如:有间歇及空载运行要求的系统应考虑卸荷回路;有可能发生工作部件漂移、下滑、超速等现象的系统,应考虑锁紧、平衡、限速等回路;有快速运动部件的系统要考虑制动与缓冲回路;多执行元件的系统要考虑顺序动作、同步动作和互不干扰回路;为了防止因操作者误操作或液压元件失灵产生误动作,应考虑误动作防止回路,以确保人身和设备在异常负载、断电、外部环境条件急剧变化情况时的安全性;等等。

1) 液压源方案的拟订。液压系统的工作介质完全由液压源提供,液压源的核心是液压泵。液压源形式与调速方案有关,当采用节流调速时,只能采用定量泵做液压源;当采用容积调速时,可采用定量泵或变量泵做液压源;当采用容积-节流联合调速时,必须采用变量泵做液压源。液压源中泵的数量视执行元件的工况图而定,要考虑到系统的压力稳定性、流量的均匀性、系统工作的可靠性、传动介质的温升、污染度及系统效率,以及可能的干扰等。例如:对于快慢速交替工作的系统(如组合机床液压系统),其 q-t 图中最大和最小流量相差较大,且最小流量持续时间较长,因此,从降低系统发热和节能角度考虑,可采用差动缸和单泵供油的方案,也可采用高低压双泵供油或单泵加蓄能器供油的方案。对于有多级速度变换要求的系统(如塑料机械液压系统),可采用由三台以上定量泵组成的数字泵动力源。对于执行机构工作频繁、复合动作较多、流量需求变化大的系统(如挖掘机系统),则可采用双泵双回路全功率变量或分功率变量组合供油方案,等等。从防干扰角度考虑,对于多执行元件的液压系统,宜采用多泵多回路供油方案。

2) 方向控制方案和调速方案的拟订。在液压执行元件确定之后,其运动方向和运动速度的控制是拟定液压系统的核心问题。

方向控制一般用换向阀或插装阀来实现。对于一般中小流量的液压系统,大多采用换向阀实现所要求的动作。可根据系统工作循环、动作变换性能和自动化程度等要求,确定换向阀的形式、位数、通路数、中位机能和操纵方式并选择合适的换向回路。例如,简单的往复直线运动机构,采用标准的普通换向阀进行换向即可,但对于换向要求高的磨床、仿形刨床等主机,则须采用专门设计的机液换向阀构成的液压操纵箱进行换向。对于高压大流量系统,现多采用盖板式插装阀与先导控制阀的逻辑组合来实现方向控制。采用电液换向阀的系统,特别是具有中位卸荷功能的换向阀,必须保证换向阀的启动压力。

对于泵控系统,可以通过改变泵出油口方向实现执行元件的换向。

对于执行元件需要锁紧的场合,可采用 O 型或 M 型机能的滑阀式三位换向阀实现:当阀芯处于中位时,执行元件的进、出油口被封闭,可将执行元件锁紧,但这种锁紧回路由于受到滑阀泄漏的影响,锁紧效果较差。为此对于需要单向锁紧的执行元件,可采用一个液控单向阀的锁紧回路来实现锁紧;对于双向需要锁紧的执行元件,可采用两个单独的液控单向阀或一个双液控单向阀(双向液压锁)构成的锁紧回路,但应注意:锁紧时,必须使液控单向阀的控制口处于泄压状态,才能保证锁紧精度。为此,单向锁紧回路可选用 K 型、J 型等中位机能的三位换向阀;双向锁紧的回路可选用 H 型、Y 型等中位机能的三位换向阀。

液压系统的调速方式因其使用的原动机不同而有油门调速、变频调速和液压调速等三种不同方案。

油门调速方案主要用于以内燃发动机为原动机的主机(如车辆与工程机械、农业机械等)的液压系统中,通过调节内燃机的油门大小,改变发动机的转速(即液压泵的转速),从而达到改变液压泵输出流量,实现液压执行元件的调速要求。此种方案的调速范围因受到发动机最低转速的限制,故常需和液压调速相配合。

变频调速方案用于以变频器控制的交流异步电动机作为原动机的机械设备,通过改变电动机亦即定量泵的转速,从而改变泵的输出流量,实现液压执行元件的调速要求。此种调速方案,液压泵的动、静特性良好。随着电子技术的发展,变频调速器价格降低,此种调速方案将日益受到重视并获得广泛应用。

液压调速方案主要用于以固定频率为电源的电动机作为原动机的机械设备,其液压系统只能采用液压调速。

液压调速包括节流调速、容积调速、容积-节流联合调速三种方案(见表 9-7),具体选用时应根据工况图中压力、流量和功率的大小,以及系统对温升、效率和速度平稳性的要求等来进行。

表 9-7   液压调速方案比较及选用注意事项

调速方式		节流调速	容积调速	容积-节流联合调速
性能比较	变速调节方法	手动调节流量控制阀或电动调节电液比例流量阀	手动调节式、压力反馈式、电动伺服、电动比例调节变量泵或变量马达	压力反馈式变量泵和流量控制阀联合调节
	结构、成本	简单、成本低	复杂、成本高	较复杂、成本较高
	调速范围	小	大	较大
	速度刚性	用普通节流阀调速时,速度刚性低	可得到恒功率或恒转矩调速特性,速度刚性较节流调速高	较高
	功率损失及发热	大	小	较小
适用工况		小功率(<3kW)负载变化不大、平稳性要求不高的系统	中、大功率(>5 kW)、要求温升小、平稳性要求不太高的系统	中等功率(3 ～ 5 kW)、要求温升小、平稳性要求较高的系统

续　表

调速方式	节流调速	容积调速	容积-节流联合调速
选用注意事项	① 在需要承受超越负载（负负载）的场合，应选用出口节流调速回路，一般场合可在进口节流调速回路中增设背压阀，提高其运动平稳性； ② 出口节流调速回路在无负载时，因回油管路压力升高，故应注意回油管路的耐压强度； ③ 旁路节流调速回路不适宜在低速、轻载工况下使用，因为此时速度刚性最小，承载能力也随速度降低而减小； ④ 在机械加工等速度稳定性要求较高的场合，宜采用调速阀的节流调速回路，以便提高速度刚性	① 变量泵-定量马达调速回路适用于恒转矩工作场合，因变量泵排量可调度较小，故调速范围较大； ② 定量泵-变量马达调速回路用于恒功率工作场合，因随着转速升高，转矩减小，甚至可能无法驱动负载，故调速范围较小； ③ 变量泵-变量马达调速回路适用于既需恒功率又需恒转矩的工作场合； ④ 采用辅助补油泵的闭式容积调速回路，补油泵的流量应按变量泵或变量马达最大流量的 10%～15% 来选择，补油压力不宜过高	① 变量泵的最大流量不应大于负载流量过多； ② 限压螺钉应调至使调速阀能正常工作的最小稳定压差，以免调得过高造成功率损失过大和发热，调得过小使调速阀中的减压阀不能正常工作而失去压力补偿作用，使液压缸速度因流量随负载变化而不稳定

3) 油路循环方式的拟定。液压系统的油路循环方式有开式和闭式两种，其比较见表 9-8。油路循环方式主要取决于液压调速方式：节流调速和容积节流联合调速只能采用开式系统，容积调速多采用闭式系统。

表 9-8　开式与闭式系统的比较

性能	循环方式	
	开式系统	闭式系统
特征	液压泵从油箱吸油，压力油经系统释放能量后，再排回油箱	液压泵的吸油口直接与液压执行元件的排油口相通，形成一个封闭的循环回路
结构特点和造价	结构简单，造价低	结构复杂，造价高
适应工况	一般均能适应，一台泵可向多个执行元件供油	限于换向平稳、换向速度要求较高的部分容积调速系统，通常一台泵只能向一个执行元件供油
抗污染能力	较差	较好，但油液过滤精度要求较高
散热	较好，但油箱较大	较差，需用辅助泵补油，并用冲洗阀换油，进行冷却
管路损失及效率	损失较大，节流调速时效率较低	损失较小，容积调速时效率较高

4) 压力控制方案的制订。液压系统的工作压力必须与所承受的负载相适应。对于定量泵供油的节流调速系统,系统压力采用溢流阀(与泵并联)进行恒压控制。容积调速或容积-节流联合调速系统,系统最高压力由安全阀限定。如果各回路压力要求不同,则可采用减压阀来控制。若在系统不同的工作阶段需要两种以上工作压力,则可通过先导式溢流阀的遥控口,用换向阀接通远程调压溢流阀以获取多级压力;系统等待工作期间,应尽量使液压泵卸载。

对于调压回路,压力控制阀的调整压力应根据负载大小来调整,一般比最大负载压力高10% ～ 20% 即可,以避免过多的能量损失。

对于采用减压阀的减压夹紧回路,可在减压阀出口串接单向阀,以使高压主油路的压力因快速动作而低于减压阀设定压力,起到短时保压作用,使夹紧力在短时间内保持不变;在夹紧回路中,往往采用带定位的二位四通电磁换向阀,或采用失电夹紧的换向回路,以防在电气系统发生故障时松开工件。若减压回路的执行元件需要调速,则流量阀应设置在减压阀之后(下游),以免减压阀外泄油路对回路调定流量的影响。

5) 顺序动作控制方案和同步动作控制方案的制订。主机各执行机构的动作顺序,根据主机类型不同,有的按固定程序进行,有的则是随机的或人为的。动作顺序随机的多执行元件系统(如工程机械液压系统),往往采用手动多路换向阀来控制;如果操纵力过大,则可采用手动伺服控制。对于一般功率不大、动作顺序有严格要求而变化不多的系统,例如加工机械各执行机构的顺序动作多采用行程控制,当工作部件移动到一定位置时,通过电气行程开关发出电信号给电磁铁推动电磁换向阀或直接压下行程换向阀来控制连续动作。行程开关安装较为方便,行程阀须连接相应油路,故只适用于管路连接比较方便的场合。当采用行程控制顺序动作回路时,要注意行程开关、行程阀以及相应发信元件连接处的可靠性。

此外,还有压力控制和时间控制等。压力控制多用在带有液压夹具的机床、挤压机等场合。当某一执行元件完成预定动作时,回路中的压力达到一定数值,通过打开顺序阀使压力油通过或压力继电器发信,来启动下一个动作。对于采用顺序阀的顺序动作回路,要注意顺序阀要设置在后动作执行元件的进油路上,且顺序阀的调压值应比先动作执行元件的压力高0.5MPa 以上,以保证顺序动作的可靠性;对于采用压力继电器发信控制的顺序动作回路,压力继电器的设定压力之间要有 0.5MPa 的压差值,才能使动作可靠。时间控制的例子是,液压泵空载启动并由延时继电器计时,经过一段时间(延时),在泵正常运转后,延时继电器发出信号使卸荷阀关闭,建立起正常的工作压力。

选用同步动作回路方案时,首先要看同步控制精度的要求,对于同步控制精度不高的场合,可采用调速阀控制的同步回路,或采用带补偿措施的同步回路;执行元件数量符合 $2^n(n \geqslant 1)$ 时,可首先考虑分流集流阀同步控制回路;对于同步控制精度较高的回路,则可采用电液比例阀或伺服阀控制的闭环实时同步控制回路。

6) 辅助回路方案的制订。净化装置是液压系统中不可缺少的部分,一般泵的吸油口管路要设置粗过滤器,进入系统的油液根据保护元件的要求,通过相应的精过滤器再次过滤。为了防止系统中的杂质流回油箱,可在回油路上设置磁性或其他形式的过滤器。

根据液压设备的工作环境及对温升的要求,可考虑设置冷却器、加热器等温控装置。

根据系统压力调整和观测的要求,在液压泵出口、各压力控制元件等处应设置测压点,多个测压点(一般不多于6个)可共用一块压力表,通过压力表开关实现测压点的转换,从而减少压力表的数量。根据工作需要将压力调整好后,可关闭压力表开关,使压力表指针回零,实现压力表的保护。

（2）液压系统的组合及原理草图的绘制。在确定了满足系统要求的主液压回路和必要的辅助回路方案之后，即可将它们组合成一个完整的液压系统并绘制出其原理草图了。组合与绘制液压系统草图时应注意下列事项：

1）力求系统简单可靠，除非系统因可靠性要求有冗余元件和回路，否则应避免和消除多余液压元件和回路。

2）从实际出发，尽量采用具有互换性的标准液压元件。

3）管路尽量要短，使系统发热少、效率高。

4）保证工作循环中的每一动作均安全可靠，且相互间无干扰。

5）组合而成的液压系统应经济合理，不可盲目追求先进，脱离实际。

6）先按所选定的方案绘制出液压系统原理草图，待系统最终确定后再按标准绘制出正式的液压系统原理图。

5.液压元件的选择

液压系统的组成元件包括标准元件和专用元件。在满足系统性能要求的前提下，应尽量选用现有的标准液压元件，不得已时才自行设计液压元件。

选择液压元件时一般应考虑以下问题：① 应用方面的问题，如主机的类型、原动机的特性、环境情况、安装形式及外形连接尺寸、货源情况及维护要求等。② 系统要求，如压力和流量的大小、工作介质的种类、循环周期、操纵控制方式、冲击振动情况等。③ 经济性问题，如使用量，购置及更换成本，货源情况及产品质量和信誉等。④ 应尽量采用标准化、通用化及货源条件较好的元件，以缩短制造周期，便于互换和维护。

液压元件产品及其技术规格和安装连接尺寸等，可从液压工程手册或液压元件生产厂家的产品样本中查取。

（1）液压泵的选择。

1）选择液压泵的形式。通常应根据主机工况、功率大小和系统对其性能的要求来确定泵的形式。常用液压泵主要有齿轮泵、叶片泵和柱塞泵等类型，各种泵间的特性有很大差异（见表 3-2）。液压泵选型要点可参见第三章第六节。

2）计算液压泵的最大工作压力 p_P。液压泵的最大工作压力 p_P 取决于液压缸或液压马达的最大工作压力，即

$$p_P \geqslant p_1 + \sum \Delta p \qquad (9-24)$$

式中　p_1——液压缸或液压马达的最大工作压力（MPa），（可从 p-t 图中查得）；

$\sum \Delta p$——系统进油路上的总压力损失〔系统管路未曾确定前，可按经验进行估取：简单系统取 $\sum \Delta p = (0.2 \sim 0.5) \times 10^6$Pa；复杂系统取 $\sum \Delta p = (0.5 \sim 1.5) \times 10^6$Pa〕。

3）计算液压泵的最大流量 q_P 和辅助泵的最大流量 q'_P。主液压泵的最大流量 q_P 取决于系统所需流量 q_V：

a.对于多个液压缸或液压马达同时动作的系统，液压泵的最大流量应为

$$q_P \geqslant q_V = K(\sum q)_{max} \qquad (9-25)$$

式中　　q_V—— 系统所需流量（$\mathrm{m^3/s}$）；

　　　　K—— 系统的泄漏系数，一般取 $1.1 \sim 1.3$（大流量取小值，小流量取大值）；

$(\sum q)_{\max}$—— 同时动作的液压缸或液压马达的最大总流量，对于工作过程始终用流量阀节流调速的系统，还需加上溢流阀的最小溢流量，一般取 $(0.033 \sim 0.05) \times 10^{-3}\,\mathrm{m^3/s}$ 或 $2 \sim 3\mathrm{L/min}$。

b. 对于采用差动缸回路的系统，液压泵的最大流量为

$$q_P \geqslant q_V = K(A_1 - A_2)v_{\max} \tag{9-26}$$

式中　　A_1,A_2—— 液压缸无杆腔与有杆腔的有效面积（$\mathrm{m^2}$）；

　　　　$v_{\max}$—— 液压缸的最大移动速度（$\mathrm{m/s}$）。

c. 对于采用蓄能器辅助供油的系统，其液压泵的最大流量 q_P 按系统在一个工作周期内的平均流量确定，即

$$q_P \geqslant q_V = \sum_{i=1}^{z} \frac{KV_i}{T_i} \tag{9-27}$$

式中　　z—— 液压执行元件（液压缸或液压马达）的个数；

　　　　V_i—— 液压执行元件在工作周期中的总耗油量（L）；

　　　　T_i—— 机器的工作周期；

　　　　K—— 系统泄漏系数，一般取 $K = 1.2$。

辅助泵（如闭式系统中的补油泵）的最大流量为

$$q'_P = (0.2 \sim 0.3)q_P \tag{9-28}$$

4）选择液压泵的规格。按照液压系统图中拟定的液压泵的形式及上述计算得到的 p_P 和 q_P 值，由手册或产品样本选取相应的液压泵规格、型号。为保证系统不致因过渡过程中过高的动态压力作用被破坏，液压泵应有一定的压力储备量，所选泵的额定压力一般要比最大工作压力大 $25\% \sim 60\%$（高压系统取小值，中低压系统取大值）。

关于泵的流量，在实际选择中，由于产品样本上通常给出泵的排量、转速范围及典型转速下不同压力下的输出流量，故在系统所需流量 q_V 已知情况下，泵的流量 q_P（L/min）、转速 n（r/min）与排量 V（mL/r）应综合考虑。事实上，由于泵的输出流量 q_P 为

$$q_P = Vn \times 10^{-3}\eta_V \tag{9-29}$$

（式中，η_V 为泵的容积效率（%）），所以一般首先根据系统所需流量 q_V 和初选的液压泵转速 n_1 及泵的容积效率 η_V（可从产品样本查得或估取为 $\eta_V = 0.9$）计算泵排量的参考值，即

$$V_g = \frac{1\,000q_V}{n_1\eta_V} \tag{9-30}$$

然后再倒算（复算）出泵的实际流量 q_{P0} 即可，对于定量泵，最终选择的泵流量尽可能与系统所需流量相符合。

5）计算液压泵的驱动功率并选择原动机。驱动功率的计算分以下几种情况：

a. 若泵在额定压力和额定流量下工作，可直接按液压泵产品样本中的液压泵的驱动功率，来选择原动机的功率 P_P。

b. 若泵在其他压力和流量下工作，且泵的压力和流量比较恒定，则液压泵驱动功率电动机的功率 P_P 可应按下式计算：

$$P_P = \frac{p_P q_P}{\eta_P} \tag{9-31}$$

并选择合适的电动机。

式中 p_P,q_P—— 液压泵的最大工作压力和最大流量（m^3/s）；

       η_P—— 液压泵的总效率，可参考表 3-2 选取。

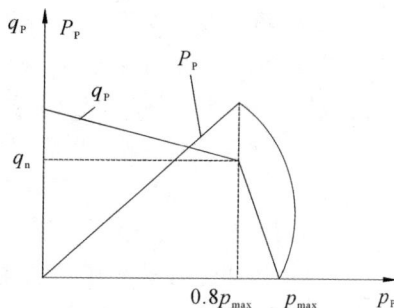

图 9-11   限压式变量叶片泵
流量-压力特性曲线

c. 若泵的驱动功率变化较大，则应分别算出各工作阶段所需功率 P_i 和持续时间 t_i，再按式（9-32）算出平均功率 P_{cp}，然后确定液压泵的驱动功率。

$$P_{cp} = \sqrt{\sum_{i=1}^{n} P_i^2 t_i^2 \Big/ \sum_{i}^{n} t_i} \qquad (9-32)$$

d. 对于工程中经常采用的双联泵供油的快慢速交替循环系统，应分别计算快速和慢速两个工作阶段的驱动功率。多联泵中的第一联泵应比第二联泵能承受较高的负荷（压力 × 流量）；多联泵总负荷不能超过泵的轴伸所能承受的转矩。

e. 对于限压式变量叶片泵的驱动功率，可按泵的流量-压力特性曲线（见图 1-13）拐点处的压力和流量值进行计算。一般情况下，可取 $p_P = 0.8 p_{P,max}$，$q = q_n$，则

$$P_P = \frac{0.8 p_{P,max} q_n}{\eta_P} \qquad (9-33)$$

式中 $p_{P,max}$—— 泵的最大工作压力（MPa）；

       q_n—— 泵的额定流量（拐点流量）（m^3/s）。

固定设备的液压系统，其液压泵通常用电动机驱动。根据算出的功率和液压泵的转速及其使用环境，从产品样本或手册中选定其型号规格（额定功率、转速、电源）、结构形式（立式、卧式等）、防护形式（开式、封闭式）、防爆等，并对其进行超载能力核算，以保证每个工作阶段电动机的峰值超载量都低于 25% ～ 50%。

行走机械的液压系统，大多用内燃机驱动液压泵。当液压泵用内燃机驱动时，一种情况是液压泵仅为内燃机驱动（多用分动箱驱动）负载的一部分；另一种情况是内燃机全部功率用于驱动液压泵。前者，内燃机的功率大，总能满足液压泵所需功率。内燃机的转速应与液压泵的最佳转速相匹配。高速内燃机通常要有减速装置，使液压泵在最佳转速范围内工作。后者，内燃机的全部功率用于驱动液压泵的系统称为全液压驱动系统。全液压驱动系统通常采用变量泵或变量马达的容积调速系统来满足行走机械速度变化大的要求。内燃机的最大转速应满足系统要求的最大流量，且不超过液压泵的最高允许转速。如果内燃机转速过高，则应设置减速装置。内燃机的最大功率应略大于液压系统要求的最大功率。

（2）液压执行元件的选择。

1）液压缸。应尽量按已确定的液压缸结构性能参数（如液压缸内径、活塞杆直径、速度及速比、工作压力等），从现有标准液压缸产品若干规格中，选用所需的液压缸，选用时应综合考虑如下两方面的问题：一是从占用空间、质量、刚度、成本和密封性等方面，对各种液压缸的缸筒组件、活塞组件、密封组件、排气装置、缓冲装置的结构形式进行比较。二是根据负载特性和运动方式综合考虑液压缸的安装方式，使液压缸只受运动方向的负载而不受径向负载。从法兰型、销轴型、耳环型、拉杆型（见有关设计手册）中所选出的安装方式，应满足液压缸不受复合力的作用并容易找正、刚度好、成本低、维护性好等条件。如果现有标准液压缸产品不能满

足使用要求,则可参照有关资料自行对液压缸进行结构设计。

2)液压马达。与液压泵类同,液压马达有齿轮式、叶片式和柱塞式等多种形式。通常按已确定的液压马达结构性能参数(如排量、转速、转矩、工作压力等),从中挑选转速范围、总效率、容积效率等符合系统要求,并从占用空间、安装条件及工作机构布置等方面综合考虑后,择优选定。液压技术的一般用户,通常不自行设计液压马达。

3)摆动液压马达。应根据系统工作压力、可供流量及对摆动马达的功能要求选择其类型及转角、转矩及转速。摆动液压马达主要有叶片式和活塞式两大类型,前者应用较多。但当所需转角大于310°时,只能选择活塞式;动态品质要求较高的液压系统,可选用叶片式摆动马达。使用时应注意摆动液压马达的总效率在高压下会因泄漏增加而明显降低。

(2)液压控制阀的选择。各种液压控制阀的规格型号,可以系统的最高压力和通过阀的实际流量(从工况图和系统图查得)为依据并考虑阀的控制特性、稳定性及油口尺寸、外形尺寸、安装连接方式、操纵方式等,从产品样本或手册中选取。选择中的注意事项如下:

1)液压阀的实际流量、额定压力和额定流量。液压阀的实际流量与油路的串、并联有关:串联油路各处流量相等;同时工作的并联油路的流量等于各条油路流量之和。此外,对于采用单活塞杆液压缸的系统,要注意活塞外伸和内缩时的回油流量的不同:内缩时无杆腔回油与外伸时有杆腔回油的流量之比,与两腔面积之比相等。

各液压阀的额定压力和额定流量一般应与其使用压力和流量相接近。对于可靠性要求较高的系统,阀的额定压力应高出其使用压力较多。如果额定压力和额定流量小于使用压力和流量,则易引起液压卡紧和液动力并对阀的工作品质产生不良影响;对于系统中的顺序阀和减压阀,其通过流量不应远小于额定流量,否则易产生振动或其他不稳定现象。对于流量阀,应注意其最小稳定流量。

2)液压阀的安装连接方式。由于阀的安装连接方式对后续设计的液压装置的结构形式有决定性的影响,所以选择液压阀时应对液压控制装置的集成方式做到前瞻后顾。例如采用板式连接液压阀,因阀可以装在油路板或油路块上,一方面便于系统集成化和液压装置设计合理化;另一方面更换液压阀时不需拆卸油管,安装维护较为方便;如果采用叠加阀,则需根据压力和流量研究叠加阀的系列型谱进行选型,等等。液压阀安装连接方式的选择,通常应考虑以下几个因素:

a.体积与结构。液压系统工作流量在100L/min以下时,可优先选用叠加阀,这样会大大减少油路块的数量,从而使系统体积减小,质量减轻;系统工作流量在200L/min以上时,可优先考虑使用插装阀,这时插装阀的一系列优点可得到充分发挥;系统流量在 $100 \sim 200$ L/min之间时,优先顺序应是常规板式阀、叠加阀、插装阀。

b.价格。实现同等功能时,同规格而不同类型的阀相比较,常规板式液压阀价格最低,叠加阀次之,而插装阀最高。随着国内叠加阀、插装阀生产厂商的增多和技术不断进步,其价格已与常规阀接近。另外,虽然单个叠加阀、插装阀的价格最高,但是由它组成系统时油路块的简化反而会抵消一部分成本。

c.货源。国内生产常规阀的历史较长且制造厂家较多,技术工艺也比较成熟,因此显得货源充足,价格低廉。

生产叠加阀的厂家较少且规模较小,产品品种及通径规格不全,货源远不如常规阀充足,从而造成系统设计中不能大量采用叠加阀。而制造插装阀的厂家较多,但目前各制造厂家更希望提供成套插装阀液压系统。

d.其他。现代液压系统日趋复杂,通常一个液压系统往往包含许多回路或支路,各支路通过流量和工作压力不尽相同,这种情况下若牵强、机械地选用同一类型的液压阀有时未必合理。此时可统筹考虑,根据系统工况特点,混合选用几类阀(如有的回路选用常规阀,而有的回路则选用叠加阀或插装阀)。

3)压力控制阀的选用。当系统需卸荷时,应注意卸荷溢流阀与外控顺序阀的区别。卸荷溢流阀主要用于装有蓄能器的液压回路中,如果选用一般外控顺序阀,将导致液压泵出口压力时高时低,系统工作失常。先导式减压阀较其他液压阀的泄漏量大,且只要阀处于工作状态,泄漏始终存在,这一点在选择液压泵的容量时应充分注意。同时还应注意减压阀的最低调节压力,保证其进出口压力差为 $0.3 \sim 1MPa$。

4)流量控制阀的选用。节流阀、调速阀的最小稳定流量应满足执行元件最低工作速度的要求。为了保证调速阀的控制精度,应保证一定压差。对于环境温度变化较大的情况,应选用温度补偿型调速阀。

5)方向控制阀的选用。对于结构简单的普通单向阀,主要应注意其开启压力的合理选用:较低的开启压力,可以减小液流经过单向阀的阻力损失;但是,对于作背压阀使用的单向阀,其开启压力较高,以保证足够的背压力。对于液控单向阀,除了本款换向阀中相关的注意事项外,为避免引起系统的异常振动和噪声,还应注意合理选用其泄压方式:当液控单向阀的出口存在背压时,宜选用外泄式,其他情况可选内泄式。

对于换向阀,应注意从满足系统对自动化和运行周期的要求出发,从手动、机械、电磁、电液动等形式中合理选用其操纵形式。正确选用滑阀式换向阀的中位机能并把握其过渡状态机能。对于采用液压锁(双液控单向阀)锁紧液压执行元件的系统,应选用“H”“Y”形中位机能的滑阀式换向阀,以使换向阀中位时,两个液控单向阀的控制腔均通油箱,保证液控单向阀可靠复位和液压执行元件的良好锁紧状态。所选用的滑阀式换向阀的中位机能在换向过渡位置,不会出现油路完全堵死情况,否则将导致系统瞬间压力无穷大并引起管道爆破等事故。

(4)液压辅助元件。

1)过滤器。由于液压系统的绝大多数故障是由油液污染造成的,而过滤器是保持油液清洁的主要手段,故应合理选择和设置液压系统中的过滤器。油液过滤器及其选用要点见第六章第一节。根据液压系统的技术要求,经过比较,最终选定的过滤器类型、过滤精度及尺寸规格,应满足以下条件:过滤精度符合预定要求,通流能力大,滤心(网式、纸质、线隙式、烧结式、磁性等)的强度高、抗腐蚀性好、清洗和更换方便等。

油箱上的液压空气过滤器要有与系统要求相适应的过滤精度,以防环境污物侵入;同时还需有足够的通流能力,保证油箱中液位升降时通气顺畅。

2)液压油箱。液压油箱一般需自行设计。油箱类型及设计要点见本章第三节。

3)蓄能器。液压系统使用蓄能器的目的很多,但归纳起来主要是蓄能保压、吸收液压冲击和脉动,在各类蓄能器中,气体加载中的隔离型气囊式蓄能器应用最多,其原理、计算及选型要点见第六章第四节。

4)油管和管接头。油管的作用是将液压元件连接起来组成液压系统,为进入系统及返回油箱的油液或控制油液提供通路。管接头用于油管与油管或油管与元件的连接。油管和管接头的种类及选择要点见第六章第五节,所选择的油管和管接头应具有足够的耐压能力(强度)、无泄漏、压力损失小、拆装方便。

5）压力表与压力表开关的选择。液压泵的出口、安装压力控制元件处、与主油路压力不同的支路及控制油路、蓄能器的进油口等处，均应设置测压点，以便用压力表对压力调节或系统工作中的压力数值及其变化情况进行观测。压力表测量范围应大于系统的工作压力的上限，即压力表量程约为系统最高工作压力的 1.5 倍左右；应根据使用要求选择适当精度等级的压力表（一般机械设备液压系统采用的压力表精度等级为 1.5～4 级）。系统常用的压力表为一般弹簧管压力表，对于需用远程传送信号或自动控制的系统，可选用电接点式压力表。压力表应安装在调整系统压力时能直接观察到的部位，压力表接入压力管道时，应通过阻尼小孔以及压力表开关，以防止系统压力突变或压力脉动而使压力表损坏。如果系统中测压点数目较多，可选择使压力表分别和液压系统的多个被测油路通断的多测量点压力表开关，以减少系统中压力表的用数。

（5）液压工作介质的选定。选择液压工作介质要考虑的因素有工作环境（易燃、毒性和气味等）、工作条件（黏度、系统压力、温度、速度等）、油液质量（物化指标、相容性、防锈性等）和经济性（价格、寿命等）。上述因素中，最重要的是液压油（液）的黏度。尽管各种液压元件产品都指定了应使用的液压油（液），但考虑到液压泵是整个系统中工作条件最严峻的部分，所以通常可根据泵的要求来确定液压油（液）的黏度及牌号（见表 2-6），按照泵选择的油液一般对液压阀及其他元件也适用；有时也可按工作环境和使用工况选择液压油（液）的品种（见表2-4）。

6．液压系统主要性能验算

前述液压系统的初步设计是在某些估计参数情况下进行的。当液压系统原理图、组成元件及连接管路等完全确定后，针对实际情况对设计的系统进行各项性能分析计算。其目的在于对液压系统的设计质量做出评价和评判，若发现问题，则应对液压系统某些不合理的设计进行修正或重新调整，或采取其他必要的措施。性能验算内容一般包括压力损失、效率、发热与升温、液压冲击等。对于较重要的系统，还应对其动态性能进行验算或计算机仿真。计算时通常只采用一些简化公式以求得概略结果。

（1）液压系统压力损失验算。验算的目的在于了解执行元件能否得到所需的工作压力。系统进油路上的压力损失 $\sum \Delta p$（包括回油路上（即从执行元件出口到油箱）的损失折算过来的部分）由管道的沿程压力损失 $\sum \Delta p_\lambda$、局部压力损失 $\sum \Delta p_\xi$ 和阀类元件的局部压力损失 $\sum \Delta p_v$ 等三部分组成，即

$$\sum \Delta p = \sum \Delta p_\lambda + \sum \Delta p_\xi + \sum \Delta p_v \qquad (9-34)$$

沿程压力损失、局部压力损失和阀类元件的局部压力损失可分别按第二章的有关公式进行计算。液压系统在各工作阶段的流量各异，故压力损失要分开计算。在管道布置尚未确定前，只有 $\sum \Delta p_v$ 可以较好地估算出来，这部分损失在 $\sum \Delta p$ 中所占比例往往较大，故由此基本上可看出系统压力损失的大小。如果计算得到的 $\sum \Delta p$ 和初选系统设计压力时选定的压力损失相差较大，则须对设计进行必要的修改或调整。否则将对系统效率和某些性能产生不利影响。

（2）液压系统效率 η 的估算。估算液压系统效率 η 时，主要应考虑液压泵的总效率 η_P、液压执行元件的总效率 η_A 及液压回路的效率 η_C。

$$\eta = \eta_P \eta_C \eta_A \tag{9-35}$$

其中，液压泵的总效率 η_P 和液压执行元件的总效率 η_A 可由产品样本查得，而液压回路效率 η_C 可按下式计算：

$$\eta_C = \frac{\sum p_1 q_1}{\sum p_P q_P} \tag{9-36}$$

式中 $\sum p_1 q_1$ —— 各执行元件的负载压力和负载流量（输入流量）乘积的总和；

$\sum p_P q_P$ —— 各个液压泵供油压力和输出流量乘积的总和。

系统在一个完整循环周期内的平均回路效率为

$$\overline{\eta_C} = \frac{\sum \eta_{Ci} t_i}{T} \tag{9-37}$$

式中 η_{Ci} —— 各工作阶段的液压回路效率；

t_i —— 各个工作阶段的持续时间（s）；

T —— 一个完整循环的时间（s），$T = \sum t_i$。

（3）发热温升估算及热交换器的选择。

1）液压系统发热功率估算。压力损失、容积损失和机械损失构成液压系统的总的能量损失，这些能量损失都将转化为热量，使系统油温升高，产生一系列不良影响。为此，必须对系统进行发热与温升计算，以便对系统温升加以控制。

对于较为简单的液压系统，可分别计算系统中各发热部位的发热功率，再求其和，具体计算方法见表9-9。考虑到液压系统发热的主要原因是由于液压泵和执行元件的功率损失以及溢流阀的溢流损失所造成的，故系统的总发热功率为

$$P_h = P_{Pi} - P_{Ao} \tag{9-38}$$

式中 P_{Pi} —— 液压泵的输入功率（W）；

P_{Ao} —— 执行元件的输出功率（W）。

表 9-9   液压系统发热功率计算方法之一

项目		计算公式	单位	符号意义
各部位的发热功率	液压泵的发热功率	$P_{hP} = P_{Pi}(1 - \eta_P)$	kW	P_P:液压泵的输入功率，kW； η_P:液压泵的总效率，由产品样本查取； P_A:执行元件的有效功率，kW； η_A:执行元件的效率，液压马达的效率可从其产品样本中查出，液压缸的效率一般按 $0.90 \sim 0.95$ 计算； Δp_V:液流通过液压阀的压力降，MPa； q_V:液流通过液压阀的流量，m^3/s
	液压执行元件的发热功率	$P_{hA} = P_A(1 - \eta_A)$		
	阀孔损失发热功率	$P_{hV} = \Delta p_V q_V \times 10^3$		
	管路及其他损失产生的发热功率	$P_{hl} = (0.03 - 0.05)P_P$		
系统总发热功率		$P_h = P_{hP} + P_{hA} + P_{hV} + P_{hl}$		

如果已计算出液压系统的总效率，也可估算系统的总发热功率为

$$P_h = P_{Pi}(1 - \eta) \tag{9-39}$$

式中，η 为液压系统总效率，计算方法见式（9 – 35）。

2）液压系统散热功率估算。液压系统中产生的热量，由系统中各个散热面散发至空气中，其中油箱是主要散热面。因为管道的散热面相对较小，且与其自身的压力损失产生的热量基本平衡，故一般略去不计。当只考虑油箱散热时，其散热功率 P_{ho} 可按下式计算

$$P_{ho} = KA\Delta t \qquad (9 – 40)$$

式中　K——散热系数（W/(m·℃)），计算时可选用推荐值：通风很差（空气不循环）时，$K = 8 \sim 9$，通风良好（空气流速为 1m/s 左右）时，$K = 14 \sim 20$，风扇冷却时，$K = 20 \sim 25$，用循环水冷却时，$K = 110 \sim 175$；

　　　　A——油箱散热面积（m^2）；

　　　　Δt——系统温升，即系统达到热平衡时油温与环境温度之差（℃），固定式机械设备 $\Delta t \leqslant 55℃$，移动式小型装置，如车辆与工程机械 $\Delta t \leqslant 65℃$，数控机床 $\Delta t \leqslant 25℃$。

当系统达到热平衡，即 $P_h = P_{ho}$ 时，油温不再升高，此时最大温升为

$$\Delta t = P_h / (KA) = P_{ho}/(KA) \qquad (9 – 41)$$

3）根据散热要求计算油箱容量。最大温差 Δt 是在初步确定油箱容积的情况下，验算油箱的散热面积是否满足要求。在系统的发热功率求出之后，可根据散热的要求确定油箱的容量。

由式（9 – 41）可得油箱散热面积为

$$A = \frac{P_h}{\Delta t K} \qquad (9 – 42)$$

矩形油箱的主要设计参数如图 9 – 12 所示。一般液面高度是油箱高度 h 的 0.8 倍，与油液直接接触的表面算作全散热面，与油液不直接接触的表面算作半散热面，图示油箱的有效容积 V 和散热面积 A 分别为

$$V = 0.8abh \qquad (9 – 43)$$
$$A = 1.8(a + b)h + 1.5ab \qquad (9 – 44)$$

若 A 求出，再根据结构要求确定 abh 的比例关系，即可确定油箱的结构尺寸。

如果按散热要求算得的油箱容积过大，远超出用油量的需要，且又受空间尺寸的限制，则应适当缩小油箱尺寸，采用风扇强制散热或增设冷却器。

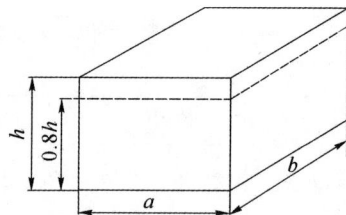

图 9 – 12　油箱主要设计参数

4）热交换器的选择。在冷却器中，水冷式较风冷式应用多些。选择冷却器的主要参数是换热面积 A_T：

$$A_T = \frac{P_h - P_{ho}}{K\Delta t_m} \qquad (9 – 45)$$

式中　K——冷却器散热系数；

　　　　Δt_m——平均温升。

$$\Delta t_m = \frac{T_1 + T_2}{2} - \frac{t_1 + t_2}{2} \qquad (9 – 46)$$

式中　T_1, T_2——液压油的进、出口温度（℃）；

　　　　t_1, t_2——冷却水的进出口温度（℃）。

利用冷却器自身热平衡方程式(9-47),可求出出口温度 T_2 或冷却水流量 q_w,即

$$P_h - P_{ho} = q_0 \rho_0 C_0 (T_1 - T_2) = q_w \rho_w C_w (t_1 - t_2) \qquad (9-47)$$

式中　q_0, q_w——液压油液和冷却水流量(m^3/s);

　　　ρ_0, ρ_0——液压油液和冷却水密度(m^3/s);

　　　C_0, C_w——液压油液和冷却水等压比热。

油温过低时,系统需设置加热器,以保证液压泵顺利启动。常用电加热器的选择依据是其功率 P 为

$$P = \frac{C_0 \rho_0 V \Delta t}{\tau \eta_h} \qquad (9-48)$$

式中　V——油箱有效容量(L);

　　　Δt——油液温升(℃);

　　　τ——加热时间(s);

　　　η_h——热效率,通常取 $\eta_h = 0.6 \sim 0.8$。

(4)液压冲击验算。由于影响液压冲击的因素很多,很难用准确方法计算,故一般采用估算方法或通过实验来确定。设计液压系统时,一般可以采取措施而不做计算。当有特殊要求时,可按第二章第六节的有关公式进行验算。

三、液压系统施工设计

如果上述液压系统的功能原理设计结果可以接受,则可根据所选择的液压元件和辅件及电磁铁动作顺序表,进行液压系统的施工设计(液压装置的设计)及电气控制装置的设计并编制技术文件。

(1)设计内容。液压装置设计(泛指液压系统中需自行设计的那些零部件的结构设计的统称)的目的在于选择确定元、辅件的连接装配方案、具体结构,设计和绘制液压系统产品工作图样,并编制技术文件,为制造、组装和调试液压系统提供依据。电气控制装置是实现液压装置工作控制的重要部分,是液压系统设计中不可缺少的重要环节。电气控制装置设计在于根据液压系统的工作节拍或电磁铁动作顺序表,选择确定控制硬件并编制相应的软件。

所设计和绘制的液压系统产品工作图样包括液压装置及其部件的装配图、非标准零部件的工作图及液压系统原理图、系统外形图、安装图、管路布置图,电路原理图、自制零部件明细表、标准液压元件及标准连接件、外购件明细表、备料清单、设计任务书、设计计算书、使用说明书、安装试车要求等技术文件。

液压装置设计是液压系统功能原理设计的延续和结构实现,也可以说是整个液压系统设计过程的归宿。事实上,一个液压系统能否可靠有效地运行,在很大程度上取决于液压装置设计的质量的优劣,从而使液压装置结构设计在整个液压系统设计过程中成为一个相当重要的环节,故设计者必须给予足够重视。

(2)液压装置的结构类型。按其总体配置,液压装置分为分散配置型和集中配置型两种主要结构类型。

分散配置型液压装置是将液压系统的液压泵及其驱动电机、执行元件、液压控制阀和辅助元件按照机器的布局、工作特性和操纵要求等分散安设在主机的适当位置上,液压系统各组成元件通过管道逐一连接起来。例如,有的金属加工机床采用此种配置时,可将机床的床身、立

柱或底座等支撑件的空腔部分兼作液压油箱,安放动力源,而把液压控制阀等元件安设在机身上操作者便于接近和操纵调节的位置。分散配置型液压装置的优点是节省安装空间和占地面积;缺点是元件布置零乱,安装维护较复杂,动力源的振动、发热还会对机床类主机的加工精度产生不利影响。此种结构类型主要适宜结构安装空间受限的移动式机械设备(如车辆与工程机械等)采用。

集中配置型液压装置通常是将系统的执行元件安放在主机上,而将液压控制阀组、液压泵及其驱动电机、油箱等辅助元件等独立安装在主机之外,即集中设置所谓液压站(见图 9-13)。液压站的优点是外形整齐美观,便于安装维护,便于采集和检测电液信号以利于自动化,可以隔离液压系统振动、发热等对主机精度的影响。缺点是占地面积大,特别是对于有强烈热源和烟雾、粉尘污染的机械设备,有时还需为安放液压站建立专门的隔离房间或地下室。液压站适合固定式机械设备采用。

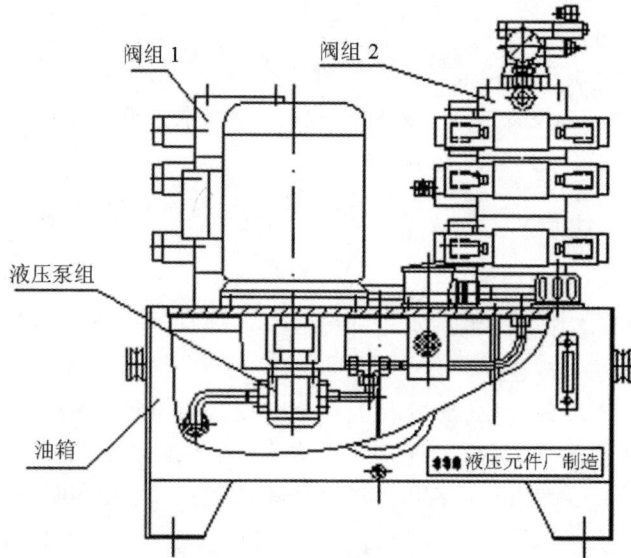

图 9-13 液压站

(3)液压站的结构设计要点。液压站包括液压控制阀组和液压动力源(液压泵组与油箱)两大部分。液压站的设计工作主要集中在液压控制阀组的集成上。对于采用无管集成的液压阀组,因采用的辅助连接件的不同,有板式、块式、叠加阀式、插装式等集成方式,图 9-14 所示为应用较为普遍的板式集成和块式集成的外形图。上述几种集成方式中其结构的共同点是油路直接做在辅助连接件上或液压阀阀体上,借助连接件及其同油孔道实现液压控制阀及其他元件和管路的集成连接和油路联系;具有管件少、结构紧凑、组装方便、体积小、外形整齐美观、油路通道短、压力损失小、不易泄漏等优点。

不同形式的辅助连接件统称为油路块或阀块。在选定某种集成方式后,液压控制阀组的设计要点和步骤是:首先按照系统原理图的组成和工作特点,对液压系统进行分解和转换,绘制出集成油路图,然后进行油路块的结构设计,最后绘制出安装有液压阀的各油路块连接为一个整体的液压控制装置总装图。油路块各种孔道的计算、布置及油路块的材料选择、技术要求等可参阅液压工程手册。

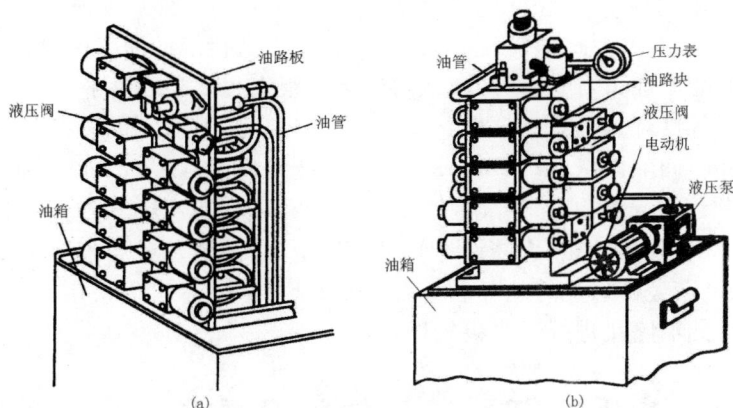

图 9 - 14　板式集成和块式集成的液压控制装置(阀组)
(a) 板式集成；(b) 块式集成

(4) 电控装置的设计要点。现代液压装置大量采用着电动机、电控阀、压力继电器、电加热器及电接点压力表等电控元件,因此,液压系统必须配备相应的电控装置,它是液压机械重要的组成部分。电控装置的设计包括硬件和软件两部分。

电控装置设计的主要依据是系统的工作循环各节拍或不同工作状态下的电磁铁动作顺序表。液压系统的电控回路通常包括电动机驱动电路(如电动机的启停及切换电路)、主液压回路的控制电路(如电磁铁的通断电路、顺序动作电路、计时电路等)、辅助液压回路的控制电路(如过滤器阻塞发讯电路、异常油温或压力的报警电路等)。将上述各种电路组成完整的电气控制回路时,还应考虑这些电路间的互锁、防干扰及故障停车等。设计中应特别注意电磁阀中电磁铁的形式,是交流还是直流,是干式还是湿式,电源频率要求、功率要求等。所选择的各用电元件的外接线缆,应该符合其使用说明书中的相关规定。布置用电元件的电气线缆时,应使主电路(动力电路)的线缆应与控制电路(信号电路)的线缆分开进行布置,控制电路的线缆应该采用屏蔽线。电气控制柜(箱)的内部用来安放各类继电器、接触器或可编程序控制器等电器元件,外露各种控制按钮及信号指示灯等及其标牌。所设计的电气控制柜(箱)应造型美观,外露按钮及信号指示灯等及其标牌应整齐并便于操作和维护。电气控制柜(箱),可直接搭载于液压站或主机上,也可以将其独立安放在液压站的临近处。

对于较为复杂的系统推荐采用工业控制计算机或可编程序控制器(PLC)来控制,以柔性地适应技术条件的变更并使电控装置小型化。考虑机械运行的需要,编制自动化和安全程度高的控制软件。软件应根据元件动作顺序图表,使各个元件适时动作,完成工作循环,并且具有事故连锁保护、报警和自诊断等功能。

(5) 注意事项。

1) 液压系统原理图的绘制。正式的液压系统原理图是液压系统施工设计乃至整个液压设备制造、调试和使用的重要依据,因此,绘制液压系统原理图时,应当注意:① 遵守国家对液压元件图形符号标准的规定;② 液压系统图应按静态或零位画出;③ 建议在各液压执行元件的近旁绘出其动作循环图;④ 在关键点标出其工作压力等参数;⑤ 绘出液压系统的电磁铁、压力继电器等元件的动作顺序表;⑥ 以明细表形式列出液压元件的名称、型号、规格;⑦ 建议采用相关的计算机辅助设计绘图软件(系统),以提高液压系统原理图的设计绘制速度与质量。

2）油路块（阀块）的 CAD。液压控制阀组设计的实质和关键是各种油路块的设计。而油路块的设计实质上是一项三维立体空间的孔道布置工作。传统的油路块设计方式要求设计人员具有很高的空间想象能力，而设计的成败与优劣在很大程度上取决于设计者的经验、创造性思维和耐心细致的程度，因此，是一项极其繁杂且又极易出错的工作，一旦设计不当将造成油路块报废及材料和时间的浪费。计算机技术和软件技术发展，以及 CAD 技术的普及和广泛应用为解决上述问题创造了有利条件。显然，在各类油路块的设计中，使用计算机辅助设计技术，对于实现油路块设计自动化、提高设计效率及质量，加快液压设备产品的研发和更新换代速度，提高企业的社会经济效益等均具有重要意义。因此，应尽可能采用 CAD 技术来设计油路块或对手工设计的油路块进行计算机辅助校核。

第二节　液压传动系统设计计算示例——单面多轴钻孔组合机床液压系统设计

一、明确技术要求

某型汽车发动机箱体加工自动线上的一台单面多轴钻孔组合机床，其卧式动力滑台（导轨为水平导轨，其静摩擦因数 $\mu_s=0.2$，动摩擦因数 $\mu_d=0.1$），拟采用液压缸驱动，以完成工件钻削加工时的进给运动；工件的定位和夹紧均采用液压方式，以保证自动化要求。液压与电气配合实现的自动循环为定位（插定位销）→ 夹紧 → 快进 → 工进 → 快退 → 原位停止 → 夹具松开 → 拔定位销。工作部件终点定位精度无特殊要求。工件情况及动力滑台的已知参数见表 9-10。

表 9-10　工件情况及动力滑台的已知参数

工件情况				动力滑台				
钻孔直径 D/mm	数量	切削用量		工况	行程 L/mm	速度 v/(m·s^{-1})	运动部件重力 G/N	启动、制动时间 Δt/s
		主轴转速 n/(r·min^{-1})	进给量 S/(mm·r^{-1})					
D_1：13.9	14	n_1：360	S_1：0.147	快速	L_1：100	v_1：待定	9 800	0.2
D_2：8.5	2	n_2：550	S_2：0.096	工进	L_2：50	v_2：待定		
箱体材料：HT200，硬度：HB240				快退	L_3：150	v_3：待定		

二、配置执行元件

根据上述技术要求，选择杆固定的单杆活塞缸作为驱动滑台实现切削进给运动的液压执行元件；定位和夹紧控制则选用缸筒固定的单杆活塞缸作为液压执行元件。

三、运动分析和动力分析

以下着重对动力滑台液压缸进行分析计算。

1.运动分析

（1）运动速度。与相近金属切削机床类比，确定滑台液压缸的快速进、退的速度相等，且

$v_1 = v_3 = 0.1\,\text{m/s}$。按 $D_1 = 13.9\,\text{mm}$ 孔的切削用量计算缸的工进速度为 $v_2 = n_1 S_1 = 360 \times 0.147/60 = 0.88 = 0.88 \times 10^{-3}\,\text{m/s}$。

（2）各工况的动作持续时间。由行程和运动速度易算得各工况的动作持续时间为

快进： $\quad\quad\quad\quad\quad\quad t_1 = L_1/v_1 = 100 \times 10^{-3}/0.1 = 1\text{s}$

工进： $\quad\quad\quad t_2 = L_2/v_2 = 50 \times 10^{-3}/(0.88 \times 10^{-3}) = 56.6\text{s}$

快退： $\quad\quad t_3 = (L_1 + L_2)/v_3 = (100 + 50) \times 10^{-3}/0.1 = 1.5\text{s}$

由表9-10及上述分析计算结果可绘出滑台液压缸的行程-时间循环图（$L-t$ 图）和速度循环图（$v-t$ 图），如图9-15所示。

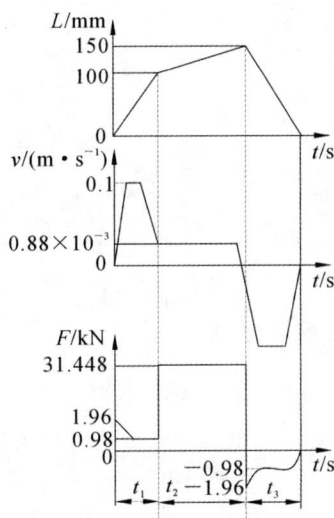

图 9-15 组合机床液压缸的 $L-t$ 图、$v-t$ 图和 $F-t$ 图

2. 动力分析

动力滑台液压缸在快速进、退阶段，启动时的外负载是导轨静摩擦阻力，加速时的外负载是导轨动摩擦阻力和惯性力，恒速时是动摩擦阻力；在工进阶段，外负载是工作负载即钻削阻力负载及动摩擦阻力。

由式（9-1）算得静摩擦负载：$F_{fs} = \mu_s (G + F_n) = 0.2 \times (9\,800 + 0) = 1\,960\text{N}$；

由式（9-2）算得动摩擦负载：$F_{fd} = \mu_d (G + F_n) = 0.1 \times (9\,800 + 0) = 980\text{N}$；

由式（9-7）算得惯性负载：$F_i = \dfrac{G}{g} \dfrac{\Delta v}{\Delta t} = \dfrac{9\,800 \times 0.1}{9.81 \times 0.2} = 500\text{N}$。

利用铸铁工件钻孔的轴向钻削阻力经验公式 $F_e = 25.5 DS^{0.8} HB^{0.6}$ 算得工作负载为

$$F_e = 14 \times 25.5 D_1 S_1^{0.8} HB^{0.6} + 2 \times 25.5 D_2 S_2^{0.8} HB^{0.6} =$$
$$(14 \times 25.5 \times 13.9 \times 0.147^{0.8} \times 240^{0.6} + 2 \times 25.5 \times 8.5 \times 0.096^{0.8} \times 240^{0.6}) = 30\,468\text{N}$$

式中 $\quad F_e$ —— 轴向钻削阻力（N）；

$\quad\quad\quad D$ —— 钻孔孔径（mm）；

$\quad\quad\quad S$ —— 进给量（mm/r）；

$\quad\quad HB$ —— 铸件硬度。

滑台液压缸各工况下的外负载计算结果列于表9-11。利用上述分析计算结果，即可绘制

出图 9-15 所示的负载循环图($F-t$ 图)。

表 9-11 动力滑台液压缸外负载计算结果

工况		外负载 F/N	
		计算公式	结果
快进	启动	$F = F_{fs}$	1 960
	加速	$F = F_{fd} + \dfrac{G}{g}\dfrac{\Delta v}{\Delta t}$	1 480
	恒速	$F = F_{fd}$	980
工进		$F = F_e + F_{fd}$	31 448
快退	启动	$F = F_{fs}$	1 960
	加速	$F = F_{fd} + \dfrac{G}{g}\dfrac{\Delta v}{\Delta t}$	1 480
	恒速	$F = F_{fd}$	980

四、计算液压系统主要参数并编制工况图

（1）预选系统设计压力。本钻孔组合机床属半精加工机床，载荷最大时在慢速工进阶段，其他工况时载荷都不大，按表 9-3 预选液压缸设计压力 $p_1 = 4\mathrm{MPa}$。

（2）计算液压缸主要结构尺寸。为了满足滑台快速进退速度相等，并减小液压泵的流量，将液压缸的无杆腔作为主工作腔，并在快进时差动连接，则液压缸无杆腔与有杆腔的有效面积 A_1 与 A_2 应满足 $A_1 = 2A_2$，即活塞杆直径 d 和液压缸内径 D 的关系应为 $d = 0.71D$。为防止工进结束时发生前冲，液压缸须保持一定回油背压。参考表 9-4 暂取背压 $0.6\mathrm{MPa}$，并取液压缸机械效率 $\eta_{cm} = 0.9$，则可算得液压缸无杆腔的有效面积为

$$A_1 = \frac{F}{\eta_{cm}\left(p_1 - \dfrac{p_2}{2}\right)} = \frac{31\ 448}{0.9 \times \left(4 - \dfrac{0.6}{2}\right)10^6} = 94 \times 10^{-4}\ \mathrm{m}^2$$

液压缸内径

$$D = \sqrt{\frac{4A_1}{\pi}} = \sqrt{\frac{4 \times 94 \times 10^{-4}}{\pi}} = 0.109\ \mathrm{m}$$

按 GB/T 2348—1993（表 4-5），将液压缸内径圆整为 $D = 110\mathrm{mm} = 11\mathrm{cm}$。

因 $A_1 = 2A$，故活塞杆直径为

$$d = 0.71D = 0.71 \times 110 = 78.1\mathrm{mm}$$

按表 4-5 将其圆整为 $d = 80\mathrm{mm} = 8\mathrm{cm}$。则液压缸实际有效面积为

$$A_1 = \frac{\pi}{4}D^2 = \frac{\pi \times 11^2}{4} = 95\mathrm{cm}^2$$

$$A_2 = \frac{\pi}{4}(D^2 - d^2) = \frac{\pi}{4}(11^2 - 8^2) = 44.7\mathrm{cm}^2$$

$$A = A_1 - A_2 = 50.3\mathrm{cm}^2$$

差动连接快进时,液压缸有杆腔压力 p_2 必须大于无杆腔压力 p_1,其差值估取 $\Delta p = p_2 - p_1 = 0.5$MPa,并注意到启动瞬间液压缸尚未移动,此时 $\Delta p = 0$;另外,取快退时的回油压力损失为 0.7MPa。

(3) 编制液压缸工况图。根据上述条件经计算得到液压缸工作循环中各阶段的压力、流量和功率(见表 9 - 12),并可编制其工况图(见图 9 - 16)。

表 9 - 12　液压缸工作循环中各阶段的压力、流量和功率

工作阶段		计算公式	负载 F/N	回油腔压力 p_2/MPa	工作腔压力 p_1/MPa	输入流量 $q/(m^3/s)$	输入功率 P/W
快进	启动	$p_1 = \dfrac{\dfrac{F}{\eta_{cm}} + A_2 \Delta p}{A}$	1 960	—	0.48	—	—
	加速		1 480	1.27	0.77	—	—
	恒速	$q = Av_1, \quad P = p_1 q$	980	1.16	0.66	0.5	330
工进		$p_1 = \dfrac{\dfrac{F}{\eta_{cm}} + p_2 A_2}{A_1}$ $q = A_1 v_2, \quad P = p_1 q$	31 448	0.6	3.96	0.83×10^{-2}	33
快退	启动	$p_1 = \dfrac{\dfrac{F}{\eta_{cm}} + p_2 A_1}{A_2}$	1 960	—	0.48	—	—
	加速		1 480	0.7	1.86	—	—
	恒速	$q = A_2 v_1, \quad P = p_1 q$	980	0.7	1.73	0.45	780

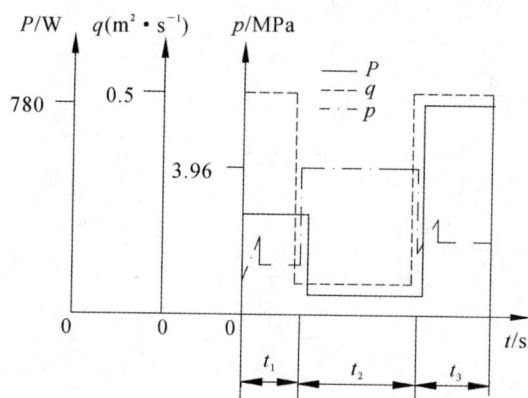

图 9 - 16　组合机床液压缸工况图

五、制订液压回路方案,拟订液压系统原理图

1.制订液压回路方案

(1) 调速回路。工况图表明,液压系统功率较小,负载为阻力负载且工作中变化小,故采用调速阀的进油节流调速回路。为防止在孔钻通时负载突然消失引起滑台前冲,回油路设置背压阀。因已选用节流调速回路,故系统必然为开式循环。

(2) 液压源。工况图表明,系统在快速进、退阶段为低压、大流量的工况且持续时间较短,而工进阶段为高压、小流量的工况且持续时间长,两种工况的最大流量与最小流量之比约为60,从提高系统效率和节能角度考虑,宜选用高低压双泵组合供油或采用限压式变量泵供油。

两者各有利弊,现决定采用双联叶片泵供油方案。

(3)换向与速度换接回路。系统已选定差动回路作快速回路,同时考虑到工进 → 快退时回油流量较大,为保证换向平稳,故选用三位五通、"Y"型中位机能电液动换向阀做主换向阀并实现差动连接。由于本机床工作部件终点的定位精度无特殊要求,故采用行程控制方式即活动挡块压下电气行程开关,控制换向阀电磁铁的通断电即可实现自动换向和速度换接。

(4)压力控制回路。在高压泵出口并联一溢流阀,实现系统的溢流定压;在低压泵出口并联一外控顺序阀,实现系统高压工作阶段的卸荷。

(5)定位夹紧回路。为了保证工件的夹紧力可靠且能单独调节,在该回路上串接减压阀和单向阀;为保证定位 → 夹紧的顺序动作,采用压力控制方式,即在后动作的夹紧缸进油路上串接单向顺序阀,当定位缸达到顺序阀的调压值时,夹紧缸才动作;为保证工件确已夹紧后滑台液压缸才能动作,在夹紧缸进油口处装一压力继电器。

(6)辅助回路。在液压泵进口设置一过滤器以保证吸入液压泵的油液清洁;出口设一压力表及其开关,以便各压力控制元件的调压和观测。

2. 拟定液压系统图

在制定各液压回路方案基础上,经整理所组成的液压系统原理图如图 9-17 所示,图中附表是电磁铁及行程阀的动作顺序表。结合附表容易看出系统在各工况下的油液流动路线。

附表　系统的电磁铁和行程阀动作顺序表

工况	电磁铁及行程阀状态			
	1YA	2YA	3YA	行程阀
定位			+	
夹紧			+	
快进	+			下位
工进	+			上位
快退		+		上位
滑台原位停止			+	下位
松开				
拔销				

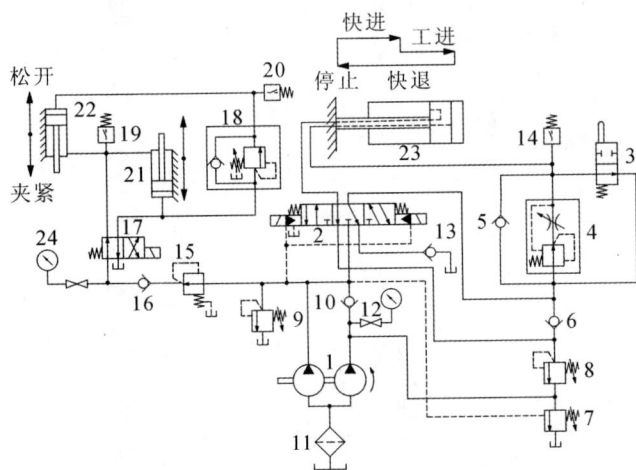

图 9-17　钻孔组合机床液压系统原理图及电磁铁和行程阀动作顺序表

1—双联叶片泵;2—三位五通电液动换向阀;3—二位二通机动换向阀(行程阀);4—调速阀;
5,6,10,13,16—单向阀;7—外控顺序阀;8,9—溢流阀;11—过滤器;12—压力表开关;
14,19,20—压力继电器;15—减压阀;17—二位四通电磁换向阀;18单向顺序阀;
21—定位缸;22—夹紧缸;23—进给缸;24—压力表

六、计算和选择液压元件

1. 计算与选定液压泵及其驱动电机

(1)液压泵的最高工作压力的计算。由图 9-16 或表 9-12 可以查得液压缸的最高工作压力出现在工进阶段,即 $p_1 = 3.96$ MPa,而压力继电器的调整压力应比液压缸最高工作压力大

0.5MPa。此时缸的输入流量较小,且进油路元件较少,故泵至缸间的进油路压力损失估取为 $\Delta p = 0.8$MPa。则小流量泵的最高工作压力 p_P 为

$$p_{P1} = 3.96 + 0.5 + 0.8 = 5.26\text{MPa}$$

大流量泵仅在快速进退时向液压缸供油,由图 9-16 可知,快退时液压缸的工作压力比快进时大,取进油路压力损失为 $\Delta p = 0.4$MPa,则大流量泵最高工作压力 p_{P2} 为

$$p_{P2} = 1.86 + 0.4 = 2.26\text{MPa}$$

（2）计算液压泵流量。 双泵最小供油流量 q_P 按液压缸的最大输入流量 $q_{1,\max} = 0.5 \times 10^{-3}\,\text{m}^3/\text{s}$ 进行估算。根据式（9-25）取泄漏系数 $K = 1.2$,双泵最小供油流量 q_P 应为

$$q_P \geqslant q_v = Kq_{1,\max} = 1.2 \times 0.5 \times 10^{-3}\,\text{m}^3/\text{s} = 0.6 \times 10^{-3}\,\text{m}^3/\text{s} = 36\text{L/min}$$

考虑到溢流阀的最小稳定流量为 $\Delta q = 3$L/min,工进时的流量为 $q_1 = 0.83 \times 10^{-5}\,\text{m}^3/\text{s} = 0.5$L/min,小流量泵所需最小流量 q_{P1} 为

$$q_{P1} \geqslant q_{V1} = Kq_1 + \Delta q = 1.2 \times 0.5 + 3 = 3.6\text{L/min}$$

大流量泵最小流量 q_{P2} 为

$$q_{P2} \geqslant q_{V2} = q_P - q_{P1} = 36 - 3.6 = 32.4\text{L/min}$$

（3）确定液压泵的规格。 根据系统所需流量,拟初选双联液压泵的转速为 $n_1 = 1\,000$r/min,泵的容积效率 $\eta_V = 0.9$,根据式（9-30）可算得小流量泵和大流量泵的排量参考值分别为

$$V_{g1} = \frac{1\,000q_v}{n_1\eta_V} = \frac{1\,000 \times 3.6}{1\,000 \times 0.9} = 4.0\ \text{mL/r}$$

$$V_{g2} = \frac{1\,000q_v}{n_1\eta_V} = \frac{1\,000 \times 32.4}{1\,000 \times 0.9} = 36\text{mL/r}$$

根据以上计算结果查产品样本,选用规格相近的 $\text{YB}_1-40/6.3$ 型双联叶片泵,泵的额定压力为 $p_n = 6.3$MPa,小泵排量为 $V_1 = 6.3$mL/r;大泵排量为 $V_2 = 40$mL/r;泵的额定转速为 $n = 960$r/min,容积效率 $\eta_V = 0.90$,总效率 $\eta_P = 0.80$。倒推算得小泵和大泵的额定流量分别为

$$q_{P1} = V_1 n\eta_V = 6.3 \times 960 \times 0.90 = 5.44\text{L/min}$$

$$q_{P2} = V_2 n\eta_V = 40 \times 960 \times 0.90 = 34.56\text{L/min}$$

双泵流量为 q_P 为

$$q_P = q_{P1} + q_{P2} = 5.44 + 34.56 = 40\text{L/min}$$

与系统所需流量相符合。

（4）确定液压泵驱动功率及电机的规格、型号。 由图 9-16 所示知,最大功率出现在快退阶段,已知泵的总效率为 $\eta_P = 0.80$,则液压泵快退所需的驱动功率为

$$P_P = \frac{p_p q_P}{\eta_P} = \frac{2.26 \times 10^6 (5.44 + 34.56) \times 10^{-3}}{0.80 \times 60 \times 10^3} = 1.883\text{kW}$$

查机械设计手册,选用 Y 系列（IP44）中规格相近的 $\text{Y112M}-6-\text{B3}$ 型卧式三相异步电动机,其额定功率2.2kW,转速为940r/min。用此转速驱动液压泵时,小泵和大泵的实际输出流量分别为 5.33L/min 和 33.84L/min;双泵总流量为 39.17L/min;工进时的溢流量为 $5.33 - 0.5 = 4.83$L/min,仍能满足系统各工况对流量的要求。

（2）液压控制阀和液压辅助元件的选定。首先根据所选择的液压泵规格及系统工况,算出液压缸在各阶段的实际进、出流量,运动速度和持续时间（见表 9-13）,以便为其他液压控制

阀及辅件的选择及系统的性能计算奠定基础。根据系统工作压力与通过各液压控制阀及部分辅助元件的最大流量,由产品样本查选的元件型号规格见表 9 - 14。

表 9 - 13　液压缸在各阶段的实际进出流量、运动速度和持续时间

工作阶段	流量 /(L·min⁻¹)		速度 /(m·s⁻¹)	时间 /s
	无杆腔	有杆腔		
快进	$q_{近} = \dfrac{A_1(q_{P1}+q_{P2})}{A} =$ $\left[\dfrac{95 \times (5.33 + 33.84)}{50.3}\right] =$ 73.98	$q_{出} = q_{近}\dfrac{A_2}{A_1} =$ $73.98 \times \dfrac{44.7}{95} =$ 34.81	$v_1 = \dfrac{q_p + q_{P2}}{A} =$ $\dfrac{(5.33 + 33.84) \times 10^{-3}}{60 \times 50.3 \times 10^{-4}} =$ 0.13	$t_1 = \dfrac{L_1}{v_1} =$ $\dfrac{100 \times 10^{-3}}{0.13} =$ 0.77
工进	$q_{进} = 0.5$	$q_{出} = q_{进}\dfrac{A_2}{A_1} =$ $0.5\dfrac{44.7}{95} =$ 0.24	$v_2 = \dfrac{q_{进}}{A_1} =$ $\dfrac{0.5 \times 10^{-3}}{60 \times 95 \times 10^{-4}} =$ 0.88×10^{-3}	$t_2 = \dfrac{L_2}{v_2} =$ $\dfrac{50 \times 10^{-3}}{0.88 \times 10^{-3}} =$ 56.6
快退	$q_{出} = q_{进}\dfrac{A_1}{A_2} =$ $39.17 \times \dfrac{95}{44.7} =$ 83.24	$q_{进} = q_{P1} + q_{P2} =$ $5.33 + 33.84 =$ 39.17	$v_3 = \dfrac{q_{近}}{A_2} =$ $\dfrac{39.17 \times 10^{-3}}{60 \times 44.7 \times 10^{-4}} =$ 0.15	$t_3 = \dfrac{L_3}{v_3} =$ $\dfrac{150 \times 10^{-3}}{0.15} =$ 1.0

表 9 - 14　钻孔组合机床液压系统中控制阀和部分辅助元件的型号规格

序号	名称	通过流量 / (L·min⁻¹)	额定流量 / (L·min⁻¹)	额定压力 / MPa	额定压降 / MPa	型号
1	双联叶片泵	—	40/6.3	6.3	—	YB₁ — 40/6.3
2	三位五通电液动换向阀	73.98	100	6.3	0.3	35DY — 100BY
3	行程阀	73.98	100	6.3	0.3	22C — 100BH
4	调速阀	<1	6	6.3		Q — 6B
5	单向阀	83.24	100	6.3	0.2	I — 100B
6	单向阀	34.81	63	6.3	0.2	I — 63B
7	顺序阀	33.84	63	6.3		XY — 63B
8	背压阀	<1	10	6.3		B — 10B
9	溢流阀	4.83	10	6.3		Y — 10B
10	单向阀	33.84	63	6.3	0.2	I — 63B

续 表

序号	名称	通过流量 / (L·min⁻¹)	额定流量 / (L·min⁻¹)	额定压力 / MPa	额定压降 / MPa	型号
11	过滤器	39.17	50	6.3	—	XU－50×200
12	压力表开关	—	—	—	—	K－6B
13	单向阀	83.24	100	6.3	0.2	I－100B
14	压力继电器	—	—	6.3	—	DP₁－63B
15	减压阀	33.84	63	6.3	—	J－63B
16	单向阀	33.84	63	6.3	0.2	I－63B
17	二位四通电磁换向阀	33.84	40	6.3	0.3	24D－40B
18	单向顺序阀	33.84	63	6.3	0.2	I－63B
19	压力继电器	—	—	6.3	—	DP₁－63B
20	压力继电器	—	—	6.3	—	DP₁－63B
说明	考虑到液压系统的最大压力均小于 6.3MPa,故选用了广研中低压系列液压元件;调速阀 4 的最小稳定流量为 0.03L/min,小于系统工进速度时的流量 0.5L/min					

管件尺寸由选定的标准元件油口尺寸确定。

油箱容量按式(6-5)计算,本系统属于中压系统,但考虑到要将泵组和阀组安装在油箱顶盖上,故取经验系数 $\xi = 10$,得油箱容量为

$$V = \xi q_P = 10 \times 39.17 = 391.7\text{L} \approx 400\text{L}$$

七、验算液压系统性能

(1) 验算系统压力损失。按选定的液压元件接口尺寸确定管道直径为 $d = 18$mm,进、回油管道长度均取为 $l = 2$m;取油液运动黏度 $\nu = 1 \times 10^{-4}$ m²/s,油液密度 $\rho = 0.917\,4 \times 10^3$ kg/m³。由表 9-13 查得工作循环中进、回油管道中通过的最大流量 $q = 83.24$L/min 发生在快退阶段,由此计算得液流雷诺数

$$Re = \frac{vd}{\nu} = \frac{4q}{\pi d\nu} = \frac{4 \times 83.24 \times 10^{-3}}{60 \times \pi \times 18 \times 10^{-3} \times 1 \times 10^{-4}} = 981$$

Re 小于临界雷诺数 $Re_c = 2\,300$,故可推论出,各工况下的进回油路中的液流均为层流。

将适用于层流的沿程阻力系数 $\lambda = 75/Re = 75\pi d\nu/(4q)$ 和管道中液体流速 $v = 4q/(\pi d^2)$ 代入沿程压力损失计算式(2-42)得

$$\Delta p_\lambda = \frac{4 \times 75\rho\nu l}{2\pi d^4} \times q = \frac{4 \times 75 \times 0.917\,4 \times 10^3 \times 1 \times 10^{-4} \times 2}{2\pi \times (18 \times 10^{-3})^4}q = 0.835 \times 10^8 q$$

在管道具体结构尚未确定情况下,管道局部压力损失 Δp_ξ 常按以下经验公式计算:

$$\Delta p_\xi = 0.1\Delta p_\lambda$$

各工况下的阀类元件的局部压力损失按式(2-44)计算,即

$$\Delta p_v = \Delta p_s(q/q_s)^2$$

根据以上三式计算出的各工况下的进回油管道的沿程、局部和阀类元件的压力损失见表 9 - 15。

表 9 - 15　各工况下进回油管道的沿程、局部和阀类元件的压力损失　　　　　　（Pa）

管道	压力损失	工况		
		快进	工进	快退
进油管道	Δp_λ	1.105×10^5	$0.006\,96 \times 10^5$	0.545×10^5
	Δp_ζ	0.111×10^5	$0.000\,696 \times 10^5$	$0.054\,5 \times 10^5$
	Δp_v	2.101×10^5	5×10^5	0.460×10^5
	Δp	3.241×10^5	$\approx 5 \times 10^5$	$1.059\,6 \times 10^5$
回油管道	Δp_λ	0.484×10^5	$0.003\,48 \times 10^5$	$1.158\,4 \times 10^5$
	Δp_ζ	$0.048\,4 \times 10^5$	$0.000\,348 \times 10^5$	$0.115\,84 \times 10^5$
	Δp_v	0.665×10^5	6×10^5	4.85×10^5
	Δp	1.197×10^5	$\approx 6 \times 10^5$	$6.124\,2 \times 10^5$

将回油路上的压力损失折算到进油路上，可求得总的压力损失，例如快进工况下的总的压力损失为

$$\sum \Delta p = 3.241 \times 10^5 + 1.197 \times 10^5 \times \frac{44.7}{95} = 3.804 \times 10^5 \,\mathrm{Pa} = 0.380\,4\,\mathrm{MPa}$$

其余工况以此类推。尽管上述计算结果与估取值不同，但不会使系统工作压力超过其能达到的最高压力。

（2）液压泵工作压力的估算。小流量泵在工进时的工作压力等于液压缸工作腔压力 p_1 加上进油路上的压力损失 Δp_1 及压力继电器比缸工作腔最高压力所大的压力值 Δp_2，即

$$p_{P1} = (3.96 \times 10^6 + 5 \times 10^5 + 5 \times 10^5) = 49.6 \times 10^5 \,\mathrm{Pa} = 4.96\,\mathrm{MPa}$$

此值即为调整溢流阀 9 的调整压力时的主要参考依据。

大流量泵在快退时的工作压力最高，其数值为

$$p_{P2} = 1.86 \times 10^6 + 1.059 \times 10^5 = 19.66 \times 10^5 \,\mathrm{Pa} = 1.966\,\mathrm{MPa}$$

此值为调整顺序阀 7 的调整压力时的主要参考依据。

（3）估算系统效率、发热和温升。由表 9 - 13 可看到，本液压系统的进给缸在其工作循环持续时间中，快速进退仅占 3%，而工作进给达 97%，所以系统效率、发热和温升可概略用工进时的数值来代表。

1）计算系统效率。根据式（9 - 36）可算得工进阶段的回路效率

$$\eta_C = \frac{p_1 q_1}{p_{P1} q_{P1} + p_{P2} q_{P2}} = \frac{3.96 \times 10^6 \times 0.83 \times 10^{-5}}{4.96 \times 10^6 \times \dfrac{5.33 \times 10^{-3}}{60} + 0.087 \times 10^6 \times \dfrac{33.84 \times 10^{-3}}{60}} = 0.067$$

其中，大流量泵的工作压力 p_{P2} 就是此泵通过顺序阀 7 卸荷时所产生的压力损失，因此其数值为

$$p_{P2} = 0.3 \times 10^6 \times (33.84/63)^2 = 0.087 \times 10^6 \,\mathrm{MPa}$$

前已取双联液压泵的总效率 $\eta_P = 0.80$，现取液压缸的总效率 $\eta_{cm} = \eta_A = 0.95$，则按式（9 - 35）即可算得本液压系统的效率

$$\eta = 0.80 \times 0.067 \times 0.95 = 0.051$$

足见工进时液压系统效率极低,这主要是由于溢流损失和节流损失造成的。

工进工况液压泵的输入功率为

$$P_{\text{Pi}} = \frac{p_{\text{P1}}q_{\text{P1}} + p_{\text{P2}}q_{\text{P2}}}{\eta_{\text{P}}} = \frac{4.96 \times 10^6 \times \dfrac{5.33 \times 10^{-3}}{60} + 0.087 \times 10^6 \times \dfrac{33.84 \times 10^{-3}}{60}}{0.80} = 611.34\text{W}$$

2) 计算系统发热功率。根据系统的发热功率计算式(9-39)可算得工进阶段的发热功率为

$$P_{\text{h}} = P_{\text{Pi}}(1 - \eta) = 611.34 \times (1 - 0.051) = 580.16\text{W}$$

3) 计算系统散热功率。前已初步求得油箱有效容积为 $400\text{L} = 0.4\text{m}^3$,按式(9-43)即 $V = 0.8abh$ 算得油箱各边之积为

$$abh = V/0.8 = 0.4/0.8 = 0.5\text{m}^3$$

取油箱三边之比为 $a:b:h = 1:1:1$,则算得 $a = b = h = 0.794\text{m}$。按式(9-44)算得油箱散热面积为

$$A = 1.8(a+b)h + 1.5ab = 1.8 \times (0.794 + 0.794) \times 0.794 + 1.5 \times 0.794 \times 0.794 = $$
$$2.27 + 0.945 = 3.22\text{m}^2$$

由式(9-40)知油箱的散热功率为

$$P_{\text{ho}} = KA\Delta t$$

取油箱散热系数 $K = 15\text{W}/(\text{m} \cdot \text{℃})$,油温与环境温度之差 $\Delta t = 25\text{℃}$。算得

$$P_{\text{ho}} = KA\Delta t = 15 \times 3.22 \times 25 = 1\,207.5\text{W}$$

$$P_{\text{ho}} \gg P_{\text{h}} = 580.16\text{W}$$

可见油箱散热能够满足液压系统的散热要求,不需加设其他冷却装置。

(4) 液压系统液压冲击计算(略)。

思考题与习题

9-1　液压系统的设计流程有哪两大部分内容?各解决什么问题?需要注意哪些事项?

9-2　设计液压系统要进行哪些方面的计算?

9-3　试分析液压系统设计中预选的执行元件设计压力高低对液压系统的结构尺寸、可靠性、经济性等性能的影响。

9-4　如果已知液压泵的额定压力、额定流量、额定转速、所需的工作压力和流量,试问应如何确定该泵的原动机?

9-5　有许多液压元件有单独的外泄油口,进行液压系统配管时,可否将泄油管直接与液压系统的主回油管接在一起?为什么?试分析说明。

9-6　试对液压控制系统和液压传动系统的构成及原理的异同点进行比较。

9-7　试拟定一钻削组合机床的液压系统原理图。要求该系统能实现工件夹紧 → 快进 → 一次工进 → 二次工进 → 死挡快停留 → 快退 → 原位停止、工件松开 → 液压泵卸荷。

9-8　试设计一台专用切削机床工作台的液压系统。工件采用机械方式夹紧,工作台要求完成快进 → 工进 → 快退 → 停止等动作的自动循环。已知工作台、工件及夹具的总重量为 $G = 5.5\text{kN}$,切削负载为 $F_e = 9\text{kN}$,工作台快进行程为 $L_1 = 0.3\text{m}$,工进行程 $L_2 = 0.1\text{m}$,工作台快速进、退速度为 $v_1 = v_3 = 0.075\text{m/s}$,工进速度为 $v_2 = 0.016\text{m/s}$,加、减速时间为 $\Delta t = 0.05\text{s}$,工作

台采用平导轨,静摩擦因数 $\mu_s = 0.2$,动摩擦系数 $\mu_d = 0.1$。

9-9 设计一台小型立式液压机的液压传动系统,其工作循环为快速空程下行 → 慢速加压 → 保压 → 快速回程 → 停止。快速往返速度为 3m/min,加压速度为 $40 \sim 250$mm/min,最大压制力为 200kN,运动部件总质量为 20 kN(不计各种损失)。

9-10 设计一台中型履带式液压挖掘机液压传动系统,已知挖掘机整机重量 $W = 2.16 \times 10^5$N,两级行走速度 $v_1 = 1.5$km 和 $v_2 = 3.0$km。驱动轮节圆直径 $D = 752.7$mm;最大爬坡能力 $\beta = 25°$;最大爬坡负载力 $F_{max} = W\sin\beta$,回转平台转速 $n = 0 \sim 8$r/min;各工作缸最大负载为动臂缸 $F_1 = 4\,400$N,斗杆缸 $F_2 = 4\,400$N,斗杆缸 $F_3 = 3\,450$N,参考液压系统原理图如图 8-9 所示。试确定各执行元件的几何尺寸、液压泵的规格及型号。

9-11 注塑机的基本工作原理是,粒状塑料通过料斗进入螺旋推进器中,螺杆转动,将物料向前推进,同时,因螺杆外装有电加热器,而将料熔化成黏液状态,在此之前,合模机构已将模具闭合,当物料在螺旋推进器前端形成一定压力时,注射机构开始将液状料高压快速注射到模具型腔之中,经一定时间的保压冷却后开模,把成型的塑料制品顶出,便完成了一个动作循环。机器的工作循环可表示为

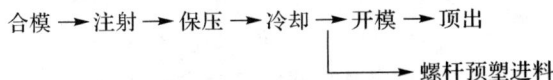

合模 → 注射 → 保压 → 冷却 → 开模 → 顶出
　　　　　　　　　　　　　　→ 螺杆预塑进料

其中合模动作又分为快速合模、慢速合模与锁模。锁模的时间较长,直到开模前这段时间都是锁模阶段。试设计某液压注塑机(一次注射量250g)的液压系统,已知参数见表9-16。对液压系统的要求为合模运动要平稳,两片模具闭合时不应有冲击;模具闭合后,合模机构应保持闭合压力,以防止注射时将模具冲开。注射后,注射机构应保持注射压力,使塑料充满型腔;预塑进料时,螺杆转动,物料被推至螺杆前端,这时,螺杆同注射机构一起向后退,为使螺杆前端的塑料有一定的密度,注射机构必需有一定后退阻力;系统应设有安全联锁装置,以保证安全生产。

表 9-16 250g 注塑机的已知参数

项目		参数	单位	项目	参数	单位
螺杆	直径	40	mm	动模板最大行程	350	mm
	行程	200	mm	快速闭模速度	0.1	
	最大注射压力	153	MPa	慢速闭模速度	0.02	
	转速	60	r/min	快速开模速度	0.13	
	驱动功率	5	kW	慢速开模速度	0.03	m/s
注射座	行程	230	mm	注射速度	0.07	
	最大推力	27	kN	注射座前进速度	0.06	
最大合模力(锁模力)		900	kN	射座后移速度	0.08	
开模力		49	kN			

第十章　液压控制系统

液压伺服控制是第二次世界大战期间及其以后，由于武器和飞行器等军事装备对高精度、反应快的自动控制系统的需要而发展起来的，它与现代微电子和计算机技术相结合发展的电液比例控制和电液数字控制技术构成了现代液压控制技术的完整体系。与其他控制系统相比，液压控制系统具有体积小、响应速度快、系统刚度大和控制精度高等突出优点，因此在数控机床与橡塑机械、冶金和铸锻机械、车辆与工程机械、航空航天设备、船舶和武器装备等众多领域获得了广泛应用。本章在介绍液压控制系统的原理、构成和类型基础上，着重介绍电液伺服阀、电液比例阀和电液数字阀的结构原理及特性，给出液压控制系统的应用实例，最后简要介绍液压控制系统的动态特性分析方法及设计方法。

第一节　液压控制系统的原理和构成

液压控制系统按使用的控制元件的不同，可分为伺服控制系统、比例控制系统和数字控制系统三大类。本节以发展历史最长的液压伺服控制系统（简称液压伺服系统）为例，介绍液压控制系统的原理和构成。

一、液压控制系统的工作原理

液压伺服系统（也称液压随动系统）是以液压动力元件作驱动装置所组成的反馈控制系统，其输出量（机械位移、速度、加速度或力）能以一定的精度，自动地按照输入信号的变化规律运动。与此同时，还起到功率放大作用，故又是一个功率放大装置。

图 10-1 所示为一简单的液压伺服系统原理图，其能源为液压泵 1，以恒定的压力（由溢流阀 2 设定）向系统供油。液压驱动装置由四通控制滑阀 3 和杆固定的液压缸 4 组成。滑阀 3 是一个转换放大元件，它将输入的机械信号转换成液压信号（流量、压力）输出并加以功率放大。液压缸为执行元件，输入是压力油的流量，输出是运动速度或位移。滑阀与液压缸的组合称为伺服液压缸或液压放大器。此系统中阀体与液压缸体制成一体，从而构成反馈控制。其反馈控制过程是：当滑阀处于中间位置（零位，即没有信号输入，$x_i = 0$）时，阀的 4 个窗口均关闭，阀没有流量输出，液压缸体不动，系统的输出量 $x_p = 0$，系统处于静止平衡状态。给滑阀一个输入位移，如阀芯向右移动一个距离 x_i，则节流窗口 a，b 便有一个相应的开口量 $x_v = x_i$，压力油经窗口 a 进入液压缸无杆腔，推动缸体右移 x_p，左腔油液经窗口 b 回油。因阀体与缸体为一体，故阀体也右移 x_p。使阀的开口量减小，即 $x_v = x_i - x_p$，直到 $x_p = x_i$（即 $x_v = 0$）时，阀的输出流量等于零，缸体停止运动，处在一个新的平衡位置上，从而完成了液压缸输出位移对滑阀输入位移的跟随运动。如果滑阀反向运动，液压缸也反向跟随运动。

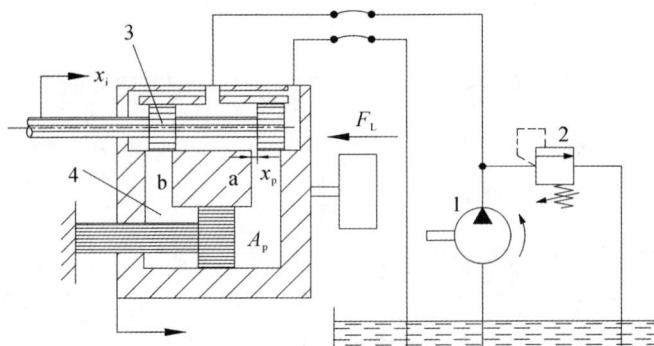

图 10-1 液压伺服控制系统原理图

1-液压泵；2-溢流阀；3-四通控制滑阀；4-液压缸

归纳上述可以看到液压伺服系统具有下列特点。

(1)液压伺服控制系统是一个自动跟踪系统。在上述系统中,滑阀阀芯不动,液压缸也不动;阀芯移动多少距离,液压缸也移动多少距离;阀芯移动速度快,液压缸移动速度也快;阀芯向哪个方向移动,液压缸也向哪个方向移动。可见执行元件的动作(系统输出)能自动地、准确地复现滑阀的动作(系统的输入),因此这个系统是一个自动跟踪系统。

(2)液压伺服系统是一个反馈控制系统并依靠偏差信号进行工作。在上述系统中,输出位移 x_p 之所以能够精确地复现输入位移 x_i 的变化,是因为缸体和阀体是一个整体,构成了反馈控制。缸体的输出信号(位移 x_p)反馈至阀体,并与滑阀输入信号(位移 x_i)进行比较,有偏差(即有开口量),油源的压力油就进入液压缸,缸体就继续移动,使阀的开口量(偏差)减小,直至输出位移与输入位移一致(即偏差消除)为止。因此这个系统是靠偏差信号进行工作的,即以偏差来消除偏差,此即为负反馈控制原理。系统的输出信号和输入信号之间存在偏差是液压伺服系统工作的必要条件。

上述系统的反馈介质是机械连接,称为机械反馈。事实上,反馈介质可以是机械、电气、气动、液压之一或它们的组合。

(3)液压伺服系统是一个功率放大装置(系统)。上述系统中,移动滑阀需要的功率很小,而执行元件输出的功率远大于输入信号的功率,多达几百倍,甚至几千倍。伺服控制过程的物理本质是利用偏差信号去控制液压能源输入到系统的能量,所以液压伺服控制装置一般也称为液压伺服放大器。

二、液压控制系统的构成

实际的液压控制系统不论如何复杂,都是由一些基本元件构成的,并可用图 10-2 所示的方块图表示。这些基本元件包括检测反馈元件、比较元件及转换放大装置(含能源)、执行元件和控制对象等部分。

(1)输入元件。输入元件也称指令元件,它给出输入信号(也称指令信号),加于系统的输入端。机械模板、电位器、信号发生器或程序控制器都是常见的输入元件。输入信号可以手动设定或程序设定。

(2)检测反馈元件。检测反馈元件用于检测系统的输出量并转换成反馈信号,加于系统的输入端与输入信号进行比较,从而构成反馈控制。各类传感器为常见的反馈检测元件。

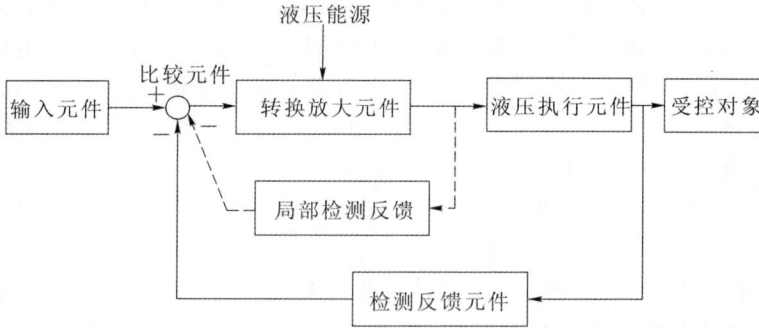

图 10 - 2　液压伺服系统的构成

(3)比较元件。比较元件将反馈信号与输入信号进行比较,产生偏差信号加于放大装置。比较元件经常不单独存在,而是与输入元件、反馈检测元件或放大装置一起,同时完成比较、反馈或放大功能。

(4)转换放大装置。它的功用是将偏差信号的能量形式进行变换并加以放大,输入到执行机构。各类液压控制放大器、伺服阀、比例阀、数字阀等都是常用的转换放大装置。

(5)执行元件。其功用是驱动控制对象动作,实现调节任务。它可以是液压缸或液压马达及摆动液压马达。

(6)控制对象。被控制的主机设备或其中一个机构、装置。

(7)液压能源。即指液压泵站或液压源,它为系统提供驱动负载所需的具有压力的液流。

液压伺服系统中还经常包含一些局部反馈装置及校正装置,以改善系统的性能。另外,在特性要求不高的情况下,也有不输入反馈量而成的开环控制系统。

第二节　液压控制系统的类型

液压伺服系统的类型繁杂,可按不同方式分类,每一种分类方式均代表一定特点。

一、按系统的输出量分类

液压系统可分为位置控制、速度控制、加速度控制和力(或压力)控制系统。

二、按控制方式分类

液压系统可分为阀控系统和泵控系统。阀控系统又称节流控制系统,其主要控制元件是液压控制阀,具有响应快、控制精度高的优点,缺点是效率低,特别适合中小功率快速高精度控制系统使用。按照控制阀的不同,阀控系统还可分为伺服阀式系统、比例阀式系统和数字阀式系统等。泵控系统主要的控制元件是变量泵,它具有效率高、刚性大的优点,但响应速度慢、结构复杂,适合大功率而响应速度要求不高的控制场合使用。

三、按控制信号传递介质分类

按控制信号传递介质分类的不同,液压系统可分为机械液压控制系统、电气液压伺服系统。

机械液压控制系统简称机液控制系统,系统中的给定、反馈和比较元件都是机械构件。其优点是简单可靠,价格低廉,环境适应性好,缺点是偏差信号的校正及系统增益的调整不如电气方便,难以实现远距离操作,此外反馈机构的摩擦和间隙都会对系统的性能产生不利影响。

电气液压控制系统简称电液控制系统,系统中偏差信号的检测、校正和初始放大都是采用电气、电子元件来实现的。其优点是信号的测量、校正和放大都较为方便,容易实现远距离操作,容易与响应速度快、抗负载刚性大的液压动力元件实现整合,组成以电子、电气为神经,以液压为筋肉的电液控制系统。其具有很大的灵活性与广泛的适应性,是目前响应速度和控制精度最优的控制系统。

由于机电一体化技术的发展和计算机技术的普及,电液控制系统已在工程上普遍得到应用并成为液压控制中的主流系统。

第三节 电液控制阀

电液伺服阀、电液比例阀和电液数字阀统称为电液控制阀,是电子技术与液压技术相结合发展的一类液压阀,是组成自动化程度及动、静态特性要求较高的液压控制系统的重要元件,其性能比较如表 10 - 1 所列。

表 10 - 1 电液控制阀的性能

项 目	电液伺服阀	电液比例阀	电液数字阀
功能	压力控制、流量控制、方向和流量同时控制、压力流量同时控制等	多为四通阀,同时控制方向和流量、压力控制等	压力控制、流量控制、方向和流量同时控制等
电气-机械转换器	力马达或力矩马达,功率较小	比例电磁铁,功率较大	步进电动机,功率较大
过滤精度/μm	(1~5)	约25	无特殊要求
滞环/(%)	约1	0.1~1	—
频宽/Hz	100~500	10~150	—
中位死区	无	不大于20%	—
控制放大器及计算机接口	伺服放大器在很多情况下需专门设计,包括整个闭环电路;需要 D/A 转换器	比例放大器比较简单,与阀配套供应;需要 D/A 转换器	比例放大器比较简单、与阀配套供应;可直接与计算机接口,不需要 D/A 转换器
压力范围/MPa	2.5~31.5	~32	~21
公称通径/mm	—	6~63	—
额定流量/(L·min^{-1})	~600	~1 800	~500
安装连接方式	多为板式		
货源及产品	较充足	较充足	不足
应用领域	自动化程度和综合性能要求较高的闭环液压控制系统	多用于开环控制液压系统,有时也用于闭环控制系统	既可开环控制,也可闭环控制
价格	约为普通阀的 10 倍以上	约为普通阀的 3~6 倍	约为普通阀的 3 倍以上

一、电液伺服阀

1. 功用、组成及特点与分类

电液伺服阀是一种自动控制阀,它既是电液转换元件,又是功率放大元件,其功用是将小功率的电信号输入转换为大功率液压能(压力和流量)输出,从而实现对液压执行元件位移(或转速)、速度(或角速度)、加速度(或角加速度)和力(或转矩)的控制。

电液伺服阀通常是由电气-机械转换器(力马达或力矩马达)、液压放大器(先导级阀和功率级主阀)和检测反馈机构组成的(见图 10-3)。若是单级阀,则无先导级阀;否则为多级阀。电气-机械转换器用于将输入电信号转换为力或力矩,以产生驱动先导级阀运动的位移或转角;先导级阀又称前置级(可以是滑阀、锥阀、喷嘴挡板阀或插装阀),用于接受小功率的电气-机械转换器输入的位移或转角信号,将机械量转换为液压力驱动主阀;主阀(滑阀或插装阀)将先导级阀的液压力转换为流量或压力输出;设在阀内部的检测反馈机构(可以是液压或机械或电气反馈等)将先导阀或主阀控制口的压力、流量或阀芯的位移反馈到先导级阀的输入端或比例放大器的输入端,实现输入输出的比较,从而提高阀的控制性能。

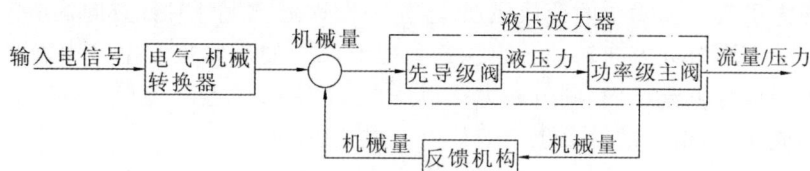

图 10-3 电液伺服阀的组成

电液伺服阀的主要优点:输入信号功率很小(通常仅有几十毫瓦),功率放大系数高;能够对输出流量和压力进行连续双向控制;直线性好、死区小、灵敏度高,动态响应速度快,控制精度高,体积小、结构紧凑,故广泛用于快速高精度的各类机械设备的液压闭环控制中。电液伺服阀的类型、结构繁多,其详细分类如表 10-2 所示。

表 10-2 电液伺服阀的分类

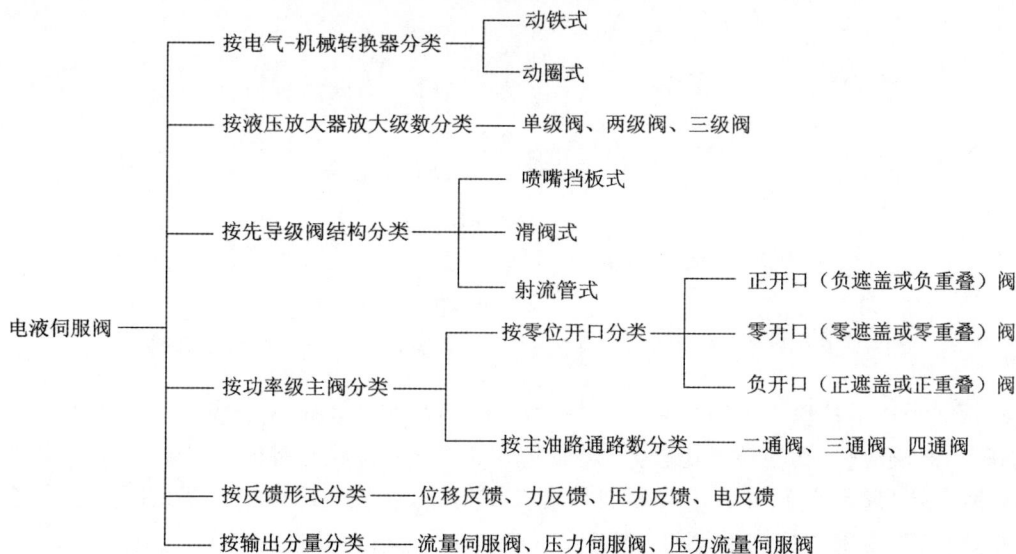

2.电气-机械转换器

电气-机械转换器主要有动铁式(可动件是控制衔铁)和动圈式(可动件是控制线圈)两类。常用的动铁式力矩马达,其输入为电信号,输出为力矩。图 10-4 所示为动铁式力矩马达。它由左、右两块永久磁铁 7 及 3,上、下两块导磁体 2 及 5,带弹簧管 6 的衔铁 4 及套在衔铁上的两个控制线圈 4 组成。衔铁固定在弹簧管上端,弹簧管又支承在上、下导磁体的中间位置,可以绕弹簧管的转动中心作微小转动。衔铁两端与上、下导磁体(磁极)形成 4 个工作气隙①②③④。上、下导磁体除作为磁极外,还为永久磁铁产生的极化磁通 Φ_g 和控制线圈的差动电流信号产生的控制磁通 Φ_c 提供磁路。永久磁铁将上、下导磁体磁化,一个为 N 极,另一个为 S 极。

当无信号电流时,即 $i_1=i_2$,衔铁在上、下导磁体的中间位置,永久磁铁在四个工作气隙中所产生的极化磁通相同,使衔铁两端所受的电磁吸力相同,力矩马达无力矩输出。

当有信号电流通过线圈时,控制线圈产生控制磁通 Φ_c,其大小和方向取决于信号电流的大小和方向。假设由放大器 1 输给控制线圈的信号电流 $i_1>i_2$,如图 10-4 所示,在气隙①③中控制磁通 Φ_c 与极化磁通 Φ_g 同向,而在气隙②④中控制磁通与极化磁通反向。故气隙①③中的合成磁通大于气隙②④中的合成磁通,于是在衔铁上产生顺时针方向的电磁力矩,使衔铁绕弹簧管转动中心顺时针方向转动。当弹簧管变形产生的反力矩与电磁力矩相平衡时,衔铁停止转动。如果信号电流反向,则电磁力矩也反向,衔铁向反方向转动,电磁力矩的大小与信号电流的大小成比例,衔铁的转角也与信号电流成比例。

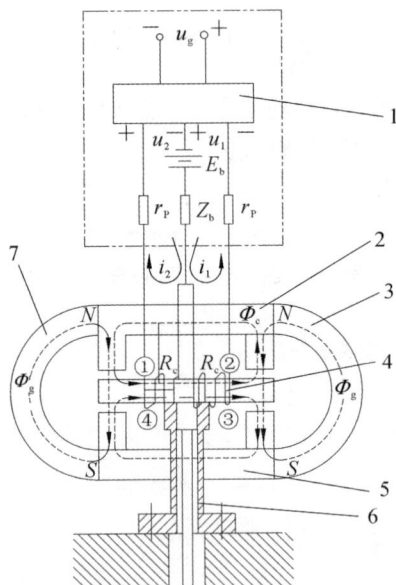

图 10-4　动铁式力矩马达结构原理图

1—放大器;2—上导磁体;3,7—永久磁铁;4—衔铁线圈;5—下导磁体;6—弹簧管

动铁式力矩马达输出力矩较小,常用于控制喷嘴挡板之类的先导级阀。其优点是自振频率较高,动态响应快,功率质量比较大,抗加速度零漂性好。缺点是限于气隙的形式,其转角和工作行程很小(通常小于 0.2mm),材料性能及制造精度要求高,价格昂贵;此外,它的控制电流较小(仅几十毫安),故抗干扰能力较差。

3.液压放大器

(1)先导级阀的结构形式及特点。电液伺服阀先导级结构形式主要有喷嘴挡板式、射流管式和滑阀式等三种,而前两种应用较多。

1)喷嘴挡板阀。这种阀是通过改变喷嘴与挡板之间的相对位移来改变液流通路开度的大小以实现控制,它有单喷嘴和双喷嘴两种结构形式,其结构原理与参数意义如图 10 - 5 所示。图 10 - 5(a)所示为单喷嘴挡板阀,它主要由固定节流孔、喷嘴和挡板等组成,喷嘴与挡板间的环形面积构成了可变节流孔,用于改变固定节流孔与可变节流孔之间的压力(简称控制压力) p_c。由于单喷嘴阀是三通阀,故只能用于控制差动液压缸,控制压力 p_c 与负载腔(缸的大腔)相连,恒压源的供油压力 p_s 与缸的小腔相连。当挡板与喷嘴端面之间的间隙 x_f 减小时,由于可变液阻增大,使通过固定节流孔的流量 q_1 减小,在固定节流孔处的压降也减小,因此控制压力 p_c 增大,推动负载运动,反之亦然。为了减小油温变化的影响,固定节流孔通常做成短管形的,喷嘴端部是近于锐边形的。图 10 - 5(b)所示为双喷嘴挡板阀,它由两个结构相同的单喷嘴挡板阀组合在一起按差动原理工作,因双喷嘴挡板阀是四通阀,故可用于控制对称液压缸,也可用于控制液压马达。

喷嘴挡板阀具有结构简单、体积和运动部件质量小、无摩擦、所需驱动力小、灵敏度高等优点,特别适用于小功率系统,在多级液压放大元件中,常用作二级前置放大器。其主要缺点是零位泄漏流量大,负载刚性差,输出流量小,因节流孔及喷嘴的间隙小(0.02~0.06mm)而易堵塞,抗污染能力差。

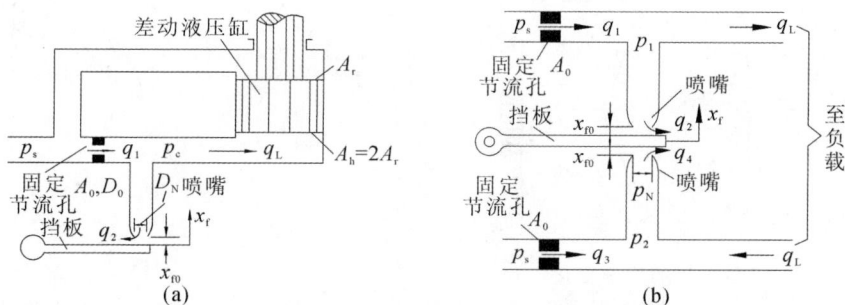

图 10 - 5　喷嘴挡板阀结构原理图

D_0,A_0—固定节流孔直径、面积;D_N—喷嘴直径;A_h,A_r—差动液压缸的大、小腔面积;
x_f,x_{f0}—挡板与喷嘴端面之间的间隙、零位间隙;p_s—供油压力;p_c,p_1,p_2—控制压力(固定节流孔与可变节流孔之间的压力);
q_1,q_3—通过固定节流孔流量;q_2,q_4—通过挡板与喷嘴端面之间间隙的流量(外泄流量);q_L—负载流量

2)射流管式先导级阀。这种阀是根据动量原理工作的。它主要由射流管 1 和接收器 2 组成(见图 10 - 6)。射流管可以绕支承中心 3 转动。接收器上的两个圆形接收孔分别与液压缸的两腔相连。来自液压源的恒压力、恒流量的液流通过支承中心引入射流管,经射流管喷嘴(直径 D_N 通常为 0.5~2mm)向接收器喷射。压力油的液压能通过射流管的喷嘴转换为液流的动能(速度能),液流被接收孔接收后,又将动能转换为压力能。

当无信号输入时,射流管由对中弹簧保持在两个接收孔的中间位置,两个接收孔所接收的射流动能相同,其恢复压力也相等,液压缸活塞不动。当有输入信号时,射流管偏离中间位置,两个接收孔所接收的射流动能不再相等,其中一个增大而另一个减小,因此,两个接收孔的恢复压力不等,其压差使液压缸活塞运动。

从射流管喷出射流有淹没射流和非淹没射流两种
情况。非淹没射流是射流经空气到达接收器表面,射
流在穿过空气时将冲击气体,分裂成含气的雾状射流。
淹没射流是射流经同密度的液体到达接收器表面,不
会出现雾状分裂现象,也不会有空气进入运动的液体
中去,故淹没射流具有最佳流动条件,在射流管阀中一
般都采用淹没射流。无论是淹没射流还是非淹没射
流,一般都是紊流,射流质点除有轴向运动外还有横向
流动。射流与其周围介质的接触表面有能量交换,有
些介质分子会吸附进射流而随射流一起运动。这样,
使射流质量增加而速度下降,介质分子掺杂进射流的
现象是从射流表面开始逐渐向中心渗透的。因此,如
图 10-7 所示,射流刚离开喷口时,射流中有一个速度
等于喷口速度的等速核心,等速核心区随喷射距离的
增加而减小。根据圆形喷嘴紊流淹没射流理论可算
出,当射流距离 $l_0 \geq 4.19D_N$ 时,等速核心区消失。为了

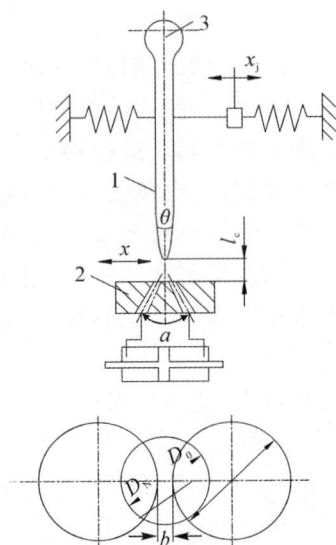

图 10-6　射流管阀结构原理图
1—射流管;2—接收器;3—支承中心

充分利用射流的动能,一般使喷嘴端面与接收器之间的距离 $l_c \leqslant l_0$。

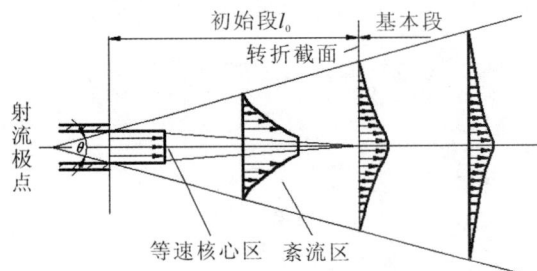

图 10-7　淹没射流的速度变化

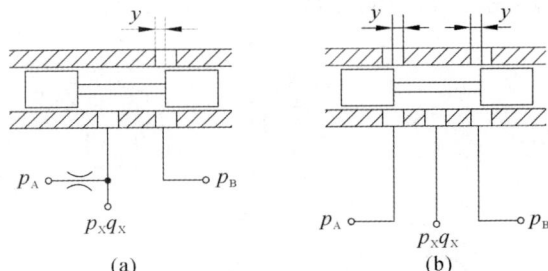

图 10-8　滑阀式先导级
(a)单边控制;(b)双边控制

　　射流管阀的优点是射流管的喷嘴与接收器之间的距离较大,不易堵塞,抗污染能力强,可
靠性高;射流喷嘴有失效对中能力;压力恢复系数和流量恢复系数较高,一般在 70% 以上,有
时高达 90% 以上。其缺点是性能不易计算,特性很难预计,设计时往往需要借助试验;运动零
件惯量较大,故动态响应不如喷嘴挡板阀;若喷嘴与接收孔间隙过小,则接收孔的回流易冲击
射流管而引起易振动;零位泄漏量及功耗较大;油液黏度变化对阀的性能影响较大,低温特性
差。这种阀适用于对抗污染能力有特殊要求的场合,常用作两级伺服阀的前置放大级,既可用
作前置放大元件,又可作小功率系统的功率放大元件。

　　3)滑阀式先导级阀。滑阀有单边(见图 10-8(a))、双边(见图 10-8(b))及四边之分。此
外,按零位控制口(预开口)又分为正开口、零开口及负开口几种形式(详见下述)。滑阀式先导
级的优点是允许位移大,当阀孔为矩形或全周开口时,线性范围宽,输出流量大,流量增益及压
力增益高。其缺点是配合副加工精度要求较高,阀芯运动有摩擦力,运动部件惯量较大,所需
的驱动力也较大,通常与动圈式力马达或比例电磁铁直接连接。滑阀式先导级在电液伺服阀

中应用较少,主要用于先导式电液比例方向控制阀和插装式电液比例流量阀中。

(2)功率级主阀(滑阀)的结构形式及特点。电液伺服阀中的功率级主阀几乎都为滑阀,故这里从伺服阀角度着重介绍滑阀的结构形式及特点。

1)控制边数。根据控制边数的不同,滑阀有单边控制、双边控制和四边控制等3种类型(见图10-9)。单边控制滑阀仅有一个控制边,控制边的开口量 x 控制了执行元件(此处为单杆液压缸)中的压力和流量,从而改变了缸的运动速度和方向。双边控制滑阀有两个控制边,压力油一路进入单杆液压缸有杆腔,另一路经滑阀控制边 x_1 的开口和无杆腔相通,并经控制边 x_2 的开口流回油箱;当滑阀移动时,x_1 增大,x_2 减小,或相反,从而控制了液压缸无杆腔的回油阻力,故改变了液压缸的运动速度和方向。四边控制滑阀有四个控制边,x_1 和 x_2 是用于控制压力油进入双杆液压缸的左、右腔,x_3 和 x_4 用于控制左、右腔通向油箱;当滑阀移动时,x_1 和 x_4 增大,x_2 和 x_3 减小,或相反,这样控制了进入液压缸左、右腔的油液压力和流量,从而控制了液压缸运动速度和方向。

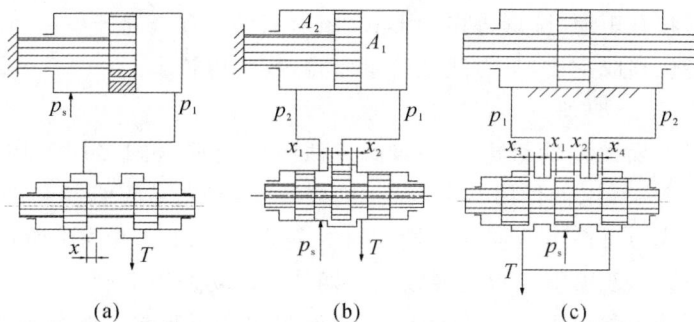

图 10-9　单边、双边和四边控制滑阀
(a)单边;(b)双边;(c)四边

综上所述,单边、双边和四边控制滑阀的控制作用相同。单边和双边滑阀用于控制单杆液压缸;四边控制滑阀既可以控制双杆缸,也可以控制单杆缸。四边控制滑阀的控制质量好,双边控制滑阀居中,单边控制滑阀最差。但是,单边滑阀无关键性的轴向尺寸,双边滑阀有一个关键性的轴向尺寸,而四边滑阀有三个关键性的轴向尺寸,所以单边滑阀易于制造、成本较低,而四边滑阀制造困难、成本较高。通常,单边和双边滑阀用于一般控制精度的液压系统,而四边滑阀则用于控制精度及稳定性要求较高的液压系统。

2)零位开口形式。滑阀在零位(平衡位置)时,有正开口、零开口和负开口等三种零位开口(亦称预开口)形式(见图10-10)。正开口(又称负重叠)的滑阀,其阀芯的凸肩(也称凸肩宽,下同)宽度 t 小于阀套(体)的阀口宽度 h;零开口(又称零重叠)的滑阀,其阀芯的凸肩宽度 t 与阀套(体)的阀口宽度 h 相等;负开口(又称正重叠)的滑阀,其阀芯的凸肩宽度 t 大于阀套(体)的阀口宽度 h。滑阀的开口形式对其零位附近(零区)的特性,具有很大影响,零开口滑阀的特性较好,应用最多,但加工比较困难,价格昂贵。

3)通路数、凸肩数与阀口形状。按通路数滑阀有二通、三通和四通等几种。二通滑阀(单边阀)(见图10-9(a)),它只有一个可变节流口(可变液阻),使用时必须和一个固定节流口配合,这样才能控制一腔的压力,用来控制差动液压缸。三通滑阀(见图10-9(b))只有一个控制口,故只能用来控制差动液压缸,为实现液压缸反向运动,需在有杆腔设置固定偏压(可由供油压力产生)。四通滑阀(见图 10-9(c))有控制口,故能控制各种液压执行元件。

阀芯上的凸肩数与阀的通路数、供油及回油密封、控制边的布置等因素有关。二通阀一般为 2 个凸肩,三通阀为 2 个或 3 个凸肩,四通阀为 3 个或 4 个凸肩。3 凸肩滑阀为最常用的结构形式。凸肩数过多将加大阀的结构复杂程度、长度和摩擦力,影响阀的成本和性能。

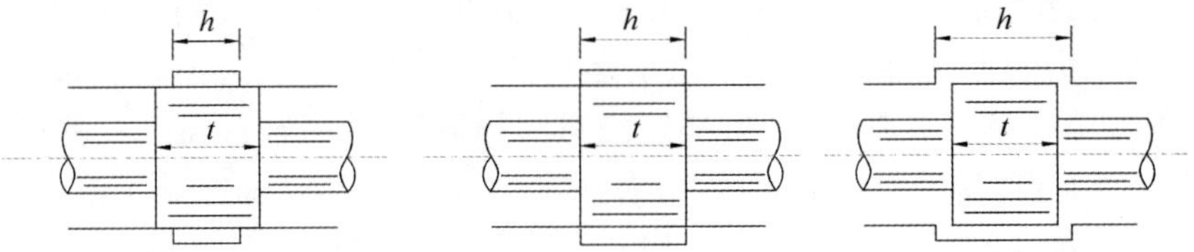

图 10-10 滑阀的零位开口形式

(a)负开口($t > h$);(b)零开口($t = h$);(c)正开口($t < h$)

滑阀的阀口形状有矩形、圆形等多种形式,矩形阀口又有全周开口和部分开口。矩形阀口的开口面积与阀芯位移成正比,具有线性流量增益,故应用较多。

(3)典型结构与工作原理。

1)喷嘴挡板式力反馈型两级电液伺服阀。两级电液伺服阀多用于控制流量较大($80\sim 250L/min$)的场合。两级电液伺服阀由电气-机械转换器、先导阀级阀和功率级主阀组成,种类较多。喷嘴挡板式力反馈电液伺服阀使用量大面广的两级电液伺服阀,如图 10-11(a)所示,它主要由力矩马达、双喷嘴挡板先导级阀和四凸肩的功率级滑阀三个主要部分组成。薄壁的弹簧管 4 支承衔铁 8 和挡板 3,并作为喷嘴挡板阀的液压密封。挡板的下端为带有球头的反馈弹簧杆 12,球头嵌入主滑阀阀芯 13 中间的凹槽内,构成阀芯对力矩马达的力反馈作用。两个喷嘴 2,10 及挡板 3 之间形成可变液阻节流孔,主阀左、右设有固定节流孔 1,14。阀内设有内置过滤器 15,以保证进入阀内油液的清洁。

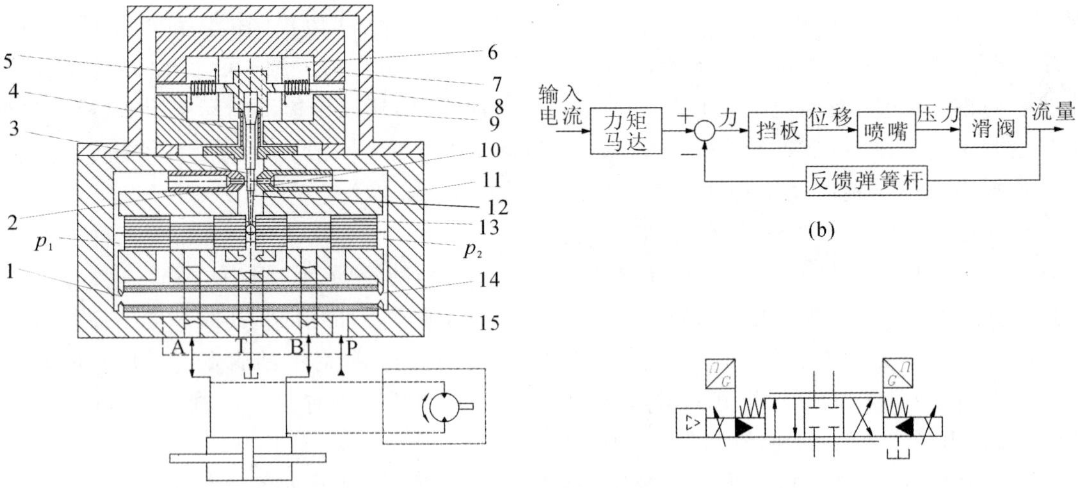

图 10-11 喷嘴挡板式力反馈两级电液伺服阀

1,14—固定节流孔;2,10—喷嘴;3—挡板;4—弹簧管;5—线圈;6—永久磁铁;7—上导磁体;
8—衔铁;9—下导磁体;11—阀座;12—反馈弹簧杆;13—主滑阀阀芯;15—内置过滤器

　　当线圈 5 没有电流信号输入时,力矩马达无力矩输出,衔铁、挡板和主阀芯都处于中(零)位。液压源▲(设压力为 p_s)输出的压力油进入主滑阀口,并由内置过滤器 15 过滤。由于阀芯 13 两端台肩将阀口关闭,油液不能进入 A,B 口,但同时液流经固定节流孔 1 和 14 分别引到喷嘴 2 和 10,喷射后的液流排回油箱。因挡板处于中位,故两喷嘴与挡板的间隙相等,则主阀控制腔两侧的油液压力(亦即喷嘴前的压力)p_1 与 p_2 相等,滑阀处于中位(零位)。

　　当线圈 5 通入信号电流时,力矩马达产生使衔铁转动的力矩,不妨假设该力矩为顺时针方向,则衔铁连同挡板一起绕弹簧管中的支点顺时针方向偏转,因挡板离开中位,造成它与两个喷嘴的间隙不等,左喷嘴 2 间隙减小,右喷嘴 10 间隙增大,即压力 p_1 增大,p_2 减小,故主滑阀在两端压力差作用下向右运动,开启控制口,P 口→B 口相通,压力油进入液压缸右腔(或液压马达上腔),活塞左行;同时,A 口→T 口相通,液压缸左腔(或液压马达下腔)排油回油箱。在滑阀右移的同时,弹簧杆 12 的力反馈作用(对挡板组件施加一逆时针方向的反力矩)使挡板逆时针偏转,使左喷嘴 2 的间隙增大,右喷嘴 10 的间隙减小,于是压力 p_1 减小,p_2 增大,滑阀两端的压差减小。当主滑阀阀芯向右移动到某一位置,由主两端压差(p_1-p_2)形成的通过反馈弹簧杆 12 作用在挡板上的力矩、喷嘴液流作用在挡板上的力矩及弹簧管的反力矩之和与力矩马达的电磁力矩相等时,主滑阀阀芯 13 受力平衡,稳定在一定开口下工作。

　　通过改变线圈输入电流的大小,就可成比例地调节力矩马达的电磁力矩,从而得到不同的主阀开口大小即流量大小。改变输入电流方向,就可改变力矩马达偏转方向以及主滑阀阀芯的方向,可实现对液流方向的控制。

　　上述工作过程的分析可用图 10 - 11(b)所示的原理方块图来综合表达。图 10 - 11(c)所示为伺服阀的图形符号。

　　除了上述力反馈型的电液伺服阀外,双喷嘴挡板式电液伺服阀还有直接位置反馈、电反馈、压力反馈、动压反馈与流量反馈等不同反馈形式。它们具有线性度好、动态响应快、压力灵敏度高、阀芯基本处于浮动不易卡阻、温度和压力零漂小等优点,其缺点是抗污染能力差喷嘴挡板级零位间隙较小(仅 0.025~0.125mm),阀易堵塞,内泄漏较大、功率损失大、效率低,力反馈回路包围力矩马达,流量大时提高阀的频宽受到限制。

　　喷嘴挡板式电液伺服阀适合在航空航天及一般工业用的高精度电液位置伺服、速度伺服及信号发生装置中使用;高响应的喷嘴挡板式电液伺服阀可用于中小型液压振动台与疲劳试验机;特殊的正开口滑阀型主阀芯的喷嘴挡板式电液伺服阀可用于伺服加载及伺服压力控制系统。

　　2)射流管式力反馈两级电液流量伺服阀。如图 10 - 12 所示,射流管式力反馈两级电液流量伺服阀采用干式桥形永磁力矩马达 1,射流管 3 焊接于衔铁上,并由薄壁弹簧片支承。液压油通过柔性供压管 2 进入射流管 3。从射流管 3 喷嘴射出的液压油进入与阀芯 6 两端容腔分别相通的两个接收孔中,推动阀芯 6 移动。射流管的侧面装有弹簧板及反馈弹簧丝 5,其末端插入阀芯 6 中间的小槽内,阀芯移动推动反馈弹簧丝,构成对力矩马达的力反馈。力矩马达借助薄壁弹簧片实现对液压部分的密封隔离。

　　射流管式伺服阀最大的优点是抗污染能力强(最小通流尺寸为 0.2mm,而喷嘴挡板式电液伺服阀仅为 0.02~0.06mm),可靠性高、寿命长;另外,阀的压力效率和容积效率较高,可产生较大的控制压力与流量,从而提高了功率级主阀的驱动能力和抗污染能力,工作稳定、零点漂移小。其缺点是频率响应低、低温特性差,制造困难,价格高。它适用于动态响应不太高的控制场合。

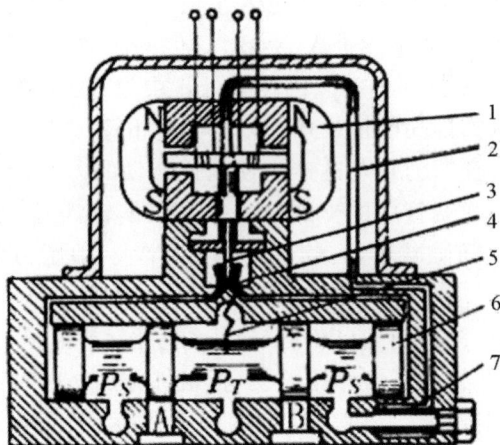

图 10-12　射流管式力反馈两级电液流量伺服阀结构原理图

1—力矩马达；2—柔性供压管；3—射流管；4—射流接收管；5—反馈弹簧；6—阀芯（滑阀）；7—过滤器

（4）主要性能。电液伺服阀是电液伺服系统中的关键元件，与普通开关式液压阀相比，其功能完备但结构也异常复杂和精密，其性能优劣对于系统的工作品质具有至关重要的影响，因此阀的性能指标参数非常繁多且要求严格，电液伺服阀的特性及参数可以通过理论分析获得，但工程上精确的特性及参数只能通过实际测试试验获得。

1）静态特性。电液伺服阀的静态特性是指稳定工作条件下，伺服阀的各静态参数（输出流量、输入电流和负载压力）之间的相互关系。静态特性主要包括负载流量特性、空载流量特性和压力特性，并由此可得到一系列静态指标参数。它可以用特性方程、特性曲线和阀系数等三种方法表示。

a. 特性方程。电液伺服阀通常包括电气-机械转换器、液压放大器（先导阀和主阀）、反馈机构等部分，因此阀的特性方程通常首先要根据电磁学、流体力学和刚体力学的基本方程列写出各组成环节的特性方程，然后经过综合化简才能导出。

例如理想零开口四边滑阀（见图 10-13），设阀口对称，各阀口流量系数相等，油液是理想液体，不计泄漏和压力损失，供油压力 p_s 恒定不变。当阀芯从零位右移 x_v 时，则流入、流出阀的流量 q_1，q_3 为

$$q_1 = C_d \omega x_v \sqrt{\frac{2}{\rho}(p_s - p_1)} \tag{10-1}$$

$$q_3 = C_d \omega x_v \sqrt{\frac{2}{\rho}p_2} \tag{10-2}$$

稳态时，$q_1 = q_3 = q_L$，则可得供油压力 $p_s = p_1 + p_2$。令负载压力 $p_L = p_1 - p_2$，则有

$$p_1 = (p_s + p_L)/2 \tag{10-3}$$

$$p_2 = (p_s - p_L)/2 \tag{10-4}$$

将式（10-3）或式（10-4）代入式（10-1）或式（10-2）可得滑阀的负载流量（压力-流量特性）方程

$$q_L = C_d \omega x_v \sqrt{\frac{1}{\rho}(p_s - p_L)} \tag{10-5}$$

式中 q_L—— 负载流量(m^3/s);

       C_d—— 流量系数;

       ω—— 滑阀的面积梯度(阀口沿圆周方向的宽度),$\omega = \pi d$,d 为滑阀阀芯凸肩直径;

       x_v—— 滑阀位移(m);

       p_s—— 伺服阀供油压力(MPa);

       p_L—— 伺服阀负载压力(MPa)。

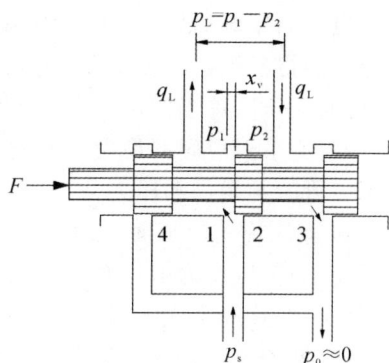

图 10-13   零开口四边滑阀

对于图 10-11 所示的典型两级力反馈电液伺服流量阀(先导级为双喷嘴挡板阀、功率级为零开口四边滑阀),其滑阀位移 $x_v = K_{xv}i$,所以其负载流量(压力-流量特性)方程为

$$q_L = C_d \omega x_v \sqrt{\frac{1}{\rho}(p_s - p_L)} = C_d \omega K_{xv} i \sqrt{\frac{1}{\rho}(p_s - p_L)} \qquad (10-6)$$

式中 K_{xv}—— 伺服阀增益(取决于力矩马达结构及几何参数);

       i—— 力矩马达线圈输入电流。

其余符号意义与式(10-5)相同。由式(10-6)可知,电液流量伺服阀的负载流量 q_L 与功率级滑阀的位移 x_v 成比例,而功率级滑阀的位移 x_v 与输入电流 i 成正比,所以电液流量伺服阀的负载流量 q_L 与输入电流 i 成比例。由此,可列出电液伺服阀负载流量的一般表达式为

$$q_L = q_L(x_v, p_L) \qquad (10-7)$$

它是一个非线性方程。

b. 特性曲线及静态性能指标。由特性方程可以绘制出相应的特性曲线,并由此可得到一系列静态指标参数。由特性曲线和相应的静态指标可以对阀的静态特性进行评定。

(ⅰ)负载流量特性曲线。它是输入不同电流时对应的流量与负载压力构成的抛物线簇曲线(见图 10-14)。压力-流量特性曲线完全描述了伺服阀的静态特性。但要测得这组曲线却相当麻烦,特别是在零位附近很难测出精确的数值,而伺服阀却正好是在此处工作的。所以这些曲线主要用来确定伺服阀的类型和估计伺服阀的规格,以便与所要求的负载流量和负载压力相匹配。

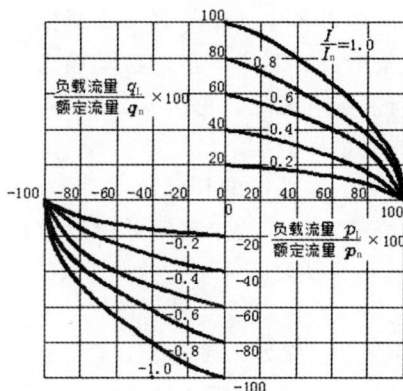

图 10-14   电液伺服阀压力-流量特性曲线

电液伺服阀的规格可由额定压力、额定流量和额定电流表示。额定流量 q_n 指在规定的阀压降下,对应于额定电流的负载流量(单位:m³/s),通常在空载条件下规定伺服阀的额定流量,此时阀压降等于额定压力。也可以在负载压力等于 2/3 供油压力条件下规定额定流量,此时,额定流量对应阀的最大功率输出点。额定压力 p_n 指额定工作条件时的供油压力,对应于额定电流的额定供油压力(Pa);额定电流 I_n 指产生额定流量对线圈任一极性所规定的输入电流(A),规定额定电流时,必须规定线圈的连接方式(单线圈连接、并联连接或差动连接),当串联时,其额定电流为上述额定电流之半。

(ⅱ)空载流量特性曲线。伺服阀的空载流量曲线是输出流量与输入电流呈回环状的函数曲线(见图 10 - 15),它是在给定的伺服阀压降和零负载压力下,输入电流在正负额定电流之间作一完整的循环,输出流量点形成的完整连续变化曲线(简称流量曲线)。通过流量曲线,可以得出电液伺服阀的如下一些性能参数。

空载流量特性曲线上对应于额定电流的输出流两侧为额定流量 q_R。通常规定额定流量的公差为 ±10%。额定流量表明了伺服阀的规格,可用于伺服阀的选择。

电液伺服阀的流量曲线回环的中点轨迹线称为名义流量曲线(见图 10 - 15),它是无滞环流量曲线。由于伺服阀的滞环通常很小,所以可把流量曲线的一侧当做名义流量曲线使用。

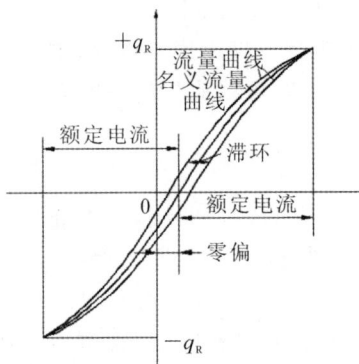

图 10 - 15　流量曲线、额定流量、零偏、滞环

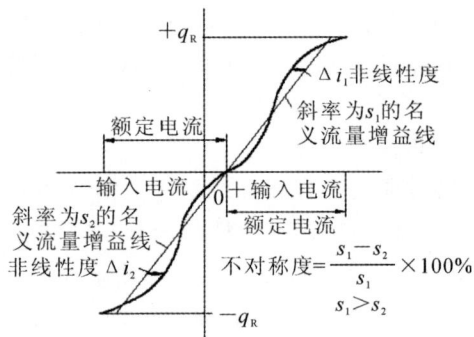

图 10 - 16　名义流量增益、非线性度、不对称度

• 流量增益。流量曲线上某点或某段的斜率称为该点或区段的流量增益。如图 10 - 16 所示,从名义流量曲线的零流量点向两极各作一条与名义流量偏差最小的直线,即为名义流量增益线,该直线的斜率称为名义流量增益。名义流量增益随输入电流的极性、负载压力大小等变化而变化。伺服阀的额定流量与额定电流之比称为额定流量增益。一般情况下,伺服阀只提供空载流量曲线及其名义流量增益指标数据。

伺服阀的流量增益直接影响到伺服系统的开环放大系数,故对系统的稳定性和品质产生影响。选用伺服阀时,要根据系统的实际需要来确定其流量增益的大小。在电液伺服系统中,由于系统的开环放大系数可利用电子放大器的增益来调整,故对伺服阀流量增益的要求不是很严格。

• 非线性度。流量曲线的不直线性称为非线性度。它用名义流量曲线对名义流量增益线的最大电流偏差与额定电流的百分比表示(见图 10 - 16)。非线性度通常小于 7.5%。

• 不对称度。两个极性名义流量增益的不一致性称为不对称度,用两者之差较大者的百分比表示(见图 10 - 16)。一般要求不对称度小于 10%。

• 滞环。当伺服阀中的电流在正负额定电流之间缓慢变化一次,产生相同流量所对应的往返输入电流的最大差值与额定电流的百分比,称为滞环(见图 10-15)。伺服阀的滞环一般小于 5%,而高性能伺服阀的滞环小于 0.5%。伺服阀滞环是由于力矩马达磁路的磁滞现象和伺服阀中的游隙所造成,滞环对伺服系统精度有影响,其影响随着伺服放大器增益和反馈增益的增大而减小。

• 分辨率。为使伺服阀输出流量发生变化所需的输入电流的最小值(它随输入电流大小和停留时间长短而变化)与额定电流的百分比,称为伺服阀的分辨率(见图10-17)。伺服阀的分辨率一般小于 1%,高性能伺服阀小于 0.4% 甚至小于 0.1%。一般而言,油液污染将增大阀的黏滞而使阀的分辨率增大。在位置伺服系统中,分辨率过大则可能在零位区域引起静态误差或极限环振荡。

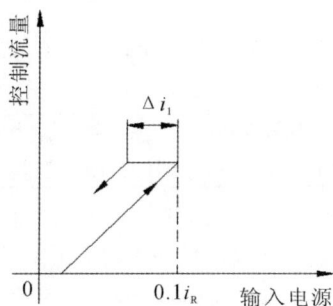

图 10-17 伺服阀的分辨率

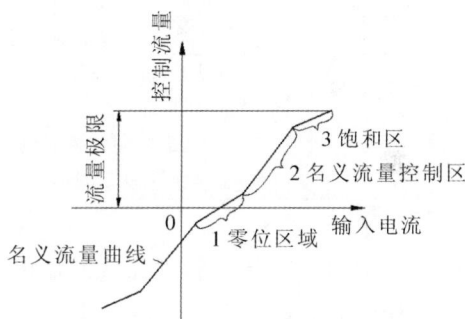

图 10-18 伺服阀的工作区域

(ⅲ)零区特性。电液流量伺服阀有零位、名义流量控制和流量饱和等三个工作区域(见图 10-18)。在流量饱和区域,流量增益随输入电流的增大而减小,最终输出流量不再随输入电流增大而增大,这个最大流量称为流量极限。零位区域(简称零区)是伺服阀空载流量为零的位置,此区域是功率级的重叠对流量增益起主要影响的区域,因此零区特性特别重要。

• 重叠。重叠是阀在零位时,阀芯与阀套(阀体)的控制边在相对运动方向的重合量。用两极名义流量曲线近似直线部分的延长线与零流量线相交的总间隔与额定电流的百分比表示(图 10-19)。伺服阀的重叠分为零重叠(零开口)、正重叠(负开口)和负重叠(正开口)三种情况(参见图 10-19),零区特性因重叠情况不同而异。

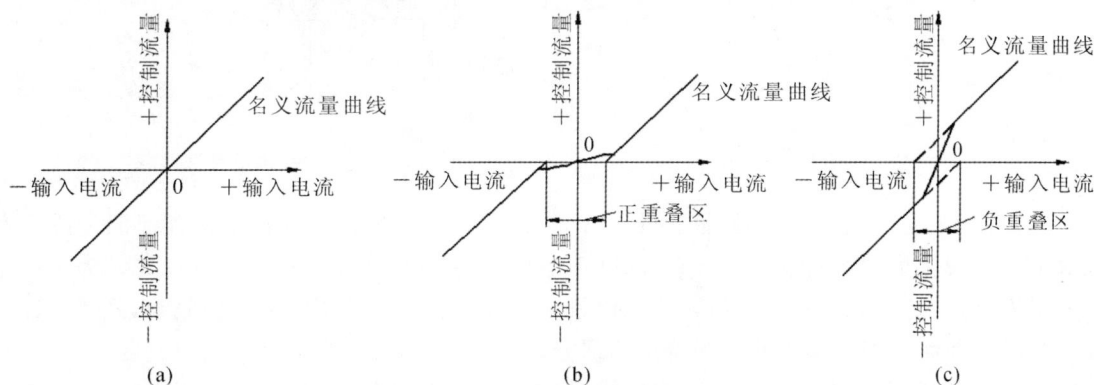

图 10-19 伺服阀的重叠

(a)零重叠;(b)正重叠;(c)负重叠

• 零位偏移(零偏)。由于组成元件的结构尺寸、电磁性能、水力特性和装配等因素的影响,伺服阀在输入电流为零时的输出流量并不为零,为了使输出流量为零,必须预加一个输入电流。使伺服阀处于零位所需的输入电流与额定电流的百分比称为零位偏移(简称零偏)。伺服阀的零偏通常小于3%。

• 零位漂移(零漂)。工作条件和环境条件发生变化时,引起零偏电流的变化称为伺服阀的零漂,以与额定电流的百分比表示。主要有表10-3所列的四种零漂。

表 10 - 3　伺服阀的零漂

序号	名称	定义及范围
①	供油压力零漂	供油压力在额定工作压力的30% ～ 110%范围内变化引起的零漂称为供油压力零漂。该零漂通常应小于±2%
②	回油压力零漂	回油压力在额定工作压力的0 ～ 20%范围内变化引起的零漂,称为回油压力零漂。该零漂应小于±2%
③	温度零漂	工作油液温度每变化40℃引起的零漂,称为温度零漂。该零漂应小于±2%
④	零值电流零漂	零值电流在额定电流的0 ～ 100%范围内变化时引起的零漂,称为零值电流零漂。该零漂应小于±2%。伺服阀的零漂会引起伺服系统的误差

(ⅳ)压力特性。当压力特性曲线的输出流量为零(将两个负载口堵死)时,负载压降与输入电流呈回环状的函数曲线(见图10-20)。在压力特性曲线上某点或某段的斜率称为压力增益,伺服阀的压力增益随输入电流而变化,并且在一个很小的额定电流百分比范围内达到饱和。压力增益通常规定为在最大负载压降的±40%之间,负载压降对输入电流的平均斜率。伺服阀的压力增益直接影响伺服系统的承载能力和系统刚度,压力增益大,则系统的承载能力强、系统刚度大,误差小。压力增益与阀的开口形式有关,零开口伺服阀的压力增益最大。

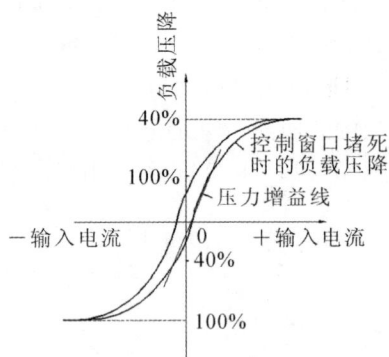

图 10 - 20　压力特性曲线

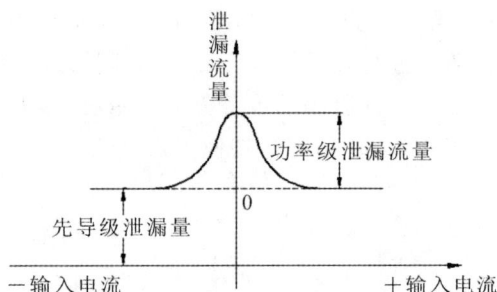

图 10 - 21　静耗流量特性曲线

(ⅴ)静耗流量特性(内泄特性)。当输出流量为零时,由回油口流出的内部泄漏量称为静耗流量。静耗流量随输入电流变化,当阀处于零位时,静耗流量最大(见图10-21)。为了避免功率损失过大,必须对伺服阀的最大静耗流量加以限制。对于常用的两级伺服阀,静耗流量由先导级的泄漏流量和功率级的泄漏流量两部分组成,减小前者将影响阀的响应速度;后者与滑阀的重叠情况有关,较大重叠可以减少泄漏,但要使阀产生死区,并可能导致阀淤塞,从而使阀的滞环与分辨率增大。零位泄漏流量对新阀可以作为衡量滑阀制造质量的指标,对使用中的旧阀可反映其磨损状况。

c.阀系数。伺服阀的阀系数主要用于系统的动态分析。伺服阀的负载流量方程(式10-7)是一个非线性方程,采用线性控制理论对系统进行动态分析时较为困难,故通常将它进行线性化处理,并以增量形式表示为

$$\Delta q_{\mathrm{L}} = \frac{\partial q_{\mathrm{L}}}{\partial x_v} \Delta x_v + \frac{\partial q_{\mathrm{L}}}{\partial p_{\mathrm{L}}} \Delta p_{\mathrm{L}} \qquad (10-8)$$

式中各符号意义与式(10-7)相同。

由式(10-8)可定义阀的流量增益、流量压力系数和压力增益等三个系数,如表10-4所列,作为示例,表中依据理想零开口四边滑阀的负载流量方程

$$q_{\mathrm{L}} = C_{\mathrm{d}} \omega x_v \sqrt{\frac{1}{\rho} \left(p_{\mathrm{s}} - \frac{x_v}{|x_v|} p_{\mathrm{L}} \right)} \qquad (10-9)$$

给出了此阀的三个阀系数表达式。根据阀系数的定义,式(10-8)可表示为

$$\Delta q_{\mathrm{L}} = K_q \Delta x_v - K_c \Delta p_{\mathrm{L}} \qquad (10-10)$$

当进行伺服控制系统动态分析时,式(10-10)作为伺服阀的阀方程与执行元件等一起考虑。考虑到伺服阀通常工作在零位附近,工作点在零位,其参数的增量也就是它的绝对值,因此阀方程式(10-10)也可以写为

$$q_{\mathrm{L}} = K_q x_v - K_c p_{\mathrm{L}} \qquad (10-11)$$

上述三个阀系数的具体数值随工作点变化而变化,而最重要的工作点为负载流量特性曲线的原点($q_{\mathrm{L}} = p_{\mathrm{L}} = x_v = 0$处),由于阀经常在原点附近(即零位)工作,此处阀的流量增益最大(即系统的增益最高),但流量压力系数最小(即系统阻尼最小),所以此处稳定性最差。若系统在零位稳定,则在其余工作点也稳定。各种开口形式的伺服阀,由其负载流量方程出发,按照上述定义容易求得其零位阀系数。理想零开口四边滑阀的零位阀系数参见表10-4。

表 10-4　伺服阀的阀系数及示例(理想零开口四边滑阀)

阀系数	定义	意义	示例(理想零开口四边滑阀)	
			阀系数表达式	零位阀系数
流量增益(流量放大系数)K_q	$K_q = \dfrac{\partial q_{\mathrm{L}}}{\partial x_v}$	流量特性曲线的斜率表示负载压力一定时,阀单位位移所引起的负载流量变化的大小。流量增益越大,对负载流量的控制越灵敏	$K_q = C_{\mathrm{d}} \omega \sqrt{\dfrac{p_{\mathrm{s}} - p_{\mathrm{L}}}{\rho}}$	$K_{q0} = C_{\mathrm{d}} \omega \sqrt{\dfrac{p_{\mathrm{sL}}}{\rho}}$
流量压力系数 K_c	$K_c = -\dfrac{\partial q_{\mathrm{L}}}{\partial p_{\mathrm{L}}}$	压力-流量特性曲线的斜率并冠以负号,使其成为正值。流量压力系数表示阀的开度一定时,负载压降变化所引起的负载流量变化的大小。它反映了阀的抗负载变化能力,即 K_c 越小,阀的抗负载变化能力越强,亦即阀的刚性越大	$K_c = \dfrac{C_{\mathrm{d}} \omega x_v}{2\sqrt{\rho(p_{\mathrm{s}} - p_{\mathrm{L}})}}$	$K_{c0} = 0$

续 表

阀系数	定义	意义	示例（理想零开口四边滑阀）	
			阀系数表达式	零位阀系数
压 力 增 益（也称压力灵敏度）K_p	$K_p = \dfrac{\partial p_L}{\partial x_v}$	压力特性曲线的斜率。通常，压力增益表示负载流量为零（将控制口关死）时，单位输入位移所引起的负载压降变化的大小。此值大，阀对负载压降的控制灵敏度高	$K_p = \dfrac{2(p_s - p_L)}{x_v}$	$K_{p0} = \infty$

d. 输出功率及效率。对于典型的零开口四边滑阀式伺服阀，应用式（10-9）并取 $x_v > 0$，滑阀的输出功率为

$$N_{vo} = p_L q_L = p_L C_d \omega x_v \sqrt{\frac{1}{\rho}(p_s - p_L)} \qquad (10-12)$$

输入功率为

$$N_{vi} = p_s q_L \qquad (10-13)$$

阀的效率为

$$\eta = \frac{N_{vo}}{N_{vi}} = \frac{p}{p_s} \qquad (10-14)$$

当 $p_L = 0$ 和 $p_L = p_s$ 时，输出功率为零，由 $\dfrac{\partial N_{vo}}{\partial p_L} = 0$ 得，输出功率为极大值时的 p_L 值为

$$p_L = \frac{2}{3} p_s \qquad (10-15)$$

则阀的最大效率为

$$\eta_{max} = \frac{\frac{2}{3} p_s}{p_s} = 66.7\%$$

通常电液伺服系统的工作点按最佳效率原则，即负载压力 p_L 按式（10-15）选取。

2）动态特性。电液伺服阀的动态特性可用频率响应（频域特性）或瞬态响应（时域特性）表示。

a. 频率响应。它是指输入电流在某一频率范围内作等幅变频正弦变化时，空载流量与输入电流的百分比。频率响应特性用幅值比（dB）与频率和相位滞后（度）与频率的关系曲线（波德图）表示（见图10-22）。由于输入信号或供油压力不同，动态特性曲线也不同，所以动态响应总是对应一定的工作条件。伺服阀产品目录通常给出 $\pm 10\%$，$\pm 100\%$ 两组输入信号试验曲线，而供油压力通常规定为 7MPa。

幅值比是某一特定频率下的输出流量幅值与输入电流之比，除以一指定频率（输入电流基准频率，通常为 5 或 10 周/s）下的输出流量与同样输入电流幅值之比。相位滞后是指某一指定频率下所测得的输入电流和与其相对应的输出流量变化之间的相位差。

伺服阀的幅值比为 -3dB（即输出流量为基准频率时输出流量的 70.7%）时的频率定义为幅频宽，以相位滞后达到 -90° 时的频率定义为相频宽。应取幅频宽和相频宽中较小者作为阀

的频宽值。频宽是伺服阀动态响应速度的度量,频宽过低会影响系统的响应速度,过高会使高频传到负载上去。伺服阀的幅值比一般不允许大于 $+2\mathrm{dB}$。通常力矩马达喷嘴挡板式两级电液伺服阀的频宽在 $100\sim130\mathrm{Hz}$ 之间,动圈滑阀式两级电液伺服阀的频宽在 $50\sim100\ \mathrm{Hz}$ 之间,电反馈高频电液伺服阀的频宽可达 $250\mathrm{Hz}$ 甚至更高。

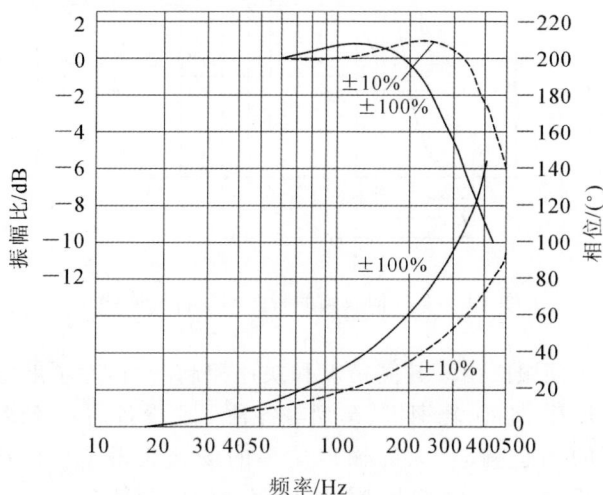

图 10 - 22　伺服阀的频率响应特性曲线

b.瞬态响应。它是指当电液伺服阀施加一个典型输入信号(通常为阶跃信号)时,阀的输出流量对阶跃输入电流的跟踪过程表现出的振荡衰减特性(见图 10-23)。反映电液伺服阀瞬态响应快速性的时域性能主要指标有超调量、峰值时间、响应时间和过渡过程时间。超调量 M_p 是指响应曲线的最大峰值 $E(t_\mathrm{p1})$ 与稳态值 $E(\infty)$ 的差;峰值时间 t_p1 是指响应曲线从零上升到第一个峰值点所需要的时间。响应时间 t_r 是指从指令值(或设定值)的 5% 到 95% 的运动时间;过渡过程时间是指输出振荡减小到规定值(通常为指令值的 5%)所用的时间(t_s)。

当对电液伺服系统进行动态分析和设计时,要考虑伺服阀的数学模型:微分方程或传递函数,其中传递函数应用较多,通常,伺服阀的传递函数 $G_v(s)$ 可用二阶环节表示

$$G_v(s)=\frac{Q(s)}{I(s)}=\frac{K_q}{\dfrac{s^2}{\omega_v^2}+\dfrac{2\xi s}{\omega_v}+1} \tag{10-16}$$

式中　s——拉普拉斯算子;

　　　ω_v——伺服阀的固有频率,常见的伺服阀固有频率 $\omega_v=(300\sim1\ 000)\mathrm{Hz}$;

　　　ξ——阻尼比,由试验曲线求得,通常 $\xi=0.4\sim0.7$;

　　$I(s)$——控制电流的拉式变换式;

　　$Q(s)$——流量的拉式变换式。

对于频率低于 $50\mathrm{Hz}$ 的伺服阀,其传递函数 $G_v(s)$ 可用一阶环节表示

$$G_v(s)=\frac{Q(s)}{I(s)}=\frac{K_q}{\dfrac{s}{\omega_v}+1} \tag{10-17}$$

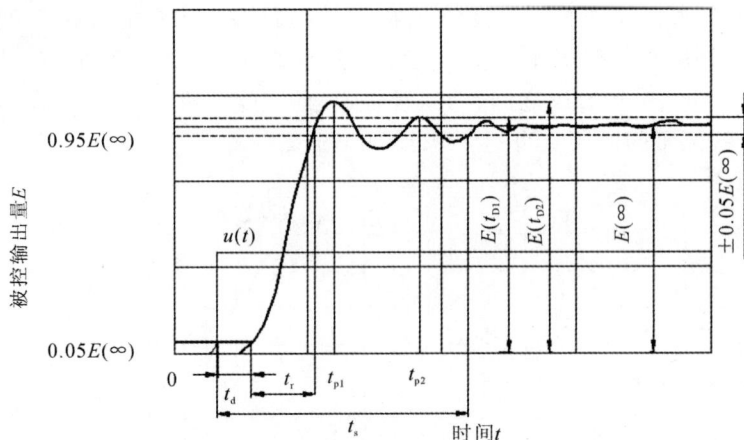

图 10-23　伺服阀的瞬态响应特性曲线

　　(5)应用场合。电液伺服阀由于其高精度和快速控制能力,除了航空、航天和军事装备等普遍使用的领域外,在机床、塑机、轧钢机、车辆等各种工业设备的开环或闭环的电液控制系统中,特别是系统要求高的动态响应、大的输出功率的场合获得了广泛应用,图 10-24 和图 10-25 所示分别反映了军事装备和工业设备中伺服阀的应用情况。

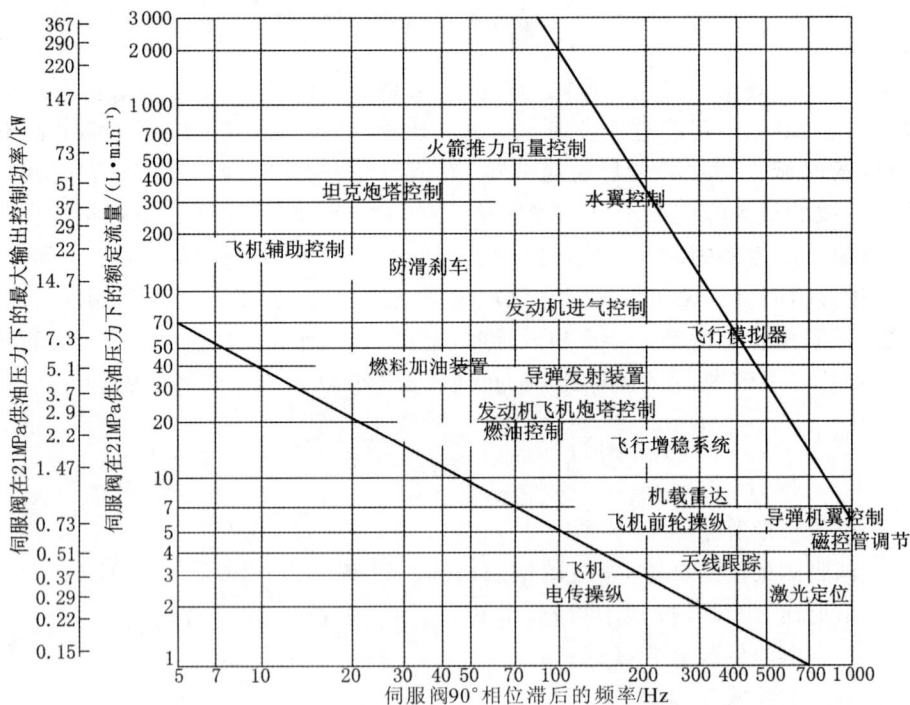

图 10-24　军事装备中伺服阀的应用情况

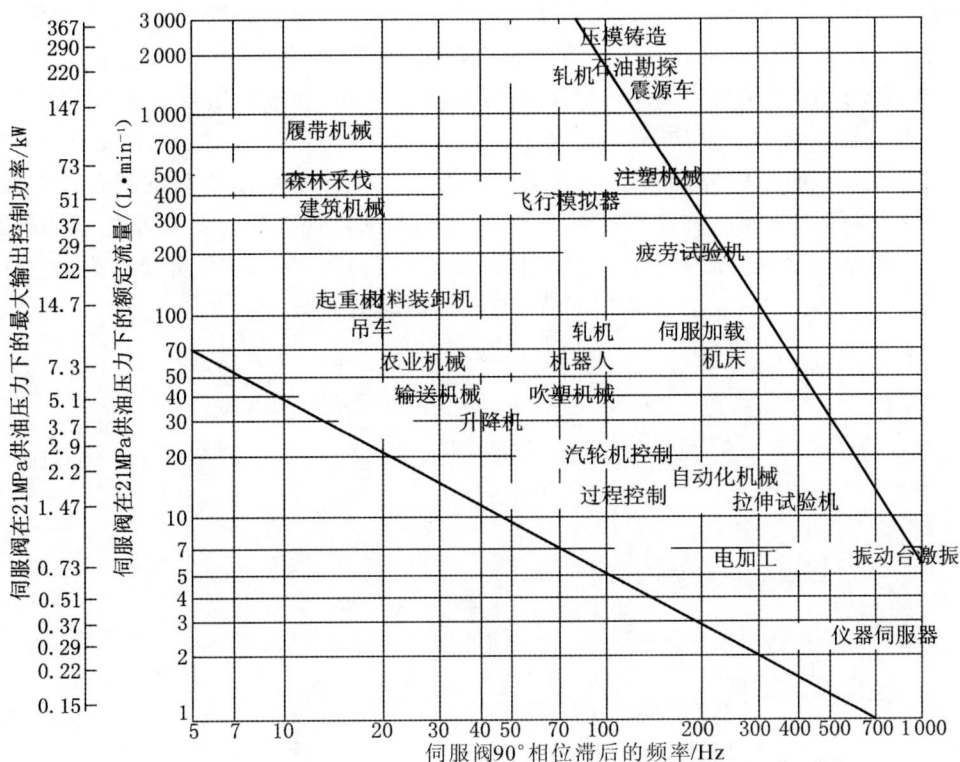

图 10-25　工业设备中伺服阀的应用情况

二、电液比例阀

（1）功用、组成及特点与分类。电液比例控制阀（简称电液比例阀或比例阀）是介于普通液压阀和电液伺服阀之间的一种液压控制阀。它与电液伺服阀的功能及组成类同。

电液比例阀通常也是由电气-机械转换器、液压放大器（先导级阀和功率级主阀）和检测反馈机构组成（见图 10-26）。若是单级阀，则无先导级阀。比例电磁铁、力马达或力矩马达等电气-机械转换器用于将输入电信号通过比例放大器放大后转换为力或力矩，以产生驱动先导级阀运动的位移或转角。先导级阀（又称前置级）可以是锥阀式、滑阀式、喷嘴挡板式或插装式，用于接受小功率的电气-机械转换器输入的位移或转角信号，将机械量转换为液压力驱动主阀；主阀通常是滑阀式、锥阀式或插装式，用于将先导级阀的液压力转换为流量或压力输出；设在阀内部的机械、液压及电气式检测反馈机构将主阀控制口或先导级阀口的压力、流量或阀芯的位移反馈到先导级阀的输入端或比例放大器，实现输入输出的平衡。

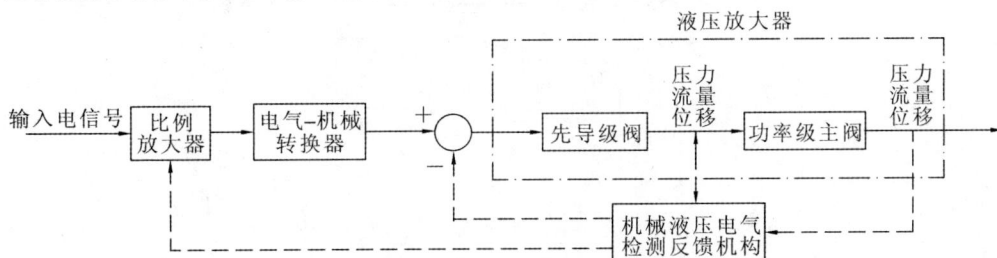

图 10-26　电液比例阀的组成

电液比例阀多用于开环液压控制系统中,实现对液压参数的遥控,也可以作为信号转换与放大元件用于闭环控制系统。与手动调节和通断控制的普通液压阀相比,它能显著地简化液压系统,实现复杂程序和运动规律的控制,便于机电一体化,通过电信号实现远距离控制,大大提高液压系统的控制水平;与电液伺服阀相比(见表10-1),尽管其动静态性能有些逊色,但在结构与成本上具有明显优势,能够满足多数对动静态性能指标要求不高的场合。但随着电液伺服比例阀(亦称高性能比例阀)的出现,电液比例阀的性能已接近甚至超过了伺服阀,体现了电液比例控制技术的生命力。电液比例阀的类型、结构繁多,其详细分类如表10-5所示。

表 10 - 5   电液比例阀的分类

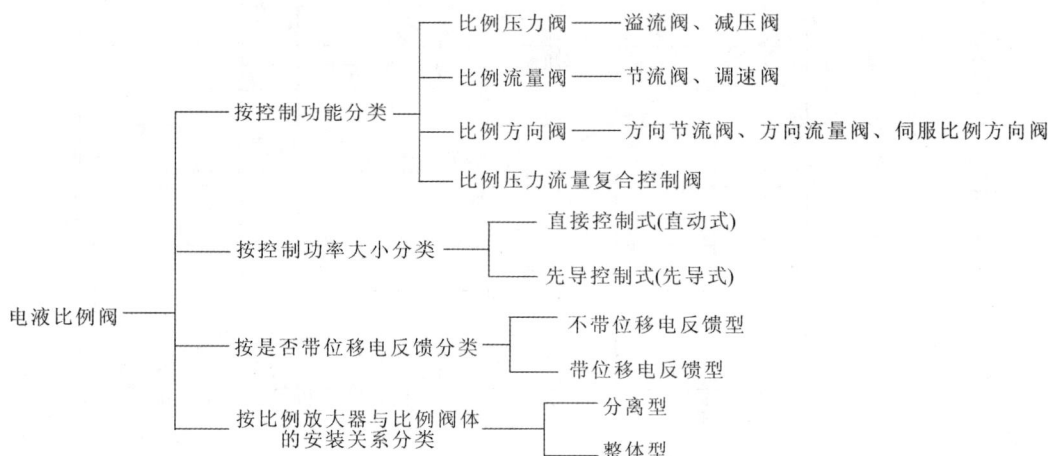

```
                                  ┌─ 比例压力阀 ── 溢流阀、减压阀
                                  │
                                  ├─ 比例流量阀 ── 节流阀、调速阀
              ┌─ 按控制功能分类 ──┤
              │                   ├─ 比例方向阀 ── 方向节流阀、方向流量阀、伺服比例方向阀
              │                   │
              │                   └─ 比例压力流量复合控制阀
              │
              │                   ┌─ 直接控制式(直动式)
              ├─ 按控制功率大小分类 ┤
电液比例阀 ───┤                   └─ 先导控制式(先导式)
              │
              │                   ┌─ 不带位移电反馈型
              ├─ 按是否带位移电反馈分类 ┤
              │                   └─ 带位移电反馈型
              │
              │  按比例放大器与比例阀体  ┌─ 分离型
              └─ 的安装关系分类 ────────┤
                                       └─ 整体型
```

(2)电气-机械转换器——比例电磁铁。它与开关型电磁铁不同,比例电磁铁的功用是将比例控制放大器输给的电信号(模拟信号,通常为 24V 直流,800mA 或更大的额定电流)转换成力或位移信号输出。一般以输出推力为主。按照输出位移的形式,比例电磁铁有单向和双向两种。常用的单向比例电磁铁(见图 10-27)由推杆 1、线圈 3、衔铁 7、导向套 10、壳体 11、轭铁 13 等部分组成。导向套 10 前后两段为导磁材料,其前段有特殊设计的锥形盆口,两段之间用非导磁材料(隔磁环 9)焊接为整体。壳体与导向套之间,配置同心螺线管式控制线圈 3。衔铁 7 前端所装的推杆 1 输出力或位移,后端所装的调节螺钉 5 和弹簧 6 为调零机构,可在一定范围内对比例电磁铁乃至整个比例阀的稳态特性进行调整,以增强其通用性(几种阀共用一种电磁铁)。衔铁支承在轴承上,以减小黏滞摩擦力。比例电磁铁的内腔通常要充入液压油,使其成为衔铁移动的一个阻尼器,以保证比例元件具有足够的动态稳定性。

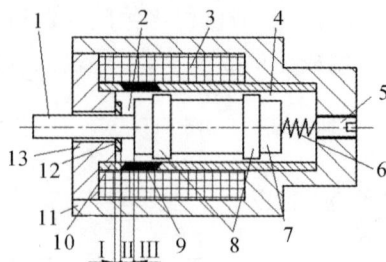

图 10 - 27   单向比例电磁铁结构原理图

1—推杆;2—工作气隙;3—线圈;4—非工作气隙;5—调节螺钉;6—弹簧;7—衔铁;8—轴承环;
9—隔磁环;10—导向套;11—壳体;12—限位片;13—轭铁

当线圈通入电流时,形成的磁路经壳体、导向套、衔铁后分为两路,一路由导向套前端到轭铁 13 而产生斜面吸力,另一路直接由衔铁断面到轭铁而产生表面吸力,二者的合成力即为比例电磁铁的输出力,如图 10-28 所示,比例电磁铁的整个行程区,分为吸合区 Ⅰ、有效行程区 Ⅱ 和空行程区 Ⅲ 等三个区段,在有效行程区(工作行程区)Ⅱ,比例电磁铁具有基本水平的位移-力特性,而工作区的长度与电磁铁的类型等有关。由于比例电磁铁具有水平的位移-力特性,所以一定的控制电流对应一定的输出力,即输出力与输入电流成比例(见图 10-29),改变电流即可成比例地改变输出力。

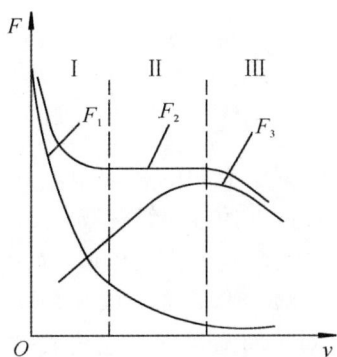

图 10-28　单向电磁铁的位移-吸力特性
y-行程;F_1-表面力;
F_2-合成力;F_3-斜面力

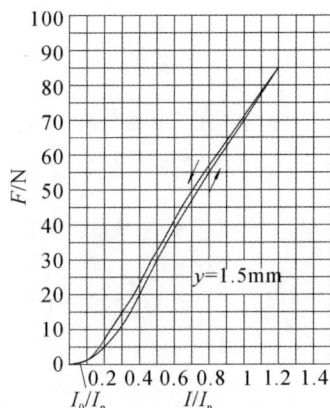

图 10-29　比例电磁阀的电流-力特性
I-工作电流;I_n-额定电流;
F-吸力;y-行程

比例电磁铁具有结构简单、成本低廉、输出推力和位移大、对油质要求不高、维护方便等特点。

(3)液压放大器。电液比例阀的先导级主要有锥阀式、滑阀式、喷嘴挡板式或插装式等结构形式,而大多采用锥阀及滑阀。其结构及特点请参见本节前述相关内容。电液比例阀的功率级主阀通常是滑阀式、锥阀式或插装式,其结构与普通液压阀的滑阀、锥阀或插装阀结构类同,故此处从略。

(4)典型结构与工作原理。电液比例压力阀、流量阀和方向阀均有直动式和先导式之分,并各有普通型(不带位移反馈)和位移反馈型两种结构形式。

1)电液比例压力阀。图 10-30(a)所示为位移电反馈型直动式电液比例压力阀的结构图,其比例电磁铁带有位移传感器 1,故其详细图形符号如图 10-30(b)所示。工作时,给定设定值电压,比例放大器输出相应控制电流,比例电磁铁推杆输出的与设定值成比例的电磁力,通过传力弹簧 7 作用在锥阀芯 9 上;同时,电感式位移传感器 1 检测电磁铁衔铁推杆的实际位置(即弹簧座 6 的位置),并反馈至比例放大器,利用反馈电压与设定电压比较的误差信号去控制衔铁的位移,即在阀内形成衔铁位置闭环控制。利用位移闭环控制可以消除摩擦力等干扰的影响,保证弹簧座 6 能有一个与输入信号成正比的确定位置,得到一个精确的弹簧与压缩量,从而得到精确的压力阀控制压力。电磁力的大小在最大吸力之内由负载需要决定。当系统对重复精度、滞环等有较高要求时,可采用这种带电反馈的比例压力阀。

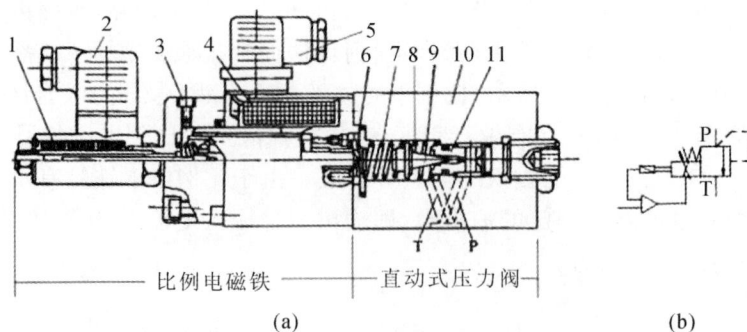

图 10-30　位移电反馈型直动式电液比例压力阀

1—位移传感器；2—传感器插头；3—放气螺钉；4—线圈；5—线圈插头；6—弹簧座；7—传力弹簧；

8—防振弹簧；9—锥阀芯；10—阀体；11—阀座

图 10-31(a) 所示为带手调安全阀的先导式电液比例溢流阀的结构图。其上部为先导级，是一个直动式比例压力阀，下部为功率级主阀组件(带锥度的锥阀结构)5，中部配置了手调限压阀 4，用于防止系统过载。图中，A 为压力油口，B 为溢流口，X 为遥控口，使用时其先导控制回油必须单独从外泄油口 2 无压引回油箱。该阀的工作原理，除先导级采用比例压力阀之外，与第五章介绍的普通先导式溢流阀基本相同。手调限压阀与主阀一起构成一个普通的先导式溢流阀，当电气或液压系统发生意外故障时，它能立即开启使系统卸压，以保证液压系统的安全。

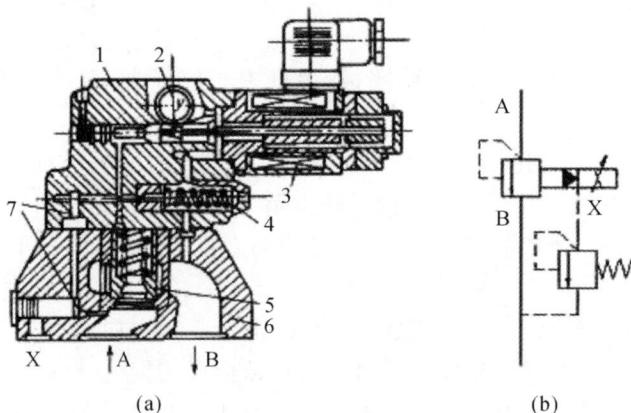

图 10-31　带手调限压阀的先导式电液比例溢流阀

(a) 结构图；(b) 图形符号

1—先导阀体；2—外泄油口；3—比例电磁铁；4—限压阀；5—主阀组件；6—主阀体；7—固定液阻

2) 电液比例流量阀。图 10-32(a) 所示为一种位移电反馈型直动式电液比例调速阀的结构原理图。它由节流阀 3、作为压力补偿器的定差减压阀 4 及单向阀 5 和电感式位移传感器 6 等组成。节流阀芯 3 的位置通过位移传感器 6 检测并反馈至比例放大器。当液流从 B 油口流向 A 油口时，单向阀开启，不起比例流量控制作用。这种比例调速阀可以克服干扰力的影响，静动态特性较好，主要用于较小流量的系统。

　　3) 电液比例方向控制阀。电液比例方向控制阀能按输入电信号的极性和幅值大小,同时对液压系统液流方向和流量进行控制,从而实现对执行元件运动方向和速度的控制。在压差恒定条件下,通过电液比例方向阀的流量与输入电信号的幅值成比例,而流动方向取决于比例电磁铁是否受到激励。

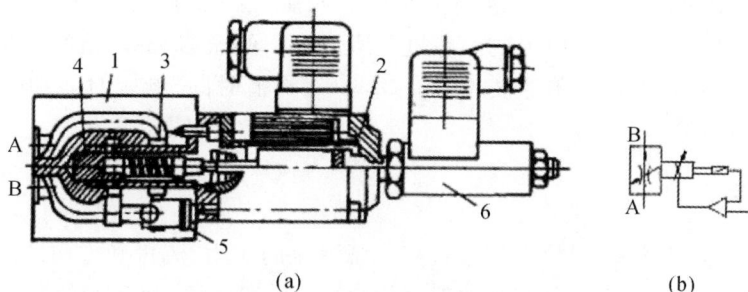

图 10-32　位移电反馈型直动式电液比例调速阀

(a)结构图;(b)图形符号

1—阀体;2—比例电磁铁;3—节流阀芯;4—作为压力补偿器的定差减压阀;5—单向阀;6—电感式位移传感器

　　图 10-33 所示为一种普通型直动式电液比例方向节流阀的结构原理图,它主要由两个比例电磁铁 1,2,阀体 3,阀芯(四边滑阀)4,对中弹簧 2,5 组成。当比例电磁铁 1 通电时,阀芯右移,油口 P 与 B 通,A 与 T 通,而阀口的开度与电磁铁 1 的输入电流成比例;当电磁铁 2 通电时,阀芯向左移,油口 P 与 A 通,而 B 与 T 通,阀口开度与电磁铁 6 的输入电流成比例。与伺服阀不同的是,这种阀的四个控制边有较大的遮盖量,端弹簧具有一定的安装预压缩量。阀的稳态控制特性有较大的中位死区。另外,由于受摩擦力及阀口液动力等干扰的影响,这种直动式电液比例方向节流阀的阀芯定位精度不高,尤其是在高压大流量工况下,稳态液动力的影响更加突出。为了提高电液比例方向阀的控制精度,可以采用位移电反馈型直动式电液比例方向节流阀。

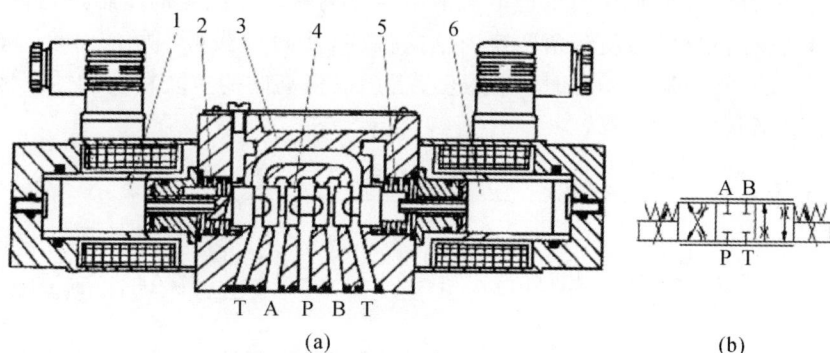

图 10-33　普通型直动式电液比例方向节流阀

(a)结构图;(b)图形符号

1,6—比例电磁铁;2,5—对中弹簧;3—阀体;4—阀芯

　　(5)主要性能。电液比例阀的性能指标与普通液压阀明显不同,而与电液伺服阀接近。电液比例阀的输入信号通常为电流或电压,输出为压力或流量,故其主要性能是指静态或动态情

况下这些参数之间的关系及参数指标。其中静态特性主要用非线性度、滞环、分辨率、重复精度等静态性能指标参数进行描述。电液比例阀的动态特性也用频率响应(频域特性)或瞬态响应(时域特性)来表示,频率响应特性请参见图 10-22,并取幅频宽和相频宽中较小者作为阀的频宽值。一般电液比例阀的频宽在 1~10Hz 之间,而高性能的电液伺服比例阀的频宽可高达 120Hz 甚至更高;瞬态响应特性也是指通过对阀施加一个典型输入信号(通常为阶跃信号),阀的输出流量对阶跃输入电流的跟踪过程所表现出的振荡衰减特性(参见图 10-23),反映阀瞬态响应快速性的时域性能主要指标有超调量、峰值时间、响应时间和过渡过程时间,其定义与电液伺服阀的相同。

三、电液数字阀

(1)功用、特点及分类。用数字信号直接控制液流的压力、流量和方向的阀类,称为电液数字阀(简称数字阀)。与电液伺服阀和比例阀相比(见表 10-1),数字阀的突出特点是,可直接与计算机接口,不需 D/A 转换器,结构简单;价廉;抗污染能力强,操作维护更简单;而且数字阀的输出量准确、可靠地由脉冲频率或宽度调节控制,抗干扰能力强;可得到较高的开环控制精度等,所以得到了较快发展。在计算机实时控制的电液系统中,已部分取代伺服阀或比例阀。根据控制方式的不同,电液数字阀可分为增量式和快速开关式两大类。此处仅对增量式电液数字阀作一简介。

(2)增量式电液数字阀的基本工作原理。增量式数字阀是采用由脉冲数字调制演变而成的增量控制方式,以步进电机作为电气-机械转换器,驱动液压阀芯工作,因此又称步进式数字阀。增量式数字阀控制系统工作原理框图如图 10-34 所示。微型计算机(下简称微机)发出脉冲序列经驱动器放大后使步进电机工作。步进电机是一个数字元件,根据增量控制方式工作。增量控制方式是由脉冲数字调制法演变而成的一种数字控制方法,是在脉冲数字信号的基础上,使每个采样周期的步数在前一采样周期的步数上,增加或减少一些,而达到需要的幅值。步进电机转角与输入的脉冲数成比例的脉冲信号,步进电机每得到一个脉冲信号,便得到与输入脉冲数成比例,每个脉冲使步进电机沿给定方向转动一固定的步距角,再通过机械转换器(丝杆-螺母副或凸轮机构)使转角转换为轴向位移,使阀口获得一相应开度,从而获得与输入脉冲数成比例的压力、流量。有时,阀中还设置用以提高阀的重复精度的零位传感器和用以显示被控量的显示装置。

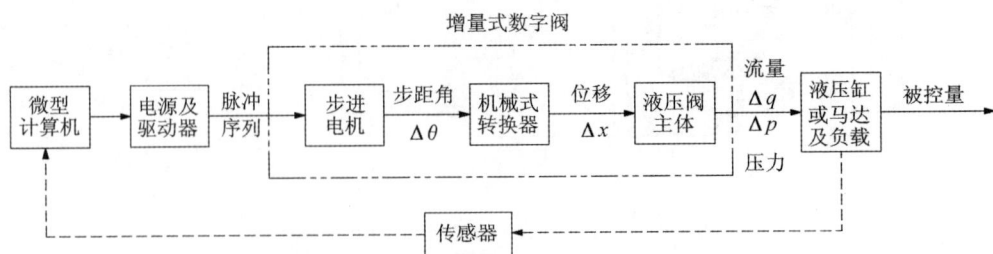

图 10-34 增量式数字阀控制系统工作原理框图

(3)增量式数字阀典型结构及工作原理。

1)增量式数字流量阀。图 10-35 所示为步进电机驱动的增量式数字流量阀。步进电机

1 的转动通过滚珠丝杆 2 转化为轴向位移,带动节流阀阀芯 3 移动,控制阀口的开度,从而实现流量调节。该阀的阀口由相对运动的阀芯 3 和阀套 4 组成,阀套上有两个通流孔口,左边一个为全周开口,右边一个为非全周开口,阀芯移动时先打开右边的节流口,得到较小的控制流量;阀芯继续移动,则打开左边阀口,流量增大,这种结构使阀的控制流量可达 3 600L/min。阀的液流流入方向为轴向,流出方向与轴线垂直,这样可抵消一部分阀开口流量引起的液动力,并使结构较紧凑。连杆 5 的热膨胀,可起温度补偿作用,减小温度变化引起流量的不稳定。阀上的零位移传感器 6 用于在每个控制周期终了控制阀芯回到零位,以保证每个工作周期有相同的起始位置,提高阀的重复精度。

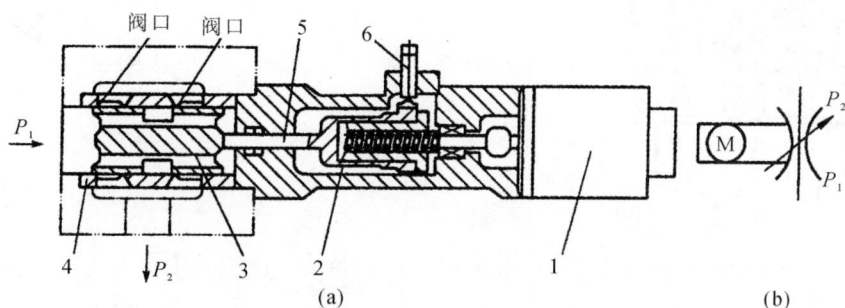

图 10-35 步进电机直接驱动的增量式数字流量阀

(a)结构图;(b)图形符号

1—步进电机;2—滚珠丝杆;3—节流阀阀芯;4—阀套;5—连杆;6—零位移传感器

2)增量式数字溢流阀。如图 10-36 所示为先导型增量式数字溢流阀(图 a 为结构图,图 b 为图形符号,图 c 为控制原理方块图),液压部分由两节同心式主阀和锥阀式导阀两部分组成,阀中采用了三阻尼器(13,15,16)液阻网络,在实现压力控制功能的同时,有利于提高主阀的稳定性;该阀的电气-机械转换器为混合式步进电机(57BYG450C 型,驱动电压为 36VDC,相电流为 1.5A,脉冲速率为 0.1kHz,步距角为 0.9°),步距角小,转矩—频率特性好并可断电自定位;采用凸轮机构作为阀的机械转换器。结合图 10-36(a)(c)对其工作原理简要说明如下:单片微型计算机(AT89C2051)发出需要的脉冲序列,经驱动器放大后使步进电机工作,每个脉冲使步进电机沿给定方向转动一个固定的步距角,在通过凸轮 3 和调节杆 6 使转角转换为轴向位移,使导阀中调节弹簧 19 获得一压缩量,从而实现压力调节和控制。被控压力由 LED 显示器显示。每次控制开始及结束时,由零位传感器 22 控制溢流阀阀芯回到零位,以提高阀的重复精度,工作过程中,可由复零开关复零。该阀额定压力为 16MPa,额定流量为 63L/min,调压范围为 0.5~16MPa,调压当量为 0.16MPa/脉冲,重复精度≤0.1%。

四、电液控制阀性能比较及选择

电液伺服阀、电液比例阀和电液数字阀可细分为很多种类,其性能综合比较可见表10-1。具体的选择工作,应结合所设计的电液控制系统的使用环境、工况条件及静态和动态特性要求,并参照有关产品样本或设计资料来进行。因篇幅所限,此处从略。

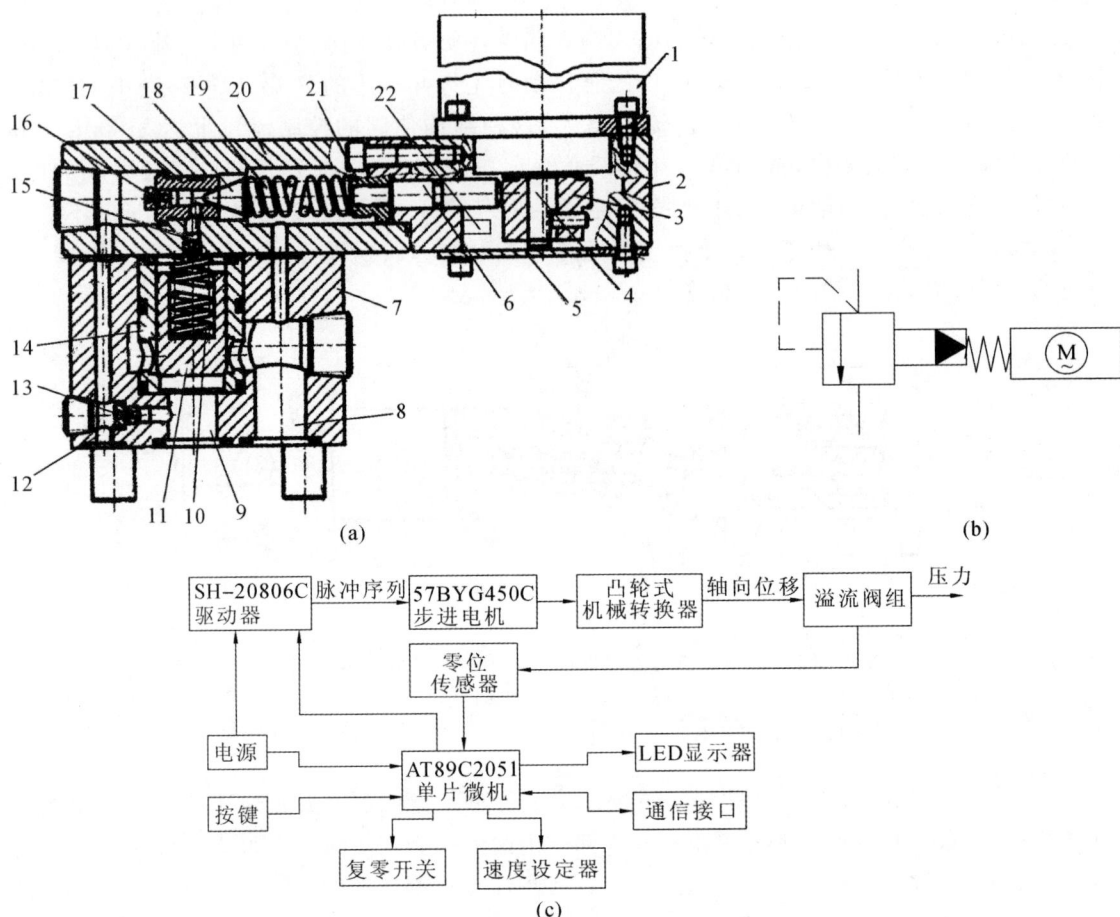

图 10-36 增量式数字溢流阀

(a)结构图；(b)图形符号；(c)控制原理方块图

1—步进电机；2—支架；3—凸轮；4—电机轴；5—盖板；6—调节杆；7—阀体；8—出油口 T；

9—进油口 P；10—复位弹簧；11—主阀芯；12—遥控口 K；13,15,16—阻尼；14—阀套；17—导阀座；

18—导阀芯；19—调节弹簧；20—阀盖；21—弹簧座；22—零位传感器

第四节　液压控制系统应用实例分析

一、BF1010 型单臂液压仿形刨床机液伺服控制系统

1. 主机功能结构

BF1010 型单臂仿形刨床用于汽轮机的曲面叶片或其他曲面的切削加工。其主机由工作台 1、触头 2、刨刀 3、立柱 4、刀架臂 5 和仿形刀架 6 等组成(见图 10-37)。工作时,要加工的工件由相应的夹具夹紧在工作台上,刀架臂 5 带动仿形刀架 6 下降至工件待加工部位,触头 2 与样件(靠模)紧密接触,通过工作台的往复直线主运动(切削)和仿形刀架的仿形运动加工出与样件曲面形状相同的工件。工作台和仿形刀架均由液压驱动。

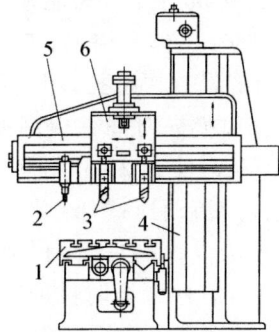

图 10-37　液压仿形刨床的主机结构示意图

1-工作台；2-触头；3-刨刀；4-立柱；5-刀架臂；6-仿形刀架

2.机-液伺服控制系统分析

图 10-38 所示为该刨床的机-液伺服控制系统原理图。系统为双子系统结构,左侧为工作台往复运动子系统,右侧为仿形刀架子系统。前者由定量泵(叶片泵)1,2 组合供油,后者由变量泵(叶片泵)31 供油并兼作液动换向阀 11 的控制油源。

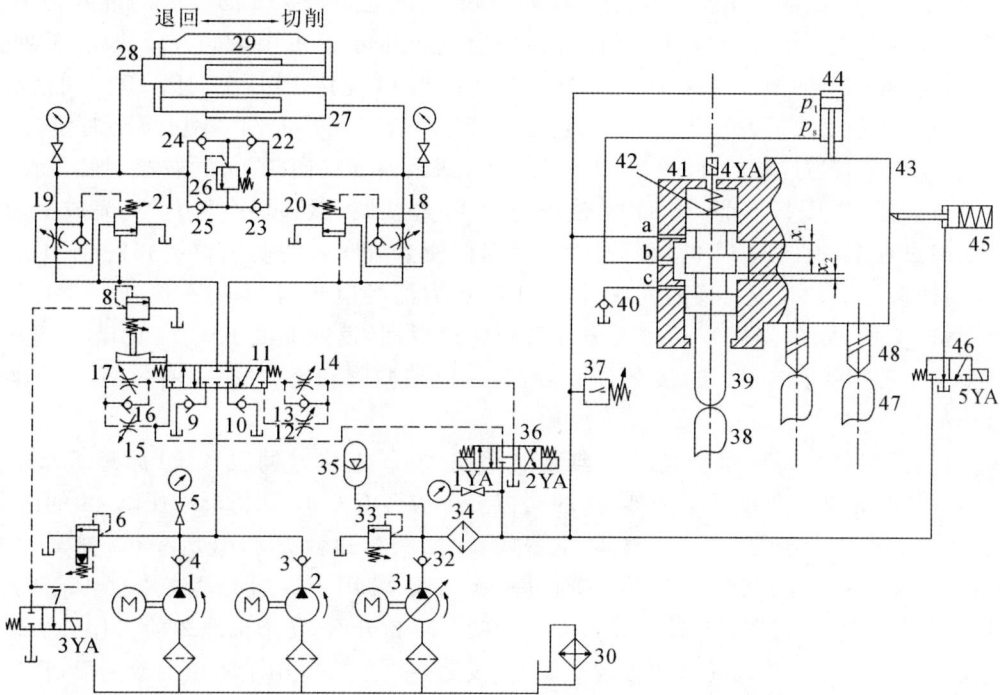

图 10-38　仿形刨床机-液伺服控制系统原理图

1,2-定量液压泵(叶片泵)；3,4,9,10,13,16,22,23,24,25,32,40-单向阀；5 压力表及其开关；
6-先导式溢流阀；7-二位二通电磁换向阀；8-远程自动调压阀；11-三位五通液动换向阀；12,14,15,17-节流器；
18,19-单向节流阀；20,21-溢流阀；26-缓冲溢流阀；27,28-柱塞液压缸；29-工作台；30-冷却器；
31-变量叶片泵；33-安全溢流阀；34-精过滤器；35-蓄能器；36-三位四通电磁换向阀；37-压力继电器；
38-样件(靠模)；39-触头；41-伺服阀；42-弹簧；43-仿形刀架；44-仿形液压缸；45-夹紧液压缸；
46-二位三通电磁换向阀；47-工件；48-刨刀

(1)工作台往复运动系统。该回路的执行元件为驱动工作台 29 的双柱塞液压缸 27,28,缸 28 驱动工作台 29 进给切削,缸 27 驱动工作台快退;三位五通液动换向阀 11 为控制柱塞缸 27 和 28 运动方向的主换向阀,该阀两端设有快跳孔,阀芯快跳和慢速移动的速度通过可调节流器 12 和 14 及 15 和 17 调节,从而调节换向时间并提高换向平稳性;换向阀 11 的导阀为三位四通电磁换向阀 36;单向节流阀 18 及溢流阀 20 和单向节流阀 19 及溢流阀 21 构成两个溢流节流阀,分别用于缸 27 和 28 的进油节流调速;单向阀 22~25 与溢流阀 26 组成交叉缓冲补油回路,用于工作台的换向缓冲并防止吸空;单向阀 9 和 10 用作两缸的背压阀。该回路采用两台定量液压泵(叶片泵)1 和 2 组合供油(两泵同时供油时,切削缸 28 快速运动;泵 1 或 2 单独供油时,切削缸 28 低速或中速运动),最高工作压力由先导式溢流阀 6 设定,阀 8 为远程调压阀,该阀由主换向阀 11 的外露操纵杆操纵,实现换向时自动减压;与阀 6 远程控制口相接的二位二通电磁换向阀 7 用于液压泵的卸荷与升压控制;单向阀 3,4 用于防止系统油液倒灌。系统工作原理如下:

1)切削。切削运动时,控制油路首先工作。电磁铁 1YA 通电使换向阀 36 切换至左位,变量泵 31 的压力油经阀 32、过滤器 34、阀 36 和单向阀 16 进入液动换向阀 11 的左控制腔,右控制腔先后经节流器 12 和 14 和阀 36 回油,使换向阀 11 经快跳、慢移切换至左位。此时主油路可以工作(设单泵 1 供油),泵 1 的压力油经换向阀 11 的左位、阀 19 的节流阀进入切削缸 28 的油腔,其柱塞驱动工作台 29 开始进行切削,切削速度由阀 19 的节流阀开度决定,返回缸 27 随工作台右移,缸 27 的油腔经阀 18 的单向阀和换向阀 11 左位、背压单向阀 10 向油箱排油。

2)返回。切削完成后发出返回信号,电磁铁 2YA 通电使换向阀 36 切换至右位,变量泵 31 的压力油经阀 32、过滤器 34、阀 36 和单向阀 13 进入液动换向阀 11 的右控制腔,而左控制腔先后经节流器 15 及 17 和阀 36 回油,使换向阀 11 经快跳、慢移切换至右位,完成主油路的换向。换向过程中,换向阀 11 的阀芯连带的操纵杆使溢流阀 8 的调压弹簧放松,泵 1 的压力降低,使高速换向平稳完成。换向完成后,泵 1 的压力油经换向阀 11 的右位、阀 18 的节流阀进入返回缸 27 的油腔,其柱塞驱动工作台开始快速返回,返回速度由阀 18 的节流阀开度决定,返回缸 28 随工作台左移,缸 28 的油腔经阀 19 的单向阀和换向阀 11 右位、背压单向阀 9 向油箱排油。

(2)仿形刀架系统。该系统是一个典型的阀控式机-液位置伺服系统(原理方块图见图 10-39),其执行元件为驱动仿形刀架 43 的阀控缸。仿形刀架 43 和仿形液压缸 44 的活塞杆、伺服阀 41 的阀套以及刨刀 48 连成整体,伺服阀 41 的阀芯和触头 39 连为一体,弹簧 42 使触头和样件(即靠模)38 紧密接触。二位三通电磁换向阀 46 用于控制夹紧液压缸 45 的动作方向,夹紧缸与仿形刀架油路成互锁关系,即只有在缸 45 松开时,仿形油路才能工作。仿形刀架回路由变量泵 31 供油,其最高压力由溢流阀 33 设定,单向阀 32 用于防止油液倒灌;精过滤器 34 用于提高油液的清洁度;蓄能器 35 用于吸收压力冲击和补油。

系统的伺服仿形原理如下:仿形指令信号(即输入信号)由触头给出。液压泵 31 的压力油经单向阀 32、过滤器 34 后分为三路,一路到换向阀 46,一路到伺服阀 41 的油口 a,第三路进入仿形缸 44 的有杆腔。进入 a 口的压力油经阀芯和阀套的开口 x_1 之后又分为两路,一路经油口 b 减压后进入缸 44 的无杆腔(压力为 p_1),一路经开口 x_2 压力降为 p_2 之后,经油口 c 和单向阀 40 排回油箱。缸 44 有杆腔中的压力与泵 31 的出口压力 p_s 相同,且为定值。当开口 x_1 与 x_2 相等时,缸 44 两腔压力形成的推力相等,活塞及活塞杆停止不动。

由于样件 38 对触头 39 的作用,伺服阀 41 的阀芯上移时,开口 x_1 减小,打破缸 44 的平衡状态,活塞带动整个刀架上移,使开口 x_1 又逐渐增大,直到 x_1 重新等于 x_2,缸 44 的活塞受力重新平衡为止。这样,仿形刀架随伺服的阀芯移动了一个位移,刨刀 48 相对于工件 47 也移动同一位移,从而加工出与样件曲面形状一致的工件。

触头下移接触工件和刀架下移时的压力冲击由蓄能器 35 吸收,而刀架快速上移可由蓄能器向有杆腔补油。

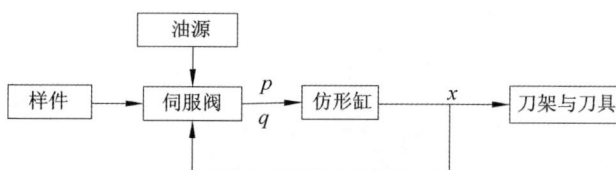

图 10 - 39 仿形刀架的机液伺服控制原理框图

3.系统特点

(1)与机械仿形装置相比,因为液压仿形的触头和样件(靠模)间的接触压力小得多,故样件磨损小,寿命长,此外,液压仿形还允许使用尺寸较小的仿形触头和较陡的靠模曲线,从而扩大了仿形加工的范围。

(2)该仿形刨床的液压系统为双子系统结构,工作台往复运动系统实际上为液压传动系统,它与仿形刀架伺服控制系统既相互融合又相互独立,互不干扰。

(3)仿形刀架回路采用阀控缸实现刀架的仿形运动,用夹紧缸实现仿形回路的互锁,安全可靠。

(4)工作台往复运动系统采用双泵组合供油,并利用远程控制原理实现液压泵的工作压力变化与卸荷。采用一对大小不同的柱塞缸分别实现切削和返回运动;采用电磁换向阀做导阀的液压换向主阀换向,导阀控制压力油取自仿形刀架回路的变量泵,主换向阀带有快跳孔及单向节流器(类似于万能外圆磨床液压系统的液压操纵箱),可节省、调整换向时间,减小换向冲击,通过主换向阀的操纵杆驱动远程调压阀,降低系统在换向过程中的压力;两缸均采用单向节流阀的进油节流调速方式,但不利于散热。

二、高压输电线间隔棒振摆试验电液伺服控制系统

(1)主机功能结构。架设在旷野环境下的高压输电线路,受到风吹、日晒、雨淋的作用。为了保持导线的间距不变,高压输电线路设有间隔棒。因为输电线受到风吹的影响而振动,并导致间隔棒的扭转振摆。本电液伺服系统用于电力行业在实验室里模拟间隔棒的扭转振动及分析研究。

(2)电液伺服控制系统分析。图 10 - 40 所示为间隔棒试验电液伺服控制系统原理图,它是一个简单的阀控马达转角位置系统。执行元件为用于摆角和转矩输出的双叶片式摆动液压马达 9,该马达由电液伺服阀(喷嘴挡板式二级大流量阀)8 驱动和控制。系统的油源为变量液压泵 2,其供油压力由电磁溢流阀 3 设定,并通过压力表及其开关 4 观测。液压泵的进出口分别设有吸油过滤器 1 和高压精过滤器 5,以保证液压油液的清洁度;蓄能器 7 用于吸收液压脉动。冷却器 10 用于油液冷却。油箱上设有空气过滤器 12 和液位计 13。系统最大输出转矩为 1 500N·m;最大扭摆角度为 ±30°,最大扭摆速度为 377°/s,振摆控制波形为正弦波,系统设计压力为 6.3MPa,系统流量为 60L/min。

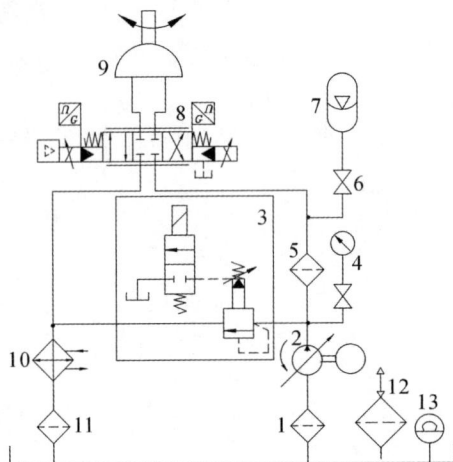

图 10-40　间隔棒试验电液伺服系统原理图

1—吸油过滤器;2—变量液压　泵3—电磁溢流阀;4—压力表及其开关;5—精过滤器;6—截止阀;7—蓄能器;
8—电液伺服阀;9—摆动液压马达;10—冷却器;11—回油过滤器;12—空气过滤器;13—液位计

　　系统的工作原理可用图 10-41 所示原理方块图简要说明如下:伺服控制器将来自信号源(系统的输入信号)与振摆液压马达的摆角信号的误差信号放大并驱动电液伺服阀,经过电液伺服阀完成功率放大并驱动振摆液压马达转动,振摆液压马达的转角由编码器检测并经过 D/A 模数转换反馈给伺服放大器,实现振动摆角的电液伺服闭环控制。

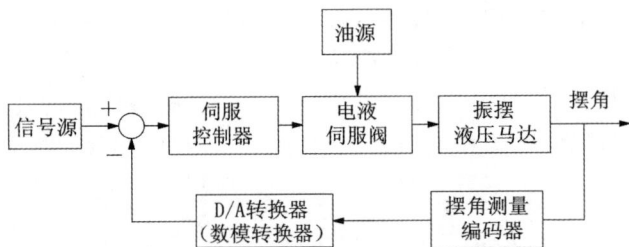

图 10-41　电液伺服控制原理方块图

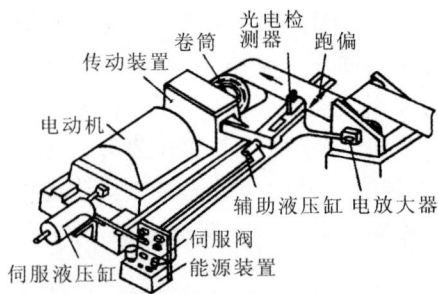

图 10-42　卷取机跑偏控制设备简图

三、带钢跑偏光电液伺服控制系统

　　(1)主机功能结构。跑偏控制系统的功用在于使机组钢带定位并自动卷齐,以免张力不当或波动大、辊系不平行、钢带厚度不均等原因引起带边跑偏过大撞坏设备或断带停产,有利于中间多道工序生产,减少带边剪切量而提高成品率,成品整齐,便于包装、运输和使用。常见的带钢跑偏控制系统为光电液伺服控制系统,通过执行元件控制卷取机(见图 10-42)的位移,使其跟踪带钢的偏移,从而使钢卷卷齐。因此,该控制系统为位置伺服系统。由于被检测的是连续运动着的带钢边缘偏移量,故位置传感器使用非接触式的光电位置检测元件。与气液伺服跑偏控制系统相比,电液伺服系统的优点是信号传输快,电反馈和校正方便,光电检测器的开口(即发射与接收器间距)可达 1m 左右,并可直接方便地装于卷取机旁。

（2）电液伺服控制系统分析。图 10-43 所示为卷取机的电液伺服控制系统原理图，其油源为定量液压泵 1 供油的恒压源，其压力由溢流阀 2 设定。系统的执行元件为电液伺服阀控制的辅助液压缸 12 和移动液压缸 13，缸 12 用于驱动光电检测器 17 的前进与退回，以免卷完一卷钢带时，带钢尾部撞坏检测器，其动作过程如下。缸 13 为主液压缸，用于驱动卷筒 15 作直线运动实现跑偏控制。图 10-44 所示为系统的控制电路简图，光电检测器由发射光源和光电二极管接收器组成，光电二极管作为平衡电桥的一个臂。当钢带正常运行时，光电管接收一半光照，其电阻为 R_1，调整电桥电阻 R_3，使 $R_1 R_3 = R_2 R_4$，电桥无输出。当钢带跑偏，带边偏离检测器中央时，电阻 R_1 随光照变化，使电桥失去平衡，从而造成调节偏差信号 u_g，此信号经放大器放大后，推动伺服阀工作，伺服阀控制液压缸跟踪带边，直到带边重新处于检测器中央，达到新的平衡为止。

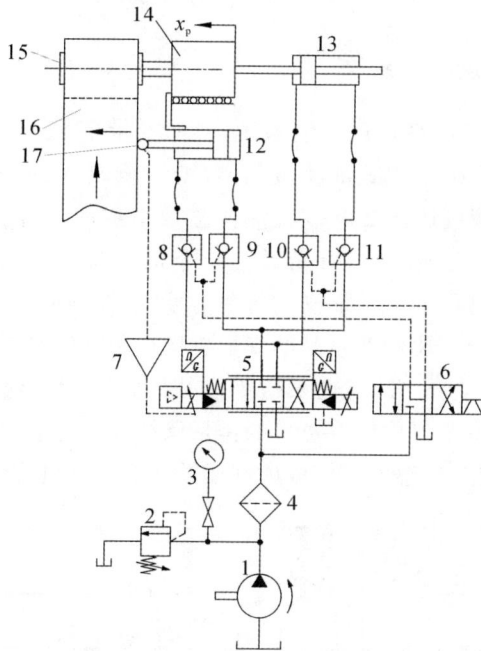

图 10-43 卷取机电液伺服控制系统原理图

1—定量液压泵；2—溢流阀；3 压力表及其开关；4—精密过滤器；5—电液伺服阀；6—三位四通电磁换向阀；
7—伺服放大器；8,9,10,11—液控单向阀；12—辅助液压缸（检测器缸）；13—移动液压缸；14—卷取机；
15—卷筒；16—钢带；17—光电检测器

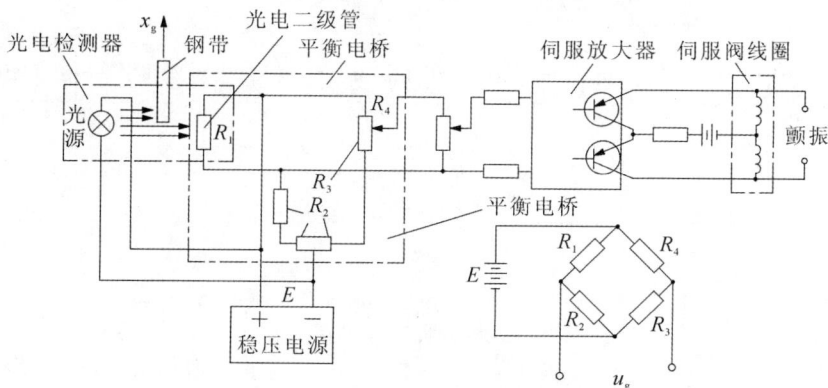

图 10-44 系统控制电路简图

检测器缸 12 用于剪切前将检测器退回,带钢引入卷取机钳口。为了开始卷取前检测器应能自动对位,即让光电管的中心自动对准带钢边缘,检测器缸也由伺服阀控制,检测器退出和自动对位时,卷取机移动缸 13 应不动,自动卷齐时,检测器缸 12 应固定,为此采用了两套可控液压锁(分别由液控单向阀 8,9 和 10,11 组成),液压锁由三位四通电磁换向阀 6 控制。

自动卷齐或检测器自动对位时,系统为闭环工作状态;快速退出检测器时,切断闭环,手动给定伺服阀最大负向电流,此时伺服阀当换向阀用。

通过自动卷齐闭环系统的原理框图(见图 10-45)容易了解整个系统的工作原理与控制过程。

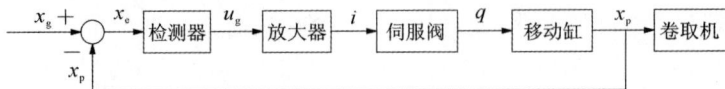

图 10-45 跑偏控制系统原理框图

四、泵控式电液伺服速度控制系统

图 10-46 所示为泵控式电液速度控制系统,双向变量泵 5、双向定量液压马达 6 及安全溢流阀组 7 和补油单向阀组 8 组成闭式油路,通过改变变量泵 5 的排量对液压马达 6 调速。而变量泵的排量调节通过电液伺服阀 2 和双杆液压缸 3 组成的阀控式电液伺服机构(经常附设在变量泵的内部)的位移调节来实现。在负载与指令机构间设有测速电动机(速度传感器)9,从而构成一个闭环速度控制系统。系统输入指令信号后,控制液压源的压力油经电液伺服阀 2 向双杆液压缸 3 供油,使液压缸驱动变量泵的变量机构在一定位置下工作;液压马达的输出速度 ω 由测速电机检测,转换为反馈信号,与输入指令信号相比较,得出偏差信号控制电液伺服阀的阀口开度,从而使变量泵的变量机构即变量泵的排量保持在设定值附近,最终保证液压马达 6 在希望的转速值附近工作。位置传感器 4 构成内部反馈环节,用以提高系统的控制精度。

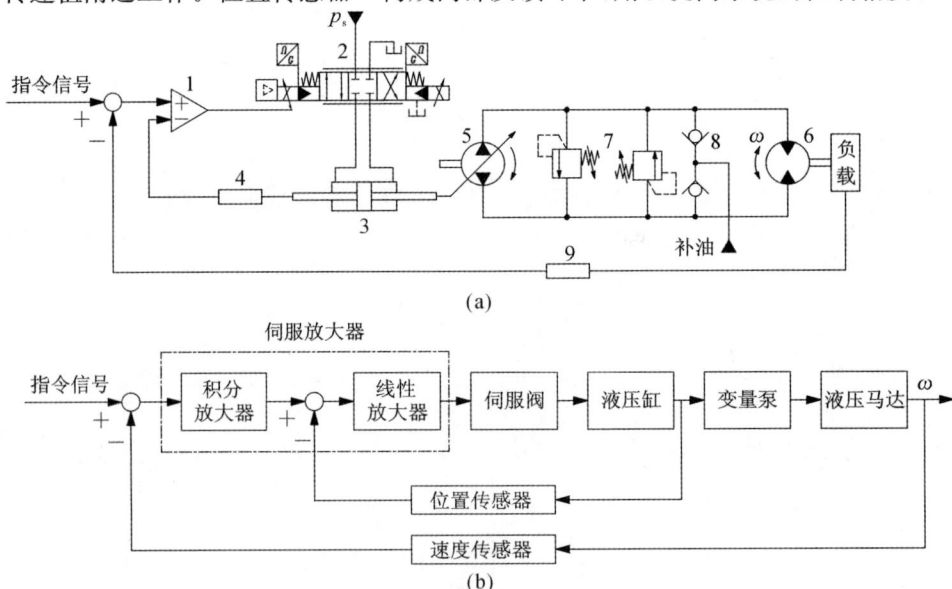

图 10-46 泵控式电液伺服速度控制系统
(a)原理图;(b)方块图

1—伺服放大器;2—电液伺服阀;3—双杆液压缸;4—位置传感器;5—双向变量液压泵;6—双向定量液压马达;
7—安全溢流阀组;8—补油单向阀;9—测速电动机

五、XS－ZY－250A 型塑料注射成型机电液比例控制系统

(1)主机功能结构。塑料注射成型机(简称注塑机)是热塑性塑料制品的成型加工设备,具有使形状复杂制品一次成型的能力,故在塑料机械中,应用居于首位。液压传动的注塑机(见图 10‐47)主要由合模部件 1(含定模板、动模板、合模与顶出液压缸等)、注射部件 2(含料斗、料筒、喷嘴、预塑马达、注射液压缸和注射座液压缸等)、床身 3(内装液压系统及电控系统等)等组成。其一般工艺流程如图 10‐48 所示,具有注塑工艺顺序动作多、工况多变、成型周期短、合模力和注射力需求大的特点,为了提高自动化水平和产品质量,现代注塑机很多采用了电液比例控制。其液压系统属于速度(流量)和压力多变系统。

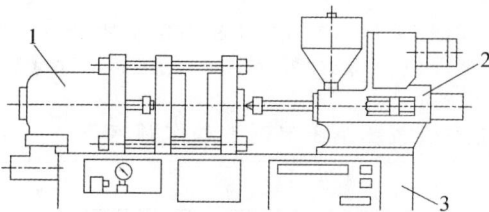

图 10‐47　塑料注射成型机简图

1—合模部件；2 注射部件；3 床身部件

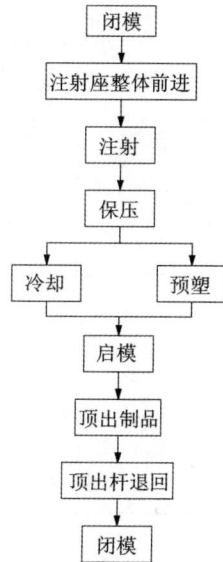

图 10‐48　注塑机的一般工艺流程

本节介绍的 XS‐ZY‐250A 型注塑机属中小型注塑机,其机筒螺杆有 $\phi40mm$,$\phi45mm$ 和 $\phi50mm$ 等三种可选直径,分别对应的一次注射量为 201g,254g 和 314g。本机装 $\phi50mm$ 的机筒螺杆,采用液压‐机械式合模机构,锁模力为 1 600kN,采用电动机预塑。

(2)电液比例控制系统分析。图 10‐49 所示为 XS‐ZY‐250A 型注塑机电液比例控制系统原理图,系统由一台双联定量泵 28 和一台定量单泵 26 组合供油;液压执行元件有合模缸 1、顶出缸 4、注射缸 9 和注射座移动缸 10 等。合模液压缸 1 通过对称五连杆机构推动模板进行启、闭模,缸 1 的运动方向由电液动换向阀 14 控制。缸 4 用于顶出工件,其运动方向由电磁换向阀 15 控制,顶出速度由单向节流阀 12 控制;缸 9 的运动方向由电液动换向阀 17 控制;缸 10 的运动方向由电磁换向阀 16 控制。两只电液比例溢流阀 19 和 23 可对注塑机的启闭模、注射座前移、注射、顶出、螺杆后退时的压力进行控制,系统压力由压力表及其开关 18 读取。电液比例流量阀 21 用来控制启闭模和注射时的速度。系统的电磁铁动作顺序表见表 10‐6。

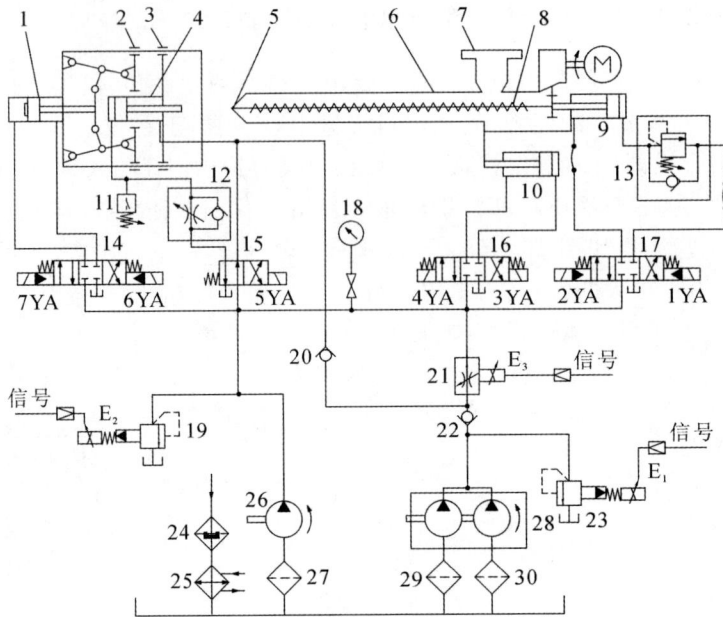

图 10-49 XS—ZY—250A 塑料注射成型机电液比例控制系统原理图

1—合模缸；2—动模板；3—定模板；4—顶出缸；5—喷嘴；6—料筒；7—料斗；8—螺杆；9—注射缸；
10—注射座移动缸；11—压力继电器；12—单向节流阀；13—单向顺序阀；14,17—三位四通电液动换向阀；
15—二位四通电磁阀；16—三位四通电磁换向阀；18—压力表及其开关；19,23—电液比例溢流阀；20,22—单向阀；
21—电液比例流量阀；24—磁芯过滤器；25—冷却器；26—单级泵；27,29,30—过滤器；28—双联泵

表 10-6 XS—ZY—250A 型注塑机液压系统电磁铁动作顺序表

工况		电磁铁状态									
		1YA	2YA	3YA	4YA	5YA	6YA	7YA	E₁	E₂	E₃
闭模	闭模							+	+	+	+
	低压保护							+	+	+	+
	锁紧							+		+	+
注射座前进				+/-						+	+
注射		+							+	+	+
保压		+								+	+
预塑				+						+	+
注射座后退					+/-					+	+
启模							+		+	+	+
顶出						+				+	
螺杆后退			+							+	+

1)合模。合模过程按快、慢顺序并分三个阶段进行。

a.快速合模。电磁铁 7YA 通电使换向阀 14 切换至左位,同时比例电磁铁 E1,E2,E3 通入控制信号(0~10V 电压信号或 4~20mA 电流信号)控制系统相应压力和流量,双联泵 28 和单级泵 26 的压力油经比例流量阀 21 和换向阀 15 进入合模缸 1 的无杆腔,推动活塞带动连杆机构快速合模,有杆腔的油液经阀 14 和过滤器 24、冷却器 25 排回油箱。

b.慢速低压合模。由于是低压合模,缸的推力较小,即使在两个模板间有硬质异物,继续进行合模动作也不致损坏模具表面,从而起保护模具的作用。此时,合模缸的速度受比例流量阀 21 的影响。

c.慢速、高压合模。比例电磁铁 E_1 断电(电压信号为零),双联泵 28 卸荷。提高控制信号 E_2 的电压信号,比例压力阀 19 输出的压力随之升高,泵 26 单独向缸 1 高压供油。因系统压力高而流量小,故实现了高压合模、模具闭合并使连杆产生弹性变形,从而牢固地锁紧模具。

2)注射座整体前移。比例电磁铁 E_1 断电(电压信号为零),双联泵 28 卸荷。电磁铁 3YA 通电使换向阀 16 切换至右位,比例电磁铁 E_2、E_3 通入控制信号,阀 19 和 21 分别控制系统压力和流量,泵 26 的压力油经阀 16 进入注射座移动液压缸 10 的无杆腔,推动注射座整体向前移动(速度受比例流量阀 13 的影响),有杆腔的油液则经阀 16 和过滤器 24、冷却器 25 排回油箱。

3)注射。注射过程按慢、快、慢三种速度注射,同时对比例电磁铁 E_1,E_2,E_3 通入控制信号,注射速度大小由比例流量阀 21 的电压信号控制。此时电磁铁 1YA 通电使电液动换向阀 17 切换至右位,液压泵输出的压力油经阀 17 和阀 13 中的单向阀进入注射缸 9 的无杆腔,有杆腔的油液经阀 17、过滤器 24 和冷却器 25 排回油箱。

4)保压。电磁铁 1YA 处于通电状态,此时比例电磁铁 E_1 断电(电压信号为零),双联泵 28 卸荷。由于保压时只需要极少的油液,故泵 26 单独向系统供油,系统工作在高压、小流量状态。

5)预塑、冷却。电动机 M 带动左旋螺杆旋转后退,料斗中的塑料颗粒进入料筒并被转动着的螺杆带至前端,进行加热预塑。当螺杆后退到预定位置时,停止转动,准备下一次注射。在模腔内的制品冷却成型。

6)防流涎。电磁铁 3YA 通电使换向阀 16 切换至右位,液压泵输出的压力油经阀 16 进入注射座移动缸 10 的无杆腔,使喷嘴继续与模具保持接触,从而防止了喷嘴端部流涎。

7)注射座后退。电磁铁 4YA 通电使换向阀 16 切换至左位,比例电磁铁 E_1 断电(电压信号为零),双联泵 26 卸荷。泵 26 的压力油经阀 16 进入注射座液压缸 10 的有杆腔,无杆腔通油箱,缸带动注射座后退。

8)启模。同时对比例电磁铁 E_1,E_2,E_3 通入控制信号,各泵同时工作,电磁铁 6YA 通电使电液动换向阀 14 切换至右位,各液压泵的压力油经比例流量阀 13、换向阀 14 进入合模缸有杆腔,推动活塞带动连杆进行开模,合模缸无杆腔的油液经换向阀 14 和过滤器 24、冷却器 25 排回油箱。工艺要求启模过程为"慢速—快速—慢速",其速度大小的调节输入比例流量阀 21 的控制信号来实现。

9)顶出缸运动。

a.顶出缸前进。电磁铁 5YA 通电使换向阀 15 切换至右位,给比例电磁铁 E_2 通入控制信号(此时比例电磁铁 E_1 和 E_3 的控制信号为零,比例流量阀 21 关闭),双联泵 28 卸荷,泵 26 单独向系统供油,系统压力由比例溢流阀 19 控制。泵 26 的压力油经阀 15 和阀 12 中的节流阀直接进入顶出缸 4 的无杆腔,有杆腔腔则经阀 15 回油,于是推动顶出杆顶出制品。

b.顶出缸后退。电磁铁 5YA 断电使换向阀 15 复至图示左位,泵 26 的压力油经阀 15 进入顶出缸 4 的有杆腔,无杆腔则经阀 12 中单向阀和阀 15 回油,于是顶出缸后退。

10)装模、调模。安装、调整模具时,采用的是低压,慢速启,闭动作。

a.启模。电磁铁 6YA 通电使换向阀 14 切换至右位,液压泵的压力油经比例流量阀 13 和阀 14 进入合模缸 1 的有杆腔,使模具打开。

b.闭模。电磁铁 7YA 通电、6YA 断电,使换向阀 14 切换至左位,液压泵的压力油使合模缸合模。

c.调模。采用液压马达(图中未示出液压回路部分)来进行,液压泵输出的压力油驱动液压马达旋转,传动到中间一个大齿轮,再带动四根拉杆上的齿轮螺母同步转动,通过齿轮螺母移动调模板,从而实现调模动作,另外还有手动调模,只要扳手动齿轮,便能实现调模板进退动作,但移动量很小(0.1mm),故手动调模只作微调用。

11)螺杆后退电磁铁 2YA 通电使换向阀 17 切换至左位,给比例电磁铁 E_2,E_3 通入控制信号(此时 E_1 断电),双联泵 28 卸荷,泵 26 的压力油进入注射缸 9 的有杆腔,无杆腔经阀 13 中的顺序阀和阀 17 回油,螺杆返回初始位置,为下一动作循环做准备。

综上可以看出,该注塑机液压系统中的执行元件数量多,是一种典型的速度和压力均变化较多的系统。当完成自动循环时,主要依靠行程开关;而速度和压力的变化则主要靠电液比例阀控制信号的变化来获得。

(3)系统特点。

1)采用一台独立单泵和一台双联泵的液压源,通过组合供油,满足主机不同执行机构在不同工作阶段对流量的不同要求,实现了节能。

2)采用了比例压力阀和比例流量阀,可实现注射成型过程中的压力和速度的比例调节,以满足不同塑料品种及不同制品的几何形状和模具浇注系统对压力和速度的不同需要,从而大大简化了液压回路及系统,减少了液压元件用量,提高了系统的可靠性。

3)由于注塑机通常要将熔化的塑料以 40~150MPa 的高压注入模腔,模具合模力要足够大,否则注射时会因模具闭合不严而产生塑料制品的溢边现象。系统中采用液压-机械式合模机构,合模液压缸通过增力和自锁作用的五连杆机构实现闭模与启模,可减小合模缸工作压力,且合模平稳、可靠。最后合模是依靠合模液压缸的高压,使连杆机构产生弹性变形来保证所需的合模力,并把模具牢固地锁紧。

4)为了缩短空行程时间以提高生产率,又要考虑合模过程中的平稳性,以防损坏模具和制品,故合模机构在闭模、启模过程中需有慢速-快速-慢速的顺序变化,系统中的快速是用液压泵通过低压、大流量供油来实现的。

5)为了使注射座喷嘴与模具浇口紧密接触,注射座移动缸无杆腔在注射、保压工况时,应一直与压力油相通,以保证注射座移动缸活塞具有足够的推力。

6)为了使塑料充满容腔而获得精确的形状,同时在塑料制品冷却收缩过程中,熔融塑料可不断补充,以防止充料不足而出现残次品,在注射动作完成后,注射缸仍通压力油来实现保压。

7)调模采用液压马达驱动,因而给装拆模具带来极大的方便。

六、客货两用液压电梯的电液比例控制系统

(1)主机功能结构。液压电梯是多层建筑中安全、舒适的垂直运输设备,也是厂房、仓库、车库中廉价的重型垂直运输设备。与电动牵引电梯相比,液压电梯具有不需要在顶部安装机房,结构紧凑、承载能力大、无级调速、运行平稳、成本低等优点。

液压电梯的轿箱一般由单级或多级柱塞式液压缸驱动。按液压缸的安放位置不同液压电梯有直顶式和侧置式两类。图 10-50(a)为直顶式液压电梯的示意图,液压缸 1 置于地坑 2 中,柱塞 3 直接和轿厢 4 相连,置放液压站 6 的机房 5 设在旁侧。在液压电梯速度控制系统中,对其运行性能(包括轿厢启动、加减速运行平稳性、平层准确性以及运行快速性等方面)都有较高的要求,并对液压电梯的速度、加速度以及加加速度的最大值都有严格的限制。图 10-50(b)是液压电梯的速度曲线,目前,电梯的液压系统广泛采用节流调速方式,以满足上述要求。

本节介绍的某客货两用液压电梯,采用电液比例控制。电梯的额定载重量为 10kN;轿厢升程 7.5m;轿厢升降速度为 0.5m/s;轿厢启动、制动加速度小于 15m/s^2;平层精度小于 4~5mm;满载下沉量为 0mm/10min;轿箱噪声≤55dB(A);机房(泵站)噪声≤85dB(A)

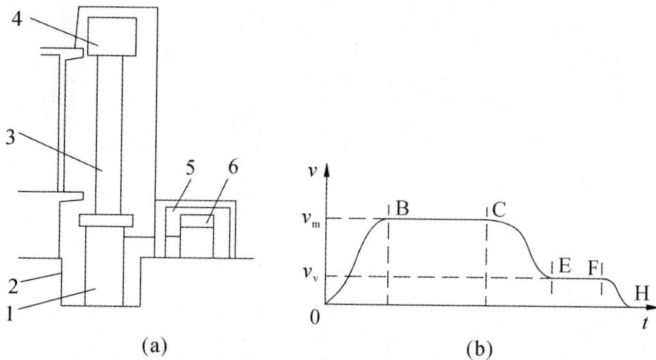

图 10-50　液压电梯结构结构示意图及理想运行速度曲线

(a)结构示意图;(b)理想运行速度曲线

1—液压缸;2—地坑;3—柱塞;4—轿箱;5—机房;6—液压站

O—B:加速阶段;B—C:匀速阶段;C—E:减速阶段;E—F:平层阶段;F—H:结束阶段

(2)液压系统分析。图 10-51(a)所示为本客货两用电梯的液压系统原理图。系统的执行元件为驱动电梯轿箱升降的柱塞式液压缸 15。系统的油源为定量液压泵 1,系统压力设定和液压泵卸荷控制由电磁溢流阀 5 实现。微机控制的电液比例流量阀 8 用于液压缸 15 上升时的旁路节流调速和下降时的回油节流调速,使电梯按照软件制定的速度变化规律升降。电控单向阀 6 起安全保护作用,是电磁溢流阀 5 的第二道保险。阀 6 及阀 5 与阀 8 之间电气联锁,以避免误动作,保证安全。手动单向阀 14 供事故应急使用,当突然停电或发生其他意外事故时,操作该阀可使轿箱以规定的安全速度下降到某一楼面;为了防止电梯自动沉降的双保险,系统设置了两个电控单向阀 11 和 12;蓄能器 10 用于吸收冲击振动。单向阀 3 和 7 用于防止油液倒灌;系统的压力油路和回油路分别设有带污染指示的精过滤器 2 和 4,一旦过滤器堵塞立即自动报警,以便及时更换过滤器滤芯。

电梯运行采用微机控制,系统以单片微机为核心,配以输入、输出过程通道,完成电梯信号控制、速度控制和平层控制。计算机控制系统框图如图 10-51(b)所示。

(a)

(b)

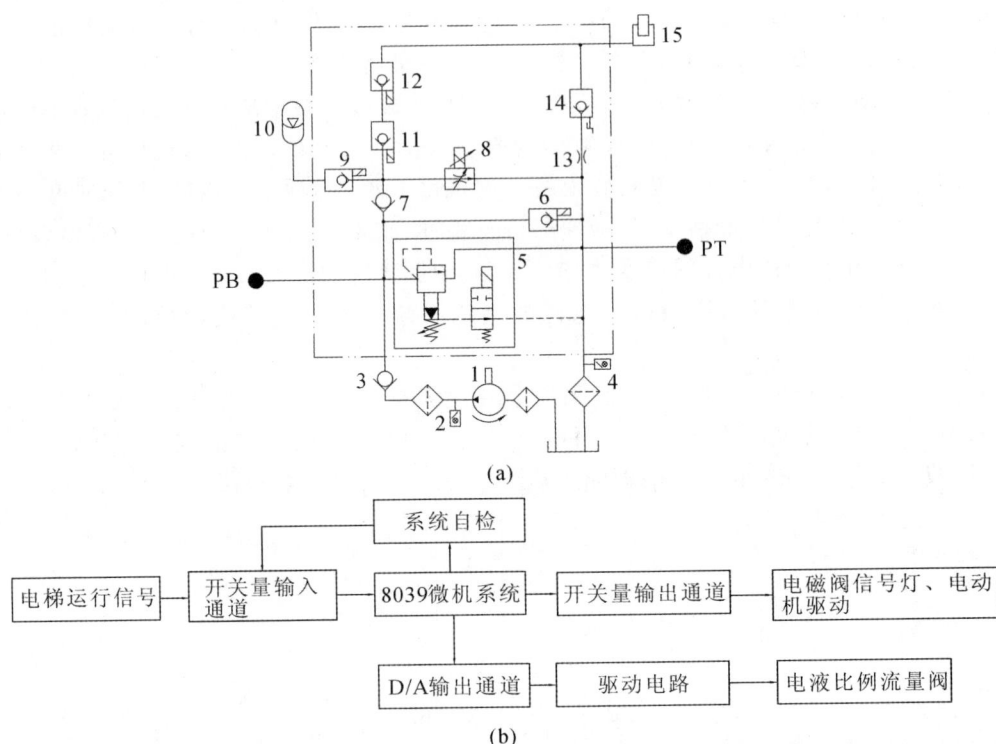

图 10-51　电梯液压系统原理图及计算机控制系统框图

(a)液压系统原理图；(b)计算机控制系统框图

1—定量液压泵；2,4—过滤器；3,7—单向阀；5—电磁溢流阀；6,9,11,12—电控单向阀；8—电液比例流量阀；
10—蓄能器；13—节流器；14—手动单向阀；15—柱塞式液压缸

（3）系统特点。

1）采用定量泵供油，上升工况采用旁路节流调速，不易发热；下降工况采用回油节流调速，有利于节流后热油回油箱进行热交换；流量控制元件采用电液比例二通流量阀；调速控制系统采用单片微机开环控制。电梯信号处理和运行控制均采用单片微机实现。

2）采用电控单向阀防止液压电梯自动下沉。液压系统具有电磁溢流阀和电控单向阀双重压力保护；通过应急阀可以在停电等突发情况出现时，使电梯安全下降；可靠性高，故障率远低于机械式电梯。

七、压铸机电液数字控制系统

由于商品化的电液数字阀品种较少，故电液数字控制系统的应用目前远不如伺服和比例控制系统广泛，兹以压铸机电液数字控制系统（见图 10-52）为例简要说明其应用。系统中使用的数字阀与图 10-35 所示的增量式数字流量阀相同。其控制装置通过驱动电源使步进电机运动，控制数字阀的流量，使液压缸及其带动的压铸部分按需要的速度及位置运动。图 10-53 所示为压铸机压射速度变化示意图。

压铸时，逐渐加速到慢压射速度 v_1，平稳的启动可以防止气体卷入铸件，缩短压铸时间，保持压射室内金属液的温度。压射室在充填液体金属的过程中，有时需用慢压射速度 v_2，以便调整过高的初始压射速度,避免内浇口的液体金属流速过高,导致充型过程卷入气体。慢速充型后必须用高压射速度 v_3,v_4,以保证在金属凝固前充满型腔。最后用增压速度 v_5 快速增压,并控制增压时间和压力值。采用的电液控制系统压铸机消除了气体的卷入,减少了整个充型时间,提高了压铸件的质量。用这种控制系统容易控制生产过程,还可为今后配用计算机系统以实现工厂的自动化创造条件。

由于注塑机、液压机等设备与压铸机的动作类似,故也可用其他数字阀实现电液数字控制。

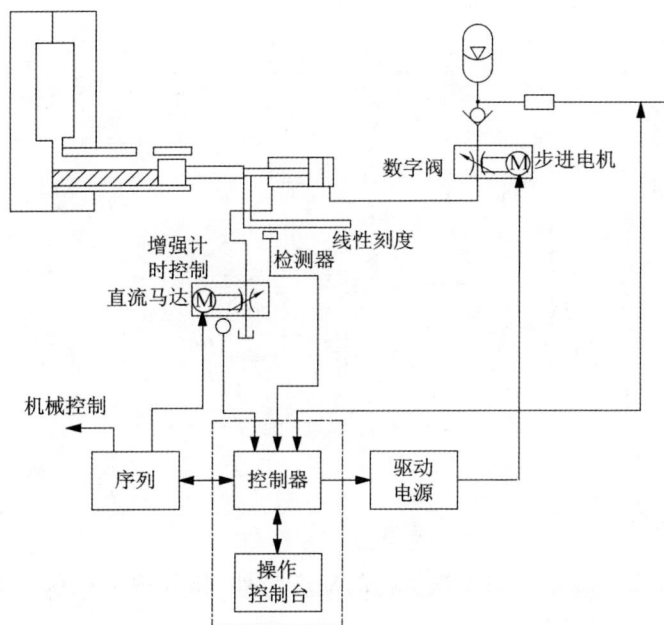

图 10-52 压铸机电液数字控制系统原理图

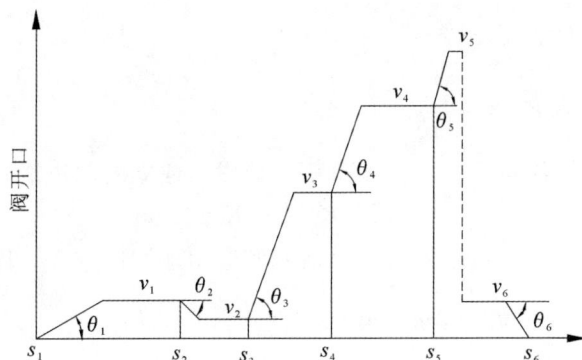

图 10-53 压铸机压射速度示意图

v_1,v_2—慢速压射速度;v_3,v_4—快速压射速度;v_5—增压速度;v_6—开型压射注塞速度

第五节　液压控制系统的动态特性分析

本节以机液位置伺服系统为例,说明液压控制系统动态特性的分析方法。图 10-54 所示为机液位置伺服系统的原理图,其拖动装置由四边滑阀和双杆双作用液压缸组合而成(故简称阀控缸系统),机械反馈则是利用连杆实现。系统指令信号为连杆的输入位移 x_i,滑阀阀芯的位移为 x_v,系统的控制量为液压缸输出位移 x_p。

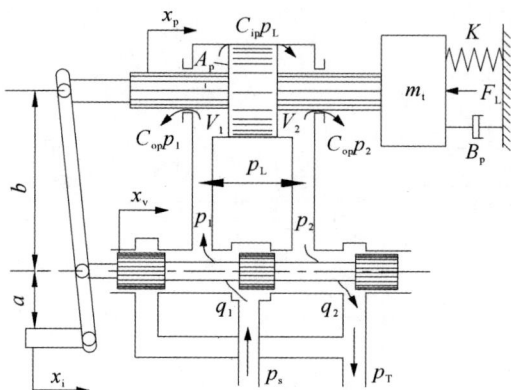

图 10-54　机液位置伺服系统原理图

一、系统数学模型

(1)阀芯位移方程。忽略机械反馈机构的动态特性,将其视为比例环节,当连杆运动较小时,阀芯位移方程为

$$x_v = \frac{b}{a+b}x_i - \frac{a}{a+b}x_p = K_i x_i - K_f x_p \qquad (10-18)$$

式中　　K_i——输入放大系数,$K_i = \dfrac{b}{a+b}$;

　　　　K_f——反馈系数,$K_f = \dfrac{a}{a+b}$。

(2)四边滑阀的线性流量方程。在本章第三节中已建立的四边滑阀的线性流量方程为

$$q_L = K_q x_v - K_c p_L \qquad (10-19)$$

(3)动态流量连续方程。对缸的每一个活塞腔应用连续性方程,可得

$$q_1 - \Delta q_i - \Delta q_{e1} - A_p \frac{dx_p}{dt} - \Delta q_{p1} = 0 \qquad (10-20)$$

$$\Delta q_i - \Delta q_{e2} - q_2 + A_p \frac{dx_p}{dt} - \Delta q_{p2} = 0 \qquad (10-21)$$

两式中　　q_1,q_2——两腔的流入、流出流量,可近似地视为负载流量 $q_L,q_1 = q_2 = q_L$;

　　　　Δq_i——内泄漏量,与压力差成正比,即 $\Delta q_i = C_i(p_1 - p_2) = C_i p_L$;

　　　　C_i——内泄漏系数;

　　　　p_1,p_2——进、回油腔压力;

p_L —— 负载压力，$p_L = p_1 - p_2$；

$\Delta q_{e1}, \Delta q_{e2}$ —— 外泄漏量，与压力差成正比，即 $\Delta q_{e1} = C_e p_1, \Delta q_{e2} = C_e p_2$；

C_e —— 外泄漏系数；

$A_p \dfrac{\mathrm{d}x_p}{\mathrm{d}t}$ —— 有效流量（即使液压缸产生运动速度的流量）；

A_p —— 液压缸有效作用面积；

$\Delta q_{p1}, \Delta q_{p2}$ —— 由于油液压缩性减少的流量，$\Delta q_{p1} = \dfrac{V_1}{K_e}\dfrac{\mathrm{d}p_1}{\mathrm{d}t}, \Delta q_{p2} = \dfrac{V_2}{K_e}\dfrac{\mathrm{d}p_2}{\mathrm{d}t}$；

V_1, V_2 —— 滑阀到液压缸两腔的密封空间容积，活塞处于中间位置时，$V_1 = V_2 = V_t/2, V_t$ 为滑阀到液压缸之间的总的密封空间容积。

式(9-20)与式(9-21)相减并各项除以 2，整理后得

$$q_L = A_p \frac{\mathrm{d}x_p}{\mathrm{d}t} + C_t p_L + \frac{V_t}{4K_e}\frac{\mathrm{d}p_L}{\mathrm{d}t} \tag{10-22}$$

式中，C_t 为液压缸的总泄漏系数，$C_t = C_i + (C_e/2)$。

（4）液压缸活塞动态力平衡方程为

$$A_p p_L = M_t \frac{\mathrm{d}^2 x_p}{\mathrm{d}t} + B_p \frac{\mathrm{d}x}{\mathrm{d}t} + Kx_p + F_L \tag{10-23}$$

式中　　M_t —— 液压缸驱动的总质量；

B_p —— 液压缸及负载的黏性阻尼系数（单位运动速度引起的黏性摩擦力）；

K —— 负载的弹簧刚度；

F_L —— 作用在液压缸上的外负载力。

（4）系统的传递函数及方块图。在初始条件为零的情况下，对方程式(10-19)、式(10-22)、式(10-23)进行拉氏变换可得

$$q_L(s) = K_q x_v(s) - K_c p_L(s) \tag{10-24}$$

$$q_L(s) = A_p s x_p(s) + C_t p_L(s) + \frac{V_t}{4K_e}s p_L(s) \tag{10-25}$$

$$A_p p_L(s) = M_t s^2 x_p(s) + B_p s x_p(s) + Kx_p(s) + F(s) \tag{10-26}$$

由式(9-24) ～ 式(9-26) 消去 $p_L(s)$，可得到

$$x_p = \left[\frac{K_q}{A_p}x_v - \frac{K_{ce}}{A_p^2}\left(1 + \frac{V_t}{4K_e K_{ce}}s\right)F_L\right] \Big/ \left[\frac{V_t M}{4K_e A_p^2}s^2 + \left(\frac{K_{ce}M_t}{A_p^2} + \frac{B_p V_t}{4K_e A_p^2}\right)s^2 + \right.$$
$$\left. \left(1 + \frac{B_p K_{ce}}{A_p^2} + \frac{KV_t}{4K_e A_p^2}\right)s + \frac{K_{ce}K}{A_p^2}\right] \tag{10-27}$$

式中，$K_{ce} = K_c + C_t$ 为总流量-压力系数。

式(10-27) 给出了活塞对滑阀输入位移 x_v 和负载力 F_L 扰动的响应特性，这个方程是一个适用于任何一种四边阀和对称双作用缸的通用方程，例如在前述两级伺服阀中，双喷嘴挡板阀驱动功率滑阀，这里的滑阀即相当于活塞。

忽略弹性负载，即设 $K=0$，同时考虑到 $\dfrac{B_p K_c}{A_p^2} \ll 1$，则式(9-27) 简化为

$$x_p = \frac{\dfrac{K_q}{A_p}x_v - \dfrac{K_{ce}}{A_p^2}\left(1 + \dfrac{V_t}{4K_e K_{ce}}s\right)F_L}{s\left(\dfrac{s^2}{\omega_h^2} + \dfrac{2\delta_h}{\omega_h}s + 1\right)} \tag{10-28}$$

式中　　ω_h—— 液压固有频率，$\omega_h = \sqrt{\dfrac{4K_e A_p^2}{V_t M_t}}$；　　　　　　　　　　　　　　　　（10-29）

δ_h—— 阻尼比，$\delta_h = \dfrac{K_{ce}}{A_p}\sqrt{\dfrac{K_e M_t}{V_t}} + \dfrac{B_p}{4A_p}\sqrt{\dfrac{V_t}{K_e M_t}}$　　　　　　　（10-30）

由式（10-18）和式（10-28）可画出整个系统的方块图，如图10-55所示。根据方块图即可对系统的稳定性和其他特性进行分析计算。

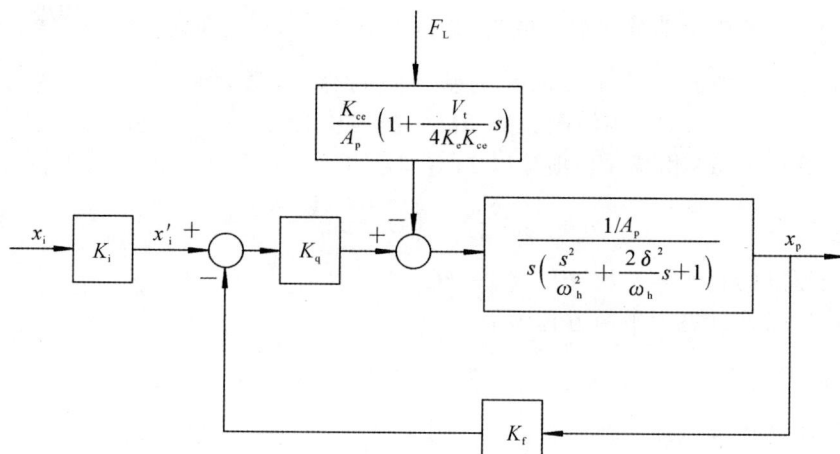

图 10-55　机液位置伺服控制系统方块图

二、系统的稳定性分析

运用开环系统的对数频率特性图，即波德图分析判定液压伺服系统的稳定性是较为有效的方法。由图10-55所示可得系统的开环传递函数为

$$W_1(s) = \frac{K_v}{s\left(\dfrac{s^2}{\omega_h^2} + \dfrac{2\delta_h}{\omega_h}s + 1\right)}$$　　　　　　　（10-31）

式中，K_v为开环放大系数或速度放大系数，$K_v = \dfrac{a}{a+b}\dfrac{K_q}{A_p}$。

式（10-31）的波德图如图10-56所示。在$\omega < \omega_h$区间，其渐近线斜率为-20dB/dec，并穿越0dB线，ω_c为穿越频率。在$\omega > \omega_h$时其渐近线斜率为-60dB/dec；$\omega = \omega_h$，曲线有峰值，在ω_h处的相位滞后为180°。为使系统稳定，$\omega = \omega_h$时的幅频曲线的峰值必须在0dB线以下，即$20\lg|W_1(j\omega)| < 0\text{dB}$。当$\omega = \omega_h$时算得幅值比为

$$|W_1(j\omega)| = \frac{K_v}{2\delta_h \omega_h}$$

故有

$$20\lg\frac{K_v}{2\delta_h \omega_h} < 0$$

即

$$K_v < 2\delta_h \omega_h$$　　　　　　　　　　　（10-32）

式（10-32）即为判定此系统稳定性的准则。

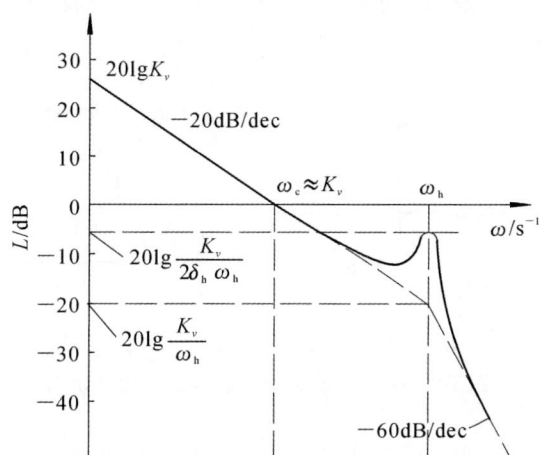

图 10-56 机液位置伺服系统波德图

由式(10-32)可以看到影响稳定性的是 K_v,ω_h,δ_h 三个综合参数。开环放大系数 K_v 如太大,则系统容易产生不稳定,而液压固有频率 ω_h 和阻尼比 δ_h 的提高对稳定性有利。

如图 10-56 所示,在穿越频率 ω_c 处其斜率为 -20dB/dec,即 $\omega_c = K_v$,而 ω_c 大致决定了系统的频宽,K_v,ω_h 值大,系统响应速度快,希望 K_v 大,但又受到式(10-32)稳定性判据的限制。

由式(10-29)可以看到,活塞面积 A_p 越大,油液的体积模量 K_e 越大,质量 M_t 越小,油液体积 V_t 越小,则液压固有频率 ω_h 越高,稳定性越好。可见设计时通过适当增大活塞面积,减小运动部分质量和油液体积(例如缩短伺服阀与液压缸之间的管道长度,将二者集成在一起),并避免空气侵入到油液中,可保持 K_e 值尽可能大些;在阀和液压缸之间的连接不能使用软管。由式(10-30)还可以看到,要增大阻尼比 δ_h,主要应提高 K_e 值,但 K_e 过大,又会使刚度变差。一般希望 δ_h 在 0.7 左右。

在活塞直径及反馈系数确定的情况下,K_v 值由流量增益 K_q 决定,增大系统压力和阀口面积梯度都可使 K_q 增大,但 K_q 太大对稳定性不利。

三、系统的稳态误差分析

稳态误差是系统控制精度的一种度量。稳态误差愈小,系统的精度愈高。伺服系统的稳态误差是由输入信号和外加负载力引起的,前者引起的误差称为跟随误差,后者称为负载误差。

(1)跟随误差。令图 10-55 中的 $F_L = 0$,并加以变换,可得系统对输入信号的单位反馈形式的方块图,如图 10-57 所示(图中,速度放大系数 $K_v = K_f K_q / A_p$),由于 $K_i / K_f = b/a$ 为一常数,所以只要研究误差 e_i 对 x'_i 的响应即可。由图 10-57 容易得到误差传递函数为

$$\frac{e_i(s)}{x'_i(s)} = \frac{1}{1 + \dfrac{K_v}{s\left(\dfrac{s^2}{\omega_h^2} + \dfrac{2\delta_h}{\omega_h}s + 1\right)}} = \frac{s(s^2/\omega_h^2 + 2\delta_h/\omega_h s + 1)}{s\left(\dfrac{s^2}{\omega_h^2} + \dfrac{2\delta_h}{\omega_h}s + 1\right) + K_v} \tag{10-33}$$

稳态误差与输入信号的形式有关,不妨设系统为等速输入,即 $x'_i = vt$,即 $x'_i(s) = v/s^2$,代

入式(10-33)，并根据拉氏变换的终值定理，可求得系统的跟随误差为

$$e_i(\infty) = \lim_{t \to \infty} e_i(t) = \lim_{s \to 0} s \frac{e_i(s)}{x'_i(s)} x'_i(s) = v/K_v \tag{10-34}$$

即跟随误差与输入速度成 v 正比，而与系统的开环放大系数 K_v 成反比。

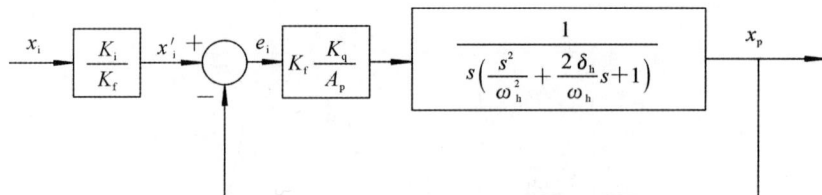

图 10-57　系统对输入信号的简化方块图

（2）负载误差。同理，令图 10-55 中的 $x_i = 0$，可得系统的负载误差传递函数为

$$\frac{e_L(s)}{F_L(s)} = \frac{\dfrac{K_{ce}}{A_p^2}\left(1 + \dfrac{V_t}{4K_e K_{ce}}s\right)\dfrac{1}{s(s^2/\omega_h^2 + 2\delta_h/\omega_h s + 1)}}{1 + \dfrac{K_v}{s\left(\dfrac{s^2}{\omega_h^2} + \dfrac{2\delta_h}{\omega_h}s + 1\right)}} = \frac{\dfrac{K_{ce}}{A_p^2}\left(1 + \dfrac{V_t}{4K_e K_{ce}}s\right)}{s\left(\dfrac{s^2}{\omega_h^2} + \dfrac{2\delta_h}{\omega_h}s + 1\right) + K_v}$$

$$\tag{10-35}$$

若加于系统的外负载力也为恒值 F_0，即 $F_L(s) = F_0/s$，则负载误差为

$$e_L(\infty) = \lim_{s \to 0} s \frac{e_L(s)}{F_L(s)} F_L(s) = \frac{K_{ce}}{K_v A_p^2} F_0 = F_0/K_G \tag{10-36}$$

即负载误差的大小与外加负载力 F_0 成正比，而与系统闭环刚度 $K_G = \dfrac{K_v A_p^2}{K_{ce}}$ 成反比。

（3）系统总的稳态误差。系统总的稳态误差 $e_t(\infty)$ 等于跟随误差 $e_i(\infty)$ 与负载误差 $e_L(\infty)$ 的代数和。对于等速输入与恒值外负载，则总的稳态误差为

$$e_t(\infty) = e_i(\infty) + e_L(\infty) = \frac{v}{K_v} + \frac{F_0}{K_G} \tag{10-37}$$

由式(10-34)和式(10-36)可看出，提高开环放大系数，对于减小跟随误差和负载误差都是有利的，但 K_v 的提高受到系统稳定性的限制。减小系统总的压力流量系数 K_{ce} 对于减小负载误差有利，但将导致阻尼比 δ_h。

液压伺服系统的稳态误差还要受到摩擦力、间隙等造成的死区的影响。

在工程实际中，为了提高伺服系统的控制精度，必须采取多方面的措施，例如正确选择伺服阀，正确选择液压缸的密封形式，正确设计反馈机构以及采取校正补偿装置等。

第六节　　液压控制系统设计

一、概述

液压控制系统（以电液控制系统为例）的设计是组成一个新的能量传递和控制系统，以完成一项专门的任务，它除了静态性能外，还包括动态性能设计。前者是指根据负载情况及系统

的控制要求(响应速度、频宽或调整时间指标、动静态精度等)拟定控制方案,并进行负载特性分析和匹配,合理确定液压动力元件,并由此选择液压源及相应的电控器件等各种元件;后者是指对由这些元件组成的系统的控制精度和动态特性进行分析,并通过采取补偿校正等措施使之满足控制要求。所设计的系统,可通过计算机模拟仿真技术(见第七节)来分析、了解其性能优劣、是否满足设计要求等,从而完善系统的设计。

二、静态设计

负载是指电液控制系统中液压执行元件运动时的各种阻力,经过计算可绘出以横轴为负载力(可转化为负载压力)、纵轴为负载速度(可转化为负载流量)的负载特性曲线,负载工作的每一个工况都应在负载特性曲线内,而负载曲线则应包含在电液控制阀和液压源的工作范围内(见图10-58)。当然,简化设计时可以按最大功率点、最大负载点和最大速度点等特殊点(称为特征点)进行估算,而不必作出负载曲线(见图10-59)。

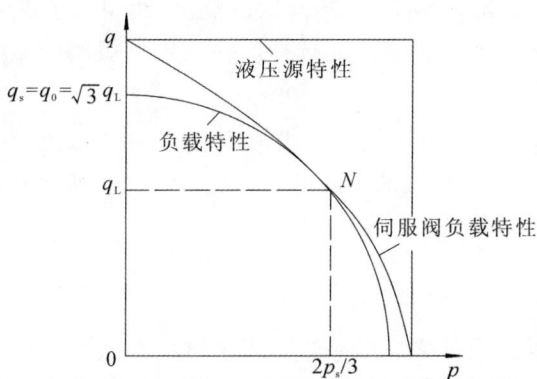

图 10-58 负载、控制阀和液压源的匹配关系

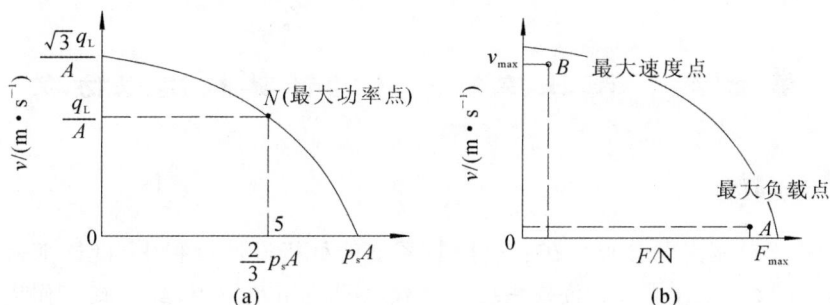

图 10-59 特征点及其包容曲线

(a)最大功率特征点及其包容曲线;(b)最大速度和最大负载特征点及其包容曲线

(1)液压动力元件的选择。首先要按应用部门和惯例确定供油压力 p_s,供油压力一般在 $5 \sim 31.5 \mathrm{MPa}$ 内。液压缸的有效作用面积 A 可根据负载 F 和负载压力 p_L 确定,即

$$A = F/p_L \tag{10-38}$$

$$p_L = p_s - p_v \tag{10-39}$$

式中,p_v 为阀压降,其值因控制阀而异:比例阀的阀口开度较大,压降较小,一般取 $p_v = 1 \sim$

1.2MPa。伺服阀的压降较大,一般取其最大效率点进行工作,则

$$p_L = 2p_s/3 \tag{10-40}$$

也即

$$p_v = p_s/3 \tag{10-41}$$

当供油压力为 20MPa 时,p_v 一般约为 7MPa。

(2)选择电液控制阀。选择电液控制阀时,必须将负载特性包容在阀的负载特性曲线内(见图 10-58),也可以根据有关图表进行选择。对于电液比例阀的选择,在供油压力确定之后,主要是选择阀的流量或通径,比例阀的名义流量是指在阀压降下的流量。对于电液伺服阀,通常可按最大功率点进行计算,选择最大功率点与伺服阀的最大效率点重合,使负载压力和阀压降满足式(10-40)和式(10-41),根据系统供油压力 p_s 和负载流量

$$q_L = Av \tag{10-42}$$

即可选择伺服阀。但应当强调的是,伺服阀的负载流量在不同的供油压力下是不同的,按标准规定,伺服阀的额定流量是指在 7MPa 阀压降时的流量,约相当于 20MPa 时在负载压力 $2p_s/3$ 处的负载流量。采用查表法便于伺服阀的选择。在选定伺服阀的系列后,即可根据流量和压力选择其具体型号规格。

(3)选择液压源。液压源一般可按所需供油压力 p_s 和所需流量 $q_s = q_0 = \sqrt{3}q_L$(q_0 为伺服阀空载流量)并适当考虑泄漏,根据液压源的系列进行选择。所选择的液压源,必须将控制阀及负载的特性曲线包含在其特性内(见图 10-58)。

三、动态设计

动态设计是为了在静态设计之后进一步分析了解控制系统的稳定性、快速性和控制精度等动态性能是否满足设计要求。如不能满足要求,则应采取必要的校正补偿措施。控制系统的动态特性的分析研究方法可参见本章第四节,控制系统的校正补偿方法可参阅相关文献资料。

第七节　　液压控制系统的计算机模拟仿真

一、仿真技术简介

(1)仿真技术的定义及分类。在工程控制系统的分析设计过程中,设计师通常希望能够预测系统的动、静态性能,了解多负载系统中负载之间的相互作用,或了解多作用元件系统中作用件间的相互影响,或了解单个元件在整个系统中的作用等,以便缩短系统或其元件的设计周期,避免因重复试验及加工所带来的昂贵费用,且可及早认识该系统在动态特性方面存在的薄弱环节,并加以消除。从而缩短新产品开发设计周期,降低代价。解决上述问题的重要方法之一就是采用仿真技术。仿真是指用一个模型来对实际系统进行模拟实验研究的统称。根据采用系统模型的不同,仿真技术主要分为物理仿真和数字仿真两类。物理仿真是利用物理模型对实际系统进行模拟,一般可通过两种方法来实现,电模拟方法(组成电路来模拟真实物理系统)和相似方法(即根据相似理论,制作一个在尺寸上缩小或放大了的物理模型来模拟真实物理系统)。电模拟方法通常用一种专用的模拟器来实现。在物理仿真中,其仿真模型(物理

模犁）具有与实际系统相似的物理属性。物理仿真的优点是,具有实时快速性,且能考虑一些难以用数学模型表示的非线性因素和干扰因素。但对于一个较为复杂的控制系统,建造其物理模型价昂且周期长,进行一次实验准备工作也相当可观。

数字仿真是采用计算机对采用数学表达式(连续控制系统为一组微分方程,离散系统为差分方程)表示的数学模型(仿真模型)进行求解,来得到系统的工作特性,故也称为计算机仿真。数字仿真具有灵活方便、计算精度高、成本较低等特点。随着计算机科学技术的飞速发展,数字仿真越来越多地取代了纯物理仿真。故本章主要对液压控制系统的数字仿真技术进行简介。

数字仿真,就是利用计算机和数学模型,对物理系统的作用过程进行计算和分析。换言之,即用数学的语言,描述所研究的物理系统作用过程(建立系统的数学模型),并将其输入计算机;然后,利用计算机的高速运算功能,对所建立的数学模型进行求解,得到表示该物理系统工作性能的结果。这一过程,即为系统的数学模型建立与数字仿真。

(2)仿真的目的及一般流程。对控制系统进行仿真的目的如下:对各类设计方案进行比较,从中选出最佳方案;在设计阶段(系统未制造出来之前),预测系统的工作性能,选择系统结构,对各种结构参数进行优化;在设计阶段,判定系统是否能满足要求;得到描述物理系统的数学模型,可利用成熟的系统分析理论和方法,更深层次地揭示系统机理,从而得到对所研究系统的、深入的认识;利用经实验证明的仿真模型,开展产品的系列开发等。

控制系统仿真的一般流程如图10-60所示。液压控制系统仿真过程的一般步骤为确定仿真对象、仿真目的和基本要求 → 分析实际系统的物理属性,建立(列写)其数学模型(简称一次模型化) → 根据仿真目的,对所建立的数学模型进行处理,将它转变为能在数字计算机上进行运转的仿真模型(简称二次模型化) → 编写仿真程序,选择适当的计算方法(算法)或选用现有通用仿真工具(软件程序包) → 进行仿真计算 → 分析仿真结果,如不满意,则修改系统参数后重新仿真,直至得到满意的结果。

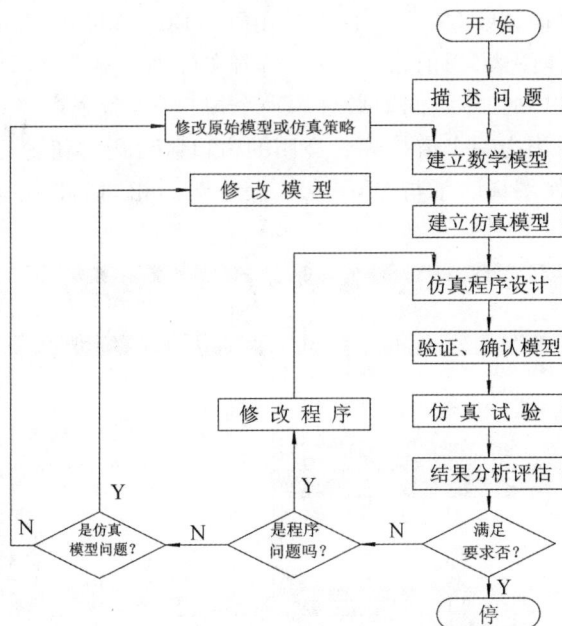

图 10-60　控制系统仿真的一般流程

二、仿真软件的编制和选择

仿真技术的发展迄今已有半个世纪。早期的仿真语言有 CSMP,CSSL,DSL 等,主要适用于动力学系统。近年来,以 MATLAB 为代表的通用软件系统,为仿真技术提供了必要的计算方法与后处理技术;而 AMESim 作为一种非常优秀的仿真软件,为流体(液压与气动)、机械、控制、电磁等工程系统提供了一个更为完善的综合仿真环境和解决方案。

除了上述通用仿真工具外,还有用于各专门领域的专用仿真软件。例如液压领域,包括美国、英国、德国、法国和我国在内的一些高等院校及公司,都成功地开发出液压系统仿真软件系统,在液压技术的开发、设计研究中起到了积极推动作用。无疑,采用现有仿真语言或仿真软件可以使设计者在仿真研究中摆脱复杂的程序代码设计。因此,设计师应根据需要优先选用现有仿真软件对所设计的液压控制系统进行仿真。

三、MATLAB 及其应用

(1)MATLAB 及其特点。MATLAB(Matrix Laboratory)是一套面向科学和工程计算的计算软件或高级语言,自 1984 年由 Mathworks 公司(总部位于美国马萨诸塞)首次推出以来,已发表多种版本(目前最新版本为 R2013a)。MATLAB 最初的主要功能是进行矩阵的数值运算,经过不断的补充完善,现已成为一个集科学计算、控制系统分析与设计、图像与图形显示及处理、数据处理等于一身的、界面友好的应用软件,并被广泛用于自动控制、机械设计、流体力学和数理统计等工程领域。MATLAB 可以高效求解复杂的工程问题,可以对系统进行动态仿真,还可以容易实现 C 语言或 FORTRAN 语言中的很多功能,但程序编写却十分简便。在液压控制系统的设计中,采用 MATLAB 既可极大提高编程质量和软件计算的可靠性,又显著缩短了开发周期,是液压控制系统设计者重要的软件工具。

(2)MATLAB 的桌面操作环境。图 10-61 所示为 MATLAB 的桌面操作环境,即主窗口,它分为主菜单栏、工作桌面、状态栏等。主菜单由 File,Edit,View,Web,Window 和 Help 等菜单组成。工作桌面由操作图表、当前路径显示、当前文件夹浏览器和多个窗口组成。状态栏显示当前的状态。起始窗口和工作空间窗口合用一个窗口区,命令窗口和当前路径窗口合用一个窗口区,命令窗口单独作为一个窗口区。合用的窗口区可用键钮进行窗口的切换,也可以在操作桌面同时显示。操作图标除了与 Windows 操作图标相同的以外,还设置了 Simulink 的图标和求助图标。

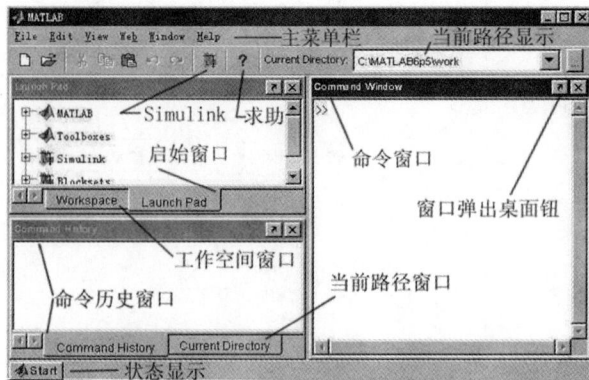

图 10-61　MATLAB 的桌面操作环境

（3）控制系统数学模型的表达。当系统 sys 的传递函数形式为

$$G(s) = \frac{b_m s^m + b_{m-1} s^{m-1} + \cdots + b_0}{a_n s^n + b_{n-1} s^{n-1} + \cdots + a_0} \tag{10-43}$$

时，在 MATLAB 中，用函数 tf( ) 可建立系统的传递函数模型，其调用格式为

$$\mathrm{sys} = \mathrm{tf}([b_m, b_{m-1}, \cdots, b_1], [a_n, a_{n-1}, \cdots, a_1]) \tag{10-44}$$

当系统 sys 传递函数形式为零极点形式时，即

$$G(s) = K \frac{(s - z_1)(s - z_2) \cdots (s - z_m)}{(s - p_1)(s - p_2) \cdots (s - p_m)} \tag{10-45}$$

则可用函数 zpk( ) 建立系统的传递函数模型，其调用格式为

$$\mathrm{sys} = \mathrm{zpk}([z_1, z_2, \cdots, z_m], [p_n, p_{n-1}, \cdots, p_1], K) \tag{10-46}$$

当两个线性子模型 sys 1 和 sys 2 以串联形式连接（见图 10-62(a)）时，则串联后的系统可用函数 series( ) 来表示，即调用格式为

$$\mathrm{sys} = \mathrm{series}(\mathrm{sys}\ 1, \mathrm{sys}\ 2) \tag{10-47}$$

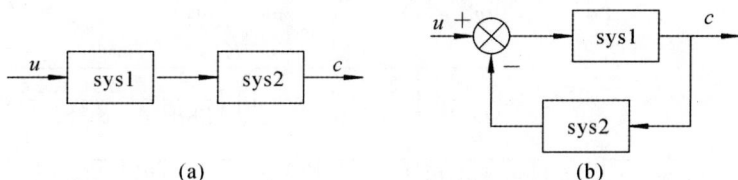

图 10-62　线性子模型的连接方式
(a) 串联；(b) 反馈

当两个线性子模型 sys1 和 sys2 以并联形式连接（见图 10-62(b)）时，则并联（负反馈连接）后的系统可用函数 feedback( ) 来表示，即调用格式为

$$\mathrm{sys} = \mathrm{feedback}(\mathrm{sys}\ 1, \mathrm{sys}\ 2) \tag{10-48}$$

例如开环传递函数为

$$G(s) = \frac{375}{s \left(\dfrac{s^2}{37^2} + \dfrac{2 \times 0.57}{37} s + 1 \right)} \left(\frac{0.036s + 1}{0.025s + 1} \right) \left(\frac{0.2s + 1}{5.85s + 1} \right)$$

的校正后的单位负反馈闭环控制系统，用 MATLAB 的相关函数可将其开环传递函数拆写为下面三个子系统：

$$G_1(s) = \frac{375}{s \left(\dfrac{s^2}{37^2} + \dfrac{2 \times 0.57}{37} s + 1 \right)}, \quad G_2(s) = \frac{0.036s + 1}{0.025s + 1}, \quad G_3(s) = \frac{0.2s + 1}{5.85s + 1}$$

则开环传递函数为

$$\mathrm{sys}\ 1 = \mathrm{tf}([0 \quad 375], [1/37/37 \quad 2*0.57/37 \quad 1 \quad 0])$$
$$\mathrm{sys}\ 2 = \mathrm{tf}([0.036 \quad 1], [0.02 \quad 1])$$
$$\mathrm{sys}\ 3 = \mathrm{tf}([0.2 \quad 1], [5.85 \quad 1])$$
$$\mathrm{sys}\ 23 = \mathrm{series}(\mathrm{sys}\ 2, \mathrm{sys}\ 3)$$

其中，sys23 表示滞后超前校正环节，则表示为 $G(s) = G_1(s) G_2(s) G_3(s)$。

$$\mathrm{sys} = \mathrm{series}(\mathrm{sys}\ 1, \mathrm{sys}\ 23)$$

单位反馈时，反馈环节和系统闭环传递函数可分别表示为

$$\text{sys } 4 = \text{tf}([0 \quad 1],[0 \quad 1])$$
$$\text{sys } f = \text{feedback}(\text{sys},\text{sys } 4)$$

（4）利用 MATLAB 对液压控制系统进行分析和设计。MATLAB 包含了许多工具箱，其中控制系统的工具箱是进行包括液压系统在内的控制系统分析设计的最基本、最常用的工具，利用控制系统的工具箱中的各种调用函数，可以十分方便地得到系统的各种曲线。现以如下系统实例说明常用调用函数的应用。

系统实例：欲设计制造一台数控机床，其工作台的位置要求用液压方式进行连续控制。工作台为直线位移，且行程比较大，出力较小，故控制功率比较小，但控制精度和动态响应要求较高。经综合分析，制定了阀控液压马达的闭环电液位置伺服控制系统方案（见图 10-63）。根据已知的工作台动力和运动参数及对系统的性能参数要求等，经计算得到的系统方块图如图 10-64 所示。其开环传递函数为

$$G(s)H(s) = \frac{K_v}{s\left(\dfrac{s^2}{\omega_{sv}^2} + \dfrac{2\xi_{sv}}{\omega_{sv}}s + 1\right)\left(\dfrac{s^2}{\omega_h^2} + \dfrac{2\xi_h}{\omega_h}s + 1\right)} =$$

$$\frac{K_v}{s\left(\dfrac{s^2}{600^2} + \dfrac{2\times 0.5}{600}s + 1\right)\left(\dfrac{s^2}{388^2} + \dfrac{2\times 1.24}{388}s + 1\right)} \qquad (10-49)$$

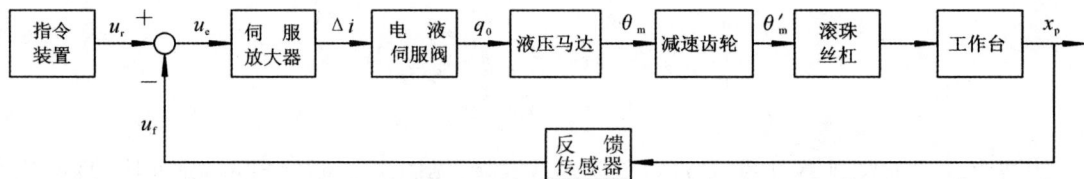

图 10-63　数控机床工作台电液位置伺服系统方案原理图

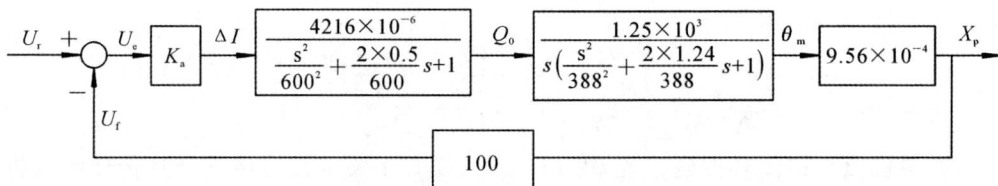

图 10-64　数控机床工作台电液位置伺服控制系统方块图

1）波德图。其调用函数为 bode()。现来绘制图 10-63 所示系统在开环增益 $K_v = 1$ 时的波德图。先将式（10-49）所列开环传递函数拆为下面两个子系统：

$$G_1(s) = \frac{K_v}{s\left(\dfrac{s^2}{600^2} + \dfrac{2\times 0.5}{600}s + 1\right)}, \quad G_2(s) = \frac{1}{\dfrac{s^2}{388^2} + \dfrac{2\times 1.24}{388}s + 1}$$

当系统在 $K_v = 1$ 时，编制以下简单的 MATLAB 程序：

```
sys 1 = tf([0 1][1/600/600 2 * 0.5/600 1 0])
sys2 = tf([0 1],[1/388/388 2 * 1.24/388 1])
sys = series(sys1,sys2)
w = logspace(0,3)          %波德图显示的频率范围
```

bode(sys,w)　　　　　　　　　　%w 缺省时,频率范围将自动设置

然后将程序在命令窗口中输入,即得系统的波德图(见图 10-65)。

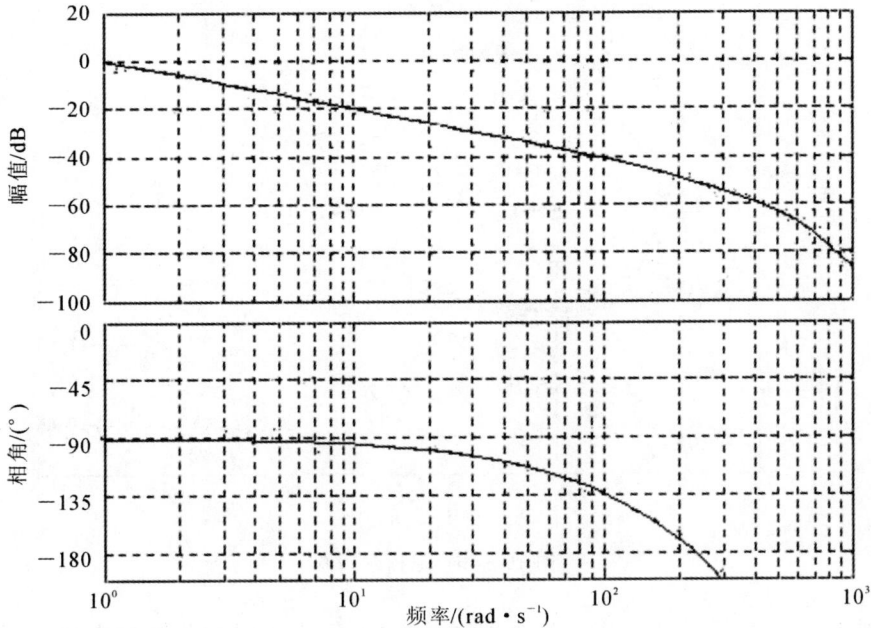

图 10-65　波德图

2)尼柯尔斯图。尼柯尔斯图的调用函数为 nichols()。以上述数控机床工作台控制系统(见图 10-64)在 $K_v=90$ 时的尼柯尔斯图的编制为例说明如下:

首先编制如下 MATLAB 程序:

```
clear
sys1=tf([0 90],[1/600/600 2 * 0.5/600 1 0])
sys2=tf([0 1],[1/388/388 2 * 1.24/388 1])
sys=series(sys1,sys2)
Nichols(sys)
Ngrid
Axis([-250 0 -25 40])      %限定纵坐标和横坐标的曲线绘制范围
```

然后在命令窗口中输入以上程序,则得到图 10-66 所示的系统的尼柯尔斯图。

3)阶跃响应曲线。在 MATLAB 中,阶跃响应曲线可用两种方法之一进行绘制:其一是利用控制系统工具箱中的调用函数来绘制;其二是借助于仿真工具 Simulink,此处先介绍第一种方法。

阶跃响应的调用函数为 step()

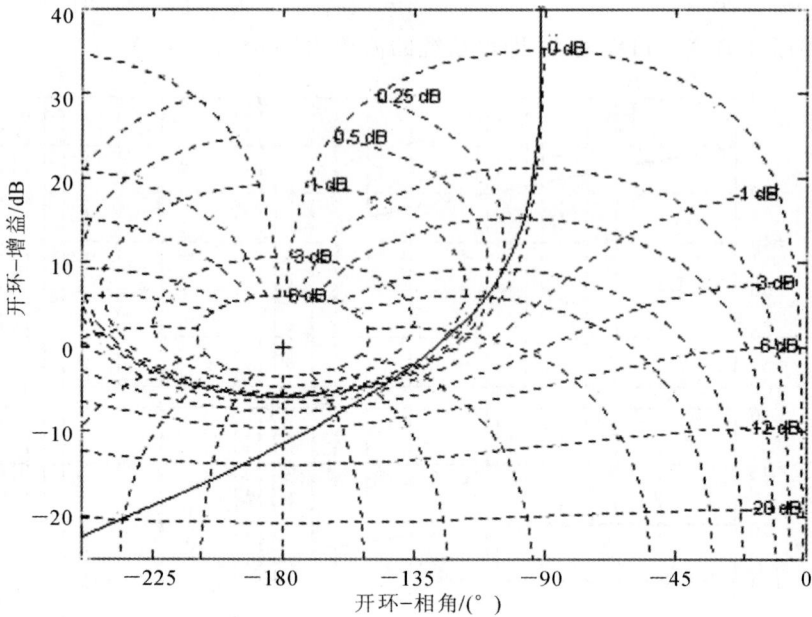

图 10-66　尼柯尔斯图

例如图 10-64 所示数控机床工作台控制系统在 $K_v=90$ 时的阶跃响应曲线,可按下述步骤进行编制:

编制的在 MATLAB 程序如下:

```
sys1＝tf([0 90],[1/600/600 2 * 0.5/600 1 0])
sys2＝tf([0 1],[1/388/388 2 * 1.24/388 1])
sys＝series(sys1,sys2)
sys3＝tf([0 1],[0 1])
sysf＝feedback(sys,sys3)
hold on                    %在同一个图中继续绘制
step(sysf)
grid                       %纵坐标和横坐标带栅格
```

在命令窗口中输入以上程序,所得的阶跃响应曲线如图 10-67 所示。

(5)利用 MATLAB 的仿真工具 Simulink 进行系统仿真。对一般的单输入－单输出线性控制系统作单位阶跃仿真,用 MATLAB 控制系统工具箱中的 step( )函数即可完成,但此法有一定局限性。MATLAB 中的仿真工具 Simulink 提供了功能强大的控制系统仿真手段。其技术特点是:数学模型以模块形式给出,完全采用框图的抓取功能、用鼠标操作来构造控制系统,系统的创建过程即为绘制模块方框图的过程,直观且便于修改系统中的某一具体参数;可以有多种形式的非线性环节加入到系统中;它的输入信号不局限于阶跃信号,还可提供脉冲、正弦、随机等多种信号等等。利用 Simulink 进行系统仿真的一般步骤如下:

1)启动 Simulink,进入 Simulink 窗口。

2)新建模型窗口。

3)借助 Simulink 模块库,选取模块或模块组,创建系统框图模型并调整模块参数。

4)启动仿真。

5)输出仿真结果。

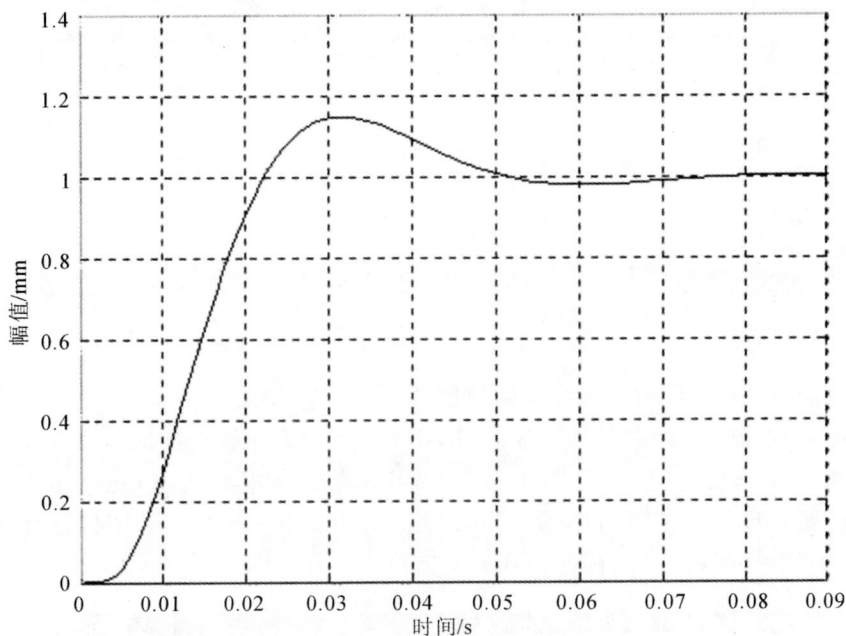

图 10-67 阶跃响应曲线

仍以图 10-64 所示数控机床工作台控制系统(设放大器增益 $K_a = 0.179$)为例,说明仿真的过程如下:

1)启动 Simulink,进入 Simulink 窗口,如图 10-68 所示。

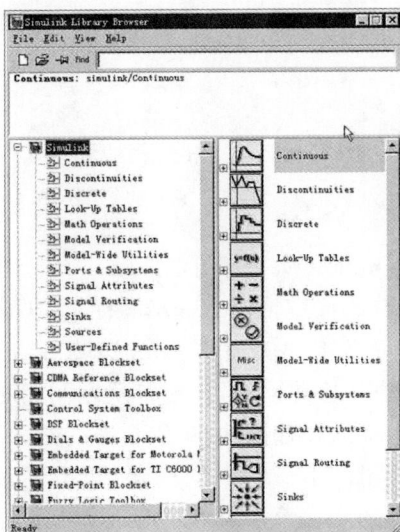

图 10-68 启动 Simulink 窗口

2)点击"Simulink Library Brower"窗口下最左边的"新建"图标新建 untitld * 模型窗口,

如图 10－69 所示。

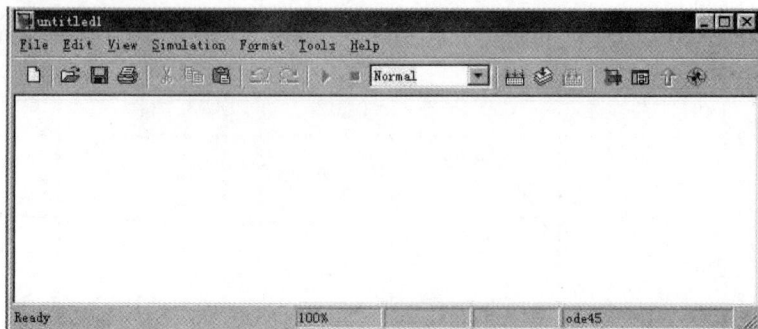

图 10－69　新建模型窗口

3）选取模块或模块组，创建系统框图模型并调整模块参数。

a. 从 Simulink 元件库浏览窗口的"congtinous"的模块库中点取信号源（Source）中的"Step"图标并拖动到模型窗口（见图 10－70）；用同样方法把线性（Linear）模块中"Transfer fan"和"Sum"图标拖动到模型窗口；将 Math Operations 模块的"Gain"图标拖动到模型窗口；将显示（Sink）模块中"Scope"图标拖动到模型窗口。

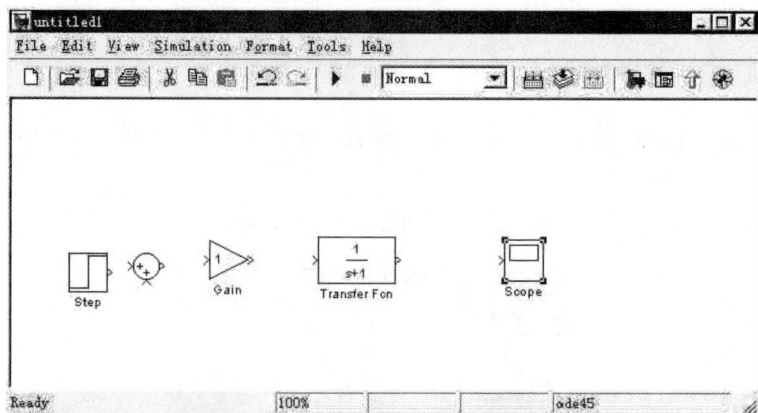

图 10－70　选取块并拖动到模型窗口

b. 然后按住 Ctrl 键拖动"Transfer fan"产生"Transfer fan1"块；在 Math Operations 模块中点取"Gain"块图标，然后按住 Ctrl 键拖动"Gain"块产生"Gain1"块和"Gain2"块；复制等编辑过程应按 Windows 的规范操作。选中"Gain2"，点击 Format\Roate\Block 两次，使"Gain2"块旋转 180°。单击各块并移动鼠标，调整各块之间相对位置，如图 10－71 所示。

c. 双击各块，在弹出的对话框中对该块的参数进行编辑，修改并赋入相应的参数（对"Gain"块进行编辑的对话框（见图 10－72），对"Transfer fan"块进行编辑的对话框（见图 10－73）；然后单击块，用鼠标拖动块的任一角点，以改变块的尺寸大小，以使函数表达式完整显示（见图 10－74）。

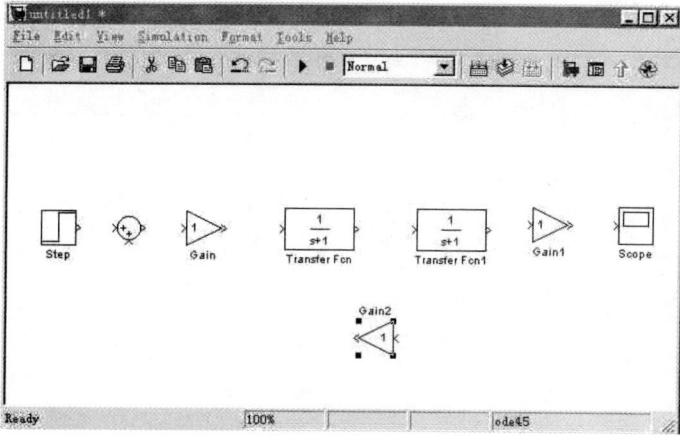

图 10-71　复制和旋转块

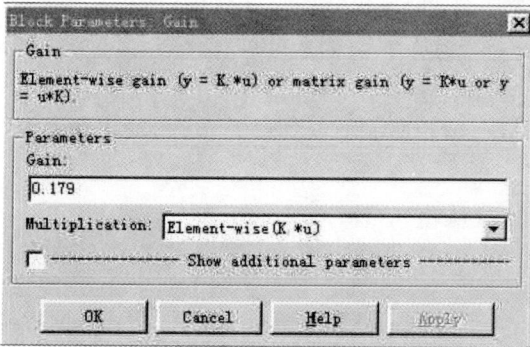

图 10-72　编辑"Gain"块的对话框

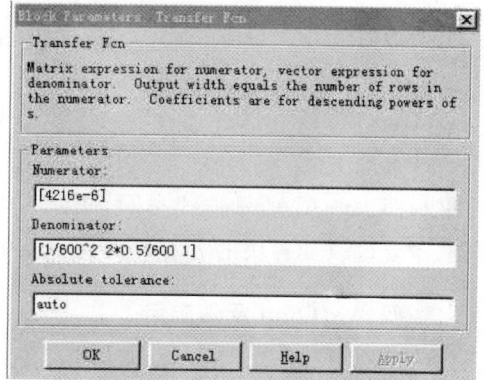

图 10-73　编辑"Transfer fan"块的对话框

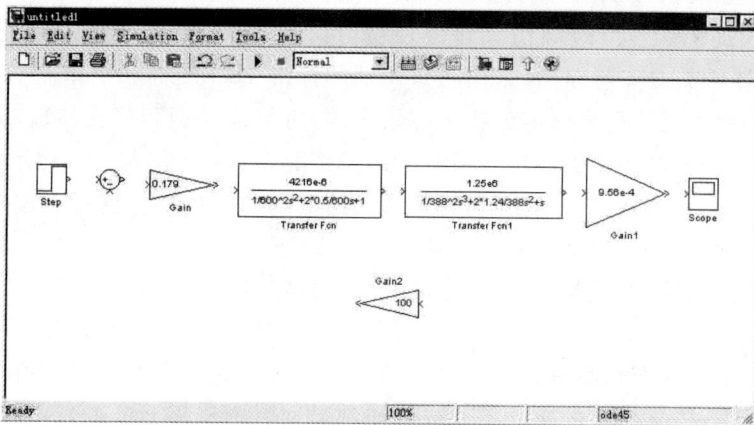

图 10-74　编辑块的参数

　　d.用鼠标点住块上的"〉"并拖到下一块的"〉"处,在两块之间自动连上流程线。从流程线上作分支线时,应在点击鼠标前按住"Ctrl"键。连好后的框图结果如图 10-75 所示,可见与通常书写的传递函数相同。

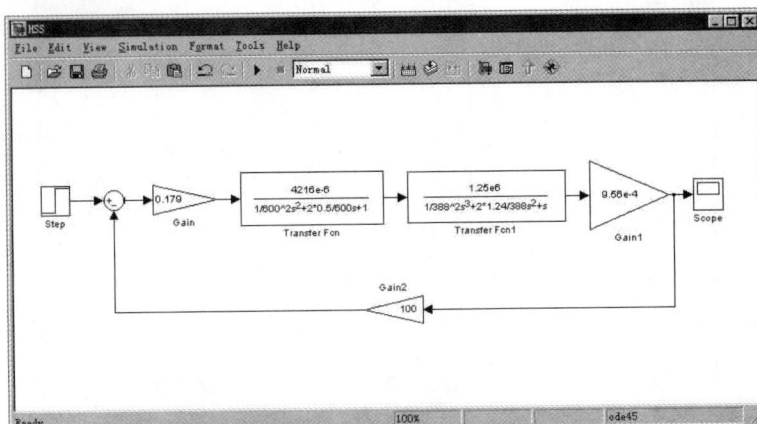

图 10 - 75　连接为方框图

最后选择菜单 File\Save，取文件名"HSS"，将保存为 HSS.mdl 模型文件。

4）启动仿真。选择"Tools"中的"Liner analysis"，弹出线性定常系统可视化仿真环境 LIT Viewer：窗口。

选取 LIT Viewer：窗口中菜单 Simulink\Get Linerized Model 开始进行仿真，输出仿真结果与图 10 - 67 所示曲线类同，此处不再重复。

通过改变各块的参数可得到不同的阶跃响应曲线（从略）。

四、AMESim 及其应用

（1）AMESim 及其特点。AMESim（Advanced Modeling Environment for Performing Simulation of Engineering Systems）是法国 Imgine 公司于 1995 年推出的基于键合图的液压/机械系统建模、仿真及动力学分析软件，至今已经发展到 AMESim 7.0 及其以上版本。AMESim 为用户提供了一个时域仿真建模环境，可使用已有模型和（或）建立新的子模型元件，构建优化设计所需的实际原型，采用易于识别的标准 ISO 图标和简单直观的多端口框图，方便用户建立复杂系统及用户所需的特定应用实例，可修改模型和仿真参数，进行稳态及动态仿真、绘制曲线并分析仿真结果，界面比较友好、操作非常方便。AMESim 使用户能够借助其友好的、面向实际应用的方案，研究任何元件或回路的动力学特性。这可通过模型库的概念来实现，而模型库可通过客户化来不断升级和改进。AMESim 的显著优点之一是它在统一的平台上实现了多学科领域（如机械、液压、气动、热、电和磁等物理领域）的系统工程的建模和仿真，不同领域模块之间直接的物理连接方式，使其成为多学科领域系统工程建模和仿真的标准环境。第二是采用了图形化物理建模方式，AMESim 定位在工程技术人员中使用，建模的语言是工程技术语言，仿真模型的建立扩充或改变都是通过图形界面（GUI）来进行的，用户不必编制任何程序代码。这样使得用户可以从烦琐的数学建模中解放出来，只专注于物理系统本身的设计。此外，AMESim 还具有强大的二次开发能力、智能求解器、齐次分析工具及三维可视化功能。其主要缺点有元件模型也需要设置许多参数；仿真元件比较固定，当系统仿真人员需要一个比较特殊的元件（例如插装阀）时，就需要拥有非常专业的编程技巧和经验，不利于普通技术人员的使用;在信号的处理方面尚不灵活,例如对某几个信号进行对比或进行简单的操作就不那么简单等。

（2）AMESim 的桌面操作环境及标准模型库。启动 AMESim 后即进入图 10-76 所示的 AMESim 的主界面,即主窗口。主窗口分为主菜单栏、工作桌面、工具栏等。主菜单由 File, Edit,View,Modeling,Settings,Simulation,Analysis,Tools,Windows 和 Help 等组成。由于没有打开模型或建模,故本界面是空的。而为了搭建一个系统并进行仿真,必须创建一个新的空模型,然后才能在计算机上设计和存储系统。为此,一般应在下拉菜单中选择 File-NEW, 并选择新系统类型,即可打开（出现）图 10-77 所示的工作界面,在工作界面上,除了主菜单、工作桌面和工具栏外,在工具栏左下方是标准模型库（包含信号、机械、液压、气动、电气、热力等多个库）窗口,每一个库又包含一个或多个类库,类库被表示为按钮的集合。一个类库是特定元件图标的集合,是这些元件的数学模型（在 AMESim 中称为元件子模型）,作为示例,如图 10-78～图 10-80 所示给出了信号、控制和观测器类库和机械类库、液压类库等三个类库窗口。由于液压系统的元件形式多样,标准液压类库无法满足所有的建模要求,AMESim 提供了一个基本元件设计 HCD(Hydraulic Component Design)类库（见图 10-81）,利用 HCD,用户可以建立标准库中已有的模型以及模型标准库中没有的液压元件（例如插装阀）等。

图 10-76　AMESim 主界面

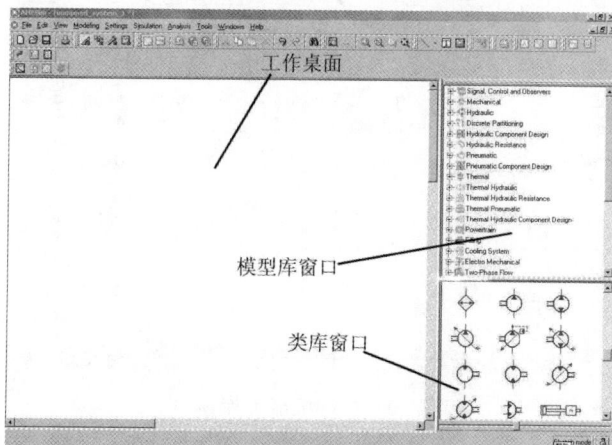

图 10-77　AMESim 工作界面

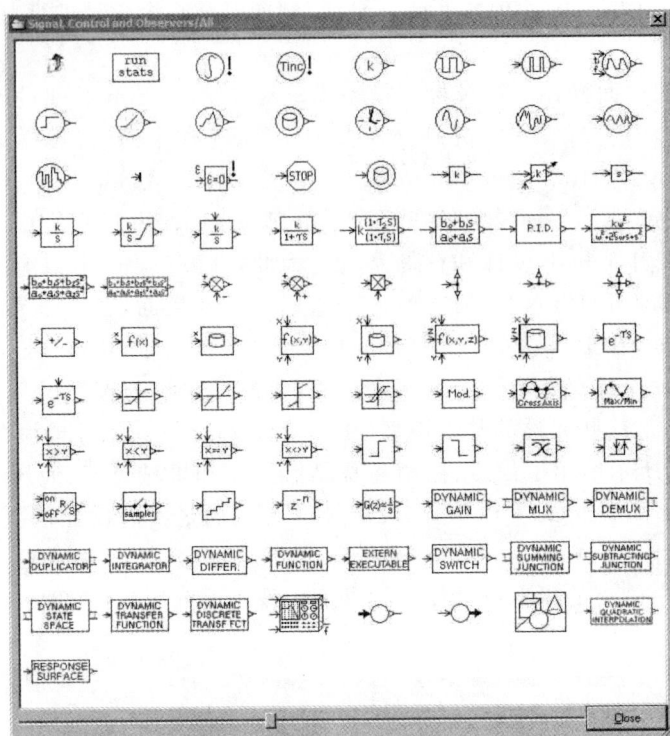

图 10-78 信号、控制和观测器类库窗口

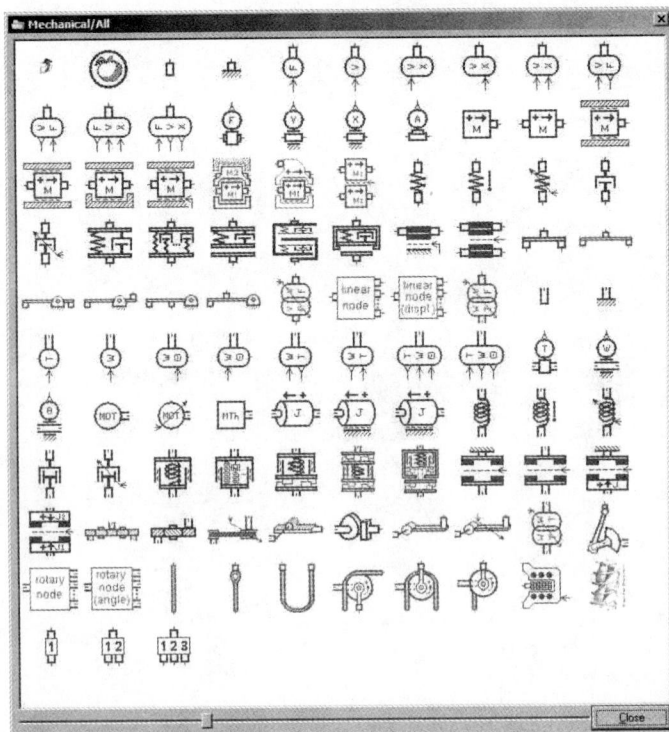

图 10-79 机械类库窗口

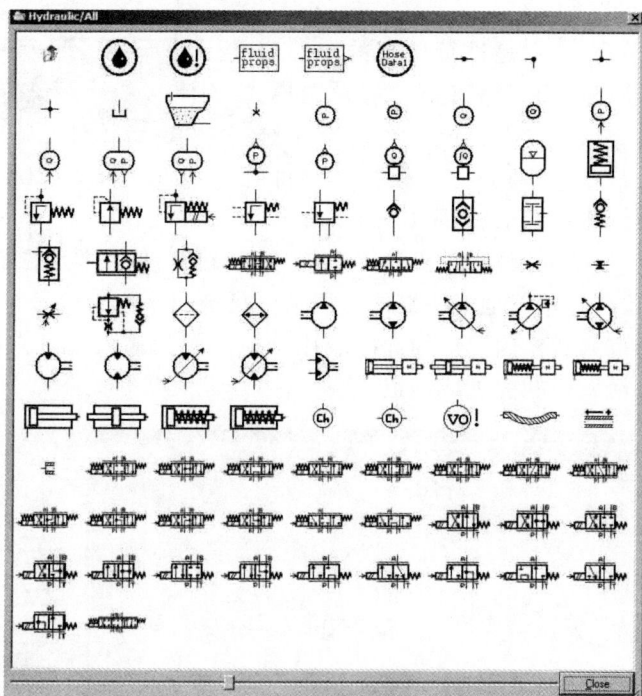

图 10-80 液压类库窗口

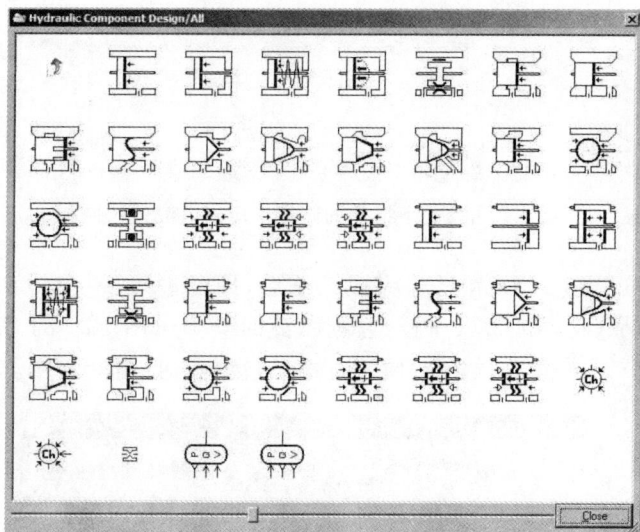

图 10-81 基本元件设计 HCD 类库窗口

用户只要根据所需在标准模型库中通过挑选并将各个图标拖拉放置在工作桌面合适位置,即可搭建系统(建模)进而完成仿真工作。

(3)AMESim 的建模仿真步骤。使用 AMESim 可以搭建草图、修改元件子模型、设置子模型参数和运行仿真,每一步都与 AMESim 的工作模式相对应,这四种模式为草图模式(Sketch)、子模型模式(Submodel)、参数模式(Parameter)和运行模式(Simulation),其图标按钮设置在工具栏上(见图 10 - 82)。

1)草图模式(Sketch)。它是进行仿真的第一步。当启动 AMESim 时,即进入了草图模式。在草图模式中可以创建一个新系统、修改或完成一个已有系统。所有类库的元件和信号都可采用,并可根据需要将所选元件放置在工作桌面合适位置。图 10 - 83 所示即

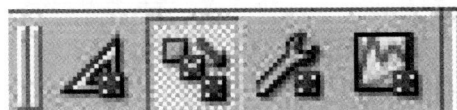

图 10 - 82　工具栏上的工作模式按钮

为通过调用 AMESim 提供的液压库、机械库和信号库,在草图模式下搭建的阀控液压缸电液位置控制系统,其中位移传感器把液压缸的位置信号反馈回来作为信号与给定的信号比较,得出的偏差经过放大器放大后作为三位四通电液比例换向阀的输入信号来控制阀的开度,从而按比例地控制液压缸活塞杆的前进或后退。

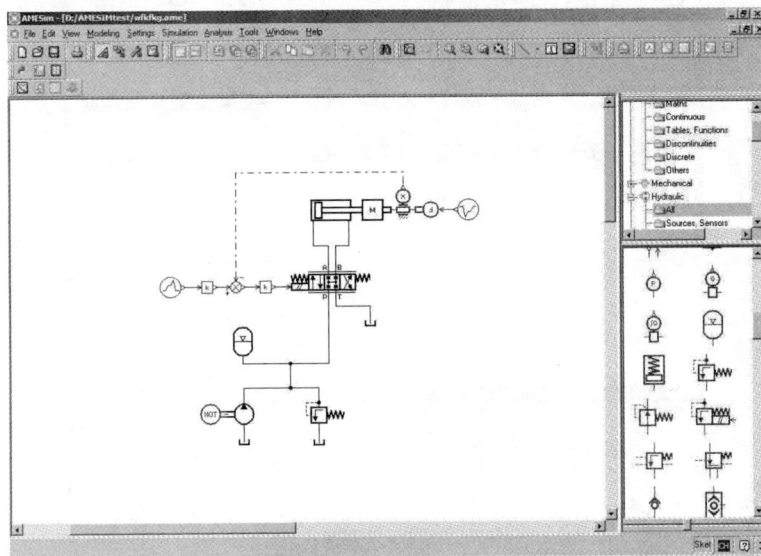

图 10 - 83　草图模式下搭建的阀控液压缸电液位置控制系统

2)子模型模式(Submodel)。在搭建完成系统后,即可进入子模型模式,给系统元件选择子模型。若系统未完成,将不能进入子模型模式,此时会弹出图 10 - 84 所示的对话框。在子模型模式下,可给每个元件选择子模型、使用首选子模型按钮、删除元件子模型等。

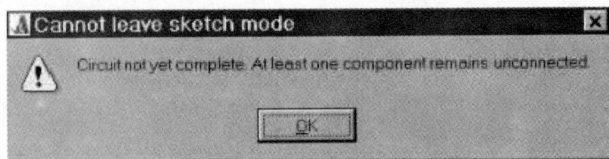

图 10 - 84　系统未完成时显示的对话框

3)参数模式(Parameter)。在参数模式下,可以检查更换和拷贝子模型参数、设置全局参数、指定批运行等。当进入参数模式时,AMESim 就编译系统,产生一个可执行文件,这样才可以进行仿真。通常在运行之前,需要调整模型的参数。

经过上述模式,已经准备好了草图,设置了子模型和参数,接着就可以进行仿真了。

4)运行模式(Simulation)。在运行模式过程中,可以初始化标准仿真运行和批仿真运行、绘制仿真结果图(线)、存储和装载所有或部分坐标图的配置、启动当前系统的线性化、完成线性化系统的各种分析(如稳定性、快速性等)等。

至于系统的存储、关闭和打开,只要选择文件菜单下的相应命令"File-Save""File-Close"和"File-Open"即可完成相应的操作。

(3)AMESim 的建模仿真实例。对于图 10-83所示草图模式下搭建的阀控液压缸电液位置控制系统,在参数模式下,对仿真模型中的每个图形模块(元件)设置所期望的参数值,最后在运行模式(Simulation)下,运行仿真模型即可获得仿真结果。图 10-85 所示为设定信号与液压缸实际位移对比曲线,由图可以看出,实际曲线和要求的曲线非常接近,系统在前 6s 中经过一个偏差比较和调整后达到了稳定状态。当然,通过改变各图形模块的参数还可得到不同的特性曲线(从略)。

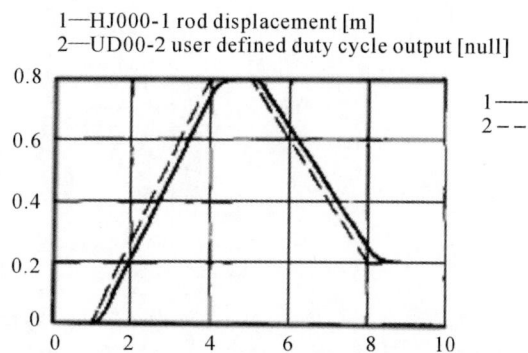

1—HJ000-1 rod displacement [m]
2—UD00-2 user defined duty cycle output [null]

图 10-85 设定信号与液压缸实际位移对比曲线

综上可看出,AMESim 确是一条操作简单、效果较好的仿真途径,具有适用于多领域模型直接连接仿真的显著优势。随着计算机在设计研究领域的普遍应用,AMESim 将在指导液压元件和系统新产品的研发、现有产品的建模和参数改进,以及液压元件和系统的故障诊断方面获得日趋广泛的应用。

思考题与习题

10-1 试对液压控制系统和液压传动系统的构成及原理的异同点进行比较。

10-2 电液控制阀有哪几类?它们的结构组成与工作原理如何?

10-3 试对电液伺服阀、电液比例阀和电液数字阀的电气-机械转换器的类型、结构、原理及特点进行比较。

10-4 电液伺服阀的先导级阀与功率级主阀各有哪些结构形式?滑阀的工作边数可分为几类?什么是滑阀的正开口和负开口?各有何特点?

10-5 什么是电液伺服阀的静态特性?静态特性通常用哪些方法表示?

10-6 电液控制阀的动态特性通常用哪两种方法表示?

10-7 如何对液压伺服系统的稳定性和稳态误差进行分析?

10-8 试述液压控制系统的静态设计要点。

10-9 图 10-86所示的液压仿形刀架(机液伺服控制系统)用于仿照样件的形状自动加工多台肩轴类零件的旋转表面。仿形刀架安装在车床拖板 5 后部,随拖板一起作纵向运动。样件 12 安装在床身支架上固定不动。机液伺服滑阀中的弹簧经杆 9 使触头 11 紧压在样件上,位置控制信号由样件 12 给出,并经杠杆 8 作用在滑阀阀芯上。液压缸的活塞杆固定在刀架 3 的底座上,缸体 6 连同刀架可在刀架底座的导轨上沿液压缸的轴向移动。试分析该仿形刀架的液压伺服控制原理及特点,并画出原理方块图。

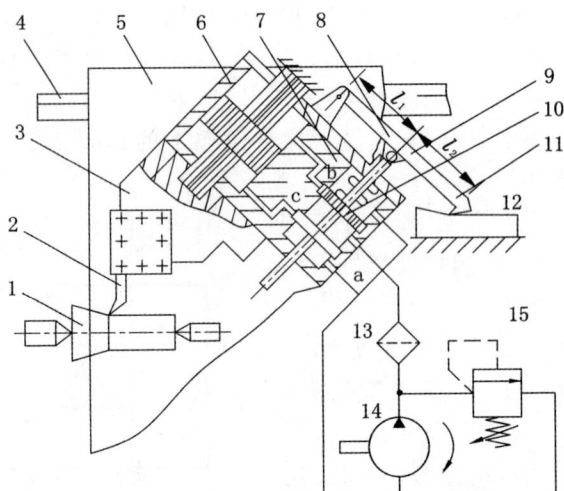

图 10-86　液压仿形刀架系统原理图

1—工件；2—刀具；3—刀架；4—导轨；5—拖板；6—液压缸缸体；7—阀体；8,9—杠杆；
10—机液伺服滑阀阀芯；11—触头；12—样件；13—过滤器；14—液压泵；15—溢流阀

10-10　为了满足某些工件其特殊形状或复杂结构的成形磨削，平面磨床工作台的工作速度范围较大，故要求工作台的液压系统平稳地进行无级调速，且在极低的工作速度下无爬行；驱动系统有更大的刚度以适应较大的切削阻力。图 10-87 所示电液比例调速系统用于某公司大型平面磨床工作台的驱动，试对该系统的油路组成、工作原理和特点进行综合分析。

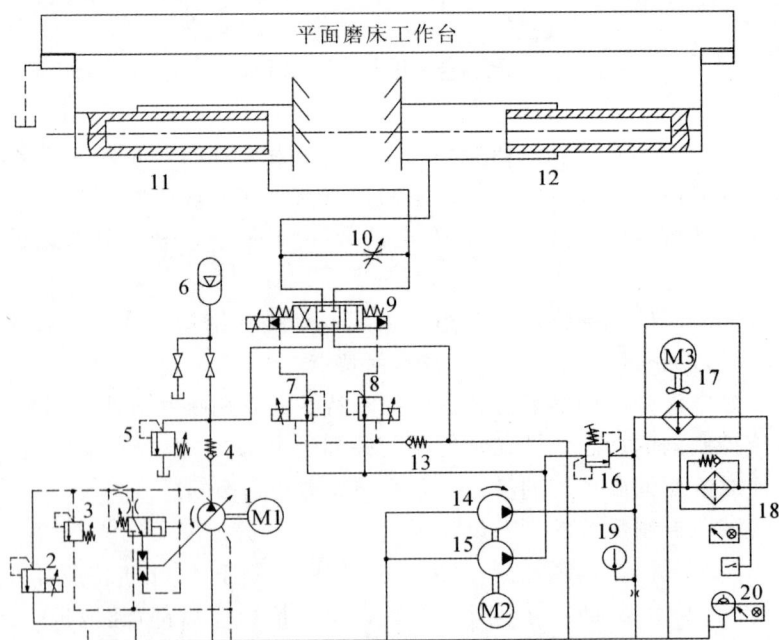

图 10-87　大型平面磨床工作台电液比例调速系统原理图

1—变量泵；2—电液比例溢流阀；3,5—溢流阀；4,13—单向阀；6—蓄能器；7,8—电液比例减压阀；9—电液比例换向阀；
10—节流阀；11,12—柱塞缸；14,15—双联泵；16—溢流减压阀；17—冷却器；18—过滤器；19—液温计；20—液位计

10-11　何谓液压控制系统的计算机模拟仿真？其目的是什么？计算机模拟仿真与物理仿真比较有哪些优势？你对哪些仿真软件感兴趣？

10-12　试在你的计算机上用 MATLAB 对图 10-64 所示的数控机床工作台电液控制系统进行仿真运行，并考察在改变数学模型中的开环增益时对仿真结果的影响。

10-13　试通过调用 AMESim 提供的液压库、机械库和信号库，在草图模式下搭建图 10-83 所示的阀控液压缸电液位置控制系统模型。

附　　录

附录一　常用液压气动元件图形符号（GB/T 786.1－2009 摘录）

1. 图形符号基本要素

名称及注册号	符号	用途或符号描述	名称及注册号	符号	用途或符号描述
实线 401V1		供油管路，回油管路，元件外壳和外壳符号	垂直箭头 F026V1		流体流过阀的路径和方向
虚线 422V1		内部和外部先导（控制）管路，泄油管路，冲洗管路，放气管路	倾斜箭头 F027V1		流体流过阀的路径和方向
点画线 F001V1		组合元件框线	正方形 101V21		控制方法框线（简略表示），蓄能器重锤
双线 402V1		机械连接、轴、杆、机械反馈	正方形 101V12		马达驱动部分框线（内燃机）
圆点 501V1		两个流体管路的连接	正方形 101V15		流体处理装置框线（过滤器，分离器，油雾器和热交换器）
小圆 2163V1		单向阀运动部分，大规格	正方形 101V7		最多四个主油口阀的功能单元

续 表

名称及注册号	符号	用途或符号描述	名称及注册号	符号	用途或符号描述
中圆 F002V1		测量仪表框线（控制元件，步进电机）	长方形 101V2		控制方法框线（标准图）
大圆 2065V1		能量转换元件框线（泵，压缩机，马达）	长方形 101V13		缸
半圆 F003V1		摆动泵或马达框线（旋转驱动）	不封闭长方形 F004V1		活塞杆
圆弧 452V1		软管管路	长方形 101V1		功能单元
连接管路 RF050		两条管路的连接标出连接点	敞口矩形 F068V1		有盖油箱
交叉管路 RF051		两条管路交叉没有节点表明它们之间没有连接	半矩形 2061V1		回到油箱
垂直箭头 F026V1		流体流过阀的路径和方向	囊形 F069V1		元件：压力容器，压缩空气储气罐、蓄能器，气瓶、波纹管执行器、软管气缸

2. 泵、马达、缸、增压器及转换器

名称及注册号	符号	名称及注册号	符号	名称及注册号	符号
单向旋转的定量液压泵或定量液压马达 X11240	泵 / 马达	空气压缩机 X11390		双作用双杆缸（活塞杆直径不同,双侧缓冲,右侧带调节) X11460	
双向流动带外泄油路单向旋转的变量液压泵 X11250		双向定量摆动气马达 X11410		单作用柱塞缸 X11490	
双向变量液压泵或液压马达单元（双向流动,带外泄油路,双向旋转) X11260		真空泵 X11420		单作用伸缩缸 X11500	
电液伺服控制的变量液压泵 X11310		连续增压器,将气体压力 p_1 转换为较高的液体压力 p_2 X11430	p_1 p_2	双作用伸缩缸 X11510	
		单作用单杆缸 X11440		单作用压力介质转换器（将气体压力换为等值的液体压力,反之亦然) X11580	

续　表

名称及注册号	符号	名称及注册号	符号
双向摆动缸或马达（限制摆动角度）X11280	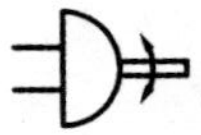	双作用单杆缸 X11450	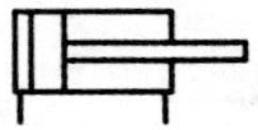	单作用增压器，将气体压力 p_1 转换为更高的液体压力 p_2 X11590 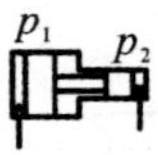

3. 控制机构

名称及注册号	符号	名称及注册号	符号	名称及注册号	符号
具有可调行程限制装置的顶杆 X10020	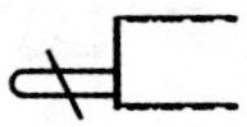	双作用用电气控制机构，动作指向或离阀芯 X10130		机械反馈 X10190	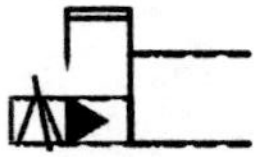
手动锁定控制机构 X10040	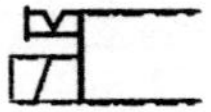	单作用电磁铁，动作指向阀芯，连续控制 X10140	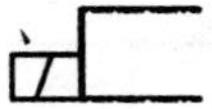	具有外部先导供油，双比例电磁铁，双向操作，集成在同一组件，连续工作双先导控制机构的液压控制机构 X10200	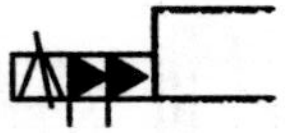
用作单方向行程操纵的滚轮杠杆 X10060	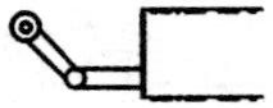	单作用电磁铁，动作背离阀芯，连续控制 X10150	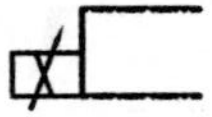	气压复位，从阀进气口提供内部压力 X10080	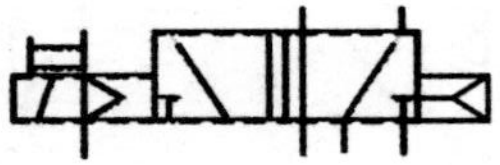

续表

名称及注册号	符号	名称及注册号	符号
使用步进电机的控制机构 X10070		双作用电气控制机构，动作指向或背离阀芯，连续控制 X10160	
单作用电磁铁，动作指向阀芯 X10110		电气操纵的气动先导控制机构 X10170		气压复位，从先导口提供内部压力 X10090 注：为更易理解，图中标示出外部先导线	
单作用电磁铁，动作背离阀芯 X10120		电气操纵的带有外部供油的液压先导控制机构 X10180		气压复位，外部压力源 X10100	
				—	—

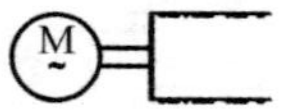

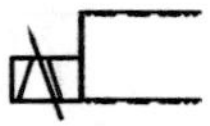

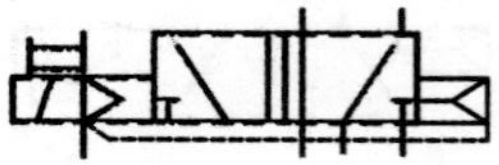

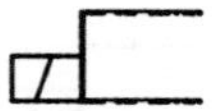

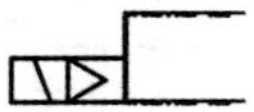

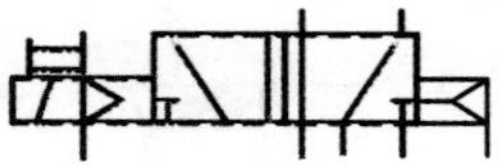

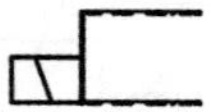

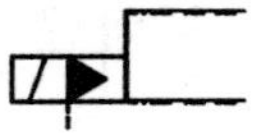

4. 控制元件

名称及注册号	符号	名称及注册号	符号	名称及注册号	符号
二位二通推压换向阀（常闭）X10210	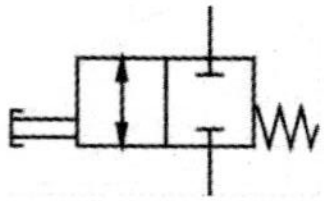	二位三通气动换向阀，差动先导控制 X10310	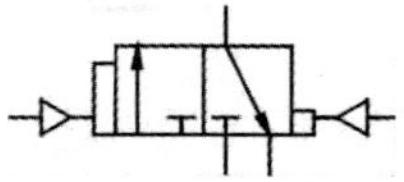	内部流向可逆调压阀（气动）X10540	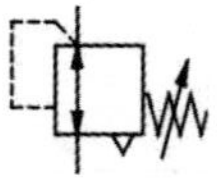

续表

名称及注册号	符号	名称及注册号	符号	名称及注册号	符号
二位二通电磁换向阀（常开）X10220		二位五通气动换向阀，先导电压控制，气压复位 X10410		先导式远程调压阀（气动）X10570	
二位四通电磁换向阀 X10230		二位五通电-气换向阀 X10430		防气蚀溢流阀（用于保护两条供给管道）X10580	
二位三通机动换向阀 X10270		三位五通电-气换向阀 X10450		双压阀（"与逻辑"）X10620	
二位三通电磁换向阀 X10280		三位五通直动式气动换向阀 X10470		可调节流阀 X10630	
二位四通电液动换向阀 X10350		直动式溢流阀 X10500		可调单向节流阀 X10640	

续 表

名称及注册号	符号	名称及注册号	符号	名称及注册号	符号
三位四通电液动换向阀 X10360		顺序阀 X10510		滚轮杠杆操纵流量控制阀 X10650	
三位四通电磁换向阀 X10370		单向顺序阀 X10520		分流阀 X10680	
二位四通液动换向阀 X10380		直动式二通减压阀 X10550		集流阀 X10690	
三位四通液动换向阀 X10390		先导式二通减压阀 X10560		单向阀 X10700	
二位五通踏板控制换向阀 X10400		蓄能器充液阀 X10590		先导式液控单向阀 X10720	
三位五通手动换向阀 X10420		先导式电磁溢流阀 X10600		先导式双单向阀 X10730	

续表

名称及注册号	符号	名称及注册号	符号	名称及注册号	符号
二位三通液压电磁换向座阀 X10490		三通减压阀（液压）X10610		梭阀（"或"逻辑）X10740	
二位二通延时控制气动换向阀 X10250		外控顺序阀（气动）X10530		快速排气阀 X10750	
直动式比例方向控制阀 X10760		直控式比例溢流阀（电磁力直接作用在阀芯上）X10840		节流孔可变式比例流量控制阀（双线圈比例电磁铁控制，特性不受粘度变化影响）X10920	
先导式比例方向控制阀（带主级和先导级的闭环二级控制）X10780		先导式比例溢流阀（带电磁铁位置反馈）X10860		插装阀插件（压力和方向控制，座阀结构，面积比1:1）X10930	
先导式伺服阀（带主级和先导级的闭环位置控制，外部先导供油和回油）X10790		三通比例减压阀（带电磁铁闭环位置控制）X10870		插装阀插件（压力和方向控制，座阀结构，常开，面积比1:1）X10940	

液压传动与控制

续表

名称及注册号	符号	名称及注册号	符号	名称及注册号	符号
先导式伺服阀（先导级带双线圈电气控制机构，双向连续控制，阀芯位置机械反馈到先导装置）X10800	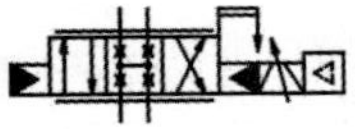	直控式比例流量控制阀 X10890	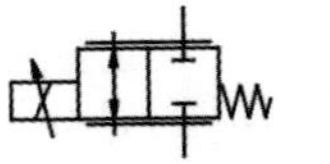	方向控制阀插件（单向流动，座阀结构，内部先导供油，带可替换的节流孔（节流器））X11010	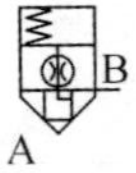
直控式比例溢流阀（电磁铁控制弹簧长度）X10830		直控式比例流量控制阀（带电磁铁闭环位置控制）X10900	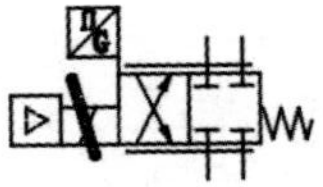	插装阀控制盖（带先导端口）X11050	

5. 辅件和动力源

名称及注册号	符号	名称及注册号	符号	名称及注册号	符号
软管总成 X11670		流量计 X11910	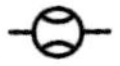	气源处理装置（包括手动排水过滤器、溢流调压阀、压力表和油雾器）（上图为详图，下图为简化图）X12160	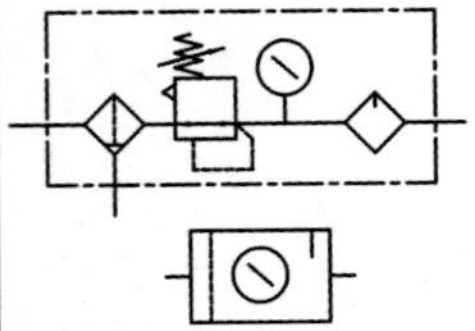
三通旋转接头 X11680	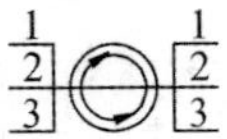	转速仪 X11930		手动排水流体分离器 X12180	
快换接头（带两个单向阀，断开状态）X11710	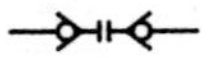	转矩仪 X11940			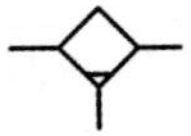

续　表

快换接头（带两个单向阀，连接状态）X11740	过滤器 X11980	带手动排水分离器的过滤器 X12190	
可调节的机械电子压力继电器 X11750	油箱过滤器 X11990	油雾分离器 X12220	
模拟信号输出压力传感器 X11770	过滤器（带附属磁性滤芯）X12000	空气干燥器 X12230	
压力测量单元（压力表）X11820	过滤器（带光学阻塞指示器）X10210	油雾器 X12240	
压差计 X11830	冷却器（不带冷却液流道指示）X12260	隔膜式充气蓄能器 X12320	
温度计 X11850	冷却器（液体冷却）X12270	囊隔式充气蓄能器 X12330	
液位计 X11870	冷却器（电动风扇冷却）X12280	活塞式充气蓄能器 X12340	

续表

名称及代号	图形符号	名称及代号	图形符号	名称及代号	图形符号
带下游气瓶的活塞式充气蓄能器 X12360		液压源 RF060		真空发生器 X12380	
气罐 X12370		气压源 RF059		真空吸盘 X12420	
温度计 X11850		冷却器（液体冷却）X12270		活塞式充气蓄能器 X12340	
液位计 X11870		冷却器（电动风扇冷却）X12280		带下游气瓶的活塞式充气蓄能器 X12360	

注：1. GB/T 786《流体传动系统及元件图形符号和回路图》分为两部分，第 1 部分：GB/T 786.1 用于常规用途和数据处理的图形符号；第 2 部分：回路图；GB/T 786.2 正在制定中。

2. 本部分图形符号按 GB/T 20063《简图用图形符号》及 GB/T 16901.2《图形符号表示规则》中的规则来绘制。与 GB/T 20063 一致的图形符号按模数尺寸 $M=2.5mm$，线宽为 $0.25mm$ 来绘制。为了缩小符号尺寸，图形符号按模数 $M=2.0mm$，线宽为 $0.25mm$ 来绘制。但是对这两种模数尺寸大小都应为高 $2.5mm$，线宽 $0.25mm$。可以根据需要来改变图形符号的大小以用于元件标识或样本。

3. 本部分每个图形符号按照 GB/T 20063 赋有唯一的注册号。变量位于注册号之后，用 V1、V2、V3 等标识。对于 GB/T 20063 仍未规定的注册号，使用基本注册号。在流体传动领域，基本形态符号前由"F"来标识，应用规则应用符号前则由"RF"来标识。符号的样品符号前则由数字前则由产品用"X"标识。在流体传动技术领域的范围为 X10000～X39999。

附录二　液压技术常用物理量及其换算

液压技术常用物理量单位及换算

物理量	单位	符号	单位换算	备注
长度	米	m	$1m=10^2 cm=10^3 mm$	√
	英寸	in	$1in=0.025\ 4m=25.4mm$	
面积	平方米	m^2	$1\ m^2=10^4 cm=10^6 mm$	√
	平方英寸	in^2	$1in^2=6.451\ 6\times10^{-4}\ m=6.451\ 6cm^2=645.16mm^2$	
容积	立方米	m^3	$1m^3=10^6 cm^3=10^9 mm^3$	√
	升	L	$1L=10^3 mL=10^{-3} m^3=10^3 cm^3=10^6 mm^3$	√
	立方英寸	in^3	$1\ in^3=1.638\ 71\times10^{-5}\ m^3=16.387\ 1mL=16.387\ 1cm^3$	
时间	秒	s		√
	分	min	$1min=60s$	√
	小时	h	$1h=60min=3\ 600s$	√
速度	米每秒	m/s	$1\ m/s=100cm/s=60\ m/min$	√
	米每分	m/min	$1\ m/min==0.016\ 666\ 7m/s=1.666\ 666\ 7cm/s$	√
	英寸每秒	in/s	$1\ in/s=0.025\ 4m/s$	
加速度	米每二次方秒	m/s^2		√
旋转速度	弧度每秒	rad/s		√
	转每分	r/min	$1\ r/min=(\pi/30)\ rad/s$	√
质量	千克	kg		√
	吨	t	$1t=1\ 000kg$	√
力	牛	N	$1N=10^{-3}kN=10^{-6}MN$	√
	公斤力	kgf	$1\ kgf=9.806\ 65N$	
	磅力	lbf	$1\ lbf=4.448\ 22N$	
压力	帕	Pa	$1\ Pa=1N/m^2=10^{-6}MPa$	√
	工程大气压	at	$1\ at=98\ 066.5\ Pa=14.695\ 949\ lbf/in^2$	
	磅力每平方英寸	lbf/in^2	$1\ lbf/in^2=6\ 894.757\ 293\ Pa=0.068\ at$	
排量	毫升每转	mL/r	$1\ mL/r=10^{-3}L/r$	√

续　表

物理量	单位	符号	单位换算	备注
流量	立方米每分	m³/min	1 m³/min＝1 000 L/min	√
	升每分	L/min	1 L/min＝0.001m³/min＝16.666 67 mL/s	√
	美加仑每分	USgal/min	1USgal/min＝0.003 785 4 m³/min ＝ 3.785 413 L/min	
	立方英寸每小时	in³/h	1in³/h ＝4.551 96×10⁻⁶ m³/s	
动力黏度	帕秒	Pa.s		√
	厘泊	cP	1 cP＝10⁻³ Pa・s	
运动黏度	二次方米每秒	m²/s		√
	厘斯	cSt	1 cSt＝10⁻⁶ m²/s	
转矩	牛・米	N・m		√
	公斤力米	kgf・m	1 Kgf.m＝9.806 65 N・m	
功率	瓦	W	1W＝10⁻³kW	√
	马力	PS	1 PS＝735.499W	
	英马力	HP	1 HP＝745W	
频率	赫	Hz	1Hz＝1/s	√

注:备注中带√者为法定计量单位。

参 考 文 献

[1] 张利平. 液压传动与控制. 西安:西北工业大学出版社,2005.

[2] 章宏甲,黄谊. 液压传动. 北京:机械工业出版社,1993.

[3] 盛敬超. 工程流体力学. 北京:机械工业出版社,1988.

[4] 张利平. 液压气动元件与系统使用及故障维修. 北京:机械工业出版社,2013.

[5] 雷秀. 液压与气压传动. 北京:机械工业出版社,2005.

[6] 张利平. 液压传动系统设计与使用. 北京:化学工业出版社,2010.

[7] 张利平. 液压控制系统设计与使用. 北京:化学工业出版社,2013.

[8] 刘延俊. 液压与气压传动. 2 版. 北京:机械工业出版社,2007.

[9] 明仁雄,万会雄. 液压与气压传动. 北京:国防工业出版社,2003.

[10] 张利平. 液压站设计与使用维护. 北京:化学工业出版社,2013.

[11] 许福玲,陈尧明. 液压与气压传动. 北京:机械工业出版社,1997.

[12] 李壮云. 液压元件与系统. 3 版. 北京:机械工业出版社,2011.

[13] 官忠范. 液压传动系统. 北京:机械工业出版社,1989.

[14] 王春行. 液压控制系统. 北京:机械工业出版社,2004.

[15] 姜继海. 液压与气压传动. 北京:高等教育出版社,2005.

[16] 路勇祥,胡大纮. 电液比例控制技术. 北京:机械工业出版社,1988.

[17] 左建民. 液压与气压传动. 4 版. 北京:机械工业出版社,2009.

[18] Anthony Esposito. Fluid Power with Application. New Jersey:Prentice-Hall, Inc.,1980.

[19] 路甬祥. 液压气动技术手册. 北京:机械工业出版社,2002.

[20] Exnei H,等. 液压培训教材 液压传动与液压元件. 3 版. 博世力士乐教学培训中心,2003.

[21] Ewald R 等. 液压传动教程第二册 比例阀与伺服阀技术. 2 版. 博世集团力士乐液压及自动化有限公司教学部,2003.

[22] 王积伟. 液压与气压传动习题集. 北京:机械工业出版社,2008.

[23] 张利平. 现代液压技术应用 220 例. 2 版. 北京:化学工业出版社,2009.

[24] 张利平. 液压工程简明手册. 北京:化学工业出版社,2011.

[25] 陈尧明,许福玲. 液压与气压传动学习指导与习题集. 北京:机械工业出版社,1997.

[26] 张利平. 液压传动设计指南. 北京:化学工业出版社,2009.

[27] 路甬祥. 流体传动与控制技术的历史进展与展望. 机械工程学报,2001(10).

[28] 张利平. 液压气动系统原理图 CAD 软件 HP—CAD 的开发研究. 河北科技大学学报,2001(1).

[29] 马忠. 液压阀的选型与替代. 液压与气动,1995(4).

[30] 张利平. 新型电液数字溢流阀的开发研究. 制造技术与机床,2003(8).

［31］ 张利平. 石材连续磨机的流体传动进给系统. 工程机械,2003(9).

［32］ 张利平. 金刚石工具热压烧结机及其电液比例比例加载系统. 制造技术与机床,2006(1).

［33］ Edword B Magrab,等. MATLAB 原理与工程应用. 北京:电子工业出版社,2002.

［34］ Zhang Liping. Study And Development To Archit-Bricking Testing Machine (ABTM) With Electro-Hydraulic Proportion Intelligence. Proceedings of The 3rd International Conference of Fluid Power Transmission and Control ('93 ICFP). Beijing: International Academic Publishers,1993:172 – 173.

［35］ 付永领. AMESim 系统建模和仿真. 北京:北京航空航天大学出版社,2006.

［36］ 余佑官. AMESim 仿真技术及其在液压系统中的应用. 液压气动与密封,2005(3):28.

［37］ 陈阳国. 基于 AMESim 的液压位置伺服系统故障仿真. 机床与液压,2007(9).

［38］ JACK L JOHNSON. A model 4 – way servo proportional valve. Hydraulics & Pneumatics,2011,7.

［39］ Bard Anders Harang. Cylinderical reservoirs promote cleanliness. Hydraulics & Pneumatics,2011,2.